铝电解测控技术及应用

曾水平　著

北　京

冶 金 工 业 出 版 社

2023

内 容 提 要

本书共 6 章，主要介绍铝电解过程的参数测量和技术指标的控制，以介绍测量和控制方法为主。具体有五方面的内容：铝电解相关测量技术，铝电解物理场仿真技术，铝电解过程故障诊断技术，铝电解控制技术和铝电解槽寿命分析。

本书可供从事铝电解生产和管理的技术人员及相关专业的科研人员、教师和学生阅读参考，也可作为自动化和计算机领域从事计算机仿真、测量技术、故障诊断和控制的科研人员、教师及学生的参考资料。

图书在版编目（CIP）数据

铝电解测控技术及应用/曾水平著 . —北京：冶金工业出版社，2023.2
ISBN 978-7-5024-9392-9

Ⅰ . ①铝… Ⅱ . ①曾… Ⅲ . ①氧化铝电解—研究 Ⅳ . ①TF111.52

中国国家版本馆 CIP 数据核字（2023）第 022684 号

铝电解测控技术及应用

出版发行	冶金工业出版社	电　话	(010)64027926
地　址	北京市东城区嵩祝院北巷 39 号	邮　编	100009
网　址	www.mip1953.com	电子信箱	service@ mip1953.com

责任编辑　张熙莹　美术编辑　彭子赫　版式设计　郑小利
责任校对　郑　娟　责任印制　禹　蕊
三河市双峰印刷装订有限公司印刷
2023 年 2 月第 1 版，2023 年 2 月第 1 次印刷
787mm×1092mm　1/16；24.25 印张；583 千字；375 页
定价 149.00 元

投稿电话　(010)64027932　投稿信箱　tougao@cnmip.com.cn
营销中心电话　(010)64044283
冶金工业出版社天猫旗舰店　yjgycbs.tmall.com
（本书如有印装质量问题，本社营销中心负责退换）

前　　言

从开始利用冰晶石-氧化铝电解法生产金属铝至今已有130多年，铝电解工业发生了翻天覆地的变化。随着铝工业的不断发展，电解槽容量逐渐加大，铝电解测量与控制成为铝电解过程技术进步的关键问题之一。由于测量与控制技术与许多现代科学技术和基础研究密切相关，以及铝电解的高温、强腐蚀和大滞后等特点，目前铝电解过程测量与控制技术还落后于许多其他产业，如化工、机械等，也落后于铝电解工艺和产能的发展。本书主要总结多年来作者在铝电解测量与控制方面做的工作，希望对铝电解工作人员，以及从事检测和控制的工作人员有一点启示和借鉴。

考虑到铝电解领域的读者所掌握的测量和控制领域的基础知识有限，以及自动化相关领域读者对铝冶金了解不多，本书适当介绍了铝电解基础知识，也在利用某些控制算法时适当介绍了有关的基础知识，如小波分析、遗传算法等。本书的重点是介绍铝电解过程的测量和控制方法，特色是结合铝电解工艺来介绍测量技术和控制方法的应用，可供从事铝电解生产和管理、计算机仿真、测量技术、故障诊断和控制方法的技术人员、科研人员，以及相关专业高等院校师生阅读参考。

历时3年多，退休前匆匆忙忙完成了本书的撰写。需要感谢的人有很多很多，家人的理解和照顾，单位领导和同事的关心和帮助，实验室同学们的潜心钻研，提供数据和协助实验的铝厂领导和工人，生命中遇到的朋友和同行等。这里我要特别感谢我学习过程中的导师：大学毕业论文指导教师魏绪钧教授、徐秀芝教授，硕士论文指导教师李振家教授、查冶楷教授，博士论文指导教师刘业翔教授、梅炽教授、蔡祺风教授。他们的教导让我终生受益。

经过40多年铝冶炼方面的学习和工作，对铝冶金和检测控制技术有一定的认识，但水平有限，书中不足之处，恳请广大读者批评指正。

作　者

2022 年 9 月

目　　录

1 绪 论

1.1 铝电解生产过程概述

1.1.1 生产工艺

铝在地壳中的含量位于金属元素之首，占比约为8%。铝在自然界中分布极广，铝的化学性质十分活泼，自然界中极少存在自然铝，主要存在形式为各类矿物，包括泥土、明矾石、冰晶石等。金属铝由于具有质量轻、延展性好、耐腐蚀、导热导电性能良好等优点，使其在合金行业、制造业、交通、通信、军事、建筑等领域得到了广泛应用。

铝的研究和提炼工作直到19世纪初期才取得进展。1825年，丹麦科学家用钾汞齐还原无水氯化铝的方法首次得到了金属铝，开启了使用化学方法制铝的阶段。1886年，美国科学家霍尔和法国科学家埃鲁特相继研究出冰晶石-氧化铝熔盐电解法制取金属铝，宣告铝的生产研究进入了冰晶石-氧化铝电解法的新阶段。直至今日，这一方法仍是工业炼铝的唯一方法。冰晶石-氧化铝熔融盐电解法炼铝是以氧化铝为原料在铝电解槽内进行的。该法的基本原理是：在铝电解槽中，采用以冰晶石为主体的熔融电解质作溶剂，以氧化铝作为溶质，以炭素体作为阳极，以铝液作为阴极，通入强大的直流电流后，在900~950℃下，在两极（阳极和阴极）上发生电化学反应，阳极上逸出二氧化碳气体，阴极上得到液态铝，其过程为：

$$2Al_2O_{3(溶解的)} + 3C_{(固)} \xrightarrow{\text{直流电}} 4Al_{(液)} + 3CO_{2(一次气体)}$$

在强大的直流电流作用下，槽内熔体维持在900~950℃的正常电解温度。电解液的密度约为2.1g/cm³，铝液密度约为2.3g/cm³，两者因密度差而上下分层，两层的高度一般维持在15~30cm。电解质熔体上方有一层厚度可变的Al_2O_3覆盖层（结壳），槽膛侧部也有厚度可随槽内热平衡和物料平衡的变化而变化的电解质结壳（侧部槽膛）。槽膛内形的可变性既对槽内热平衡与物料平衡起一定的自调节作用，又为最佳槽膛内形的保持增加了困难。铝电解槽上的集气罩用于收集阳极气体，阳极气体经由烟道进入净化系统净化后，废气排入大气，回收的氟化物（载氟氧化铝）返回电解槽[1]。

随着反应不断进行，电解质熔体中的氧化铝、固体炭阳极不断被消耗掉，生产中需不断向电解质熔体中添加氧化铝和补充炭阳极，使生产得以连续进行。冰晶石在原理上不消耗，但在高温熔融状态下会出现挥发损失和其他机械损失，因此，电解过程中也需做一定补充。除此之外，还需向反应过程供给大量的电能，以推动反应向生成铝的方向进行。

铝电解槽是铝电解工业中的核心设备。铝电解生产由最初的电耗40kW·h/kg降低到现在的电耗约12kW·h/kg，电流效率95%以上。电解槽系列电流逐渐提高到目前的600kA。600kA电解槽采用"双补偿"方式母线装置，长宽比达到5.18，相比400kA电解槽增加

19.6%，相比 500kA 电解槽增加 10.0%；单位产能更大，更经济。采用 600kA 槽型比采用 400kA 槽型可节约投资 5%~10%，比 500kA 槽型可节约投资 3%~5%。预焙铝电解槽如图 1.1 所示。电解车间如图 1.2 所示。

图 1.1　铝电解槽

图 1.2　铝电解车间

自 20 世纪中叶以来，为实现企业生产高效低能耗，国内外铝电解工作者进行了长期、大量的研究工作。目前，先进的铝电解企业电流效率可达到 96%，吨铝直流电耗在 11000kW·h。吨铝直流电耗 W、平均槽电压 U、电流效率 η 的关系见式（1.1）[2]：

$$W = \frac{2981}{\eta} U$$

$$= \frac{2981}{\eta} \left(U_{Al_2O_3 分解电压} + U_{过电压} + U_{电解质压降} + U_{导体(阴极、阳极、母线)压降} + U_{其他(阳极效应)压降} \right)$$

（1.1）

预焙槽上的主要作业有：

（1）加料。即由计算机控制点式下料器动作，补充消耗的 Al_2O_3 和添加剂（AlF_3），以保持合适的物料平衡。Al_2O_3 浓度是主要的被控参数。若 Al_2O_3 加料过少造成 Al_2O_3 浓度过低则导致阳极效应发生，若加料过多（速率过大）造成浓度过高则导致槽底沉淀产生。这两种情形均导致正常槽况的破坏。

（2）调整极距。由于阳极的消耗速率与铝水平增高速率并不完全相等，加之槽膛厚度变化引起铝水平变化，需要由计算机控制阳极升降机构不定期移动阳极以维持合适的极距。通过极距调节工作电压是实现电解槽能量平衡的主要手段。

（3）换阳极。预焙槽的阳极由两排并列排布的阳极炭块构成，由于阳极参与电化学反应而逐渐消耗，消耗速率为 1.5~1.8cm/d，阳极不能长期连续使用，故需按一定秩序和周期由人工更换阳极（约每日更换 1 块）。

（4）出铝。随产出铝的积累，铝液水平不断增高，故需每过一定时间（如 1 次/日）由人工使用真空抬包将铝吸出。

在现代预焙铝电解槽上，上述的（1）和（2）项作业均由计算机控制系统实施自动控制，（3）和（4）项作业是在计算机监控下人工进行。

1.1.2 主要技术经济指标

工业电解槽最主要的技术经济指标是：电流效率、电能消耗、物料消耗和电解槽寿命。电流效率是当今铝电解生产最重要的技术经济指标之一[3]。电流效率是指在单位时间内，电解产出铝的实际质量与理论质量之比，即：

$$CE = \frac{W_{实际}}{W_{理论}} \times 100\% \tag{1.2}$$

$$W_{理论} = 0.3356 \times It \tag{1.3}$$

式中，I 为电流，A；t 为时间，h；0.3356 为 Al 的电化当量。

一般而言，比较好的预焙阳极铝电解槽平均电流效率为 95% 左右，由于存在不可避免的电流损失，电流效率很难超过 98%。目前，电流效率常用的测量方法有：CO_2/CO 分析法、示踪原子法和盘存法等。从理论上分析引起电流效率降低和能量消耗增加的原因主要有以下六个方面[4]：

（1）阴极析出的铝溶解到电解质中，被循环的电解质带到阳极空间为阳极气体 CO_2 所氧化，这是电流效率降低的主要原因。

（2）阴极析出的铝溶解到电解质中，被循环的电解质带到电解质表面，为渗入表面结壳的空气或结壳打开时的空气所氧化。

（3）钠的析出造成电流效率降低。一般情况下阴极上的产物为铝，但当氧化铝浓度很低、槽温又很高时，钠铝同时放电，析出的钠一部分被阴极内衬吸收，一部分被循环的电解质带到阳极空间为 CO_2 所氧化，或者在电解质表面被氧化。

（4）铝与炭素内衬反应生成 Al_4C_3，也会造成电流效率的降低。

（5）电流空耗，它包括：1）高价离子在阴极上不完全放电形成低价离子和其后低价离子在阳极上放电或被 CO_2 氧化成高价离子，即它们在阴、阳极间的循环氧化—还原反应过程；2）短路和漏电；3）电子导电。

（6）出铝时的金属铝损失。

物料消耗主要是氟化铝和冰晶石的消耗，这种消耗和工艺参数的设定相关。吨铝氟化铝消耗 30kg 左右。

电解槽寿命目前还难以预测，统计数据来看同一系列电解槽寿命差别很大，好的长达十几年，差的 2~4 年。

1.1.3　重要工艺参数

1.1.3.1　温度

温度是影响电流效率大小的最重要因素之一，电解质的温度变化对电流效率产生较大影响。目前，主流的铝电解槽大多采用相对低温的环境进行生产。所有对温度的研究结果表明，温度升高电流效率下降。在工业电解槽上，温度每升高 10℃，电流效率下降约 2%。温度升高，铝在电解质中的溶解度增大，溶解铝从阴极向阳极的迁移加快，布多尔反应加剧，溶解铝的氧化加快；温度升高也有利于钠的析出，所以温度升高电流效率降低是必然的。一般电解温度比电解质初晶温度高 6~15℃，所以必须设法降低初晶温度，才能降低电解温度。

1.1.3.2　电解质成分

现代铝电解的电解质溶液主要包括 AlF_3、LiF 和 Al_2O_3 等。具体来说，还不能明确一种最佳的电解质配方。不同的公司和铝厂几乎各不相同，都有各自适合自己生产情况的电解质组成方式。电解质成分决定了电解质的初晶温度，因而对电解质温度有着直接的决定作用。鉴于这两个工艺参数的紧密相关性，需要一道进行研究。降低电解质初晶温度通过改变电解质成分来实现，例如降低电解质摩尔比（即电解质中氟化钠与氟化铝的摩尔比），或者采用一些添加剂。锂盐对电解过程的影响比较复杂，含量较低时有利于改善电解条件，提高电流效率；含量超过 5%时电解质初晶温度降低，氧化铝溶解性能下降又会使电解条件恶化。

电解质摩尔比对电流效率的直接影响是一个有争议的课题，但大多数的研究结果都倾向于摩尔比降低，电流效率升高。然而低摩尔比电解质挥发较大，电导率低，Al_2O_3 溶解度和溶解速度低，这些在确定摩尔比时也须加以考虑。

在相当长的一段时间内，由于电解槽采取定时加工下料的操作制度，且烟气中的氟化盐不能回收返回生产，因此降低摩尔比受到了限制，多数铝厂一般适当降低摩尔比同时使用适量的添加剂（MgF_2、LiF、CaF_2 等）来综合改善电解质的性能。自从 20 世纪 80 年代以来，随着氧化铝点式下料和烟气干法净化装置的成熟和广泛应用，法国彼施涅铝业公司等在预焙槽上使用低摩尔比（2.0~2.2，不使用其他添加剂）的电解质取得了很高的电流效率，推动了这种以低摩尔比为主要特征的工艺技术在现代预焙槽上的广泛应用[5]。

我国预焙铝电解槽由于国产中间状氧化铝溶解性能差，烟气净化装置效率有时不高，长时间采用摩尔比 2.6 左右的较高摩尔比电解质进行生产，因此其电流效率一直很不理想。随着控制技术的开发应用，氧化铝浓度控制在较小的低浓度区域，适当降低摩尔比得到了较高的电流效率。

氧化铝浓度是生产过程的重要指标，氧化铝浓度的大小会直接影响到电解质的导电性（成反比），因此也会对电流效率产生影响。铝电解工艺理论上主张"四低一高"的生产标准，即低摩尔比、低电解温度、低氧化铝浓度、低阳极效应系数及相对较高工作电压。由此可见，氧化铝浓度是一个极其重要的工艺参数。

1.1.3.3　槽电压

一般来说，槽电压具体分为设定电压、工作电压和平均电压。由于工作电压与电解槽能量消耗息息相关，电解铝工艺尽量采用低电压，以避免过高的功耗，但低电压和高极距、高电流效率之间是矛盾的。

电压的稳定是铝电解生产稳定的前提。槽工作电压受多种复杂因素的影响，探讨主要工艺技术条件改变后，槽平均工作电压应该设置在怎样的范围是有意义的。槽工作电压的设定与极距和热平衡的关系最为密切。一些预焙槽铝厂曾开展降低电解质摩尔比的工业试验，但很难保持电解槽在低摩尔比下稳定运行。这固然与缺乏先进的控制技术有关，但另一个很重要的原因是没有掌握调整摩尔比与相应地调整其他工艺参数的关系，最突出的一个现象是，在大幅度地降低摩尔比时没有相应地改变槽工作电压。当摩尔比降低时，电解质电导率变小，另外，降低摩尔比的同时要求相应地降低电解质温度和氧化铝浓度，这进一步导致电解质电导率变小。如果还保持先前的槽工作电压不变，实际上是缩小了极距，而在工业电解槽上，极距从正常极距（4~5cm）每降低1cm，电流效率降低3%~4%，因此保持足够高的极距是取得高电流效率的前提条件。

我国预焙槽传统工艺的摩尔比约为2.6，设定工作电压约为4.0V，假如其他工艺参数基本保持不变，随着摩尔比的降低，设定工作电压应该相应提高才能保持极距不至于降低。摩尔比从2.6调整为2.5时，设定工作电压应该调整为4.05V；摩尔比调整为2.4时，设定工作电压调整为4.1V；摩尔比调整为2.3时，设定工作电压调整为4.15V。虽然工作电压的提高也有增大电耗的不利一面，但计算表明，电压每提高50mV，只要能使电流效率提高1%，则可维持吨铝电耗基本不变。此外，采用新的智能控制技术后，炉底压降将稍有降低，实际极距间的有效电压还将有所提高。另外，异常电压和效应分摊电压的减少可使槽平均电压增加的幅度小于槽工作电压的增加幅度。目前，国际上各大铝公司的一些预焙槽的槽电压差别很大，这说明各铝业公司的工艺技术条件是有较大区别的，不能机械地照搬某种工艺技术条件。另一个事实是，国外的槽电压数据显著高于我国传统工艺技术条件下的设定工作电压（4.0V），但电流效率和电耗指标却高于我国传统工艺技术条件下所取得的指标。这一方面说明传统工艺技术条件下虽然能保持较低的工作电压却不能获得理想技术经济指标；另一方面说明，要转变传统的工艺技术条件必须全盘考虑全部工艺参数的调整方案，例如降低摩尔比时，必须同时考虑升高工作电压、降低电解质温度（加强散热）、降低氧化铝浓度、降低阳极效应系数及调整其他工艺参数的综合方案。这些矛盾迫使铝电解要根据实际情况不断实现工艺技术条件的优化组合，确定电解槽在新型工艺技术条件下的操作、管理与控制策略。

1.2 铝电解技术现状

1.2.1 铝电解过程技术特点

铝电解过程技术有以下特点：

（1）数据难以采集。铝电解是一个多变量和大时滞性的过程，具有高温强腐蚀环境，测量成本高。许多电解槽内部参数，如炉膛形状、局部极距、阳极形状等难以测量。在这过程中产生的大量参数十分复杂多变。随着软测量技术水平的提高，虽然情况有所改观，但是一些数据采集工作仍然困难。也就意味着，采集到的数据会不可避免地存在误差情况。

（2）参数变量强耦合关系。铝电解生产是一个复杂的系统，包含数十种不同参数。

这些参数之间并不独立存在，而是互相影响，互为因变量。同时对于一些参数如摩尔比等很难直接进行测量，这也增加了铝电解生产管理及槽况分析的难度。铝电解槽是一个大滞后的研究对象，如果一些错误的生产决策或者不合理的安排没有及时进行修正，例如铝液高度控制不当，后果可能很久之后才会显现出来。一旦形成病槽，将造成重大损失。

（3）参数测量误差大。环境条件导致人工测量数据误差较大。常规数据，如温度、成分、铝水平数据误差可以达到10%。一些自动化设备自动录入的数据，由于各个参数采集频率的不同，也会导致参数参差不齐或者出现缺失情况。

（4）取样分析周期长。目前某些重要参数，如电解质成分、初晶温度，还采用采样离线分析。这样时间较长，第一天采样，第二天分析，第三天出结果。而3天时间电解槽状态已发生变化，测量结果很难起到评估电解槽状态的作用，对电解槽的控制和管理有影响。

（5）数学模型难建立。针对铝电解生产中的数据特点，很难使用简单的数学建模去提前预知某些参数，因此需要使用合适的工具对数据进行综合分析，以便工作人员正确指导铝电解槽的生产状态。由于过程的大滞后，输入作用需要数小时甚至数天才能在输出中反映，实验室仿真结果对生产指导意义不大，实际生产过程控制量的决策较困难。

（6）控制技术快速发展。铝电解过程的工艺变化不大，但相关技术快速发展，尤其是工艺过程计算机控制技术。近20年来有代表性的电解槽生产技术主要有：自适应模糊技术、九区控制、综合控制、三度寻优、全息控制、五低三窄一高、多维决策等技术。这些技术有过专门的报道，下面简单介绍作者所了解或参与的相关技术。

1.2.2 铝电解生产数据采集与集成

手持终端功能日益丰富，特别是移动上网、数据业务等新功能日益成熟，手持终端采集生产数据已经在很多工业领域得到了应用。但在铝电解生产领域，基于移动手持设备的生产数据录入仍然有待探索。北方工业大学根据电解铝生产现场实际需求，开发了数据采集系统，根据实时采集数据类型的不同共设置了用户登录、系统设置、数据录入、数据查看、数据分析、数据同步、照片管理、自定义、帮助9个主要功能模块[6]。

在这9个功能模块中，数据录入模块根据数据类型的不同和用户使用便捷的特点设计为3个用户界面。单数据项录入模块为两个用户界面，多数据项录入模块为一个用户界面。数据查看模块可以使用户对以往录入的数据进行查看、增加、删除、修改等维护。数据分析模块主要针对单槽单数据项历史数据进行分析，并使用图表等方法给用户展示出一个非常直观的分析结果。数据同步模块同样根据数据类型不同分为两种表同步模式，对于测量数据项可以进行上传、下载等联机操作；对于系统基本表，只能进行下载同步操作。自定义表模块允许用户自定义创建数据项或数据集表，将大大增加该系统的数据采集适应性。系统设置模块可以使用户根据不同的使用习惯进行人性化的设置。照片管理模块允许用户在生产现场拍下来槽况照片，并添加备注说明保存在数据库中，或上传至服务器使远程管理人员结合数据更加直观分析槽情况。帮助模块提供该系统使用说明帮助和技术支持信息等。生产数据采集中各模块之间的关系如图1.3所示。

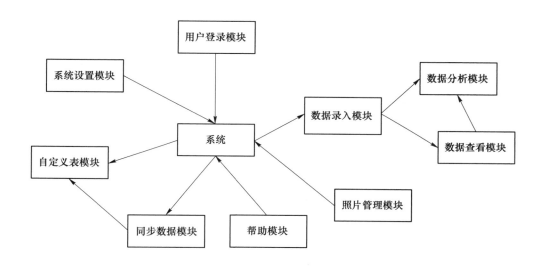

图 1.3　生产数据采集软件各模块关系图

1.2.3　铝电解多维分析系统

多维分析技术近年来被广泛运用于数据分析领域。铝电解生产数据多维分析子系统对铝电解生产数据从各个角度、各个侧面进行分析，将铝电解企业生产数据报表中隐藏的许多重要信息展示给生产管理人员。此外，通过融入统计过程控制方法（statistical process control，SPC）将导致生产过程发生变化的原因以多角度的形式呈现给工艺技术人员，使管理人员能够预测、控制、指导生产。

铝电解槽生产数据多维分析系统基于动态数据集市和元数据库实现后台管理程序和前端展示程序两部分。其中后台管理程序主要针对元数据库完成工艺参数、连接信息、分厂、车间、工区、停开槽的维护，前端展示程序则通过 ActiveX 多维分析控件得到客户请求的分析主题数据，利用图控件和表控件将分析数据以各种图表形式展示出来，具有如下功能特点[7]：

（1）与企业生产网、ERP 等系统无缝相联，可以方便地获取电解生产各种数据，包括槽控机上传的控制数据、人工测量数据、化验数据、生产决策数据等。

（2）动态生成各种日、周、月、季、年等统计报表。

（3）以图、表方式，展示并分析槽、工区、车间、分厂在一段时间内的工艺参数变化趋势，寻找最佳的工艺参数搭配和电解槽槽况变化的规律：

1）生成移动平均、指数平均线、曲线平滑线、曲线回归线等曲线。

2）单因素统计分析（方差、偏差、众数、中位数等）。

3）双因素统计分析（相关系数、协方差、平方误差等）。

4）提供效应图、帕雷托图、双帕雷托图、箱线图等分析工具。

5）能快速将上万条电解数据导入 Excel 中进行进一步分析。

6）进行横向报表分析。

（4）提供多种辅助决策手段：

1）提供当日决策功能，挑选工区长感兴趣的或急需处理的电解槽。运用已生成的决策、考核标准，评价哪些槽的工艺参数当天的数据与标准值差别比较大，由此帮助工区长快捷地找出当天和前一天工艺参数波动大的电解槽。

2）提供两日决策功能，运用已生成的决策、考核标准，评价哪些槽的工艺参数今天和昨天的数据处于波动比较大的状态（根据所选标准包含的参数信息以及每个参数的级别信息来决定），由此帮助工区长快捷地找出当天工艺参数波动大的电解槽。

3）利用当日数据决策出铝量、设定电压调整量和氟化盐添加量。通过用户定义好的规则库，利用当天的工艺参数测量值推理得出结论，指导验证生产过程。首先运用已生成的决策、考核标准生成规则库，此操作只有计算站管理员在后台程序中完成。而后利用规则库进行推理决策。

4）提供基于多维分析的 SPC 控制图，通过定义判异规则，发现生产异常，及时处理，实现标准量化管理。SPC 标准量化模块仅针对单个工艺参数的分析，一般应由计算站管理人员设置要考察的工艺参数使用的 SPC 准则、各准则的 K 值、分组大小、规格线、控制线等与 SPC 理论密切相关的参数。

5）通过计算潜在过程能力指数和过程能力指数，及时调整生产过程及参数，确保生产过程能力指数满足标准量化的要求。

以上功能，均可以通过下挖（如从月下挖到天、时、秒级数据）和上钻（如从天到周、月、季、年级数据）操作，发现问题、分析问题、解决问题。另外，可以随时比较各工区、车间之间的差距，包括效应情况和电压摆等指标；比较各槽之间的差别，分析同一台槽、同一工区、同一车间的几个指标的相关性，如设定电压、工作电压、平均电压之间的关系等，随时掌握电解槽生产过程，使生产管理从 MIS 一级上升到 OLAP、多维分析层次上来。

1.2.4 铝电解数据挖掘

铝电解数据挖掘子系统以生产参数序列的相似性为依据对电解槽进行聚类，并实现了基于电解槽类别的特征提取方法，进而依据聚类参数的特征提出了电解槽最优序列的概念及其挖掘算法，为实现电解槽群体向更优的状态跃迁提供了决策依据。

系统基于 C/S 结构，用户所有的操作与管理均在客户端进行，不同用户有不同的权限，根据各自权限显示不同的界面。为了更好地控制系统及划分权限，系统分为配置用户、分厂用户、车间用户、工区用户和查看用户几个角色。系统所有功能均以模块化方式实现，针对不同的角色建立不同的用户，从而实现根据用户角色的不同得到不同的操作权限。系统主要功能模块上分为：基础数据维护模块、系统参数配置和数据挖掘模块。系统的功能模块如图 1.4 所示[8]。

1.2.5 铝电解六西格玛项目管理

1.2.5.1 六西格玛项目管理的主要技术方案

（1）基于 Web 的方式，项目组成员在网络上进行项目的开发、汇报与总结等工作。

（2）将六西格玛项目按工程/项目统一由计算机来管理。

（3）实行标准化的管理模式，为企业建立标准的六西格玛实施模型，同时也允许企业用户建立自己的六西格玛实施模型。

（4）借助工作流技术将六西格玛项目按照六西格玛实施流程进行管理，在六西格玛项目实施的每个流程中，都详细记录需要做的工作、需要的资源、改善指标的现状、需要的数据、分析工具、分析过程等。

（5）将六西格玛项目所涉及的生产数据和分析工具统一管理，得到的阶段性分析结果等项目轨迹也进行保存。由于数据已集中存放在网络数据库中，因此，在分析过程中不必再担心取数据的烦琐和不便，从而解决了与企业信息系统无缝连接的问题[9]。

1.2.5.2　系统的总体结构

六西格玛项目管理系统的功能菜单如图 1.5 所示。

1.2.6　铝电解槽"三度寻优"控制技术

1.2.6.1　概述

中铝广西分公司与中铝国际贵阳铝镁设计院共

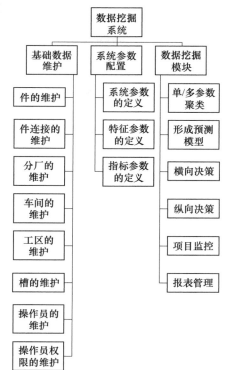

图 1.4　系统主要功能模块

同开发出了铝电解槽"三度寻优"技术。铝电解槽"三度寻优"技术，即铝电解槽的物料平衡和能量平衡的控制，其核心为电解质温度、电解质初晶温度和过热度（简称"三度"）的协调控制。"三度寻优"控制技术是以计算机为核心对电解槽的电解质温度、电解质初晶温度和过热度进行控制而形成的一套标准化生产管理模式。它实现由计算机动态智能寻找铝电解"三度"的合理区间，减少电解生产过程中的人工干预、降低生产人员的劳动强度，使电解槽工作在高效率的"临界态"，进一步提高铝电解槽的电流效率，降低能耗、降低效应系数，提高大型预焙槽炼铝的能量利用率。铝电解槽"三度寻优"技术，首先是对电解槽的电解质温度、初晶温度和过热度进行寻优，确定出电解槽最"佳"的电解质温度、初晶温度和过热度，然后再开发"三度"控制软件。

1.2.6.2　电解槽"三度"控制

由于电解质初晶温度或过热度无法在线检测，为了控制，开发出了电解槽过热度的模拟计算法。即过热度与电解槽噪声、氧化铝下料量、氟化铝下料量、电解质温度等参数存在着一定的数学关系，也就是通过电解槽噪声、氧化铝下料量、氟化铝下料量、电解质温度等参数来评判电解质过热度大小，从而确定出电解槽所需添加的氟化铝量，实现了电解质过量的氟化铝的准确稳定控制，即电解质摩尔比的稳定控制[10]。

电解质温度的控制采用的是根据检测的电解质温度值，通过槽工作电压、电解槽的出铝量的调控来实现的，"三度"控制工艺模型如图 1.6 所示。

在电解槽中采用三级噪声控制技术，以确保电解槽的稳定性。电解槽的噪声与电解槽稳定性存在着一定的关系。即电解槽的噪声越小电解槽的稳定性越好，电解槽的噪声越大

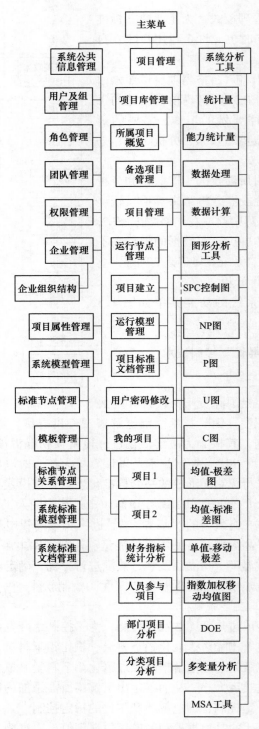

图 1.5　系统功能菜单

电解槽的稳定性越差。但是电解槽的噪声并非越小越好，电解槽噪声过小电解槽的电流效率也越低。某厂电解槽的噪声控制在 23mV±2mV 最好，能够取得高电流效率。

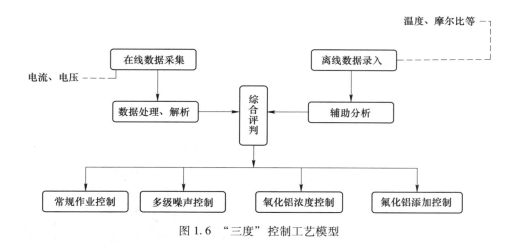

图 1.6 "三度"控制工艺模型

1.2.7 阳极开槽及低效应控制

1.2.7.1 阳极开槽技术

铝电解时会在阳极释放气体,它们一方面与阳极炭结合,降低阳极寿命;另一方面又会附在阳极表面,会部分地隔断阳极与电解质接触,减少铝的产量。附在阳极侧面上的气体易于释放,而底面上的气体则很难释放排出,需要采取其他措施使其释放。

A 开槽的优点

(1) 阳极底部开槽促进了阳极气体向外界的排放,减少了其在阳极底部的停留时间和阳极底部气泡覆盖率,有利于减少气体压降,从而有利于降低槽电压,达到节能降耗目的。

(2) 阳极底部开槽不仅可促进阳极气体向外界排放,还使电解质流速有所减小,有利于保持电解质流场的均匀与稳定,有利于电解槽内传质传热,有利于减少阴极铝液与阳极气体发生二次反应的机会,从而有利于提高电流效率。

(3) 阳极底部开槽能够使气泡在阳极底部停留时间减少和改进电解质流场,从而有利于降低阳极效应系数。

(4) 阳极底部开槽可以减小流体在阳极周围流动的阻力,使流体运动更加平稳。

(5) 阳极底部开槽能够使侧部热量更快传导到中部,减少电解槽的红炉帮,有利于电解槽炉帮形成。

B 开槽方法

a 模具成型开槽

图 1.7 所示为烘焙前在炭块上压出沟槽,图 1.8 所示为电解中的开槽阳极,此法有以下缺点:(1) 新的炭块阳极相当脆,也不容易获得满意的烘烧效果;(2) 在成型压力作用下,间距有增大倾向,从而使阳极材料空隙不均匀,最终对电流效率不利;(3) 压制槽沟会宽一些,空间距离也大些,有效表面积比切削沟槽的少一些;(4) 炭块质量略差些,因而阳极寿命会略短一些;(5) 在烘焙过程中,焦炭会黏附于槽沟表面上,不易清理,同时需对阳极炭块侧面与组装孔做必要的清理;(6) 对沟槽参数不能调整。

在阳极上切削开槽的效率决定阳极尺寸及沟槽形状，单效率很高，可达40~50块/h。沟槽斜度也易调整，通常的坡度为1:10，相当于6°左右。槽的深度一般为300~400mm，宽度10~15mm，宽度适当地窄一些，可使炭的利用率最大化[11]。

图1.7 模具成型开槽　　　　　　　　图1.8 开槽阳极

b 开槽机开槽

开槽机开槽有多个圆盘锯，安装在一根通用的轴上，由齿轮电机转动。电机功率大小取决于开槽的尺寸及深度。锯的下方有漏斗，收集锯下的切屑，在锯的上方有一法兰，用于固定抽吸机，它既可以单独使用也可以是阳极清理机的一部分。开槽后由液压杆将其推入贮藏区内，也可以由电机转动的皮带运输系统运于贮藏区内，然后装到运输车上。锯盘更换既快又方便，不需要拆卸传动轴。切槽时阳极温度不得超过300℃，而工作场所的温度可在0~50℃。在这种情况下，锯盘的寿命可切15000块阳极的槽。

1.2.7.2 低效应控制

现代电解槽氧化铝控制战略是根据监控槽电阻来实现氧化铝浓度控制，通过欠量、增量等加料周期的巧妙处理，使电解槽电阻和下一次减量加料时理论槽电阻相接近。电解质欠量期间随着槽温升高，电解质中氧化铝逐渐溶解。电流效率随着槽温升高而降低。这是由于欠量加料期间，在铝液和电解质界面存在一个氧化铝结壳层，从而引起槽电阻的变化，随着欠料期间电解质温度的变化，氧化铝随时间在不断消耗。因此，氧化铝随时间变化量和下一次加料速率、系列电流、电流效率有关，如控制不好，将在炉底形成沉淀和结壳。

A 电压针振自动识别原理

实际观测发现，不同原因导致的槽噪声表现出不同的特征。首先，针振频率不同是阳极原因，频率一般高于0.15Hz，而铝液原因频率一般低于0.05Hz。其次，电压针振的规律性和曲线的均匀性相差较大。依据它们的针振特征，在出现噪声时，立即提高采样频率，计算单位时间（为准确起见，以每分钟的计算结果表示）出现的波峰及波谷数，以确定频率特征。同时连续累加相邻峰谷的电压差值，以确定曲线的规律性特征。实验表明，两种特征相结合能较为准确地反映针振原因。图1.9所示为两种针振特征。在电解槽出现噪声后，系统立即开始跟踪，数分钟后，将两特征值显示在槽控机面板上。操作者通过两特征值范围即可判断噪声原因。

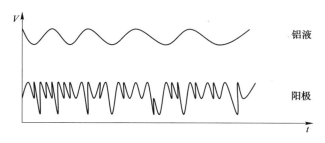

图1.9　两种原因所致噪声特征

B　电解槽槽压波动自动处理

电解生产过程中时常出现较大的电压波动。对于由槽自身原因引起的波动，处理方法一般是将阳极提高，增大极距，保持一定时间的高电压，而后降回原电压。波动处理过程如图1.10所示。

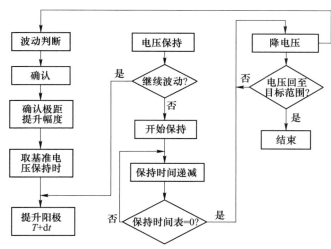

图1.10　电压波动自动处理过程

C　效应预报

采用电阻斜率预估方法进行效应预报。在效应发生前5~20min进行预报，以便采取必要的效应预报控制，抑制非计划效应的发生，摸索出铝电解槽表观电阻与氧化铝浓度之间的关系曲线，建立氧化铝浓度模糊控制模型，实现铝电解槽按需下料，保持一个恒定的少量氧化铝定时添加，可以稳定电解槽的热平衡，降低阳极效应系数。同时开发槽况自诊断、极距调整、设定电压自修正、阳极效应预报等模型。

1.2.8　九区控制

电解质的过热度对生产过程的影响可总结于图1.11[12]。

目标区——A 区：电解质的摩尔比为 2.1~2.2，假如电解质中仅含有 6% 的 CaF_2 和 3% 的 Al_2O_3，则电解质的初晶温度的范围为 945~955℃。如果过热度保持在 10℃ 左右，则电解温度可控制在 955~965℃ 的范围内。在 A 区，电解槽比较稳定，氧化铝溶解性较好，电流效率较高。

非目标区——B、C、D、E 等区域：当电解质的初晶温度处于 C 区和 D 区，电解槽的过热度大于 15℃，电解槽的侧部炉帮难以形成，阴极连接处没有任何保护，阴极隆起、槽壳变形，容易造成侧壁早期破损或漏槽。

如果电解质的初晶温度处于 B 区和 E 区，此时电解质的过热度不超过 15℃，电解槽的侧部可形成稳定的炉帮。B 区电解温度较高，电解槽比较稳定、易控制，更易发生阴极泄漏危险。E 区电解质摩尔比较低，电解槽的热稳定性差，电解槽很难控制。氧化铝的溶解性能变差，槽底沉淀增多，并且有可能形成难处理的结壳。

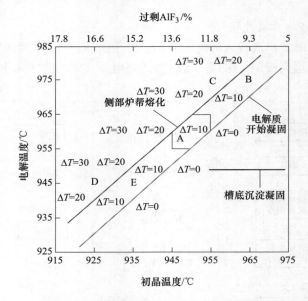

图 1.11 电解质的过热度对生产过程的影响

通常认为较低的电解质温度可以得到较高的电流效率，这跟电解槽的稳定性有关；然而过热度比电解质温度更重要，过热度小，电流效率高，过热度增加 10℃，电流效率降低 1.2%~1.5%。

1.2.8.1 初晶温度和电解质成分关系

向电解槽添加氟化铝的主要目的是降低电解质的初晶温度，同时所产生的积极的副作用是降低了金属的溶解性。所有的成分都会影响到电解质的初晶温度，然而一些铝冶炼厂通过定期的取样分析只分析 AlF_3 和 CaF_2。当 LiF 被作为添加剂使用时，它的浓度必须密切跟踪，因为锂会与金属共沉积且锂盐非常昂贵。其他成分的影响，如 Al_2O_3、MgF_2 和 KF 也需要估计。杂质（如 Al_4C_3）和溶解的铝的影响也没有提到，假定这些成分对初晶温度的影响是稳定的。

电解质初晶温度与电解质成分的关系可计算如下：

$$T = 1007.625 - 2.675w(AlF_3) - 4.834w(Al_2O_3) - 3.292w(MgF_2) - 2.906w(CaF_2) -$$
$$0.250w(AlF_3)w(Al_2O_3) - 0.033w(AlF_3)w(MgF_2) - 0.025w(AlF_3)w(CaF_2) -$$
$$0.528w(Al_2O_3)w(MgF_2) + 0.229w(Al_2O_3)w(CaF_2) - 0.166w(MgF_2)w(CaF_2)$$
$$(1.4)$$

式中，w 为质量分数。

取摩尔比为 2.3（过剩 $w(AlF_3)$ 为 10.8%），$w(MgF_2)$ 为 2.5%，$w(CaF_2)$ 为 6%，$w(Al_2O_3)$ 为 2.5%，由式（1.4）计算可得初晶温度为 929℃；取摩尔比为 2.4，其他成分相同，计算可得初晶温度为 935℃。因此，如果采用的电解质摩尔比为 2.3~2.4，考虑 10~15℃ 的过热度，电解温度的理想范围应为 940~950℃。

电解质不确定的因素来自 Al_2O_3 和 AlF_3 浓度的变化。添加 AlF_3 可以降低初晶温度，通过槽控机程序能够确保一个较窄范围的 AlF_3、Al_2O_3 浓度，但是也难免会发生阳极效应和炉底会产生沉淀。

1.2.8.2 过热度控制

在 20 世纪末，已采用新型的统计过程控制模型来估计氟化铝的需求量以减少电解温度和电解质化学成分的波动性。这个模型使用电解质成分的化学分析并修正时间的滞后因素（所加入的氟化铝与电解槽内电解质成分的反应）。氟化铝添加量的数学模型由以下的方程式计算：

$$F = F_0 + k_t(T_{测量} - T_{目标}) + k_c(c_{AlF_3-目标} - c_{AlF_3-测量}) \tag{1.5}$$

式中，F_0 为氟化铝基础加入量（与槽龄、电流和氧化铝分析有关）；k_t，k_c 分别为温度和电解质成分的修正系数；c 为电解质浓度。

式（1.5）右侧第 2 项和第 3 项用于适应测量的电解温度和电解质成分。

原则上，在现代工艺上 AlF_3 的需求量与槽龄、使用的阴极块类型、电流强度、气体收集率和氧化铝质量有关。小心调整氟化铝加入量是用来补偿电解质成分的变化。每台槽每天有一个氟化铝加入量的最小值和最大值被引入到模型。Heraeus Electro-Nite 消耗型过热度传感器的应用，使过热度可以很容易地被测量出来。过程控制模型的基本思路是通过电压的调整维持电解槽能量平衡，决定氟化铝的加入量、槽电压变化和其他干扰对热量-物质平衡的影响。根据这些测量数据，设定模型里的常数。

1.2.8.3 "三度"控制实践

基于对电解质温度、液相线温度、过热度和阴极压降的常规测量，并将测量结果应用到九区控制模型中。首先判定电解质温度、液相线温度和过热度是如何被控制的。主要的控制工具是通过对极距的调整（即调整电压）来调整电解质温度在指定的控制范围内。液相线的移动可通过结壳的动态变化来预测。电解质温度与目标温度偏差越大，电压调整就越大。次要的控制工具是根据液相线温度移动加权平均值变化来调整 AlF_3 加入量，这是因为此时由于电解质温度和过热度的限制不可能调整槽电压。先选择一个目标电解质温度并且设定控制限度在这个目标范围内。还要选择一个目标液相线温度加权平均值（基于 4 点测量）并且设定控制限度在这个目标范围内，使用液相线温度加权平均值而不是实际的液相线温度，因此化学添加剂的用量是根据电解槽的变化趋势而不是实际的测量。这样避免了化学添加剂短期内大的波动对电解槽的过度反应所导致的超过目标控制限度和破坏电解槽稳定性的后果。

阴极压降的测量可用作槽底沉淀物和底部结晶形成的早期报警。如果电解操作是在较高的 AlF$_3$ 水平下进行的,沉淀物和底部结晶现象极有可能发生。每四天一次的测量频率通常能满足要求。在实施这个模型之前,需要确定氧化铝下料、阳极作业、出铝、电压调整和氟化铝加入量对电解质温度、液相线温度和过热度的影响;并且通过过热度九区控制,将过热度平稳地控制在 6~10℃;不仅炉帮形成完好,而且炉底压降可以长期地保持不变,从而为无效应管理奠定了基础。

1.2.9 预测模糊专家系统

预测模糊专家系统由数据输入预处理、优化规则库、常规规则库、模糊推理机、过热度计算、数据库及数据输出预处理等部分构成[13]。其基本结构如图 1.12 所示。

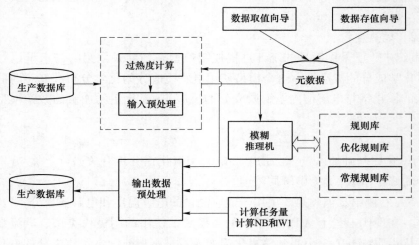

图 1.12 模糊专家系统的基本结构
NB—间隔下料;W1—出铝量

铝电解槽模糊专家系统包含下列四个模块:(1)槽况自诊断。综合考虑最近若干天的运行参数及技术指标,对电解槽的槽况进行诊断,如正常槽还是异常槽,是何种异常槽或有病槽的趋势,并通过对出铝量、氟化铝量、设定电压进行调整,达到对槽况的调理与维护,诊断结果一方面以网上发布和报表形式提供给现场操作管理人员,另一方面供决策模块使用。(2)决策量自修正模块。综合考虑前一阶段技术条件变化情况、当前槽况等,判断出今日各槽适宜的决策量(设定电压、氟化铝添加量、出铝量),通过网络自动下发至槽控机,实现自优化调整。(3)工艺参数优化模块。随着槽况的变化,系统工艺特性也在变化,如炉别基准等一系列参数,通过对槽工艺参数的优化,一方面指导专家系统自适应槽况的变化(长期),一方面也使下位机(槽控机)的控制参数进行不同程度的自修正,上下配合,取得较好的综合控制效果。(4)过热度自适应模块。根据决策量预测的过热度和实际测量的过热度的差值,修改相关规则,使过热度的控制规则具有自适应功能。

1.2.9.1 数据预处理模块

从局域网上采来的各种数据(槽控机控制数据、物理场动态综合仿真数据、化验数据等）并不一定能直接使用，如电解温度在铝电解模糊知识库中并不直接使用，而是使用电解温差（电解温度减去炉别基准）、五日温趋等变换后的数据。另外，模糊专家系统推理出的数据大部分是差值，但在发布到网上或下发到槽控机时可能是实际值，这就需要在输出前进行各种计算，因此，需要铝电解槽模糊专家系统数据预处理程序。为了能够灵活地由用户定义数据的处理方式，也需要数据取值智能向导和数据存值智能向导。

（1）数据取值向导。首先定义数据库的连接方式，如数据库种类、连接源、服务器名、用户名、口令、数据库名、取值字段等，然后定义计算的公式，如计算差值、平均值、差值平均值，计算差值的方式，取多少天数据，是否加权，权值大小，取值前是否执行存储过程等。这样，用户可以对每一个要取的数据进行一系列的推理前的计算，甚至同一个数据可以以不同的数值作为不同的考虑因素进入专家系统。

（2）数据存值向导。定义存值后是否执行存储过程等。这样，用户可以对每一个专家系统推理的结果进行变换，从而直接指导生产。当定义好数据取值向导和数据存值向导后，专家系统在推理时首先由输入预处理软件按照数据取值向导的定义从网上拿到所需的数据，分别进行计算，形成推理数据，供模糊专家系统进行推理。模糊专家系统在推理结束后，输出预处理软件按照数据存值向导的定义将输出数据进行各种计算，如加标准值、加昨日值等，并将计算后的数据发至数据库中。

1.2.9.2 模糊推理机的开发

为了使同一套模糊专家系统规则对不同的槽或同一台槽的不同时期适用，构建了变论域专家模糊推理机。在构建专家系统时，由用户定义专家系统的每个输入、输出因素的标准值、模糊论域的左值（最小值）、右值（最大值），然后定义每台槽的每个输入、输出因素的标准值、最小值和最大值。

通过在推理机中加入推理前映射和推理后映射，使得不同的槽，即使输入同样的数据，但由于每个因素的标准值不同（差值也不同），最大值、最小值不同，导致进入专家系统中的数据就不同，会触发不同的专家系统规则，从而得到不同的输出结果，再进行推理后的反映射，发送到网上数据库的数据就会大相径庭，从而增加了模糊专家系统的智能性和适应性[14]。

1.2.9.3 模糊专家规则库的开发

模糊专家系统的规则库分为两部分，一部分为优化规则库，一部分为常规规则库[15]。

（1）优化规则库。优化规则库是一类特殊的规则库，其输出结果分为三类：某因素的标准值的增量、最小值的增量、最大值的增量。若系统有 10 个因素（输入加输出），则优化规则的结论可以有 30 个。专家系统在推理时，首先使用优化规则库，并以优化推理后的结果对此槽的各个因素的标准值、最大值、最小值等进行修改，以此达到模糊专家系统规则库自适应各槽的变化，从而使同一套规则可以适应同一台槽的不同时期。

（2）常规规则库。系统正常运行时的规则库，规则的条件可以是以下的几种：输入符号、输入数据、中间件、输出符号、输出数据。规则的结果可以为：中间件、输出符号、输出数据。其中中间件是用规则推出的中间结果，既不是输入，也不是输出，引入中间件的目的是减少规则的数目，同时将规则库利用中间件形成规则的树型目录。

1.2.9.4 多维决策和综合优化的设计与实现

多维决策系统设计实现与企业控制系统网无缝衔接，利用现有控制系统生成的数据进行多维决策并及时将决策结果反馈给控制系统。由于系统侧重于利用过热度、电解温度进行决策，因此整个系统分为数据智能输入向导、过热度计算、输入数据预处理、模糊推理机、NB 和 W1 间隔计算、输出数据预处理、数据智能输出向导等几大模块。

系统主要利用电解温度、过热度、铝水平三个参数对每日的设定电压、氟化铝量、出铝量等三个参数进行推理决策，另外，结合电解工艺理论对 NB 和 W1 间隔进行估算。由于企业测量系统的不准确性及测量周期过长，因此过热度这个参数需要每日计算，用测量值来修正计算值。

1.2.10　智能多环协同优化控制

中南大学开发了与新工艺技术相配套的智能多环协同优化与控制技术[16]。智能多环协同优化与控制技术是为实现"五低三窄一高"新工艺而开发的。在这种新工艺条件下，电解槽能实现低电压、高电效、低效应运行的状态点是一种介于"稳定"与"不稳定"之间的临界点。换言之，新工艺条件使电解槽走向高效低耗运行的同时，也使电解槽走向对工艺参数变化及噪声干扰极度敏感的"临界状态"。因此，开发能使电解槽在"临界状态"附近长期稳定运行的新型控制技术就变得十分关键。为了获得理想的控制效果，必须得考虑电解槽物料平衡、能量平衡及磁流体运动稳定性这三个环节的相互耦合关系。在临界状态下，随着状态可控空间的缩小，这种耦合关系尤为明显，传统控制策略没有涉及这方面的内容，但临界状态下的控制技术却无法回避这个问题。当下料控制策略出现偏差导致系统物料不平衡时，会破坏炉膛形状导致体系能量平衡的破坏，进一步加重物料的不平衡，也会造成磁流体稳定性的破坏，槽况更加不稳定。临界工艺条件下，阳极气膜电阻变化产生的噪声干扰严重，将严重影响电解槽的稳定性，势必会影响控制系统对下料及电压调节的判断，造成控制偏差，最终导致体系物料和能量的不平衡。新的控制策略需要综合考虑上述三个环节的耦合作用。智能多环协同优化控制算法如图 1.13 所示。

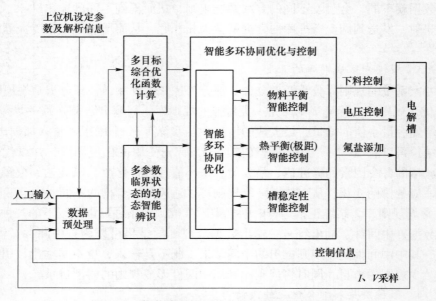

图 1.13　智能多环协同优化控制算法的基本构成

1.3 铝电解的主要问题及发展趋势

1.3.1 铝电解的主要问题

铝电解的主要问题有：

（1）电解过程局部动态性能欠佳。大滞后的动态系统局部动态性能是过程控制的永恒话题。铝电解槽根据槽龄的不同、原材料的变化、阳极不同位置的消耗、炉帮的消涨等，控制策略应该有对应的调整，目前的操控机还需要进一步改进。

（2）过程故障诊断和预测。过程动态故障诊断和电解槽状态的预测对于下一步电解槽的管理非常重要，有些电解槽因为不能正确预知电解槽的状态，缺乏合理的提前调整控制策略，导致故障发生。

（3）参数的在线检测。高温强腐蚀体系参数测量成本较大，尤其是过热度和电解质成分等重要参数的测量或分析结果滞后对生产过程控制影响很大。

（4）大型电解槽的物理场动态耦合与电解槽稳定性。一方面大型电解槽的设计要求物理场的计算准确，另一方面在铝电解生产过程动态物理场对生产过程的稳定性影响很大。例如炉帮和局部沉淀影响电流分布，对流场改变较大，严重影响电流效率。

（5）基于低温高锂盐的最优工艺参数配置。对于高锂盐、高钾盐的电解质，必须要有对应的工艺参数配置。电解温度和极距与传统电解工艺不同，其他工艺条件也必须随之变化。现有的电解槽设计要适应这种电解质体系，只能在工艺参数配置上最大程度优化。

（6）标准化和人性化的管理机制。电解槽有普遍使用的操作规则，每个电解槽也有它的特殊性。普遍真理和具体实践相结合的管理制度才是正确的管理方式。同一车间不同电解槽的指标相差很大，优良电解槽的类推很重要。现场技术人员的理论和实践知识需进一步提高。

1.3.2 铝电解的发展趋势

铝电解的发展趋势为：

（1）虚拟现实的数字化电解槽。铝电解、5G 和计算科学相结合，不久的将来虚拟现实的数字化电解槽会呈现在管理层的办公室。电解槽的各个部位的参数（电流、温度、流速、浓度等）将很清楚地显示，或许还能显示下一时刻的变化。这对于电解槽的管理提供全方位信息，真正实现全方位的精确控制。

（2）数据驱动的动态优化控制系统。由于数据记录的不断完善，用数据分析代替人的经验，管理越来越不依赖专家的管理经验，而是细化数据的分析和处理，因此，历史数据中隐含的规律将会被提炼出来驱动事件的发展。但过去的永远不能代表现在和将来，历史数据隐含的规律结合现实电解槽的动态优化算法必将诞生。

（3）基于铝电解物理化学过程的控制模型研究。机理模型一直被认为是控制的最佳模型，铝电解过程目前还没有可以用于控制的机理模型。随着算法科学和铝电解过程物理化学过程的进一步研究，逐渐建立能用于控制的、基于物理场理论、电学理论、物理化学理论、控制理论等多学科理论的描述铝电解过程模型有望导出。

（4）基于新材料的电解槽设计。电解槽内部材料采用以炭块为主，外部以钢结构为主，高温强腐蚀导致电解槽寿命有限。随着新材料的研究应用，将会有一种基本不变的铝电解槽产生，免去电解槽大修的苦恼。

（5）新的炼铝方法的开发研究。前人研究过不同的炼铝方法或不同的电解质体系，由于存在各种问题没有得到应用。随着相关科学技术的发展和进步，新的炼铝方法，或新的电解质体系，必将是人们期待的。

（6）网络化远程管理系统。随着自动化程度的提高或全自动化电解槽的管理，车间无人化或机器人操作，技术人员通过远程监视、手机遥控会在近期实现。

（7）综合社会效益和经济效益的最优电解槽管理。社会效益目前在以工厂为单位的成本核算中考虑不多。随着环境治理、废物和废气等的综合利用，充分考虑电解槽大修的废物综合回收、有害气体排放、温室效应等的综合指标在内的技术工艺条件将会得到论证。另外，科学技术的进步，铝电解测控水平的提升，不能导致工人失业，而应该减轻劳动强度，提高人民福利待遇。

（8）能量综合利用。铝电解过程能量效率约50%，由于铝电解过程的高温强腐蚀，能量输入方面的节能降耗十分有限。要进一步提高能量利用率，能量的综合利用就是一个很重要的课题。从理论上来说，电解槽的烟气和侧部散热可以很好地回收利用。随着热交换技术的发展，碳中和任务的迫切，铝电解能量的综合利用将有广阔的市场。

参 考 文 献

[1] 刘业翔，李劼. 现代铝电解 [M]. 北京：冶金工业出版社，2008.

[2] 邱竹贤. 预焙槽炼铝 [M]. 北京：冶金工业出版社，2005.

[3] GRJOTHEIM K, KROHN C, MALINOVSKY M, et al. Aluminum Electrolysis [M]. 2nd. Dusseldorf：Aluminum-Verlag, 1982.

[4] 冯乃祥. 铝电解 [M]. 北京：化学工业出版社，2006.

[5] K. 格罗泰姆，H. 克望德. 铝电解导论 [M]. 邱竹贤，王家庆，等译. 沈阳：轻金属编辑部，1994.

[6] 李晋宏，曹丹阳，林满山，等. 铝电解槽生产智能系统研究 [J]. 冶金自动化，2008 (5)：1-6.

[7] 李晋宏，闫鹏，曹丹阳，等. 铝电解槽生产数据的多维分析系统 [J]. 北方工业大学学报，2002，14 (1)：61-65.

[8] 铁军，朱旺喜，吴智明. 数据挖掘技术在铝电解生产中的应用 [J]. 有色金属，2003，55 (1)：56-59.

[9] 林满山，杨永辉，苏志同. 基于工作流的六西格玛分析系统研究与实现 [J]. 计算机光盘软件与应用，2015，18 (3)：80-82.

[10] 虎小飞. 浅谈"三度寻优"电解控制技术 [J]. 中国金属通报，2018 (12)：108，110.

[11] 任必军，王兆文，石忠宁，等. 大型铝电解槽阳极开槽试验的研究 [J]. 矿冶工程，2007 (3)：61-63.

[12] 任必军，李晋宏，张廷安. 300kA预焙铝电解槽温度和初晶温度的自适应模糊控制 [J]. 中国有色金属学报，2007，8：1373-1378.

[13] 曾水平，姜晓聪，曲亚鑫，等. 铝电解过程的多维决策系统 [J]. 计算机测量与控制，2013，21 (10)：2783-2785.

[14] 李晋宏，冷正旭，席灿明. 模糊控制和模糊专家系统技术在大型预焙铝电解槽中的开发与应用

［J］.轻金属，2001，3：44-47.

［15］曾水平，李晋宏，任必军.铝电解过程氟化铝添加量和出铝量的模糊决策［J］.冶金自动化，2008，1：18-21.

［16］李劼，丁凤其，邹忠，等.铝电解槽电流强化与高效节能综合技术的开发及应用［J］.轻金属，2011（2）：25-30.

2　铝电解过程的参数检测

2.1　概述

　　检测技术围绕智能化、集成化、网络化和软测量不断改进发展[1]，使铝电解参数检测也不断前进。铝电解槽是一个高能耗、多变量、非线性、强腐蚀的连续作业工业体系，铝电解过程是一个复杂的工业反应器，其中包含复杂的动量传递、质量传递和热量传递过程，包含的物理化学过程、阴极和阳极过程很难在实验室仿真，众多反映过程特性的参数难以在线测定。大幅度节能降耗是铝冶金工作者一直努力的目标，所以近些年铝电解的自动化、智能化研究十分活跃，取得了很大的成就。目前，铝电解过程许多参数，如电导率、摩尔比、氧化铝浓度、传热系数等都要取样离线分析；熔体流速、温度、过热度、铝水平等参数的测定也很难同时进行。离线测量分析一则劳动强度大，费力费财；二则由于参数的时变特征对生产过程指导意义有局限性。目前普遍认为，铝电解过程参数的检测问题是影响铝电解控制技术发展的主要原因，解决这一问题是目前工业生产提高电流效率、降低电能消耗的主要途径。铝电解槽的主要生产技术参数包括铝电解槽工业生产时的在线测量、离线测量或计算得到的关于铝电解槽当前生产状况的各种参数，它们对电解槽的热平衡和寿命有着重要影响。由于电解槽内电阻分布不均，导致电流分布不均匀，电解槽的分布参数和集中参数有较大的差别。

　　现代铝工业生产普遍采用冰晶石-氧化铝熔盐电解法，参数的在线综合检测近年来开展了一些研究，有些问题还没有取得重大突破。铝电解参数的测量存在以下难点：

　　（1）目前铝电解槽主要是采用 300kA 以上的大容量预焙槽，有些新建的铝电解槽的电流强度高达 600kA。大电流必然产生强大的磁场，因此要求测量装置必须具有足够强的抗外磁场干扰的能力。为抵抗磁场影响，一般要求抗磁能力不小于 $80×10^{-4}$ T。

　　（2）电解质的主要成分是冰晶石、氧化铝、氟化铝及氟化物添加剂（氟化钙、氟化镁、氟化锂等），电解温度为 910~950℃。高温熔盐中的 Na^+、F^- 等离子及高温熔融铝液具有极强的腐蚀性。

　　（3）铝电解工业现场除高温、强磁场外，还有腐蚀性气体、粉尘，这要求检测仪表性能稳定、可靠性高，对这些影响应有足够的防护能力。

　　（4）铝电解是连续作业，电解质参数可以分成快时变和慢时变参数，如过热度、氧化铝浓度、氟化铝含量、熔体流速是随时间变化而较快的变化。这就决定了这些参数只有考虑时间序列才有意义。

　　（5）大型电解槽各部位参数差别较大，如温度、初晶温度、熔体高度、熔体流速、电流密度等在不同部位相差很大。这就决定了这些参数只有考虑空间位置才有意义。

　　（6）过程涉及的参数类别较多，有热参数、电参数、磁流参数、声光参数、化学参数、电化学参数、物理化学等多方面参数。它涉及铝电解工艺、材料科学、流体力学、传感器技术、仪器仪表技术，通信技术、数据分析与处理、计算机应用技术等多学科交叉技术。

这些问题决定了铝电解过程参数测量涉及的科学问题，问题的解决必将对铝电解过程有重大意义。

2.2 阳极电流检测

2.2.1 阳极电流检测方法简介

阳极电流的检测方法和应用有过较多的报道，工业上应用也比较成熟，只是仍存在如何解决在强干扰下测量的准确度和稳定性问题。阳极电流检测方法主要有以下几种：

（1）阳极导杆等距压降法。该法测量等距离阳极导杆上的电压降。由于阳极铝导杆的横截面积相等，等距离上的电阻值也基本相等。当电流通过阳极导杆时便产生电压降，通过测量等距离上的电压降大小，便反映出通过导杆的电流多少，不必进行数字转换。该方法显然属于接触式测量的范畴，传统的测量方式如图 2.1 所示。

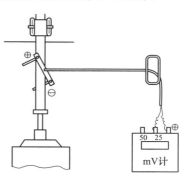

图 2.1　阳极等距压降测量叉及测量示意图

如图 2.1 所示，电解工人将电压叉卡住阳极导杆，两根导线分别接在两测量棒上，穿过测量杆与电表相接。电压表为了防止磁场干扰，需要装在铁盒中观察。由于测量棒是固定在叉上的，因此测量各导杆时可以保证两接触点等距。各铝导杆横截面相同，各导杆两测量点的距离相同，铝导杆的电阻也相同，由此可以判断电流大小与等距压降成正比。某导杆测得的等距压降越大，其内流过的电流也就越大。若同时采集全槽的阳极导杆等距压降，则可以得知全槽的阳极电流分布。

（2）非接触测量法。电流是电荷的定向移动形成的，而运动的电荷周围又会存在磁场。电流产生磁场的规律，可以由 Biot-Savart 定律和磁场叠加原理求出。根据此原理，若能测得阳极导杆附近的磁场值，就可以得到相应阳极导杆的电流分布。根据 Biot-Savart 定律，通电时直导线周围的磁场分布为：

$$\mathrm{d}\boldsymbol{B} = \frac{\mu_0}{4\pi} \cdot \frac{i\mathrm{d}\boldsymbol{l} \times \boldsymbol{r}}{r^2}$$

式中，$\boldsymbol{B}$ 为磁场值；μ_0 为真空的磁导率；i 为直导线内部电流；$\boldsymbol{l}$ 为电流源长度；$\boldsymbol{r}$ 为测试点到直导线的距离。

实际工厂环境复杂，不能完全等同于理想状况，需要修正，比如导杆形状、测点位置等。

（3）接触式测量法与非接触测量法的比较。接触式测量法和非接触式测量法各自有着鲜明的优缺点。从成本、便利性和准确性三点进行深入阐述。在成本方面，无疑接触式测量法具有优势，仅需要两个金属触点就可以对电压进行测量。若要使用非接触测量方法，必须采用霍尔元件阵列。单个霍尔元件的价格就比较昂贵，多个霍尔元件的组合成本就更高了。从测量方式来讲便利性是指在换阳极操作的时候需不需要变动传感单元的位置。显然，如果采用接触式测量法来测量等距压降，换阳极的时候一定要挪开传感单元。而霍尔传感阵列如果安排得当，在换阳极操作的时候是可以不移动传感单元。但霍尔元件在初始安装的时候对空间拓扑位置要求较高，如果位置安装稍有差错，会对后续的数据预处理造成极大的麻烦。而接触式测量法测量等距压降就很方便，只要保证两测量点的位置等距，用机械夹具就可以保证测量位置。便利性还有一层含义是指后续数据处理的便利性。简要来说，阳极导杆等距压降可以直接表征电流分布的大小。而霍尔元件在测量某导杆通过的电流的时候，必须考虑其他导杆、立柱和平衡母线的影响。为了消除这种影响，提高阳极导杆电流的准确性，就必须进行多传感器测量。然后再用算法算出各导体对磁场的贡献，进而得出阳极导杆电流。这无疑增加了运算单元的压力。准确性是指测量后得出的结果和导杆通过的电流实际值的贴合程度。显然，接触式测量法受与物体接触情况的影响，导体表面的接触点测量值和实际流经导体的电流大小是否完全相等还需要论证。而非接触测量法受外界干扰较大，需有性能良好的算法进行数据预处理，才可以得出较为精确的电流分布数据。

（4）工业过程阳极电流分布的测量。在工业铝电解厂，单槽阳极数目就有数十个，单车间内的电解槽有数百个。从经济效益考虑，阳极电流分布并不是一个需要高频测量的参数，电解工一般只需要在换阳极以后用叉式测量法进行测定，确认阳极电流分布正常即可。阳极电流分布的高频在线准确测量一般只用于非正常电解槽的故障诊断。为了能够实现阳极电流的在线检测，国内外众多学者在这方面做了广泛的研究，掌握了铝电解槽阳极导杆换极周期内的阳极电流分布特征[2-4]。

2.2.2　基于 ZigBee 无线传输的测量

2.2.2.1　测量系统的构成

测量系统采用的是星形网络结构，这种结构包括一个数据处理中心和多个传感节点。终端设备负责加入网络和中心控制器组成一个星形结构，同时要将传感器收集到的电压、温度参数利用无线网络传递给中心控制器。这个分布式系统的处理控制中心就是协调器，属于全功能设备，主要功能是组建、管理网络和加入节点，通过串口将收集到的终端节点数据发送给上位机以达到实时检测的目的。基于 ZigBee 的铝电解槽阳极电流分布检测系统的总体设计如图 2.2 所示[5]。

2.2.2.2　传感器节点无线模块

ZigBee 是一种新兴的无线传感网络技术，而且 ZigBee 技术协议实现简单且功能较强。它具有近距离、低复杂度、自组织、低功耗、低数据速率等特点。测量系统是以 ZigBee 技术为核心的无线传感网络，因此选择合适的 ZigBee 芯片不仅可以大大降低系统的硬件成本，而且可以缩短开发时间，减小开发难度。目前，较成熟的 ZigBee 解决方案有两种，

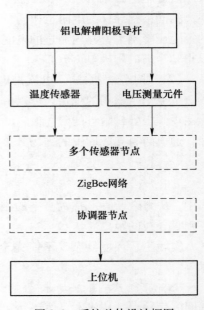

图 2.2　系统总体设计框图

一种是 ZigBee 单芯片解决方案，另一种就是 ZigBee 芯片+微控制器（MCU）的组合解决方案。

TI 公司生产的 CC2530 是新一代的基于 ZigBee 技术的 SOC 芯片，作为 ZigBee 技术的片上系统解决方案，由 CC2530 芯片所搭建的无线传感网络仅需要很少的外置元件。而且与之相搭配的元件均为低成本型，可以支持快速的无线网络构建，它支持 IEEE802.15.4 标准/ZigBee/ZigBee RF4CE 应用。CC2530 庞大的快闪记忆体多达 256 个字节，芯片还集成了业界领先的 2.4GHz 射频收发器、符合 IEEE802.15.4 协议的射频芯片、高性能的 RF 收发器及加强版的工业级 8051 微处理器。

无线数据收发模块是整个系统的核心，它主要由 CC2530 及少量外围电路组成。其中 CC2530 芯片内部集成了 RF 收发器、8051 微处理器、8kB 的 RAM，256kB 内存，也已经集成了大量必要电路（ADC、USART 等），因此只需要增加少量外围电路就可满足系统的无线通信需求。

2.2.2.3 传感器节点

A 传感器节点结构

在工业检测系统中，传感器节点的功能主要是实现对目标设备运行参数的采集，并且把采集到的信息发送给上位机进行进一步的信号分析。设计的无线检测系统传感器节点主要由四部分构成：传感器模块、处理器模块、无线通信模块及能量供应模块。传感器模块负责采集数据；处理器模块负责对整个传感器节点的动作进行控制、对采集来的数据和接收到的数据进行存储和处理；无线通信模块负责收发相关的数据及与其他节点交换控制信息，实现与同一网络中其他传感器节点的无线通信；能量供应模块负责提供传感器节点运行所需的能量。

B 温度传感器选型

不同铝导杆的状态是不同的，因此其温度也不同。温度不同导致导杆电阻不同。两根不同电阻的阳极导杆即使有相同的等距压降数值，流经其内部的电流大小也是不同的。因此测量温度可以修正等距压降从而确定电流分布的误差。温度传感器一般可以分为热敏电阻式温度传感器、热电偶式传感器及数字温度传感器。相较于前两种传感器，数字温度传感器具有独特的优势，它具有较高的灵敏度和更好的线性度，其响应速度也更快。某铝厂 300kA 电解槽阳极大母线与导杆交界处的温度为 80℃ 左右。再结合数字温度传感器的以上优点，选用一线式数字温度传感器 DS18B20，它可以将采集到的模拟信号直接转换成串行数字信号发送给微控制器，只需要一条数据线就可以对 DS18B20 进行读出或写入信息。DS18B20 具有体积超小、硬件成本低、抗干扰能力强、精度高、附加功能强等优点，可以很好地满足工业环境的要求。其具体特性如下：（1）独特的单线接口方式，可以通过 I/O 口与微处理器进行连接和双向通信；（2）适应电压范围更宽，为 3.0~3.5V，在寄生电源方式下可由数据线供电；（3）使用中无需任何外围元件；（4）温度测量结果以 9~12 位数字量进行串行传送；（5）测温范围为 -55~125℃；（6）含 64 位只读存储器 ROM，还有 RAM 存取温度当前值及符号。

C 电压采集方法

由于阳极导杆是由铝金属制成，因此导电性很好。如果两测量点相距 40cm 时，电压约为 6~8mV。如此之小的电压不能直接被 CC2530 的片内 ADC 所识别。因此必须要在采集端和 AD 转换器中间加入放大模块。考虑到两测量点传入的信号属于差分信号，但是放大后的信号必须是单端信号才能被 CC2530 识别。所以采用高精度/微伏小信号差分电压 AD620 集成模块。该模块可以将差分毫伏级信号放大为伏特级单端信号。

2.2.2.4 协调器节点电路

协调器节点的硬件由 CC2530 核心板、STM32F103ZET6 核心板、LCD 液晶彩屏模块、串口模块、电源转换模块组成。协调器中 CC2530 的作用在于和传感节点进行无线交互，构成网络拓扑概念上的协调器功能，CC2530 控制器在收到终端节点的信号后通过串口通信方式（板上 TTL 电平）转发给 STM32F103ZET6，由 STM32F103ZET6 操作液晶彩屏模块进行数据的实时显示。电源转换模块采用 +12V 输入，经过电源转换器电压转换为 CC2530、STM32F103ZET6、串口电路及彩屏所需要的 3.3V 电压。串行接口是采用 RS232 或者 RS485 来实现协调器模块和上位机之间的通信。使用 LCD 液晶彩屏是为了能够实时显示数据，方便电解槽电流分布的实时监控。协调器节点的无线收发部分和传感器节点的硬件大体相同。

2.2.2.5 上位机监视界面

将 ZigBee 技术应用在铝电解槽阳极电流的检测中，具有传统方法所不具备的优点。此监控程序能够扩展传感器信息。监控程序可以实时显示传感器采集到的数据信息及终端节点的信息情况。监控界面如图 2.3 所示。

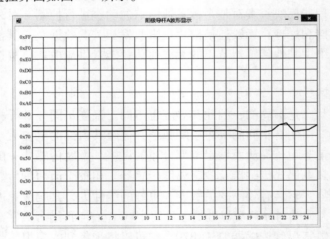

图 2.3 阳极导杆 A 波形显示坐标图

2.2.3 基于模块 TDAM 的测量

2.2.3.1 模块简介

TDAM7032 为 32 路模拟量采集模块，可采集电压、电流、毫伏、各种类型热电偶温度，且输入通道类型可以随意组合。模块采用 RS485 通信接口，支持 MODBUS-RTU 和 DCON ASCII 码两种通信协议，通过工具软件随意设置，可以直接连接 PLC、DCS 及国内外各种组态软件。输入通道采用双端差动输入。输入、电源、网络及通道之间电气隔离，独立 AD 芯片采样和转换，保证数据的精确度，有效抑制各类共模干扰，消除通道间的相互影响。每个通道的信号类型可以任意设置。热电偶输入有断路检测功能，采集结果为温度值，热电偶输入自动进行冷端温度补偿。此模块具有一阶数字滤波、50Hz 工频抑制功能，对抑制工业现场的工频干扰十分有效，保证微弱信号的采集精度，同时，此模块采用修正零点和斜率方式校正每个通道数据，保证数据的准确性，随时修正由于环境温度变化引起的测量误差，保证模块在整个工作温度范围内的采集精度。TDAM 主要技术指标如下：（1）分辨率：24 位 AD；（2）隔离电压：网络隔离 1500V，通道间隔离 400V；（3）通信接口：RS485/MODBUS-RTU 协议；（4）通信参数：9600bps/无奇偶校验/8 位数据位/1 位停止位（默认参数）；（5）通信距离：1200m；（6）通信介质：普通双绞线；（7）工作电源：24VDC/1.2W；（8）工作环境：温度−20~70℃，湿度≤85% RH。

2.2.3.2　采集系统连接与结果显示

所有 TDAM70 系列模块支持标准 RS485 通信网络。RS485 网络为主从式网络，允许有一台主机和多台从机，网络上的每个通信设备为一个节点，每个网络的最多节点数量为255 个。网络的最大长度为 1200m（无中继），两个末端分别接 120Ω（节点少可以不接）的阻抗匹配电阻，通信介质为屏蔽双绞线，TDAM70 模块为从机设备。采集系统连接图如图 2.4 所示，阳极电流显示界面如图 2.5 所示[6]。

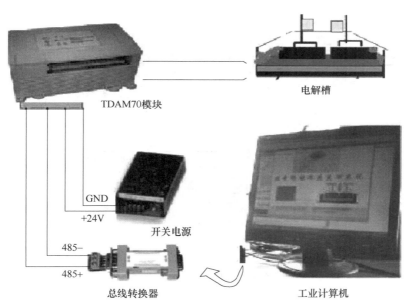

图 2.4　采集系统连接图

2.2.4　基于 PCI-8602 数据采集系统

基于使用的便捷性、性能的稳定性和高性价比等因素的综合考虑，可选择 PCI-8602数据采集卡，如图 2.6 所示。将 PCI 数据采集卡插入与之兼容的计算机中。PCI-8602 数据采集卡具有如下功能：AD 模拟量输入功能、DA 模拟量输出功能、DI 数字量输入功能、DO 数字量输出功能、CNT 定时/计数器功能。

关于 PCI-8602 的 AD 模拟量输入功能。其中，基本参数的选择配置为：转换器类型是AD7663，16 位转换精度；模拟输入通道总数为单端 32 路及双端 16 位；5 种电压输入量程

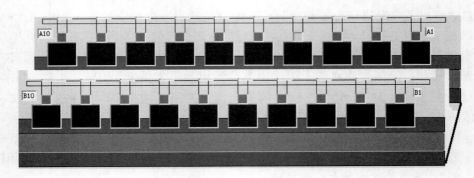

图 2.5　阳极电流显示

分别为：±10V、±5V、±2.5V、0~10V、0~5V；采样速率为 1000~250000Hz。各通道的实际采样速率=采样速率/总的通道数量。采样通道数为软件可选。

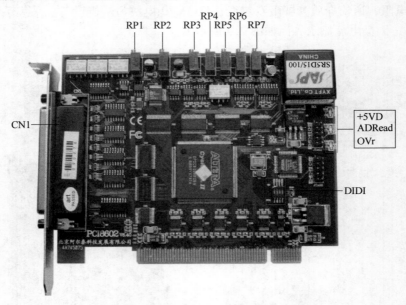

图 2.6　PCI-8602 数据采集卡

　　AD 模拟量输入的信号连接方式为单端输入连接方式，即单个通道实现某个信号的输入，同时多个信号的参考地共用一个接地点。这种单端输入的连接方式要应用在干扰不大，而通道数相对较多的场合。如图 2.7 所示，32 路模拟输入信号连到 AI0-AI31，其公共地连接到 AGND 端。

　　基于 PCI 总线的数据采集是高效能、低成本的工作过程。采集系统由铝电解槽、热电偶温度传感器、PCI-8602 数据采集卡及带 PCI 插槽的工业计算机组成。数据采集卡完成现场数据采集、暂存和传输的功能，计算机完成采集工作的控制、信号的传输控制、存储以及上位机显示等功能[7]。

　　整个采集系统的工作过程是，首先现场信号通过导线接入数据采集卡中，上电后，信号通过调理与通路切换，送至 AD 转换器，实现 AD 信号采集，再送至上位机。上位机处

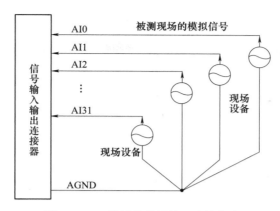

图 2.7 AD 模拟量单端输入连接方式

将采集到的数据转化为十进制数据显示，与此同时，上位机通过逻辑控制指导采集工作和信号传输过程。

2.2.5 一种铝电解过程阳极更换方法

长期的生产实践表明，炭阳极在铝电解工业中处于举足轻重的地位，阳极状态的好坏直接影响铝电解槽生产的正常与否，所以阳极的安装和它的工作过程非常重要。由于目前的生产过程，阳极在进入电解槽之前处于室温状态，和高温电解质接触，在阳极底掌会形成一层厚度 1～2cm 的固体电解质。在正常的电解槽热交换条件下，需要 6～12h 才能熔化。导致新阳极在电解槽中不能导电，严重影响电解槽的正常工作。目前工业生产过程，阳极设置高度和设置方法需要改善。

新阳极安装时分三步进行。第一步，先将冷阳极缓慢放入电解槽，直到阳极底面与铝液表面接触，暂时固定。第二步，在固定好的阳极上覆盖保温料。第三步，将预热后的阳极缓慢升高，直到预先设定好的高度，最后紧固。整个过程 6～30min 完成。第三步中，预先设定的高度根据以下方法确定：在阳极电流分布测试的基础上，确定每个阳极上的电流分布规律，对于每一个阳极定出阳极电流上升过程的特征数据，即在阳极安装好后每隔 2h 的电流值，根据电流曲线得到电流上升的等价时间。以阳极尽快全电流导通、区域极距不低于临界极距（2.5～3.0cm）为原则，确定阳极设置高度，该高度指阳极底面距原来阳极底掌平面的距离，一般为 1～2.5cm。这样可以使得：（1）阳极不导电的时间大幅缩短，大幅降低阳极电流分布的偏差；（2）阳极达到额定电流的时间大幅减少，有效改善电解槽的热电磁流等物理场的分布，增加电解槽的稳定性；（3）明显减少电流分布偏差，可提高电流效率，降低能量消耗；（4）不明显延长换阳极时间，不增加成本。新阳极安装后 8～10h，测量阳极电流导通值。如未到额定值的 50%，需要重新调整[8]。

2.3 铝电解温度测量

2.3.1 概述

电解温度是指铝电解生产中电解质的温度，电解质温度可以看成由两部分组成，一部分是电解质的初晶温度，另一部分是电解质的过热度。在工业生产中铝电解温度是影响电流效率的最重要的因素，电解温度主要是对铝的二次反应起作用，电解温度过高会增加铝的二次反应，降低电流效率，并熔化炉帮，增加物料消耗，导致病槽。有文献报道，电解温度每降低 10℃，可使电流效率提高 2%~3%；也有实验室的研究表明，降低电解温度会使电流效率连续升高。但是实施低温电解并不是温度越低越好，因为电解温度过低时电解质密度增大，铝液和电解质分离不开，阳极气体不易顺畅排出，炉膛减小，伸腿增长，电解质溶解氧化铝的能力降低，阳极效应系数增大，炉底易长结壳，摩尔比下降，电解质急剧收缩，严重时造成滚铝，产生病槽，使各项生产指标大幅度下降。因此，实施低温电解必须保证电解槽的正常稳定。另外，电解温度的保持也需要其他技术条件及相适应的操作制度相配合。实施低温电解，降低电解质温度通常有两种方法，一种是降低电解质的初晶温度，另一种则是降低电解质的过热度。降低电解质初晶温度主要是通过改善和优化电解质的成分，选取低熔点的电解质。在铝电解生产中，调整电解质成分的主要方法是向冰晶石-氧化铝熔体中添加氟化铝、氟化镁、氟化钙、氟化锂及纯碱等添加剂，以此来降低电解质的初晶温度，进而降低电解温度。氟化铝、氟化镁、氟化钙、氟化锂都可降低电解质的初晶温度，氟化锂、氟化镁的作用比较显著，而氟化铝在高浓度时也可得出同样的效果，但是由于氟化锂的价格较昂贵，因此在实际生产当中，一般通过添加氟化铝和氟化镁来降低电解质的初晶温度。

铝电解过程的温度测量目前采用普通热电偶，一般测定铝电解槽的温度是使热电偶与电解质的传热达平衡后读取热电偶的感温，此方法比较准确可靠。由于高温熔体的强烈侵蚀，热电偶寿命很短，此方法既不经济又增加劳动强度。鉴于经济上及劳动强度因素，生产过程中每天测温一次。有许多学者对电解质温度测量做过研究，问题仍然没有得到解决。测温是一个传统的问题，这方面的新成果主要在非接触测量方面。因为铝电解时，电解液的表面会结壳，所以采用接触式测温方法更适于铝电解槽的温度测量。由于铝电解质高温、高腐蚀性的特点，铝电解质温度测量一般采用带不锈钢套管的 K 型热电偶测量，测量若干次后必须更换热电偶，成本高，因此一般不连续测量铝电解过程温度。

2.3.2　铝电解过程的温度预测

2.3.2.1　铝电解温度预测的特点

铝电解温度的调节主要是依靠改变各种生产中的参数，比如一些熔盐和物料的添加量、设定电压、出铝量等，调节过程有如下特点：

（1）各种生产因素都对铝电解温度产生影响，只有一些定性实验数据可作为参考。因为每个电解槽的槽况都不相同，所以找不到什么有价值可以做定量分析的实验数据。实验中所得到的温度随某种参数的变化，并不是完全在其他参数不改变的情况下进行的，铝电解槽内的状况总是在千变万化的，这是研究人员所避免不了的问题。

（2）影响铝电解过程温度的因素是高度耦合的，各种生产因素对其影响也不是线性的，因此经典的线性多元回归在铝电解温度预测的时候就会出现相对较大的偏差，这就限制了经典方法的直接使用。

（3）各种生产因素对铝电解温度的影响一般通过影响温度的变化量来反映，对铝电解过程温度变化量的影响更明显，更容易定性地进行分析。尤其是铝电解过程每天的平均温度的变化量，与每天的氟化铝添加量、出铝量及设定电压三者的变化量的关系更为紧密，因此预测模型的输入变量可以选择为这三个。

2.3.2.2 经典的线性多元预测法

这里所说的经典线性多元预测法，就是一种根据历史输入输出数据求解两者关系的最基本的方法，其根本原理其实就是解一个线性方程组，其中方程的个数一般会多于未知数的个数。通常未知数就是输入输出量的系数，方程的个数原则上应该等于所有输入输出样本组成的方程中线性不相关的方程的个数，在实际生产中所取得的数据其线性相关的就非常少，所以就造成了方程个数要多于未知数的情况。在此种情况下，想解得一组系数，使所有输入输出均满足此组系数构成的方程，是做不到的，只能求解一组系数，使所有输入输出量尽量接近此组系数构成的方程。

设样本点容量为 n，因变量为 y，p 个自变量为 X_1，X_2，$\cdots$，X_p，则总体线性回归模型形式可表示为：

$$y_i = \beta_0 + \sum_{j=1}^{p} \beta_j X_{ij} + \varepsilon_i \quad (i = 1,2,3,\cdots,n;\ j = 1,2,3,\cdots,p)$$

记因变量向量：
$$y = \begin{pmatrix} y_1 \\ y_2 \\ \vdots \\ y_n \end{pmatrix}_{n \times 1}$$

自变量矩阵：
$$X = \begin{pmatrix} 1 & x_{11} & x_{12} & \cdots & x_{1p} \\ 1 & x_{21} & x_{22} & \cdots & x_{2p} \\ \vdots & \vdots & \vdots & \ddots & \vdots \\ 1 & x_{n1} & x_{n2} & \cdots & x_{np} \end{pmatrix}_{n \times (p+1)}$$

相关系数：
$$\beta = \begin{pmatrix} \beta_0 \\ \beta_1 \\ \vdots \\ \beta_p \end{pmatrix}_{(p+1) \times 1}$$

令
$$A = \begin{pmatrix} X^T X & X^T y \\ y^T X & y^T y \end{pmatrix} = \begin{pmatrix} A_{11} & A_{12} \\ A_{21} & A_{22} \end{pmatrix}_{(p+2) \times (p+2)} \tag{2.1}$$

则相关系数 β 的最小二乘估计值应为

$$\hat{\beta} = A_{i1}^{-1} A_{i2} \tag{2.2}$$

证明：对于以 β 为未知数矩阵方程 $y = X\beta$ 来说，由于矩阵 X 并不是方阵，因此此方程为一个不相容方程，方程没有通常意义上的解。在此种情况下，可以求出 $\beta_0 \in C^{p+1}$，使得 $\{\|y - x\beta_0\| = \min \|y - X\beta\| \,|\, \beta \in C^{p+1}\}$，其中 $\|\cdot\|$ 为 C^{p+1} 空间中的范数，以这个 β_0 作为不相容方程组的一个"近似解"。这样的"近似解"即为不相容方程的最小二乘解。

设存在一个矩阵 P，使得 $XPX = X$，$(XP)^T = XP$，则定义 P 为矩阵 X 的一种广义逆矩阵。$\hat{\beta} = A_{1i}^1 A_{12} = (X^T X)^{-1} X^T y$，其中 $(X^T X)^{-1} X^T = X[(X^T X)^{-1} X^T] X = X$，$X[(X^T X)^{-1} X^T] = \{X [(X^T X)^{-1} X^T]\}^T = X[(X^T X)^{-1}]^T X^T = X(X^T X)^{-1} X^T$。因此矩阵 $(X^T X)^{-1} X^T$ 是上文中所定义的

矩阵 X 的广义逆矩阵。

令 $(X^T X)^{-1} X^T = P_1$，则有 $\hat{\boldsymbol{\beta}} = P_1 y$。

因为：

$$\| X\boldsymbol{\beta} - y \|^2 = \| XP_1 y - y + X(\boldsymbol{\beta} - P_1 y) \|^2$$

$$= [XP_1 y - y + X(\boldsymbol{\beta} - P_1 y)]^T [XP_1 y - y + X(\boldsymbol{\beta} - P_1 y)]$$

$$= [(XP_1 y - y)^T + (X\boldsymbol{\beta} - XP_1 y)^T][XP_1 y - y + (X\boldsymbol{\beta} - XP_1 y)]$$

$$= \| XP_1 y - y \|^2 + \| X\boldsymbol{\beta} - XP_1 y \|^2 +$$

$$(XP_1 y - y)^T (X\boldsymbol{\beta} - XP_1 y) + (X\boldsymbol{\beta} - XP_1 y)^T (XP_1 y - y)$$

又因为 $AP_1 A = A$，$(AP_1)^T = AP_1$，固有：

$$(XP_1 y - y)^T (X\boldsymbol{\beta} - XP_1 y) = [y^T (XP_1)^T - y^T][X\boldsymbol{\beta} - (XP_1) y]$$

$$= y^T (XP_1)^T X\boldsymbol{\beta} - y^T X\boldsymbol{\beta} - y^T (XP_1)^T XP_1 y + y^T XP_1 y$$

$$= y^T XP_1 X\boldsymbol{\beta} - y^T X\boldsymbol{\beta} - y^T XP_1 XP_1 y + y^T XP_1 y$$

$$= y^T X\boldsymbol{\beta} - y^T X\boldsymbol{\beta} - y^T XP_1 y + y^T XP_1 y = 0$$

$$(X\boldsymbol{\beta} - XP_1 y)^T (XP_1 y - y) = (XP_1 y - y)^T (X\boldsymbol{\beta} - XP_1 y) = 0$$

所以不等式：$\| X\boldsymbol{\beta} - y \|^2 = \| XP_1 y - y \|^2 + \| X\boldsymbol{\beta} - XP_1 y \|^2 \geqslant \| XP_1 y - y \|^2$，对任何 $\boldsymbol{\beta} \in C^{p+1}$ 都成立，因此 $\hat{\boldsymbol{\beta}} = P_1 y$，即 $\hat{\boldsymbol{\beta}} = A_{11}^{-1} A_{12}$ 是方程 $y = X\boldsymbol{\beta}$ 的最小二乘解。

2.3.2.3　基于正交矩阵变换的预测

铝电解过程的温度调节与很多生产因素有关，有主要的也有次要的，但是每种因素与温度的关系又不是十分确定的。对这些实际的量做一些适当的变换，从中提取其数学特征，然后对其数学特征的变化进行预测，再进行反变换，得到实际的预测量。

A　预测思路

如果将 2.3.2.2 节中各式中的矩阵 A 看作是一个随时间变化的矩阵，那么经典预测法实际就是利用前 T 时刻 $A(T)$ 矩阵得到一组最小二乘指标的估计参数，用其来预测之后的 $T+l$ 时刻的预测输出值。现在换一个思路，先预测 $T+l$ 时刻的矩阵 $A(T+l)$，再对此矩阵求最小二乘估计，最终求得 $T+l$ 时刻的预测输出值[9]。

对于任意矩阵，都可以分解为特征向量与特征值乘积的形式，因此可以得到：

$$A = (u_1, u_2, \cdots, u_{p+2}) \begin{pmatrix} \lambda_1 & & & \\ & \lambda_2 & & \\ & & \ddots & \\ & & & \lambda_{p+2} \end{pmatrix} (u_1, u_2, \cdots, u_{p+2})^{-1}$$

式中，λ_1，λ_2，$\cdots$，λ_{p+2} 为矩阵 A 的特征值；$(u_1, u_2, \cdots, u_{p+2})$ 为特征值所对应的标准正交特征向量组。

对于一个随时间变化的矩阵来说，它的特征值与特征向量也应该是随时间不停变化的，因此，只要得到了 $T+l$ 时刻的各个特征值与特征向量组，就可以得到 $T+l$ 时刻的矩阵 $A(T+l)$。

由于 $(u_1, u_2, \cdots, u_{p+2})$ 为标准正交的，因此其中所包含的每一个特征向量都是正交的，也就是说每个特征向量都是独立的，所以可以将每个特征值与特征向量单独进行计算。

B 特征值的预测

一组变化特征值可以看成只有一个参数的函数，可以利用前 T 时刻的特征值数据，建立每个特征值 λ_i 的模型 $\lambda_i(t) = g_i(t) + \delta_i$，通过模型计算出 $T+l$ 时刻的各个特征值的最小二乘估计。

C 特征向量的预测

特征向量的预测明显不能像特征值的预测那么简单，特征值的参数只有 1 个，而特征向量的参数个数则取决于式（2.1）中矩阵 A 的维数，直接用于特征值的预测同样的方法肯定是行不通的。考虑到特征向量组可以看成是一个标准正交的矩阵，因此可以利用一些正交矩阵的特点来处理特征向量组。

对于一个标准正交矩阵，$G = (u_1, u_2, \cdots, u_{p+2})$（其中 u_j 为 G 的第 j 列），G 可以被分解为如下形式：

$$G = (G_{12}G_{13}\cdots G_{1p+2})(G_{23}G_{24}\cdots G_{2p+2})\cdots(G_{p+1, p+2}) \tag{2.3}$$

其中 $G_{ij}(1 \leqslant i < j \leqslant p+2)$ 有如下特殊形式：

$$G_{ij} = G_{ij}(\theta_{ij}) = \begin{pmatrix} 1 & 0 & 0 & 0 & 0 \\ 0 & \cos\theta_{ij} & 0 & -\sin\theta_{ij} & 0 \\ 0 & 0 & 1 & 0 & 0 \\ 0 & \sin\theta_{ij} & 0 & \cos\theta_{ij} & 0 \\ 0 & 0 & 0 & 0 & 1 \end{pmatrix} \begin{matrix} \\ \leftarrow 第 i 行 \\ \\ \leftarrow 第 j 行 \\ (p+2) \times (p+2) \end{matrix}$$

其中，$-\dfrac{\pi}{2} \leqslant \theta_{ij} \leqslant \dfrac{\pi}{2}$。

证明：令 $G = (g_{ij})$ 为任意正交矩阵，现要证 G 有唯一的表示，即式（2.3）存在且唯一。

令 $\Gamma_{ij} = G_{ij}^{\mathrm{T}}$，首先找到 $\theta_{12}\left(-\dfrac{\pi}{2} \leqslant \theta_{12} \leqslant \dfrac{\pi}{2}\right)$，使得：

$$(\Gamma_{12}G)_{21} = -g_{11}\sin\theta_{12} + g_{21}\cos\theta_{12} = 0 \tag{2.4}$$

因为 $\cos\theta_{12} \geqslant 0$，所以 $\sin\theta_{12}$ 与 g_{21}/g_{11} 同号。如果 $g_{11} = 0$，那么 $\theta_{12} = \dfrac{\pi}{2}$。

同理，可以构造矩阵 Γ_{1j}，$j = 1, 2, \cdots, p+2$，从而可找到 $\theta_{ij}\left(-\dfrac{\pi}{2} \leqslant \theta_{ij} \leqslant \dfrac{\pi}{2}\right)$，使得：

$$(\Gamma_{1j}\Gamma_{1,j-1}\cdots\Gamma_{12}G)_{j1} = -\sin\theta_{1j}(\Gamma_{1,j-1}\cdots\Gamma_{12}G)_{11} + \cos\theta_{1j}(\Gamma_{1,j-1}\cdots\Gamma_{12}G)_{j1} = 0 \tag{2.5}$$

其中 $\cos\theta_{ij} \geqslant 0$。矩阵 $\Gamma_{1,p+2}\Gamma_{1,p+1}\cdots\Gamma_{12}G$ 的第一列除了第一个元素以外，其余元素均为 0，由于矩阵是标准正交的，第一个元素应该为 1。矩阵的第一行也同样除了第一个元素外均为 0。

定义一个纯量为 ε_1，再定义一个 $(p+1) \times (p+1)$ 维的矩阵 $G^{(2)}$，有如下等式成立：

$$\Gamma_{1,p+2}\Gamma_{1,p+1}\cdots\Gamma_{12}G = \begin{pmatrix} \varepsilon_1 & 0 \\ 0 & G^{(2)} \end{pmatrix} \tag{2.6}$$

且 $G^{(2)}$ 也是标准正交矩阵。

按照如上的规律扩展下去就能得到如下结果：

$$(\boldsymbol{\Gamma}_{j-1,p+2}\boldsymbol{\Gamma}_{j-1,p+1}\cdots\boldsymbol{\Gamma}_{j-1,j})\cdots(\boldsymbol{\Gamma}_{1,p+2}\boldsymbol{\Gamma}_{1,p+1}\cdots\boldsymbol{\Gamma}_{12}(\boldsymbol{G})=\begin{pmatrix}\boldsymbol{D}^{(j-1)}&0\\0&\boldsymbol{G}^{(j)}\end{pmatrix} \tag{2.7}$$

其中，$\boldsymbol{D}^{(j-1)}$ 为 $(j-1)\times(j-1)$ 维的对角矩阵，其对角线上的元素为 ε_1，ε_2，$\cdots$，ε_{j-1}，$\boldsymbol{G}^{(j)}$ 为一个 $(p-j+3)\times(p-j+3)$ 维的标准正交矩阵，注意到矩阵 $\boldsymbol{\Gamma}_{j-1,p+2}$，$\boldsymbol{\Gamma}_{j-1,p+1}$，$\cdots$，$\boldsymbol{\Gamma}_{j-1,j}$ 具有如下形式：

$$\begin{pmatrix}\boldsymbol{I}_{j-1}&0\\0&\boldsymbol{\Gamma}^{(j)}\end{pmatrix} \tag{2.8}$$

其中，$\boldsymbol{\Gamma}^{(j)}$ 的维数为 $(p-j+3)\times(p-j+3)$；$\theta_{j,j+1}$，$\theta_{j,j+2}$，$\cdots$，$\theta_{j,p+2}$ 可通过此矩阵进行选取，像式（2.4）、式（2.5）那样，令矩阵 $\boldsymbol{\Gamma}_{j,p+2}^{(j)}\boldsymbol{\Gamma}_{j,p+1}^{(j)}\cdots\boldsymbol{\Gamma}_{j,j+1}^{(j)}$ 第一列除了第一个元素外都由 0 元素组成。

因此可以得到

$$\boldsymbol{\Gamma}_{j,p+2}^{(j)}\boldsymbol{\Gamma}_{j,p+1}^{(j)}\cdots\boldsymbol{\Gamma}_{j,j+1}^{(j)}\boldsymbol{G}^{(j)}=\begin{pmatrix}\varepsilon_j&0\\0&\boldsymbol{G}^{(j+1)}\end{pmatrix} \tag{2.9}$$

最终可以得到

$$\boldsymbol{G}^{(p+2)}=\varepsilon_{p+2}$$

又因为所有的 $\boldsymbol{G}^{(2)}$，$\boldsymbol{G}^{(3)}$，$\cdots$，$\boldsymbol{G}^{(p+2)}$ 均为标准正交矩阵，所以所有的纯量 ε_1，ε_2，$\cdots$，ε_{p+2} 均等于 1。可以得到：

$$\boldsymbol{\Gamma}_{p+1,p+2}\boldsymbol{\Gamma}_{p,p+1}\cdots\boldsymbol{\Gamma}_{12}\boldsymbol{G}=\boldsymbol{I} \tag{2.10}$$

式中，$\boldsymbol{I}$ 为单位矩阵。

因为 $\boldsymbol{\Gamma}_{ij}=\boldsymbol{G}_{ij}^{\mathrm{T}}=\boldsymbol{G}_{ij}^{-1}$，所以根据式（2.10）可以推出：

$$\boldsymbol{G}=\boldsymbol{\Gamma}_{12}^{-1}\boldsymbol{\Gamma}_{13}^{-1}\cdots\boldsymbol{\Gamma}_{p+1,p+2}^{-1}=(\boldsymbol{G}_{12}\boldsymbol{G}_{13}\cdots\boldsymbol{G}_{1,p+2})(\boldsymbol{G}_{23}\boldsymbol{G}_{24}\cdots\boldsymbol{G}_{2,p+2})\cdots(\boldsymbol{G}_{p+1,p+2})$$

与式（2.3）相同，证毕。

由以上的证明过程不难发现，$\theta_{i,j}(1\leqslant i<j\leqslant p+2)$ 均可以找到唯一解，并且每个 $\theta_{i,j}$ 都是独立的。也就是说每组 $\theta_{i,j}(1\leqslant i<j\leqslant p+2)$ 能唯一的确定一个标准正交矩阵。

因此对于特征向量组的预测，就可以转化为对一组角度的预测，使得对特征向量组的预测变得很简单。

求解 θ_{ij} 的方法如下：令 $\boldsymbol{G}_1=\boldsymbol{G}$，则有 $\boldsymbol{G}_1=(\boldsymbol{V}_{11},\boldsymbol{V}_{12},\cdots,\boldsymbol{V}_{1,p+2})=(\boldsymbol{u}_1,\boldsymbol{u}_2,\cdots,\boldsymbol{u}_{p+2})$，由于 $\boldsymbol{G}_{ij}$ 的特殊结构，可以得到 $\boldsymbol{G}_1$ 的第 1 列：

$$V_{11}=\boldsymbol{u}_1=\begin{pmatrix}\cos\theta_{12}&\cos\theta_{13}\cdots\cos\theta_{1,p+2}\\\sin\theta_{12}&\cos\theta_{13}\cdots\cos\theta_{1,p+2}\\&\sin\theta_{13}\cdots\cos\theta_{1,p+2}\\&\ddots&\vdots\\&\sin\theta_{1,p+1}\cos\theta_{1,p+2}\\&\sin\theta_{1,p+2}\end{pmatrix}$$

易得：

$$\theta_{1,p+2}=\arcsin V_{11}(p+2),$$

$$\theta_{1,k}=\arcsin\left\{\frac{V_{11}(k)}{\cos\theta_{1,p+2}\cdots\cos\theta_{1,k+1}}\right\},k=2,3,\cdots,p+1 \tag{2.11}$$

$$\left(-\frac{\pi}{2}\leqslant\theta_{1,j}\leqslant\frac{\pi}{2},j=2,3,\cdots,p+2\right)$$

由式（2.1）可得：

$$(\boldsymbol{G}_{12}\boldsymbol{G}_{13}\cdots\boldsymbol{G}_{1,p+2})^{-1}\boldsymbol{G}_1 = (\boldsymbol{G}_{23}\boldsymbol{G}_{24}\cdots\boldsymbol{G}_{2,p+2})\cdots(\boldsymbol{G}_{p+1,p+2})$$

令：

$$\boldsymbol{G}_2 = (\boldsymbol{G}_{12}\boldsymbol{G}_{13}\cdots\boldsymbol{G}_{1,p+2})^{-1}\boldsymbol{G}_1 = (\boldsymbol{V}_{21}\boldsymbol{V}_{22}\cdots\boldsymbol{V}_{2,p+2})$$

可以得到 $\boldsymbol{G}_2$ 的第 1、2 列为：

$$(\boldsymbol{V}_{21},\boldsymbol{V}_{22}) = \begin{pmatrix} 1 & 0 \\ 0 & \cos\theta_{23} & \cos\theta_{24}\cdots\cos\theta_{2,p+2} \\ 0 & \sin\theta_{23} & \cos\theta_{24}\cdots\cos\theta_{2,p+2} \\ 0 & & \sin\theta_{24}\cdots\cos\theta_{2,p+2} \\ \vdots & & \ddots & \vdots \\ 0 & & \sin\theta_{2,p+1}\cos\theta_{2,p+2} \\ 0 & & \sin\theta_{2,p+2} \end{pmatrix}$$

易得：

$$\theta_{2,p+2} = \arcsin V_{22}(p+2)$$

$$\theta_{2,k} = \arcsin\frac{V_{22}(k)}{\cos\theta_{2,p+2}\cdots\cos\theta_{2,k+1}} \qquad (k=3,4,\cdots,p+1) \qquad (2.12)$$

$$\left(-\frac{\pi}{2} \leqslant \theta_{2,j} \leqslant \frac{\pi}{2}, j=3,4,\cdots,p+2\right)$$

依此类推可以得到，对于任意整数 $2 \leqslant n \leqslant p+2$ 有：

$$\boldsymbol{G}_n = (\boldsymbol{G}_{n-1,n}\boldsymbol{G}_{n-1,n+1}\cdots\boldsymbol{G}_{n-1,p+2})^{-1}\boldsymbol{G}_{n-1} = (\boldsymbol{V}_{n1}\boldsymbol{V}_{n2}\cdots\boldsymbol{V}_{n,p+2}) \qquad (2.13)$$

$$(n=2,3,\cdots,p+2)$$

$\boldsymbol{G}_n$ 的前 n 列应该有以下形式：

$$(\boldsymbol{V}_{n1},\boldsymbol{V}_{n2},\cdots,\boldsymbol{V}_{nn}) = \begin{pmatrix} \boldsymbol{I}_{n-1} & \boldsymbol{O}_{(n-1)\times1} \\ \boldsymbol{O}_{(p-n+3)\times(n-1)} & \boldsymbol{P}_{(p-n+3)\times1} \end{pmatrix}$$

式中，$\boldsymbol{I}_{n-1}$ 为 $n-1$ 维单位矩阵；$\boldsymbol{O}_{(n-1)\times1}$ 为全为 0 元素的 $(n-1)\times1$ 维矩阵；$\boldsymbol{O}_{(p-n+3)\times(n-1)}$ 为全为 0 元素的 $(p-n+3)\times(n-1)$ 维矩阵；$\boldsymbol{P}_{(p-n+3)\times1}$ 矩阵应为如下形式：

$$\boldsymbol{P}_{(p-n+3)\times1} = \begin{pmatrix} \cos\theta_{n,n+1} & \cos\theta_{n,n+2}\cdots\cos\theta_{n,p+2} \\ \sin\theta_{n,n+1} & \cos\theta_{n,n+2}\cdots\cos\theta_{n,p+2} \\ \sin\theta_{n,n+2} & \cos\theta_{n,n+3}\cdots\cos\theta_{n,p+2} \\ & \ddots & \vdots \\ \sin\theta_{n,p+l} & \cos\theta_{n,p+2} \\ \sin\theta_{n,p+2} \end{pmatrix}$$

可以得出如下结果：

$$\theta_{n,p+2} = \arcsin V_{nn}(p+2)$$

$$\theta_{n,k} = \arcsin\frac{V_{nn}(k)}{\cos\theta_{n,p+2}L\cos\theta_{n,k+1}} \qquad (k=n+1,n+2,\cdots,p+1) \qquad (2.14)$$

$$\left(-\frac{\pi}{2} \leqslant \theta_{i,j} \leqslant \frac{\pi}{2}, i=1,2,\cdots,p+1; j=i+1,i+2,\cdots,p+2\right)$$

利用式（2.11）、式（2.12）、式（2.14），求解 θ_{ij}，直到最后求得 $\theta_{p+1,p+2} =$ $\arcsin V_{p+1,p+1}(p+2)$。共计 $\dfrac{(p+2)(p+1)}{2}$ 个 θ_{ij} 值。

对 $(p+2) \times (p+2)$ 维的标准正交矩阵进行这样处理后，不但减少了变量的数量，由以前的 $(p+2)(p+2)$ 个变量变成了现在的 $\dfrac{(p+2)(p+1)}{2}$ 个，还将以前的变量进行了解耦，得到了完全独立的变量。这就为对每个变量分别进行运算提供了充分条件。

D　正交矩阵变换的几何意义

对于一组随时间变化的样本序列 $s^{(1)}$，$s^{(2)}$，$\cdots$，$s^{(t)}$，可以将其看作一组在平面直角坐标系下，坐标随时间发生变化的样本序列。若将样本序列变成矩阵的形式，$\boldsymbol{S}^{(1)}$，$\boldsymbol{S}^{(2)}$，$\cdots$，$\boldsymbol{S}^{(t)}$，也就是将样本的维数增加，使样本的维数大于一维，把每个矩阵看作是一个向量组，这就将样本由平面拓展到了线性空间中。所讨论的数字全部是实际生产中的数据，因此可以将 $\boldsymbol{S}^{(1)}$，$\boldsymbol{S}^{(2)}$，$\cdots$，$\boldsymbol{S}^{(t)}$ 看作是实数域上的一组线性空间，对于其中每个线性空间 $\boldsymbol{S}^{(t)}$，都可以分别找一组线性无关的向量 $\boldsymbol{u}_1^{(t)}$，$\boldsymbol{u}_2^{(t)}$，$\cdots$，$\boldsymbol{u}_{p+2}^{(t)}$，使得 $\boldsymbol{S}^{(t)}$ 中任一向量 $\boldsymbol{u}^{(t)}$ 均可由其线性表示为 $\boldsymbol{u}^{(t)} = \sum\limits_{i=1}^{p+2} \alpha_i^{(t)} \boldsymbol{u}_i^{(t)}$，则称这组向量为的 $\boldsymbol{S}^{(t)}$ 基底，称数组 $\alpha_1^{(t)}$，$\alpha_2^{(t)}$，$\cdots$，$\alpha_{p+2}^{(t)}$ 为 $\boldsymbol{u}^{(t)}$ 在 $\boldsymbol{u}_1^{(t)}$，$\boldsymbol{u}_2^{(t)}$，$\cdots$，$\boldsymbol{u}_{p+2}^{(t)}$ 之下的坐标，向量 $\alpha^{(t)} = (\alpha_1^{(t)}, \alpha_2^{(t)}, \cdots, \alpha_{p+2}^{(t)})$ 为 $\boldsymbol{u}^{(t)}$ 的坐标向量。综上所述，平面直角坐标系的两根坐标轴应该可以看作是一种特殊二维基底，如果选用 $\boldsymbol{S}^{(t)}$ 的标准正交化的特征向量组作为基底，由于特征向量组内的各向量均互相正交，不妨把 $\boldsymbol{S}^{(t)}$ 的基底也看作是一组坐标轴，由它们构成一种新的坐标系。由于此坐标系的维数可能大于三维，所以不能形象地描绘出其图像，只能抽象地对其进行表示。

对于任意样本序列 $\boldsymbol{S}^{(1)}$，$\boldsymbol{S}^{(2)}$，$\cdots$，$\boldsymbol{S}^{(t)}$，分别选取其各自的标准特征向量组 $\boldsymbol{u}_1^{(t)} = (\boldsymbol{u}_1^{(t)}$，$\boldsymbol{u}_2^{(t)}$，$\cdots$，$\boldsymbol{u}_{p+2}^{(t)})$ 为其基底，则其各自特征值所组成的对角矩阵

$$\boldsymbol{\lambda}^{(t)} = \begin{pmatrix} \lambda_1^{(t)} & & & \\ & \lambda_2^{(t)} & & \\ & & \ddots & \\ & & & \lambda_{p+2}^{(t)} \end{pmatrix}$$

就是其相对应的坐标向量。对于样本从 $\boldsymbol{S}^{(n)}$ 经过一定的时间变化成 $\boldsymbol{S}^{(n+1)}$，其特征值与特征向量均发生了变化，可以将其理解为这两个样本在空间中的坐标与坐标轴均发生了变化。由标准正交矩阵变化的方法，可以将标准正交矩阵转换成一系列以角度为变量的特殊结构的矩阵相乘的形式。因此，不妨将特征向量的变化看作是一种坐标轴的旋转产生的变化。注意到以每个样本的特征向量组为基底的坐标向量均为对角阵，也就是说其每个特征值的大小为其对应特征向量所表示的坐标轴上的截距。

综上所述，对于任意一实数非奇异方阵，可将其表示为多维空间中某一象限的一个超球面。则对任意一实数非奇异方阵序列，可将其表示为多维空间中的一组超球面的运动轨迹。其运动规律可以分为坐标系中每条坐标轴的旋转，以及超球面与坐标轴的截距变化两部分。也就是说对于样本 $\boldsymbol{S}^{(n)}$ 所表示的超平面，可以通过将其坐标轴进行一定的旋转，并改变其与各坐标轴的截距，即能够得到样本 $\boldsymbol{S}^{(n+1)}$。这就从几何的角度，更形象地描述了上文中提到的正交矩阵变换的特点。

E 铝电解温度的线性多元回归

采用一些电解槽中的可控参数去预测电解温度。令输入为工作平均电压、出铝量、添加氟化盐次数。将模型描述为：

$$\Delta T(K) = a\Delta V(K) + b\Delta L(K) + c\Delta F(K) + d \tag{2.15}$$

即：

$$T(K) - T(K-1) = a[V(K-1) - V(K-2)] + b[L(K-1) - \\ L(K-2)] + c[F(K-1) - F(K-2)] + d \tag{2.16}$$

式中，$T(K)$、$T(K-1)$ 分别为 K 时刻与 $K-1$ 时刻的电解温度；$V(K-1)$、$V(K-2)$ 分别为 $K-1$ 时刻与 $K-2$ 时刻的平均工作电压；$L(K-1)$、$L(K-2)$ 分别为 $K-1$ 时刻与 $K-2$ 时刻的出铝量；$F(K-1)$、$F(K-2)$ 分别为 $K-1$ 时刻与 $K-2$ 时刻的添加氟化盐的次数；$\boldsymbol{\beta} = (d, a, b, c)^T$ 为相关系数。

可利用生产数据多维报表中的数据进行计算，针对某一电解槽取其相关数据，即电解温度、工作电压、出铝量、添加氟化物次数，用经典的多元线性回归法求解模型的相关系数。再将相关系数代入式（2.15），对温度变化进行预估，从而得到后续温度的估计值。

模型中影响铝电解温度最主要的两个参数是出铝量及氟化铝的添加次数，每次出铝对后续温度的影响应该是随着时间的增长越来越小的，氟化铝是在不停消耗的，也应该和每次出铝对温度的影响相似。因此，可以假定模型的输入对输出的影响是有一定时间限度的。不妨定义这个时间限度为 39 天，来进行相关系数的估计。

以预估第 42 天即 $K=42$ 时的电解温度 $T(42)$ 为例。首先对数据进行预处理，即按照式（2.16），将 $K=3$，$4\cdots$，41 的数据分别代入，求得 $\Delta T(K)$、$\Delta V(K)$、$\Delta L(K)$、$\Delta F(K)$。构造输入矩阵：$\boldsymbol{Xorg}(41) = (\boldsymbol{I}, \boldsymbol{Vorg}_3^{41}, \boldsymbol{Lorg}_3^{41}, \boldsymbol{Forg}_3^{41})$
其中：

$$\boldsymbol{I} = (1, 1, \cdots, 1)^T$$
$$\boldsymbol{Vorg}_3^{41} = (\Delta V(3), \Delta V(4), \cdots, \Delta V(41))^T$$
$$\boldsymbol{Lorg}_3^{41} = (\Delta L(3), \Delta L(4), \cdots, \Delta L(41))^T$$
$$\boldsymbol{Forg}_3^{41} = (\Delta F(3), \Delta F(4), \cdots, \Delta F(41))^T$$

构造输出矩阵：

$$\boldsymbol{yorg}(41) = \boldsymbol{Torg}_3^{41} = (\Delta T(3), \Delta T(4), \cdots, \Delta T(41))^T$$

根据式（2.1）、式（2.2），即可求解出相关系数 $\boldsymbol{\beta}$ 的最小二乘估计值，将估计值代入式（2.16），令 $K=42$，即能够求解出 $T(42)$ 的线性最小二乘估计值。

因此，对于 $K \geq 42$，$T(K)$ 的最小二乘估计值为：

$$\begin{aligned} T(K) &= T(K-1) + a[V(K-1) - V(K-2)] + b[L(K-1) - L(K-2)] + \\ &\quad c[F(K-1) - F(K-2)] + d \\ &= T(K-1) + a\Delta V(K-1) + b\Delta L(K-1) + c\Delta F(K-1) + d \\ &= T(K-1) + (1, \Delta V(K-1), \Delta L(K-1), \Delta F(K-1))\boldsymbol{\beta} \quad (K = 42, 43, \cdots) \end{aligned} \tag{2.17}$$

其中，$\boldsymbol{\beta} = (d, a, b, c)^T = [\boldsymbol{Xorg}(K-1)^T \boldsymbol{Xorg}(K-1)]^{-1} \boldsymbol{Xorg}(K-1)^T \boldsymbol{yorg}(K-1)$
$\boldsymbol{Xorg}(K-1) = (\boldsymbol{I}, \boldsymbol{Vorg}_{K-39}^{K-1}, \boldsymbol{Lorg}_{K-39}^{K-1}, \boldsymbol{Forg}_{K-39}^{K-1})$
$\boldsymbol{I} = (1, 1, \cdots, 1)^T$

$$Vorg_{K-39}^{K-1} = (\Delta V(K-39), \Delta V(K-38), \cdots, \Delta V(K-1))^{\mathrm{T}}$$

$$Lorg_{K-39}^{K-1} = (\Delta L(K-39), \Delta L(K-38), \cdots, \Delta L(K-1))^{\mathrm{T}}$$

$$Forg_{K-39}^{K-1} = (\Delta F(K-39), \Delta F(K-38), \cdots, \Delta F(K-1))^{\mathrm{T}}$$

$$yorg(K-1) = Torg_{K-39}^{K-1} = (\Delta T(K-39), \Delta T(K-38), \cdots, \Delta T(K-1))^{\mathrm{T}}$$

F　正交矩阵变换的铝电解过程温度预测

观察计算过程，不难发现，预测 $T(K)$ 的时候利用的是 K-39：K-1 时刻的历史输入输出，所求得的相关系数 $\boldsymbol{\beta} = (d, a, b, c)^{\mathrm{T}}$ 对于式（2.15）、式（2.16）来说，在 K-39：K-1 时刻，模型的估计输出值，对于实际输出值满足最小二乘的关系。工业生产过程的复杂性使可以肯定估计输出值与实际输出值之间的残差不可能只是白噪声，也就是说 K-39：K-1 时刻的相关参数的最小二乘估计，并不能保证在到 K 时刻的所有的估计输出值也能与实际输出值满足最小二乘的关系。

利用基于正交矩阵变换的铝电解过程温度预测法对铝电解温度进行预测。现对第 K 日的电解温度 $T(K)$ 进行预测，将时间限度定为 39 天。

构造输入矩阵组：

其中：

$$Xorg^{(1)}(K-1) = (I, Vorg_{K-39}^{K-10}, Lorg_{K-39}^{K-10}, Forg_{K-39}^{K-10})$$

$$Xorg^{(2)}(K-1) = (I, Vorg_{K-38}^{K-9}, Lorg_{K-38}^{K-9}, Forg_{K-38}^{K-9})$$

$$\vdots$$

$$Xorg^{(P)}(K-1) = (I, Vorg_{K-40+P}^{K-11+P}, Lorg_{K-40+P}^{K-11+P}, Forg_{K-40+P}^{K-11+P})$$

$$\vdots$$

$$Xorg^{(10)}(K-1) = (I, Vorg_{K-30}^{K-1}, Lorg_{K-31}^{K-1}, Forg_{K-31}^{K-1})$$

$$(P = 3,4,\cdots,9; K = 42,43,\cdots)$$

其中

$$I = (1, 1, \cdots, 1)^{\mathrm{T}}$$

$$Vorg_{K-40+P}^{K-11+P} = (\Delta V(K-40+P), \Delta V(K-39+P), \cdots, \Delta V(K-11+P))^{\mathrm{T}}$$

$$Lorg_{K-40+P}^{K-11+P} = (\Delta L(K-40+P), \Delta L(K-39+P), \cdots, \Delta L(K-11+P))^{\mathrm{T}}$$

$$Forg_{K-40+P}^{K-11+P} = (\Delta F(K-40+P), \Delta F(K-39+P), \cdots, \Delta F(K-11+P))^{\mathrm{T}}$$

$$(P = 1, 2, \cdots, 10; K = 42, 43, \cdots)$$

构造输出矩阵组：

$$yorg^{(1)}(K-1) = Torg_{K-39}^{K-10}$$

$$yorg^{(2)}(K-1) = Torg_{K-38}^{K-9}$$

$$\vdots$$

$$yorg^{(P)}(K-1) = Torg_{K-40+P}^{K-11+P}$$

$$\vdots$$

$$yorg^{(10)}(K-1) = Torg_{K-30}^{K-1}$$

$$(P = 3,4,\cdots,9; K = 42,43,\cdots)$$

其中

$$Torg_{K-10+P}^{K-11+P} = (\Delta T(K-40+P), \Delta T(K-39+P), \cdots, \Delta T(K-11+P))^{\mathrm{T}}$$

$(P = 1,2,\cdots,10;K = 42,43,\cdots)$

将输入输出矩阵组做如下组合，构造一个新的矩阵组，作为将要预测的对象。令：

$$Aorg^{(P)}(K-1) = \begin{pmatrix} Xorg^{(P)}(K-1)^T \\ yorg^{(P)}(K-1)^T \end{pmatrix} (Xorg^{(P)}(K-1), yorg^{(P)}(K-1))$$

$$= \begin{pmatrix} Xorg^{(P)}(K-1)^T Xorg^{(P)}(K-1) & Xorg^{(P)}(K-1)^T yorg^{(P)}(K-1) \\ yorg^{(P)}(K-1)^T Xorg^{(P)}(K-1) & yorg^{(P)}(K-1)^T yorg^{(P)}(K-1) \end{pmatrix}$$

$(P = 1,2,\cdots,10;K = 42,43,\cdots)$

其中，矩阵 $Aorg^{(P)}(K-1)$ 应该是一个 5 维方阵。观察矩阵 $Aorg^{(P)}(K-1)$，按此种结构，若 $P=11$，则输出矩阵中就包含了 $\Delta T(K)$ 元素，只要将此元素提取出来，即能通过 $T(K) = T(K-1) + \Delta T(K)$ 求得需要预测的温度值 $T(K)$。

现将目标锁定在求取矩阵 $Aorg^{(11)}(K-1)$，将 $Aorg^{(11)}(K-1)$ 进行分解，可得：

$$Aorg^{(11)}(K-1) = (u_1^{(11)}(K-1), u_2^{(11)}(K-1), \cdots, u_5^{(11)}(K-1))$$

$$\begin{pmatrix} \lambda_1^{(11)}(K-1) & & & \\ & \lambda_2^{(11)}(K-1) & & \\ & & \ddots & \\ & & & \lambda_5^{(11)}(K-1) \end{pmatrix} (u_1^{(11)}(K-1), u_2^{(11)}(K-1), \cdots, u_5^{(11)}(K-1))^{-1}$$

$$(2.18)$$

式中，$\lambda_Q^{(11)}(K-1)(Q=1, 2, \cdots, 5)$ 为矩阵 $Aorg^{(11)}(K-1)$ 的特征值；$(u_1^{(11)}(K-1), u_2^{(11)}(K-1), \cdots, u_5^{(11)}(K-1))$ 为其特征值所对应的特征相量所组成的标准正交矩阵。

对矩阵组 $Aorg^{(P)}(K-1)$，$(P=1, 2, \cdots, 10)$ 中的 10 个元素作同样的分解。则有：

$$Aorg^{(P)}(K-1) = (u_1^{(P)}(K-1), u_2^{(P)}(K-1), \cdots, u_5^{(P)}(K-1)) \begin{pmatrix} \lambda_1^{(P)}(K-1) & & & \\ & \lambda_2^{(P)}(K-1) & & \\ & & \ddots & \\ & & & \lambda_5^{(P)}(K-1) \end{pmatrix} \cdot$$

$$(u_1^{(P)}(K-1), u_2^{(P)}(K-1), \cdots, u_5^{(P)}(K-1))^{-1}$$

式中，$\lambda_Q^{(P)}(K-1)$，$(Q=1, 2, \cdots, 5)$ 为矩阵 $Aorg^{(P)}(K-1)$ 的特征值；$(u_1^{(P)}(K-1), u_2^{(P)}(K-1), \cdots, u_5^{(P)}(K-1))$ 为其特征值所对应的特征相量所组成的标准正交矩阵。

令：

$$G^{(P)}(K-1) = [G_{12}^{(P)}(K-1)G_{13}^{(P)}(K-1)\cdots G_{15}^{(P)}(K-1)]$$

$$[G_{23}^{(P)}(K-1)G_{24}^{(P)}(K-1)G_{25}^{(P)}(K-1)]\cdots[G_{45}^{(P)}(K-1)]$$

$$= (u_1^{(P)}(K-1), u_2^{(P)}(K-1), \cdots, u_5^{(P)}(K-1))(P=1,2,\cdots,10)$$

由式（2.13），分别建立 $G_1^{(P)}(K-1)$，$G_2^{(P)}(K-1)$，$\cdots$，$G_5^{(P)}(K-1)$。再利用式（2.11）、式（2.12）、式（2.14）分别求解各个转角 $\theta_{ij}^{(P)}(i, j \in \{1, 2, 3, 4, 5\}, i < j)$。

利用 $\lambda_Q^{(1)}(K-1)$，$\lambda_Q^{(2)}(K-1)$，$\cdots$，$\lambda_Q^{(10)}(K-1)$ 来求解 $\lambda_Q^{(11)}(K-1)$ 的最小二乘估计。建立每个特征值 $\lambda_Q^{(P)}(K-1)$ 的模型：

$$\lambda_Q^{(P)}(K-1) = g_Q(P) + \delta_Q \qquad g_Q(P) = \phi(1, P, P^2)^T \qquad (2.19)$$

将 $P=1$，2，$\cdots$，10 的数据代入，求解 $\boldsymbol{\phi}$ 的最小二乘估计值 $\hat{\boldsymbol{\phi}}$。则有：

$$\hat{\boldsymbol{\phi}} = (\boldsymbol{Z}^{\mathrm{T}}\boldsymbol{Z})^{-1}\boldsymbol{Z}^{1}\gamma$$

$$\boldsymbol{Z} = \begin{pmatrix} 1 & 1 & 1 \\ 1 & 2 & 4 \\ & \vdots & \\ 1 & P & P^2 \\ & \vdots & \\ 1 & 10 & 100 \end{pmatrix} \qquad \gamma = \begin{pmatrix} \lambda_Q^{(1)}(K-1) \\ \lambda_Q^{(2)}(K-1) \\ \vdots \\ \lambda_Q^{(P)}(K-1) \\ \vdots \\ \lambda_Q^{(10)}(K-1) \end{pmatrix} \qquad (P=1,2,\cdots,10) \qquad (2.20)$$

将估计值 $\hat{\boldsymbol{\phi}}$ 代入式（2.19），令 $P=11$，求解 $\hat{\lambda}_Q^{(11)}(K-1)$ 作为 $\lambda_Q^{(11)}(K-1)$ 的预测值。这样就能求解出矩阵 $\boldsymbol{Aorg}^{(11)}(K-1)$ 的 5 个特征值的预测值。

接下来求解 $P=11$ 的各个转角的预测值 $\theta_{ij}^{(11)}(K-1)$（i，$j \in \{1, 2, 3, 4, 5\}$，$i<j$），方法与求解特征值的方法基本一样。

建立模型：$\qquad \theta_{ij}^{(P)}(K-1) = f_{ij}(P) + \varepsilon_{ij} \quad f_{ij}(P) = \boldsymbol{\Psi}(1,P,P^2)^{\mathrm{T}}$ $\qquad (2.21)$

将 $P=1$，2，$\cdots$，10 的数据代入，求解 $\boldsymbol{\Psi}$ 的最小二乘估计值 $\hat{\boldsymbol{\Psi}}$。则有：$\hat{\boldsymbol{\Psi}} = (\boldsymbol{Z}^{\mathrm{T}}\boldsymbol{Z})^{-1}\boldsymbol{Z}^{\mathrm{T}}M$，其中 $\boldsymbol{Z}$ 与式（2.20）中相同，

$$\boldsymbol{M} = (\boldsymbol{\theta}_{ij}^{(1)}(K-1), \boldsymbol{\theta}_{ij}^{(2)}(K-1), \cdots, \boldsymbol{\theta}_{ij}^{(P)}(K-1), \cdots, \boldsymbol{\theta}_{ij}^{(10)}(K-1))^{\mathrm{T}} \quad (P=1,2,\cdots,10)$$

将估计值 $\hat{\boldsymbol{\Psi}}$ 代入式（2.21），令 $P=11$，求解 $\hat{\theta}_{ij}^{(11)}(K-1)$ 作为 $\theta_{ij}^{(11)}(K-1)$ 的预测值。将 $\hat{\theta}_{ij}^{(11)}(K-1)$ 代入式（2.3），即能够得到矩阵 $\boldsymbol{Aorg}^{(11)}(K-1)$ 的特征相量组的预测值 $(\boldsymbol{u}_1^{(11)}(K-1), \boldsymbol{u}_2^{(11)}(K-1), \cdots, \boldsymbol{u}_5^{(11)}(K-1))$。

得到了矩阵 $\boldsymbol{Aorg}^{(11)}(K-1)$ 的所有特征值及特征相量组的预测值，则可以将其预测值代入式（2.18），得到矩阵 $\boldsymbol{Aorg}^{(11)}(K-1)$ 的预测值 $\hat{\boldsymbol{Aorg}}^{(11)}(K-1)$。将矩阵 $\hat{\boldsymbol{Aorg}}^{(11)}(K-1)$ 中的 $\Delta T(K)$ 元素提取出来。注意到 $\hat{\boldsymbol{Aorg}}(11)(K-1)$ 应该为一个 5 维方阵，按照 $\boldsymbol{Aorg}^{(P)}(K-1)$ 的构成方式，将其分解成如下结构：

$$\hat{\boldsymbol{Aorg}}^{(11)}(K-1) = \begin{pmatrix} A_{4\times4} & B_{4\times1} \\ C_{1\times4} & D_{1\times1} \end{pmatrix}_{5\times5}$$

则能够得到 $T(K)$ 的最小二乘估计为：

$$\Delta\hat{T}(K) = (1, \Delta V(K-1), \Delta L(K-1), \Delta F(K-1))(A_{4\times4})^{-1}B_{4\times1}$$
$$\hat{T}(K) = T(K-1) + \Delta T(K) \qquad (2.22)$$

2.3.2.4　铝电解过程温度预测的应用

A　数据的预处理

基于正交矩阵变换的预测法，其过程中用到了两次最小二乘法，一次是预测特征值及特征向量的转角，还有一次是为了提取 $\hat{\boldsymbol{Aorg}}^{(11)}(K-1)$ 矩阵中的 $\Delta T(K)$ 元素。第二次预测实际上是已知了 K 时刻所对应的矩阵，来求解 $\Delta T(K)$，可以保证求得的 $\Delta T(K)$ 也是最小二乘的。而经典的线性多元回归法其实是通过 $K-1$ 对应的矩阵，来求解 $\Delta T(K)$，经典的方法只能保 $\Delta T(K-1)$ 之前的输出的最小二乘性，由于非线性的关系 $\Delta T(K-1)$ 之前输出的最小二乘性保证不了到 $\Delta T(K)$ 也是最小二乘的，因此，基于正交矩阵变换的预测法过程中的第二

次预测应该是比较准确的。这两次预测的精度对整个预测的精度将会有很大的影响。

对于第一次预测，为了使预测更加准确，可以使得矩阵 $Aorg^{(P)}(K-1)$ 的 5 个特征值尽量落在不同的区域，使得 $\lambda_Q^{(1)}(K-1)$，$\lambda_Q^{(2)}(K-1)$，$\cdots$，$\lambda_Q^{(10)}(K-1)$ 在 Q 取不同的数的时候，有相同的大小关系，以便能容易区分每个特征值，避免混淆，并且使每个特征值能在一定的范围内变化，减小特征值 $\lambda_Q^{(P)}(K-1)$ 模型的误差。具体办法是给 $Xorg^{(P)}(K-1)$，$yorg^{(P)}(K-1)$ 中各向量分别加一定的权系数：Vn，An，Fn，Tn。

令：

$$Vnew_{K-40+P}^{K-11+P} = Vn \times Vorg_{K-40+P}^{K-11+P} \qquad Lnew_{K-40+P}^{K-11+P} = An \times Lorg_{K-40+P}^{K-11+P};$$

$$Fnew_{K-40+P}^{K-11+P} = Fn \times Forg_{K-40+P}^{K-11+P} \qquad Tnew_{K-40+P}^{K-11+P} = Tn \times Torg_{K-40+P}^{K-11+P}$$

$$(P = 1,2,\cdots,10; K = 42,43,\cdots)$$

构造新的输入输出矩阵：

$$Xnew^{(P)}(K-1) = (I, Vnew_{K-40+P}^{K-11+P}, Lnew_{K-40+P}^{K-11+P}, Fnew_{K-40+P}^{K-11+P})$$

$$ynew^{(P)}(K-1) = Tnew_{K-40+P}^{K-11+P}$$

$$(P = 1,2,\cdots,10; K = 42,43,\cdots)$$

则对应可以得到新的预测对象：

$$Anew^{(P)}(K-1) = \begin{pmatrix} Xnew^{(P)}(K-1)^{\mathrm{T}}Xnew^{(P)}(K-1) & Xnew^{(P)}(K-1)^{\mathrm{T}}ynew^{(P)}(K-1) \\ ynew^{(P)}(K-1)^{\mathrm{T}}Xnew^{(P)}(K-1) & ynew^{(P)}(K-1)^{\mathrm{T}}ynew^{(P)}(K-1) \end{pmatrix}$$

$$(P = 1,2,\cdots,10; K = 42,43,\cdots)$$

用此预测对象代替以前的预测对象，进行基于正交矩阵变换的预测。下面来讨论如何确定矩阵特征值的位置。从而为权系数 Vn、An、Fn、Tn 的选取提供一定的指导。

对于任一矩阵 $A = (a_{ij})$，如果其为严格对角占优的矩阵，则 A 必为非奇异矩阵。对于任一矩阵 A 的任一特征值 λ_j，有 $\det[\lambda_j I - A] = 0$ 则矩阵 $\lambda_j I - A$ 奇异，$\lambda_j I - A$ 必为非严格对角占优矩阵，即至少存在一个 i，使得：

$$|\lambda_j - a_{ii}| \leqslant \sum_{\substack{j=1 \\ j \neq r}}^{n} |a_{rj}| \tag{2.23}$$

由式（2.23），矩阵的特征值应该落在了以 a_{ii} 为圆心 $\sum_{\substack{j=1 \\ j \neq r}}^{n} |a_{rj}|$ 为半径的 n 个圆上。

将矩阵 $Anew^{(P)}(K-1)$ 展开，则有如下形式：

$$Anew^{(P)}(K-1) = \begin{pmatrix} 30 & \sum\limits_{i=1}^{30} Vnew_i & \sum\limits_{i=1}^{30} Lnew_i & \sum\limits_{i=1}^{30} Fnew_i & \sum\limits_{i=1}^{30} Tnew_i \\ \sum\limits_{i=1}^{30} Vnew_i & \sum\limits_{i=1}^{30} Vnew_i^2 & \sum\limits_{i=1}^{30} Lnew_i Vnew_i & \sum\limits_{i=1}^{30} Fnew_i Vnew_i & \sum\limits_{i=1}^{30} Tnew_i Vnew_i \\ \sum\limits_{i=1}^{30} Lnew_i & \sum\limits_{i=1}^{30} Vnew_i Lnew_i & \sum\limits_{i=1}^{30} Lnew_i^2 & \sum\limits_{i=1}^{30} Fnew_i Lnew_i & \sum\limits_{i=1}^{30} Tnew_i Lnew_i \\ \sum\limits_{i=1}^{30} Fnew_i & \sum\limits_{i=1}^{30} Vnew_i Fnew_i & \sum\limits_{i=1}^{30} Lnew_i Fnew_i & \sum\limits_{i=1}^{30} Fnew_i^2 & \sum\limits_{i=1}^{30} Tnew_i Fnew_i \\ \sum\limits_{i=1}^{30} Tnew_i & \sum\limits_{i=1}^{30} Vnew_i Tnew_i & \sum\limits_{i=1}^{30} Lnew_i Tnew_i & \sum\limits_{i=1}^{30} Fnew_i Tnew_i & \sum\limits_{i=1}^{30} Tnew_i^2 \end{pmatrix}$$

其中：

$$Vnew_i = \Delta V(K - 41 + P - i) \qquad Lnew_i = \Delta L(K - 41 + P + i);$$
$$Fnew_i = \Delta F(K - 41 + P + i) \qquad Tnew_i = \Delta T(K - 41 + P + i);$$
$$(P = 1, 2, \cdots, 10; K = 42, 43, \cdots)$$

现令：$\sum\limits_{i=1}^{30} Vnew_i^2 > \sum\limits_{i=1}^{30} Lnew_i^2 > \sum\limits_{i=1}^{30} Fnew_i^2 > \sum\limits_{i=1}^{30} Tnew_i^2$ 即让其中与预测模型输入有关的 4 个圆的圆心按此顺排放。再令其半径在 50~100 之间，即令：

$$50 \leqslant \sum_{i=1}^{30} |Vnew_i| + \sum_{i=1}^{30} |Lnew_i Vnew_i| + \sum_{i=1}^{30} |Fnew_i Vnew_i| + \sum_{i=1}^{30} |Tnew_i Vnew_i| \leqslant 100$$

$$50 \leqslant \sum_{i=1}^{30} |Lnew_i| + \sum_{i=1}^{30} |Vnew_i Lnew_i| + \sum_{i=1}^{30} |Fnew_i Lnew_i| + \sum_{i=1}^{30} |Tnew_i Lnew_i| \leqslant 100$$

$$50 \leqslant \sum_{i=1}^{30} |Fnew_i| + \sum_{i=1}^{30} |Vnew_i Fnew_i| + \sum_{i=1}^{30} |Lnew_i Fnew_i| + \sum_{i=1}^{30} |Tnew_i Fnew_i| \leqslant 100$$

$$50 \leqslant \sum_{i=1}^{30} |Tnew_i| + \sum_{i=1}^{30} |Vnew_i Tnew_i| + \sum_{i=1}^{30} |Lnew_i Tnew_i| + \sum_{i=1}^{30} |Fnew_i Tnew_i| \leqslant 100$$

令：

$$Vn = Rv/E(|Vorg|) \qquad An = Ra/E(|Lorg|)$$
$$Fn = Rf/E(|Forg|) \qquad Tn = Rt/E(|Torg|)$$

取 $Rv = 1.6$、$Ra = 0.9$、$Rf = 0.67$、$Rt = 0.5$，即能满足上述要求。使用时可以根据不同的电解槽适当的调整这四个系数值，以便得到更好的预测效果。

B 电解铝过程温度预测实例

取某铝厂 6 月 7 日至 9 月 7 日的生产数据多维报表，用其中的 216 号与 217 号电解槽的生产数据作为仿真的对象。定义 6 月 7 日为第 1 天，6 月 8 日为第 2 天，以此类推，则 9 月 7 日为第 93 天。

现用第 1 天到第 41 天的生产数据来预测第 42 天的电解温度，用第 2 天到第 42 天的生产数据来预测第 43 天的电解温度，以此类推，一直预测到第 93 天的电解温度。

216 号电解槽选取 $Rv = 1.6$、$Ra = 0.9$、$Rf = 0.65$、$Rt = 0.52$，求解其温度变化量 $\Delta T(K)$ 的最小二乘估计值 $\Delta \hat{T}(K)$，计算出电解温度的预测值 $\Delta \hat{T}(K)$，并与用经典的线性多元回归法所得到的预测值做比较。217 号电解槽选取 $Rv = 1.6$、$Ra = 0.9$、$Rf = 0.65$、$Rt = 0.5$，同样计算出电解温度的预测值 $\hat{T}(K)$，并与用经典的线性多元回归法所得到的预测值做比较。基于正交矩阵变换的预测流程如图 2.8 所示。

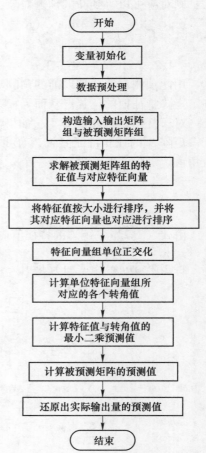

图 2.8 基于正交矩阵变换的
预测流程图

C 预测结果的检验

利用式（2.24）计算标准差，检验模型与实际值的拟合程度：

$$S = \sqrt{\frac{\sum_{i=1}^{N} \left(T_{预测值} - T_{实际值} \right)_i^2}{N}} \tag{2.24}$$

式中，N 为预测的天数，从第 42 到第 93 天共检验 52 天的预测情况，故 $N=52$。

由式（2.24）计算可知，216 号电解槽的电解温度基于正交矩阵变换预测法的预测值与实际输出值的标准差为 1.2634，而经典多元预测法的标准差为 2.8062，如图 2.9 和图 2.10 所示。

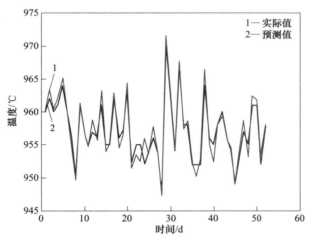

图 2.9　电解温度基于正交矩阵变换预测值与实际值的比较图（216 号）

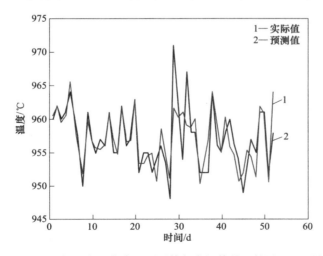

图 2.10　电解温度经典多元预测值与实际值的比较图（216 号）

由式（2.24）计算可知，217 号电解槽的电解温度基于正交矩阵变换预测法的预测值与实际输出值的标准差为 0.9358，而经典多元预测法的标准差为 1.6758，如图 2.11 和图 2.12 所示。

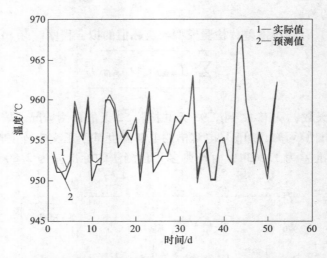

图 2.11　电解温度基于正交矩阵变换预测值与实际值的比较图（217 号）

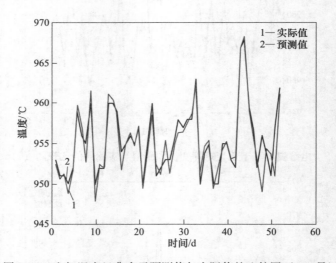

图 2.12　电解温度经典多元预测值与实际值的比较图（217 号）

D　预测结果的分析与讨论

通过以上计算及对比可知，对于铝电解过程温度这一预测对象，基于正交矩阵变换的预测相对于传统的线性多元回归法预测，精确度有很大的提高。由之前的推导与应用可以发现，基于正交矩阵变换的预测法与传统的线性多元回归法一样，最后都是通过回归到 $\Delta T = a\Delta V + b\Delta L + c\Delta F + d$ 这种形式的等式，来求解预测估计值的。需要特别强调的是，这个等式在此处，只能从右向左看，不能从左向右看。也就是说，不能已知 ΔT，利用这个等式求解所需要的 ΔV、ΔL、ΔF。对于这样一个方程，求 3 个未知数，将会有无穷多组解，但并不是每组解都为真的。在预测过程中，所用到的输入值均是正常生产中的参数，不妨就认为，使预测模型可信的输入范围即是正常生产中各输入参数变化的范围。

对于每个铝电解槽来说，权系数 Rv、Ra、Rf、Rt 的选取都需要进行一定的调整才能使预测效果比较理想。如上文中对 216 号与 217 号电解槽的温度预测，权系数就需要分别进行调整，使每个电解槽分别达到比较理想的预测效果。

在权系数的选择方面，这里介绍的方法只是根据主观的经验选择方法，并不十分科学，实验表明，还存在更加好的权系数，使得预测值与实际值更接近。216 号电解槽取 $Rv = 1.6152$、$Ra = 0.8102$、$Rf = 0.6798$、$Rt = 0.4966$，预测值与实际输出值的标准差为 0.1385，而之前用的那组权系数得到的预测值与实际输出值的标准差为 1.2634，如图 2.13 所示。217 号电解槽取 $Rv = 1.9602$、$Ra = 0.9721$、$Rf = 0.6900$、$Rt = 0.4588$，预测值与实际输出值的标准差为 0.5246，之前的标准差为 1.2634，如图 2.14 所示。

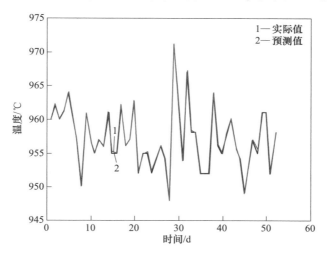

图 2.13 改变权系数后 216 号电解槽温度的预测值与实际值的比较图

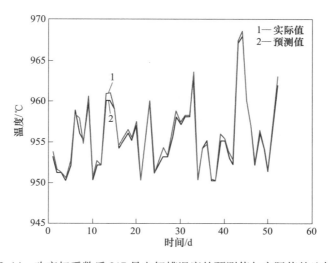

图 2.14 改变权系数后 217 号电解槽温度的预测值与实际值的比较图

这就说明通过改变权系数能很大程度上改善预测的准确性。实验也表明存在这样的权系数，使得预测值和实际值十分接近。如何更科学地选取权系数，应该是今后需要着重研究的内容之一。

2.3.3 基于热电偶升温速率的温度测算

2.3.3.1 热电偶在高温铝电解质中的感温特点

热电偶的感温规律与温度环境有密切关系，文献资料表明普通热电偶感温的动态响应过程符合指数规律，但这种规律的递推，要求的条件苛刻、计算量大，不大适合铝电解过程温度的测算。实践测定表明，在测铝电解槽温度时热电偶达平衡温度时间约需 40 ~ 100s（误差大于 ±2℃），开始升温速度很快，在最后 50℃ 很慢，约占整个升温过程的一半，而热电偶保护套管的腐蚀主要发生在这一阶段。热电偶在铝电解质中的感温曲线如图 2.15 所示。如能根据热电偶感温初期的温度来决定热电偶达平衡时的温度，这将提高热电偶的寿命，减少测温劳动强度，有利于电解槽的管理。

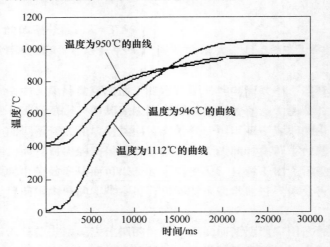

图 2.15 热电偶在铝电解质中的升温曲线

热电偶插入电解质中的传热过程属于三维不稳态传热，并且包括对流、传导和辐射热交换，是一个十分复杂的过程。准确地求解出热电偶感温的时间、空间函数相当困难。但经过仔细分析，可以把问题简化，分析研究表明，热电偶感温可以分 3 个不同的过程[10]：

（1）热电偶感温初期，热电偶吸收电解质的热量，使热电偶表面凝固薄层电解质，由于温度差很大，此时段热电偶升温速率增加。

（2）热电偶感温中期，热电偶表面凝固的薄层电解质慢慢熔化，由于温度差小，此时段热电偶升温速率下降。

（3）热电偶感温后期，热电偶表面直接与熔融电解质接触，此时段热电偶升温速率最初是增加的，然后逐渐下降，最终接近于零。

由于铝电解过程各电解槽电解质的物理化学性能和流动状态不同，测温时热电偶状态也不同，所以各电解槽测温时，3 个时期的时间分布是不同的，无一定的规律可循。

2.3.3.2 测算原理

把电解槽中热电偶的感温问题描述为圆柱系，用傅里叶导热微分方程建立温度之间的联系。在热电偶插入电解质中的某个时刻，可用图 2.16 示意这个系统。

若电解质主体温度为 T_t；热电偶感温为 T_1；各层综合传热系数分别为：热电偶钢壁

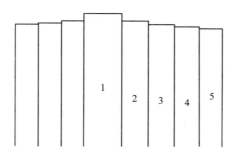

图 2.16 热电偶插入电解质初期示意图

1—热电偶丝；2—保护套管钢壁；3—固态电解质层；4—液态电解质层；5—电解质主体

λ_1，固态电解质层 λ_2，液态电解质层 λ_3；各层界面处温度分别为：t_1，t_2，t_3，t_4；各层界面处半径分别为：r_1，r_2，r_3，r_4；a 为综合传热系数；q 为体系热容；c 为常数。鉴于上面的分析，综合传热系数随时间变化显著，很难给出合适的边界条件来求解方程。在某些特定前提下，对复杂问题可以简化处理。如果能用一维稳态传热来处理，即热电偶钢壁的传热仅考虑与热电偶杆壁垂直方向的一维传热（圆周率并入传热系数中），问题将变得简单。

$$Q_1 = 2\lambda_1 L_1 (t_2 - t_1) / \ln\left(\frac{r_2}{r_1}\right)$$

$$= a_1(t_2 - t_1)$$

$$a_1 = 2\lambda_1 L_1 / \ln\left(\frac{r_2}{r_1}\right)$$

固态电解质层的传热：

$$Q_2 = 2\lambda_2 L_2 (t_3 - t_2) / \ln\left(\frac{r_3}{r_2}\right)$$

$$= a_2(t_3 - t_2)$$

$$a_2 = 2\lambda_2 L_2 / \ln\left(\frac{r_3}{r_2}\right)$$

液态电解质层主要是对流传热，传热速率随熔体流速的增加而增加，由于电解质搅动剧烈可认为传热热阻集中在热电偶钢壁和固态电解质层。在传热过程未达到稳态前，有关系式 $Q_1 < Q_2$，或 $bQ_1 = Q_2$（其中，b 为大于 1 的常数，其大小与温度有关），引入系数 b 后即可用稳态导热方程处理非稳态的情况。综合以上各式得到：

$$Q_1 = a_1\left(t_3 - t_1 + \frac{Q_2}{a_2}\right)$$

或

$$Q_1 = (t_3 - t_1) \left/ \left(\frac{1}{a_1} + \frac{b}{a_2}\right)\right.$$

同时可以认为 Q_1 用于热电偶的升温，若此刻热电偶升高温度 Δt，热电偶丝连同周围空气一起的等效热容为 c，则等式 $Q_1 = c\Delta t$ 成立。所以，在极短的时间内有以下关系式：

$$\Delta t = (t_3 - t_1) \left/ \left(\frac{1}{a_1} + \frac{b}{a_2}\right)\right. \left/ c\right.$$

式中，t_3 为需要推算的电解质温度；Δt 为温度差；a_1，b，a_2，c 为随时间、温度而变化的常数。

由于式中的参数都是时间和温度的函数，并且这种函数关系很难从理论上建立，所以，从 t_1 推出 t_3 在理论上是困难的。但是，在极短的时间内，温度变化很小时，式中的参数可取常数或假定与温度呈线性关系，从实际测定的数据可计算出固态电解质层表面温度。具体方法是用快速反应热电偶，在极短时间间隔内采取温度系列数据，经滤波分析处理，再解方程组，得到一系列数值判断终止条件后，进一步得到电解质主体温度。

例：设每秒采样 10 次，推算条件为两次采样温度差小于 5℃，某一时刻采样序列为 $\{920.5，926，930.6\}$。根据上面的公式可以得到：

$$t_3 = (926.3 - 920.5) \Big/ \left(\frac{1}{a_1} + \frac{b}{a_2}\right) \Big/ c + 920.5$$

$$t_3 = (930.6 - 926.3) \Big/ \left(\frac{1}{a_1} + \frac{b}{a_2}\right) \Big/ c + 926.3$$

解方程组可以得到 $t_3 = 942.9$。实际测温过程中，满足什么条件开始计算和推算结束可以根据问题要求的精度人工设定，测温时间也随设定的条件不同而不同。

2.3.3.3 温度测算系统的硬件结构

测温系统如有条件最好固定在电解槽边缘，用机械传动完成热电偶的插入和拔出，这样可以减少人为误差，提高测量精度，也可以做成便携式仪表。在充分考虑系统的性能价格比的基础上，该测温系统是以 80C31 单片机为核心，外扩一片 28C64EPROM 作外部程序存储器，一片 74LS373 作地址锁存器及一片 81C55 作 IöO 接口，以完成显示和键盘输入等功能。由 K 型热电偶测量热端温度 T，经过 AD521 线性放大后输入 A/D 转换器 14433，转换后的数字信号送入 80C31 单片机进行运算、处理，转换成 E2PROM 的地址。单片机根据由键盘置入的各种命令，调用装在系统内部 EPROM 中的键功能子程序完成测温并送液晶显示器（LCD）显示。该系统具有存储功能，并利用 145407 芯片实现与计算机的通信。系统硬件设计如图 2.17 所示[8]。

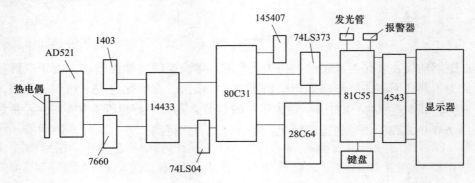

图 2.17 测温系统硬件结构示意图

2.4 电流效率检测

2.4.1 铝电解槽电流效率的重要性

高电流效率是铝电解生产最佳化的最重要准则。电流效率涉及铝电解槽的产量与电耗，通过提高电流效率多生产的金属铝只消耗了氧化铝，对铝生产的成本都有着直接的影响。每一个电解铝厂都希望能够准确及时地了解每一个电解槽的电流效率，然而由于不能准确知道每天的产铝量，如何准确测定电解槽的电流效率就成为了广大工程技术人员要研究和解决的问题。随着铝电解工业的不断发展，测定电流效率的方法也在不断地发展、完善。但是，对于工业铝电解槽瞬时电流效率的测量问题还没有解决。

2.4.2 电流效率的测定方法

测定工业铝电解槽的电流效率有四种方法：简易盘存法、加铜稀释法、放射性同位素稀释法和气体分析法。

盘存法是根据铝电解槽在某一时期内的铝产量等于在该时间内历次从槽内取出的铝量的总和加上槽内在产铝量于测定前后的差值，然后按照法拉第定律，根据该时期内的电量，计算出电流效率。

稀释法的原理是向槽内铝液中添加少量某种金属，待其均匀溶解在铝液中之后，取样分析测定铝中该金属的含量，进而计算出槽内铝液数量。

放射性同位素稀释法测定电流效率的原理是向铝液中添加少量的比铝更正电性的元素的放射性同位素，待其溶化均匀混合后取出铝样，测定其放射性比活度，进而推算槽内铝量。稀释法的理论依据是在放射性同位素稀释前后，体系中的总放射性活度不变。需要注意的是，在测定期间，槽内铝液要取出一部分，因而槽内剩余的放射性活度就减少了。这种方法测定电流效率也有两种途径，即盘存法和回归法。

气体分析法的原理就是利用铝电解槽阳极气体中二氧化碳的含量与电流效率之间的关系，测出阳极气体中二氧化碳的含量，从而计算出铝电解槽电流效率的值。这种方法简便易行，越来越受到广大工程技术人员的青睐。这种方法的基本出发点是阳极一次气体是100%的二氧化碳，由于阴极产物跟二氧化碳的逆反应，生成了一氧化碳气体。

$$Al_2O_3 + 1.5C = 2Al + 1.5CO_2$$

$$2Al + 3CO_2 = Al_2O_3 + 3CO$$

如果电流效率是 η，铝损失份数是 $1-\eta$，则

$$2(1-\eta)Al + 3(1-\eta)CO_2 = (1-\eta)Al_2O_3 + 3(1-\eta)CO$$

二次阳极气体中的二氧化碳分子数为 $1.5-3(1-\eta)$；二次阳极气体中的一氧化碳分子数为 $3(1-\eta)$。

因此，CO_2 在（CO_2+CO）混合气体中所占的体积分数，即所谓 CO_2 含量便是：

$$N_{CO_2} = \frac{1.5 - 3(1-\eta)}{1.5} \times 100\%$$

于是得到理论关系式（Pearson-Waddington 公式）：

$$\eta = \frac{1 + N_{CO_2}}{2} \times 100\% = 50\% + \frac{1}{2}N_{CO}$$

从理论上分析，该式是不完善的，因为一部分 CO_2 可能跟炭渣起反应而生成 CO，从而使得 CO_2 含量减少：

$$CO_2 + C = 2CO$$

一部分 CO 可能被铝（溶解的）还原了，使 CO 含量减少：

$$3CO + 2Al \Longrightarrow Al_2O_3 + 3C$$

此外，有一部分电流还以另外一些方式损失了，如不完全放电、电子导电等。这一些因素都会影响该关系式的可靠性。关于 P-W 方程的修正问题下面作一介绍。

研究发现，阳极气体中 CO 的产生除二次反应外还可能由于水煤气反应和 Boudouard 反应产生，另外 CO 会进一步被铝还原，实验室测定表明有 3% 的阳极气体还原成了碳氢化合物。取样时漏入空气的影响难以准确估计，水的影响可导致阳极气体中含 0.5% HF，鉴于这些因素研究者们从自己的实测结果得到 P-W 方程的修正式。邱竹贤院士根据工业铝电解槽上的测定结果给出的下列半经验公式[11]：

$$\eta(\%) = \frac{1}{2}(1 + \varphi_{CO_2}) + K$$

式中，φ_{CO_2} 为 CO_2 的体积分数；$K = 3.5\%$。

此式在电流效率较高时（大于 93%）误差会增大，且 3.5% 为多次实验统计得到的误差。

上述的四种方法中，简易盘存法适于测定长期平均电流效率，这种方法简单易行，可以同时在若干台槽上进行测定，但却无法测定瞬时电流效率，无法及时了解槽况，也无法在实验室中应用。加铜稀释法和放射性同位素稀释法可以测定短期的电流效率，但也不能测定瞬时电流效率，而且对铝的质量还有影响，也无法同时在若干台槽上同时测定。气体分析法适于测定瞬时电流效率从而可以及时了解槽况，且对于铝无污染，还可以同时在若干槽上进行测定，目前国内外的实验室进行科研时也通常通过气体分析法来测定铝电解槽的电流效率。

气体分析法有着其他方法无法比拟的优势，但如何便捷地应用这种方法也是广大科技人员一直在探索的问题。由于传感技术的限制及阳极气体的特性使人们很难在现场测定出阳极气体中二氧化碳的含量，通常只能在现场采集气体后在实验室进行分析。

2.4.3 二氧化碳气体检测技术

2.4.3.1 检测方法

A 化学法

化学法是人们研究比较早的检测二氧化碳浓度的方法之一，该方法也称为奥式气体分析器法。这种方法的原理是利用吸收液吸收烟气中的某一部分，根据吸收前后体积的变化，计算该成分在混合气体中所占的百分数。这种方法测定范围广，对于混合气体中待测气体组分没有浓度限制，但精度比较低，而且不适于在线检测，这种方法多用在实验室内进行分析实验。

B 红外分析法

红外检测原理可分为主动式和被动式。主动式是利用红外辐射源对被测物体进行辐射，被测物对红外光的吸收、反射和投射后红外光发生变化，此变化与被测物的有关参数有关，由此来实现对待测组分的检测。被动式是被测物就是红外辐射源，利用其辐射特性检测红外辐射能实现温度检测或把物体多个点辐射能大小转换成热像图，或利用气体辐射在红外波段有固有的谱线完成气体分析。

从原理上可以知道，应用红外法可以对二氧化碳气体进行准确有效的分析和测量，而且结构简单、体积小、重量轻、功耗低、响应速度快、可靠性高。但是，这种方法对于混合气体中待测气体组分的浓度是有限制的，当待测气体组分的浓度过高时，就会使得测量结果出现较大的偏差，从而导致测量的失败。而且应用这种方法制成的分析仪器非常精密，对于应用现场的要求也很高，在比较恶劣的环境下不能保证应用此法测得的结果是准确的。所以，虽然这种方法可以应用于在线检测，但要求测量环境对于测量仪器的干扰要足够的小。

C 热传导法

各种物质组分的导热能力是有一定差异的，对于多组分气体，由于组分含量的不同，混合气体导热能力将会发生变化。根据混合气体导热能力的差异，就可以实现气体组分的含量分析。

对于彼此之间无相互作用的多种组分的混合气体，它的热导率可近似地认为是各组分热导率的平均值。

$$\lambda = \sum_{i=1}^{n} \lambda_i \phi_i$$

式中，λ 为混合气体的热导率；ϕ_i 为混合气体中第 i 组分的体积分数；λ_i 为混合气体中的第 i 组分的热导率。

设待测组分为 $i=1$，它的热导率为 λ_1，当其他组分的热导率近似相等时，由于 $\phi_1 + \phi_2 + \phi_3 + \cdots = 1$，则上式可简化为：

$$\lambda = \lambda_1 \phi_1 + \lambda_2 (\phi_2 + \phi_3 + \cdots) = \lambda_1 \phi_1 + \lambda_2 (1 - \phi_1) = \lambda_2 + (\lambda_1 - \lambda_2) \phi_1$$

所以
$$\phi_1 = \frac{\lambda - \lambda_2}{\lambda_1 - \lambda_2}$$

可见，只要测出混合气体的热导率，即可求得待测组分的体积分数。

显然，按上述原理分析待测组分的含量时，必须满足两个条件：其一，混合气体中除待测组分外，其余各组分的热导率必须相同或十分接近；其二，待测组分的热导率与其余组分的热导率要有明显差别，差别越大，测量越灵敏。

这种方法，气体选择性好，不受组分浓度限制，适于工程应用。但同红外法一样，对检测环境的要求比较高，在恶劣环境下测量精度很难保证。因此，对于铝电解槽这样的复杂环境应用这种方法进行在线检测是不合适的。

D 固体电解质法

固体电解质法是利用某种固体电解质材料只对某一种气体具有气敏作用的原理来进行检测的。固体电解质型传感器以其检测原理简单、选择性好等优点而引人注目，是被广泛开发研究最多的二氧化碳传感器。

E 半导体法

半导体法是利用半导体气敏元件同气体接触，造成半导体性质发生变化，借此检测特定气体的成分及浓度。半导体气体传感器大体上分为电阻式和非电阻式。电阻式半导体气体传感器是用氧化锡、氧化锌等金属氧化物材料制作的敏感元件，利用其阻值的变化来检测气体的浓度。气敏元件有多孔质烧结体、厚膜及目前正在研制的薄膜等几种非电阻式半导体传感器。根据气体的吸附和反应，利用半导体的功能函数，对气体进行直接或间接检测。

金属氧化物半导体型传感器主要用来检测可燃性和还原性气体。以往由于 CO_2 化学性质稳定，被认为用于 CO_2 检测是不可能的。近年有报道表明，添加碱性氧化物的 SnO_2 对 CO_2 有一定的敏感性，但由于敏感性与所用的材料性质及器件微观结构紧密相关，设计这种传感器十分困难。虽然用它可以检测 CO_2 气体，但选择性很差，交叉灵敏度高，多种气体共存时，相互干扰很大，几乎无法保证测定结果的准确性。

新型的半导体电容型 CO_2 传感器可进行阳极气体成分的检测。半导体电容式传感器与其他传感器比较起来其敏感元件是由具有稳定物理、化学、热性质的复合氧化物电子陶瓷材料制成，结构简单，利于小型化、集成化，灵敏度和选择性好，测试范围较广，是一种很有发展前途的 CO_2 传感器。而且，这种传感器不同于固体电解质、金属氧化物半导体等采用与直流测试有关信号处理的气体传感器，它采用与交流测试有关的信号处理，不易受测试环境的影响，能得到高的信噪比，增幅也容易，适用于高灵敏度的分析。

半导体气体传感器由于具有灵敏度高、响应时间快、使用寿命长和成本低等优点，因此得到广泛的应用。

F　其他方法

除上述方法外，还有许多其他的方法，如利用光纤进行 CO_2 浓度的检测，应用复合氧化物、沸石、固定化液膜等制成 CO_2 传感器都取得了相当不错的效果。以上所介绍的方法虽然都各自有着其他方法无法比拟的优势，但同时也存在着缺陷，有的对检测环境要求太高，无法在恶劣环境下工作；有的对待测气体浓度有限制等。通过分析和总结，认为半导体电容型传感器比较适于铝电解槽阳极气体分析。

2.4.3.2　CO_2 气体传感器的设计

电容式传感器是将被测非电量转换成电容量的一种传感器。其特点是结构简单、性能可靠，能在比较恶劣的环境下工作。主要用于位移、振动、液位、成分含量等方面的测量。

A　半导体电容型 CO_2 气体传感器的原理

传统电容型传感器以如下的计算公式为基础[12]：

$$C = \frac{\varepsilon_0 \varepsilon_r A}{d}$$

式中，ε_0 为真空中的介电常数；ε_r 为介电材料的介电常数；A 为电极的有效面积；d 为电介质的有效厚度。

ε_0 为恒定值，因此电容型传感器主要基于 ε_r、A、d 的变化达到检测目的。所设计并制作的传感器就是通过改变电容器电介质的有效厚度来进行阳极气体中 CO_2 浓度的检测的。

研究表明，可把与半导体特性相反的氧化物界面出现的阻挡层或 MOS 晶体管的阻挡状态看作一种电容。被检测物质与半导体或金属电极之间由于电气作用而产生载流子浓度的变化，使阻挡层的宽度发生变化，而阻挡层的宽度发生变化相当于电容的厚度发生变化，从而引起电容的变化来进行检测。

近年来，利用 P-N 型半导体的结合界面所形成的阻挡层的厚度变化做成 CO_2 或 NO_x 传感器也被提出。由于 P-N 结合界面存在大量电荷，耗尽层是一种电容。半导体表面对气体的吸附伴随电气的相互作用，当半导体中的载流子浓度发生变化时，耗尽层的宽度也就是电容的电介质的有效厚度 d 随气体的浓度而变，这样元件的电容就随气体的浓度而变化。所设计的传感器就是根据这种原理及气体吸附原理制成的。制作传感器的原料中，CuO 可视为 P 型金属氧化物半导体，$BaTiO_3$ 可视为 N 型金属氧化物半导体。当这两种粉末按一定的比例均匀混合并烧结后，CuO 晶粒和 $BaTiO_3$ 晶粒会在晶界处形成异质 P-N 结，当其表面所吸附的 CO_2 分子不同时，则其结合界面所形成的阻挡层的厚度也发生变化，这样就导致了电容器的电容值的变化。

B 半导体电容型 CO_2 气体传感器的设计

传感器的设计主要包括原料的选择、传感器的尺寸等方面，下面对于所使用的传感器的设计进行介绍。

首先是制作传感器的材料的选择，由上文可知，可把半导体特性相反的氧化物界面出现的阻挡层或 MOS 晶体管的阻挡状态看作一种电容，但并不是任何两种半导体特性相反的氧化物混合就可以对 CO_2 气体进行检测。有人曾经总结了在 $BaTiO_3$ 基复合氧化物中导入 $2\%CO_2$ 时的电容变化。在含 $BaTiO_3$ 基的混合氧化物电容元件中，引入 CO_2 气体，可使电容在工作温度 $400\sim800K$ 范围内增加或降低，因此可由电容的变化检测 CO_2 浓度。CO_2 的检测特性随与 $BaTiO_3$ 混合的氧化物不同有很大差异。探讨过的氧化物中，由于混合了 CuO 的系列显示有较高的灵敏度，所以选此系列传感器较为合适，作为 CO_2 传感器有较高的实用可能性。因此，在传感器的设计中，用 $BaTiO_3$ 和 CuO 粉体作为原料[13]。

在传感器的材料选好后，根据传感器与被测物间的函数关系的一些参数和所采用的介质及工作条件等设计原则，来确定采用何种工作方式和结构形式，以及传感器输出信号的转换原理等。新型半导体电容型 CO_2 传感器的几何尺寸设计主要是在借鉴前人设计经验的基础上，再根据铝电解槽这个具体的环境来进行的。电容式传感器可以用任何类型的电容器作为传感器，但最常用的是平行板电容器和圆柱形电容器作为传感器。在设计中，为了减少加工工艺的复杂性，顾及加工后元件的易测性，传感器设计为圆柱形的电容器。即两个电极之间的介质为圆片，两个电极也为圆形，并和介质圆片为同心。

然后是介质圆片的厚度及圆片半径的设计。对于电容型传感器的介质厚度，理论上应由工作电场强度来决定，而对于功率不大的交流电容式传感器，应由介质的瞬时耐压强度来确定。对于所使用的新型半导体电容传感器介质厚度是根据前人的设计结果来进行设定的。将介质厚度设定为 0.6mm，而圆片的半径则要有一定的限制，为了尽可能地减少边缘效应，要使介质圆片的半径尽量大于圆形电极的半径，设计中将介质圆片的半径定为 8mm。

金属电极的设计包括电极厚度的设计、电极形状及尺寸的设计，以及电极材料的选择等。由于电极板在电容传感器中的主要作用是形成电场，因此在保证极板连续、能在全部有效介质中形成电场的前提下，从减少电容传感器的体积和重量、节约金属、降低成本等方面考虑，应该选用最薄的极板。除此之外，对于金属极板电容传感器，为了改善自愈特性，从而提高可靠性，也需较薄的金属极板。但为了保证传感器有适当的性能和制造工艺上的方便，有时还要保证电极板的一定厚度，在设计时，要综合考虑。电极的形状设计为圆形，半径设定为 3mm，使其小于介质圆片的半径，这样可以使圆形电极所形成的电场中的介质完全是 $BaTiO_3$ 和 CuO 的混合材料，从而可以保证有较高的敏感性。

对于金属电极材料的选择要遵循以下原则：电阻率要小；对介质的化学和电化学性质的老化和催化作用要小；力学性能好，压延性好，柔韧、机械强度高；密度小；容易焊接；价格合理等。金属电极广泛使用的材料是金属银。

C 半导体电容型 CO_2 气体传感器的加工

在研制过程中，借鉴前人的研究成果了解到，原料粉体的粒度对元件的气敏特性有很大的影响，所以在研制过程中，对于原料采用纳米级粉体。

纳米微粒和纳米固体是应用于传感器最有前途的材料，具有重大的理论意义和十分诱人的工业前景。其一，理论计算表明纳米级粒子材料粒径小、体表面积大，其巨大的表面和界面对外界环境如温度、光、湿、气等十分敏感，外界环境的改变会迅速引起表面或界面离子价态和电子运输的变化。其特点响应速度快、灵敏度高，是保证高选择性的先决条件，因此在开发敏感功能方面具有前途。其二，纳米粒子热加工容易，适于工业生产。其三，纳米粒子近年来发展虽快，其制备成本虽然较高，但作为传感材料由于用量极微，则可以小成本大利益。

在传感器的制作过程中，原料使用纳米级 $BaTiO_3$ 和 CuO 粉末。但实际上只将 $BaTiO_3$ 均匀掺杂 CuO 粉体是不够的，在掺杂之前还要对 $BaTiO_3$ 粉体（常温下是一种典型的绝缘材料）先进行半导化工艺处理，然后再以处理过的粉体为主体原料来制备气敏元件，这样才可以获得性能优良的 CO_2 气敏元件。具体步骤如下：

（1）采取合成法来制备 $BaTiO_3$ 粉体。合成法已有人进行过实验，并获得了合格的纳米粉体材料。因此，在传感器加工工艺的设计中，采用此种方法。原料是纳米级粉体 $BaCO_3$（99.89%）和 TiO_2（99.7%），将两种粉末等物质的量混合，严格控制工艺参数，再用传统的粉体冶金技术以一定的烧结制度直接合成高纯的四方晶型 $BaTiO_3$ 粉体，反应温度为 1200℃，保温时间为 6~12h。这样即可制得纳米级 $BaTiO_3$ 粉体。

（2）成为半导体的必要条件是材料中存在弱束缚电子即导电载流子。通过强制还原半导化和掺杂半导化这两种途径来实现陶瓷材料的半导化是目前研究较多的两种方法。强制还原半导化是在陶瓷材料高温烧结过程中，通入还原气氛，使瓷体处于低氧分压的气氛环境中；在高温下，材料中的一部分氧将从瓷体挥发于环境中，从而出现大量氧缺位。采取弱还原氧缺陷工艺来制备 $BaTiO_3$ 半导体：将粉体装入刚玉坩埚中，放入一密闭的新硅碳棒炉中煅烧，以一定的速率升温至 1200℃，保温 12h，迅速空冷获得粉末样品。这种半导化方法也已经得到了证实，应用这种方法可以得到 $BaTiO_3$ 的半导体。

（3）以所制备的纳米半导化 $BaTiO_3$ 粉体为主体原料，机械均匀掺杂一定摩尔配比（1:1）的纳米 CuO 粉体，使其充分混合。然后将充分混合后的粉体在一定的压力下进行压制，将其压制成直径为 13mm、厚度为 0.6mm 的圆片，然后再在一定温度下进行烧结。根据相关文献中的研究成果，将设计中烧结温度设定为 500℃，在此温度下烧结 5h，然后两面烧渗直径 6mm 的导电银浆，引铂线，制成敏感元件。

按上述工艺加工出来的敏感元件再包封树脂及浸渍石蜡后，就可以进行测量试验了。在元件通过实验后，就可以应用到实际环境中去进行实验测量来验证与理论值的差距。最后，实际应用到工程实践中。

$BaTiO_3$ 基复合 CuO 后的介电常数为 109.61。再根据传感器的设计尺寸，就可以在理论上计算出敏感元件在空气中的电容值，结果大约为 11nF。由前人对这种敏感元件的灵敏度的研究可知，随着 CO_2 浓度的升高，灵敏度是增大的。例如，当 CO_2 浓度为 60% 时，灵敏度大约为 9；而当 CO_2 浓度为 90% 时，灵敏度为 13 左右。在这个范围内，按理论上的值进行计算，传感器的电容值变化量大约为 44nF，通过应用所设计的检测系统完全可以检测出电容值的变化。由此可知，此传感器在理论上是可行的。$BaTiO_3$ 粉体和 CuO 粉体充分机械研磨混合后，经过一定的压力压制成型，再经过烧结获得元件本体。所以中间环节压制因素有很大影响。

混合粉体在压制成型时的压力对于元件的灵敏度影响很大，过高、过低压力都不能产生气敏特性，只有在适中的压力范围内，才能保证元件好的气敏性。当压力过小时，粉体结合不紧密，在本体内存在许多气孔，很有可能影响 $BaTiO_3$ 晶粒和 CuO 晶粒的结合，导致 P-N 结很少，而无敏感性。当压力过大时，烧结所制的元件有可能出现结块现象，晶粒与晶粒之间的晶界不明显，而且气孔很少，不利于气体的吸附，故气敏性也很差。只有当压力适中时，既有利于晶粒的成型，也有利于晶界的形成，同时还具备一定的均匀分布的孔隙，因而对气体产生较好的敏感性。对于元件的制备来说，越能满足这些条件的压力就越恰当。设计中，在压制时采用 140MPa 压力。

同样，烧结温度也对气敏特性有着一定的影响。当烧结温度过低，会导致元件的晶粒细小、成片状、孔隙很多、晶界少；而烧结温度过高，则晶粒粗大、有聚集、孔隙少、不利于气体的吸附。设计中采用的烧结温度为 500℃，这个温度能否保证使元件有非常好的气敏特性，还要在烧结后进行观察，可以多压制几个元件，分别采用不同的烧结温度，比较出最好的一个。在对传感器的制作工艺进行探讨时，在烧结温度为 500℃ 时，烧结的时间也是有一定限制的，不能过长也不能过短，对于压制成型的元件在 500℃ 烧结 5h 左右比较合适。

2.4.4 电流效率与阳极电流分布的数学模型

铝电解槽中电流分布瞬息万变，在不同的时间和空间有不同的值，是电解过程中最难掌握的参数。电流效率是铝电解过程中最重要的技术经济指标，在铝生产中有很多因素影响电流效率，如温度、电流强度、电流密度、金属流动、电解质组成、极间距离、槽龄等。通过分析可以发现几乎所有与电流效率有关的因素都与电流分布有关，直接或间接地影响电流分布。金属流动与电流分布有关，温度及其分布通过改变炉膛形状来改变电流分布。电解质成分也可以由电流分布的变化来反映，极间的距离和铝水平也影响电流分布。由于在任何情况下，外部电流分布及其变化比其他任何参数更容易测定，因此，研究电流分布与电流效率之间的关系非常有意义，也是电流效率连续监测的基础。

预焙电解槽物理场在现行的母线配置下垂直磁场较大且不均匀，某一电解槽区域垂直磁场达到 $4×10^{-3}$T，金属流动速度较快且不均匀，平均流动速度为 8cm/s，最大流动速度大于 20cm/s。电解槽内的电流分布受炉帮和单个阳极电流的影响，水平电流随炉帮的变化而变化，实验结果表明，如果炉帮延伸到阳极底掌投影下，则水平电流增加，引起铝液明显上下波动，这就导致电流效率很低。

2.4.4.1 电流效率的计算模型

A 电流效率的综合数学模型

有关电流效率的机理模型和经验模型有许多报道，但都不能满足分析电流分布与电流效率关系的需要。在 Lillebuen 模型基础上，充分考虑整个传质过程中的所有因素，通过重新定义及重新计算模型中的一些变量，推导了一个铝电解过程中电流效率的综合数学模型。

$$\eta = 100 - 219 A I^{-1} D_{\mathrm{me}}^{-0.67} \mu^{-0.5} u_e^{-0.83} d^{0.17} \rho^{1.5} C_{\mathrm{Al}}^* (1 - f)$$

式中，η 为电流效率，%；A 为阴极面积，m^2；I 为电流强度；D_{me} 为校正界面张力时的等效扩散系数；μ 为电解质黏度，$\mathrm{Pa \cdot s}$；u_e 为电解质相对铝液的平均流速，$\mathrm{m/s}$；d 为极距，m；ρ 为电解质密度，$\mathrm{kg/m}^3$；C_{Al}^* 为电解质中 Al 的饱和浓度；f 为金属浓度比例系数。

$$f = c_m / c_m^* \tag{2.25}$$

式中，c_m 为电解质主体的金属浓度；c_m^* 为电解质中金属的饱和浓度。

$$D_{\mathrm{me}} = D_m (\sigma_r / \sigma)^{0.5}$$

式中，D_m 为扩散系数；σ_r 为对应于扩散系数 D_m 时的界面张力；σ 为铝和电解质界面张力。

进一步研究模型中的变量，可知它们由下述工作参数决定，即温度 T、电流密度 J_c、熔体流动速度 u、阴阳极间距离 d、界面张力 σ、金属浓度比例系数 f。已知这些参数就可以通过式（2.25）计算出电流效率，如果电解槽炉帮形状变化不是很快，这些参数可以由电流分布直接计算得到或者由半经验公式粗略决定。熔体流动速度 u，主要取决于电磁力和重力，随着时间变化的电磁力只取决于磁场和电流分布，因此，通过解关于热场、电场、磁场和流场的方程组，即可求得熔体流动速度。电流密度 J_c 由直接解电场方程组决定，T，J_c，σ 和 f 等参数由以下半经验公式计算得到：

$$\left. \begin{array}{l} T = T_0 + B J_e (J_e - G) \\ J_i = C_i / I_i \\ \sigma = C_0 - C_2 J_c \\ f = f_0 - C_4 J_a \end{array} \right\} \tag{2.26}$$

式中，T_0，B，G，C_i，C_0，C_2，f_0，C_4 均为实验结果计算得到的常量；J_e，J_c，J_a 分别为电解质电流密度、阴极电流密度和阳极电流密度。

所以，式（2.25）和式（2.26）给出了电流效率和电流分布的关系，如果已知电流分布，就可以计算出电流效率。由于在大型电解槽中电流分布不均匀，电流效率也不一致。采用区域参数对应的是区域电流效率，采用平均参数对应的就是平均电流效率。这里采用二氧化碳分析法和铜稀释法，仅用整个电解槽的平均电流效率验证模型，实验结果表明一周时间内电流效率的计算值和测量值相对误差为 0.5%。可以分析电流分布与电流效率的关系，但从方程组知道电流分布与电流效率是通过很复杂的物理场计算模型联系起来，计算工作量大而且通过表达式很难分析它们之间的关系。为了解决这个问题，可用正交多元回归法简化模型[14]。

B　电流效率的代数方程模型

采用正交回归设计方法建立电流效率计算方程。以 160kA 预焙电解槽为例，此方法可以推广到其他电解槽。将 160kA 预焙电解槽划分成 9 个区域，其中 8 个区域有垂直电流，而另一个没有垂直电流，除第 9 区域外，其余每个区域由 3 个阳极组成。当然区域可以任意划分，但若在同一区域内有一致的物理场，分析会更方便，如果区域划分更细，结果更精确，但计算却更复杂。正交回归的表头设计见表 2.1。

表 2.1　正交回归的表头设计

x_0	x_1	x_2	x_3	x_4	x_5	x_6	x_7	x_8	x_1^2
x_2^2	x_3^2	x_4^2	x_5^2	x_6^2	x_7^2	x_8^2	x_1x_2	x_1x_3	x_1x_4
x_1x_5	x_1x_6	x_1x_7	x_1x_8	x_2x_3	x_2x_4	x_2x_5	x_2x_6	x_2x_7	x_2x_8
x_3x_4	x_3x_5	x_3x_6	x_3x_7	x_3x_8	x_4x_5	x_4x_6	x_4x_7	x_4x_8	x_5x_6
x_5x_7	x_5x_8	x_6x_7	x_6x_8	x_7x_8	$x_1x_2x_3$				

$$N = 2^p + 2p + 1 = 2^8 + 2 \times 8 + 1 = 273$$

中心常数为　　　　　　　　　$K = (2^p/N)^{1/2} = 0.9684$

星号臂为　　　　　　　　　　$r = (2^p/N)^{1/2} - 2^p - 1 = 2.045$

式中，N 为需要计算的点数目；p 为因素的数目；K 为中心常数；r 为星号臂。

　　如果全盘考虑所有项，即包括所有因素的相互作用，则方程式中会出现很多项，那样太复杂而且没必要。从实际应用和分析中，可以忽略大多数高次幂项。这里只采用一次项和二次项，且只用一个三次项比较其重要性。稍后检查出的重要性表明所有三次项不严重影响电流效率。

　　表 2.2 中电流与因子的转换关系为：

$$i = (I - 18000)/3000$$

式中，I 为电流强度，0 水平为 18kA，+1 水平为 21kA。

表 2.2　因子水平编码表

x_i	+2.045	+1	0	-1	-2.045
I	24.135	21.000	18.000	15.000	11.865

　　实验期间，电解铝厂的系列电流大约在 150kA。电流效率和区域电流的代数表达式如下：

$$\eta = B_0 + \sum a_i x_i + \sum b_i x_i^2 + \sum (x_i \sum C_{ij} x_j)$$

　　因为很难测量区域电流效率来验证得到的数学模型，仅考虑整个电解槽的平均电流效率。用于计算平均电流效率的 B_0、a_i、b_i 和 c_{ij} 在表 2.3 中给出。实验期间，电解质成分的摩尔比为 2.4，Al_2O_3 为 3%，MgF_2 为 3%，CaF_2 为 3% 左右，系列电流为约 150kA。回归模型的系数见表 2.3，回归模型的系数会随操作环境的不同而不同。

表 2.3　计算平均电流效率的系数表

a_1	0.256	b_3	0.021	c_{16}	0.052	c_{35}	0.008	c_{58}	0.081
a_2	0.183	b_4	-0.045	c_{17}	0.041	c_{36}	0.048	c_{67}	-0.047
a_3	-0.074	b_5	0.003	c_{18}	0.017	c_{37}	-0.006	c_{68}	0.005
a_4	0.076	b_6	-0.030	c_{23}	0.034	c_{38}	-0.040	e_{78}	0.025
a_5	0.191	b_7	-0.034	c_{24}	-0.025	c_{45}	0.036	c_{123}	0.001
a_6	0.032	b_8	-0.042	c_{25}	-0.001	c_{46}	0.017	B_0	0.863
a_7	0.069	c_{12}	-0.024	c_{26}	0.007	c_{47}	0.067		
a_8	-0.062	c_{13}	-0.004	c_{27}	0.049	c_{48}	-0.101		
b_1	-0.051	c_{14}	0.025	c_{28}	0.059	c_{56}	-0.031		
b_2	-0.069	c_{15}	0.000	c_{34}	-0.027	c_{57}	0.024		

2.4.4.2 电流分布对电流效率的影响

为了测试正交多元回归模型的精确度，任选一些点分别用正交回归模型和综合模计算电流效率，结果如图 2.18 所示。从图 2.18 的结果来看，正交回归模型可代替复杂综合模型来分析电流分布对电流效率的影响。

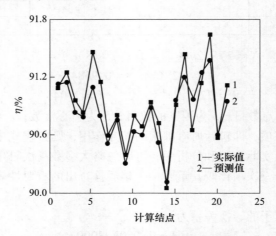

图 2.18　回归和综合模型的计算结果

由式（2.27）很容易计算出平均电流效率和区域电流效率，图 2.19 所示为各个区域电流对平均电流效率的影响，曲线上的数（如 1、2 等）表示相关区域。图中，整个电流被固定在 153kA。使区域电流从 10kA 变化到 30kA，符合铝电解过程阳极作业的特点。在实验期间，实际区域电流变化在 13～24kA 范围。在分析中，只让一个区域的电流变化，总电流保持连续，剩下的电流平均分布在其他区域。图 2.19 结果表明，对大多数区域，在考察的范围内存在最大电流效率，但有些区域，例如 3 和 5，电流效率在给定范围内一直增加（曲线 5）或一直减少（曲线 3）。认为各区域的电流分布对电流效率有不同的影响，多数区域存在最佳电流分布，这是一个普遍存在的规律。各种电解槽的定量关系不相同，这与电解槽构造有关，与电解槽物理场分布密切相关。由式（2.27）出发，也很容易

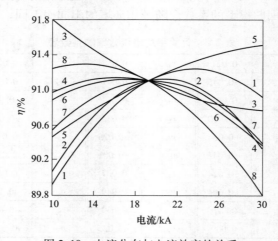

图 2.19　电流分布与电流效率的关系

作出二元图和多元图。

2.4.4.3 最佳电流效率

什么是最佳的电流效率，怎样的电流分布能得到最高的电流效率？这些问题很难精确解答，很可能是一个多门学科的综合而归结为一个数学难题。在图 2.18 中，最高电流效率为 91.78%，但这不是在整个范围和多因素综合考虑的最大值，只是在特定条件下的最佳值。虽然很难得到整个区域中的最高电流效率，但易知对所有阳极均匀分布的电流得不到最大电流效率。如果所有阳极电流是相等的，则电流效率为 91.12%[15]。

基于 Kuhn Tucker 理论，能得到当 $\sum x_i = 3$（总电流 153kA）时电流效率的区域最大值，引进函数 $\varphi(x_i, \lambda) = -\eta(x_i) + \lambda(\sum x_j - 3)$

令
$$\begin{cases} \partial\varphi/\partial\lambda = 0 \\ \partial\varphi/\partial x_i = 0 \end{cases}$$

所以
$$\begin{cases} \sum x_j - 3 = 0 \\ -a_i - 2b_i x_i - \sum C_{ij} x_j + \lambda = 0 \end{cases}$$

解上述方程得，$x_1 = 0.788$，$x_2 = 0.653$，$x_3 = 1.885$，$x_4 = -1.245$，$x_5 = 1.284$，$x_6 = 0.845$，$x_7 = -1.241$，$x_8 = 0.31$（注：$I = 3000 \times x_i + 18000$；例如 $x_4 = -1.245$，$I = 14265A$）。在这种情况下，平均电流效率为 91.17%，比电流平均分布在各个区域时的电流效率大 0.05%。而在图 2.18 中，有许多点的电流效率都大于 91.12%，这似乎与传统的观点有点矛盾。由于电解槽中存在不平衡的磁场分布，不均匀的电流分布部分补偿了不均匀的磁场分布，减少了电磁力对熔体的作用，从而减低了金属流动速度，提高了电流效率。

如何才能达到最佳的电流效率？由于电流分布明显地影响电流效率，因此从电流分布的观点，应该尽量接近最佳电流分布。新换的阳极不能像其他阳极一样导电，而要在 10h 以后才能正常工作。如果新阳极能设置在最佳电流分布很低的地方，而且在它正常导电时移到别处，那么电流效率就能增加。这样操作可能会增加人力成本，但若每区的最佳电流分布差别很大的话，这是值得的。另外，组装阳极后，按组装质量分级，在安装阳极前，把导电性好的阳极安装在最佳电流分布较高的区域，如果条件许可，电解槽上安装调节装置，也是一种有效的方法。

2.4.5 预焙铝电解槽区域电流效率

铝电解槽中各部位的工作状况有所差别，大型铝电解槽尤其如此。目前所说的电流效率通常为电解槽在一段时间内各部位电流效率的平均值，即空间和时间的均值。这个平均值对于考查某槽的工作情况既方便又实用，但也存在某些不足，它掩盖了槽中各处特征的差异，无法了解槽中某一区域或某块阳极的工作状态，难以挖掘电解槽的潜力。目前的研究表明，同一槽中各阳极下的极距相差 1~2cm，熔体流速相差 10cm/s 以上，电解质温度相差达 8~10℃，各阳极底掌下电流效率相差可达 10% 左右。鉴于这种情况，分区域来讨论大型铝电解槽的电流效率是很有必要的，这将有利于分析电解槽内部工作状态，充分发挥槽内各处的最大效益，为进一步寻找某些电解槽电流效率低的原因，寻求提高电流效率的途径打下了基础[16]。

2.4.5.1 区域的划分

对于一台预焙槽的区域划分有一定的任意性，一般根据问题的需要来划分。区域划分越细，就越能细致地分辨槽中各处的工作情况，但却会增加许多工作量，对于实际问题的解决也不是十分必要。因此，这里的区域划分遵循下列原则：（1）区域内磁流条件相差不大；（2）区域内部是连续的，跨度尽可能小；（3）计算机处理方便；（4）对铝电解生产操作条件的优化及提高电流效率有利。

某厂160kA 预焙阳极电解槽划分成 9 个区域，相邻的 3 个阳极为一个区域，24 个阳极分成 8 个区域，电解槽边部为一个区，如图 2.20 所示。

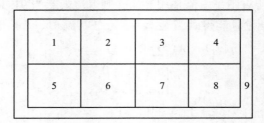

图 2.20　预焙槽区域划分示意图

2.4.5.2　区域电流效率的计算

A　计算方法

电解槽中铝的损失主要受传质过程的影响，而对于在整个传质过程中哪一阶段是律速阶段，一些研究者有不同的观点，因而导致有不同计算电流效率的机理模型建立。这里采用充分考虑整个传质过程影响的综合机理模型，此模型表达为：

$$E_c = 100 - 219 d_{en}^{-1} D_{me}^{0.67} \mu^{-0.5} u_e^{-0.83} d^{-0.17} \rho^{1.5} C_{Al}^* (1 - f)$$

$$f = c_m / c_m^*$$

$$D_{me} = D_m (\sigma_r / \sigma)^{0.5}$$

式中，E_c 为电流效率的百分数，%；d_{en} 为阴极电流密度，kA/m^2；D_{me} 为校正界面张力时的等效扩散系数；μ 为电解质黏度，$Pa \cdot s$；u_e 为电解质相对铝液的平均流速，m/s；d 为极距，m；ρ 为电解质密度，kg/m^3；C_{Al}^* 为电解质中铝的饱和浓度；f 为金属铝浓度比例系数；c_m 为电解质主体的金属浓度；c_m^* 为电解质中金属的饱和浓度；D_m 为扩散系数；σ_r 为对应于扩散系数 D_m 时的界面张力；σ 为铝和电解质界面张力。

各区域的温度采用区域平均温度的估计模型计算，对于 160kA 电解槽实测期间的温度估计模型为：

$$T = 965 + 0.65 d (d - 3)$$

式中，T 为温度；d 为电解质中平均电流密度，A/m^2。

换阳极时，此区域的温度需特殊处理，各区域的极距采用区域平均极距的估计模型计为：

$$L_i = 0.81 / I_i$$

式中，L_i 为区域的平均极距，m；I_i 为区域流过的电流，kA。

各区域的界面张力平均值估计模型为：

$$\sigma_{界} = 550 - 110 d_c$$

式中，$\sigma_{界}$ 为铝和电解质界面张力，$10^{-3} N/m$；d_c 为区域平均阴极电流密度，A/cm^2。

比例系数 f 值的估计模型为：

$$f = 0.5 - 0.5d_a$$

B 计算结果

电流效率计算值如图 2.21 所示。由于区域电流效率的测定比较困难，必须在对应区域的阳极上直接钻孔取 CO_2 气体进行分析。鉴于条件所限，只校验了平均电流效率，结果表明对于一周内的平均电流效率计算值与实测值的误差小于 0.6%。

从上面的计算结果可知，电解槽中各区域的电流效率是不相同的，最大值与最小值相差 20% 以上，阳极底掌下的区域电流效率相差可达 4% 以上。1、5、8 区域属高电效区域；2、3、4、6和 7 区域属中等电效区域；9 区域即边部区域属低电效区域，这与该区域的磁流条件和电流分布是一致的。

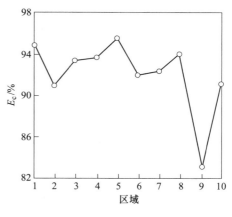

图 2.21 区域电流效率

2.4.5.3 预焙槽电流效率的特征

某厂 160kA 预焙槽电流效率除具有铝电解生产的一般规律外，还具有下列特征：

（1）槽周边（阳极底掌投影外围）的电流效率比槽平均电流效率低 15% 左右，主要原因是这个区域电流密度小，熔体流速大。

（2）各阳极底掌下的局部工作状况很不一致，区域平均电流效率相差不等，相差最大者达 4%，主要由于各阳极导电情况不同所致。

（3）通过计算可知，换阳极所引起的平均电流效率损失超过 1%，这是因为新阳极在很长时间达不到额定电流值，大大增加了熔体内水平电流，而导致熔体流速增加。另外换阳极的区域垂直电流密度大大减少。

（4）并非所有阳极导电严格相等，电流效率最高。这是由于电解槽的设计造成各处磁场条件不同，而不均等的电流分布能在一定程度上补偿磁场不均匀的影响。

（5）槽内有的区域电流效率高达 96%，但槽平均电流效率却低于 90%，这说明低电流效率的区域占面积较大，槽的设计和操作方面有待改进。

2.4.5.4 提高电流效率的途径

提高电流效率的途径有：

（1）缩小铝液镜面的表面积。区域电流效率计算表明，电流效率最低的区域是周边区域。这个区域电流效率比阳极底掌下区域电流效率低 10%~15%，而目前电解槽的设计和操作使这一区域的面积占阴极表面总面积的 15%~20%，这是槽平均电流效率低的一个重要原因。据粗略估计，若能使这个区域面积缩小一半，平均电流效率可提高 1%~2%，160kA 槽工作时，炉帮最薄处恰好在铝液与电解质界面附近，这显然是不合理的。改进的办法有：1）槽设计时采用窄炉面操作，减少阳极至槽壁空间，从而减小阴极表面；2）槽设计和大修时，重新考虑保温材料的布置，使电解质-铝液界面处炉帮增厚，使铝液表面积尽可能小，这可以通过电解槽热平衡的精确计算和内衬优化设计来实现。

（2）减少伸腿长度。研究表明，金属-电解质界面处的伸腿厚度对电流效率有较大的影响。目前 160kA 预焙槽伸腿长度一般在 20cm 左右，伸腿处还有一些软沉淀的存在。伸腿的长短主要由电解槽的热场来决定，欲使伸腿位置最佳，除可以在操作过程中人工消减伸腿外，主要应通过改进电解槽的热场设计来实现。如果伸腿能从目前状况改进到伸腿长度为 5cm 以内，可使熔体流速降低 15%~20%，电流效率可相应提高 1% 左右。

（3）优化母线配置。阳极底掌下不同区域电流效率差别的主要原因之一是磁场条件不一致，改善磁场条件的手段是改造母线设计。某厂 160kA 预焙槽的母线配置存在一定问题，这是导致设计电流效率不高（87.5%）的主要原因之一。如果能把现行 160kA 槽中高电流效率区域的磁场条件强加于全槽，粗略估计电流效率可提高 2%~3%。

（4）阳极设置高度的最佳化。目前认为阳极设置高度对生产有一定的影响，但阳极本身有自我调节功能。当某一阳极消耗过快时，局部极距增加会使该阳极导通电流减少，其消耗速度自动下降。而当某种原因导致某一阳极消耗速度减慢时，局部极距减小会使该阳极导通电流增加，其消耗速度也随之增加。这样似乎不用强调阳极设置高度的严格性，生产过程也不用人工干预，阳极本身的自调节功能使生产正常进行，然而正是阳极在自调节过程中引起电流效率的损失。

阳极设置高度的最佳化有过专门报道，它基本是从阳极预热和导电性方向来论述，没有从电流效率的角度去分析，得出的结论是安装新阳极的底掌应高于工作阳极底掌 0.5~1cm。从电流效率的角度分析，阳极应尽快达到其额定电流，达到额定电流的时间越短，电流效率损失越小。这样在有条件时阳极的安装应分二次完成，第一次安装高度低于工作阳极底掌 2cm 左右，待导电达额定电流进行第二次安装，从而缩短新阳极不正常导电的时间，这样可以使换阳极引起的电流效率损失降低约 20%。

（5）阳极个别调整。电解过程中，由于某种原因如接触不好、阳极质量差异、阳极长包等，导致某一阳极工作不正常，长时间偏离额定电流值，有时需要人工处理，有时它能自己恢复正常工作。这种情况在实际生产过程中一般靠阳极的自调节性能恢复正常工作。由于阳极的自调节功能有限，会引起电流效率的损失。出现这种情况时，在适当处理使阳极故障消失后，应采用调整个别阳极高度的方法，使其迅速达额定电流值，从而提高电流效率。当然，调整个别阳极必须是在有条件的厂房才能实现，并且需精确控制，否则调整个别阳极会有不良后果。

（6）延长高电流效率区域的工作时间。电解槽各区域的正常工作时间，就是对应区域阳极的正常导电时间。阳极的导电性能主要由阳极本身的温度和质量决定，实际生产过程中换上去的冷阳极在 15h 内不能正常导电，由此造成电流效率损失。如果在换阳极时用充分预热好的新阳极，则完全可以使其在 1h 内正常导电，这将大大改善槽内熔体的电流分布，对提高本区域的电流效率和相邻区域的电流效率都有利。另外，在没有条件预热阳极时，为了保证更高电流效率区域工作时间，可以考虑在高效区及时换新，先把低效区的工作阳极移植到高效区，把冷的新阳极换在低效区。当各区域电流效率差别较大时，这在经济上是合算的，但此方案需经用工业实践来证明其可行性。

2.5 其他参数测量

2.5.1 电解质过热度的测算

2.5.1.1 测量意义及测量现状

通常电解质的熔点与生产过程密切相关，通过熔点可以推算电解质的组成和电解质的许多其他物理性能。对物质初晶温度的测量，目前广泛采用热分析方法，在实验室借用特定的热分析仪进行。由于取样、分析、重熔和结晶过程会使电解质的成分发生变化，造成测量结果的偶然误差，以及离线分析的滞后，使得电解质的熔点的测量不仅劳动强度高，而且分析结果对生产过程没有很大的指导意义。铝电解初晶温度或过热度的测量是近几年铝冶金的一个热点问题，德国 Heraeus 公司的过热度测试仪器已在许多应用中报道，但由于测量仪器较贵、一次性传感器成本较高，在我国没有推广使用。俄罗斯学者 A. I. Berlezin 针对传感器成本较高，设计了可重复使用的传感器，但在实际操作中不是很方便。

电解槽的电流效率依赖于过热度和电解质温度，要确定过热度的大小，首先需要确定电解质的初晶温度，即需要确定电解质的成分。因为过热度太低时会引起电解槽过多的沉淀，而导致电解槽的不稳定。最佳的过热度的大小应与电解质的摩尔比、电解质初晶温度有关，同时结合生产实践加以确定。在电解质成分确定时，也就确定了电解质温度和电解质的初晶温度，过热度是电解质温度和电解质初晶温度之差。所以电解质的初晶温度的测量对于确定熔体热度有重要意义。

2.5.1.2 初晶温度测量方法

A 数据平均处理

A/D 序列多通道采集完数据后，得到 8 组 100 个电压值。存入 8 行 100 列的矩阵 voltage[i, j] 中，为了测量更加精确，做了平均滤波算法。每隔 10 个数据相加再求平均，得到较为准确的电压信号值，计算公式如下[17-18]：

$$V[i] = \sum_{j=1}^{10} \text{voltage}[i, j]/10 \qquad (i = 1 \sim 8, j = 1 \sim 10)$$

B 初晶温度值计算

目前人们得出的初晶温度值计算是基于所建立的模型基础上的，在工业运用中，经常要用热电偶去检测高温熔体温度，可以利用观测热电偶的升温曲线（见图 2.15）来计算熔体的初晶温度。在软件上要实现计算速度增长值，首先据测得的电压信号除以所采集电压值间隔的周期得到电压增长的速度值。

$$V[i] = (\text{voltage}[i + 1] - \text{voltage}[i])/t$$

式中，t 为电压值采集的时间间隔。

然后将速度值存在一个数组中，通过前后做比较（$v[i] > v[i + 1]$ 及 $v[i] > v[i - 1]$），当一个速度值比前一时刻的速度值大，比后一时刻的速度值也大，那么此刻的速度值就是速度增长的极值。对应的温度就是初晶温度，如图 2.22（a）所示。现场测量初晶温度和过热度如图 2.22（b）所示。

2.5.1.3 等效过热度的计算

过热度是电解温度和电解质初晶温度的差值。电解温度每天可以测量，而初晶温度仅

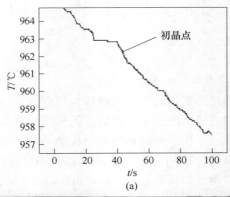

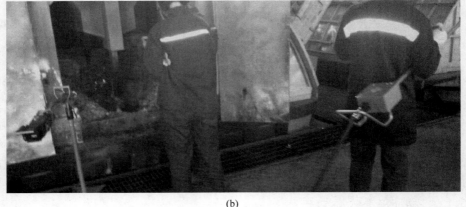

图 2.22   冷却曲线中初晶点的确定（a）及现场测量初晶温度和过热度（b）

和电解质成分相关。通过对电解质成分的分析及多年的实践发现，电解质成分中的钙、镁等的含量比较稳定，而氟化铝、氧化铝浓度是动态变化的，因此，影响初晶温度的主要因素是氟化铝和氧化铝浓度。由于电解质中其他成分相对变化不大，在一个取样周期可取为常数，其中以天为单位变化较快的参数是氟化铝浓度和氧化铝浓度，而氧化铝浓度由下料器下料频率决定，现代点式下料器由操控机在线智能控制，使得氧化铝浓度在 1%~2% 之间周期变化。所以在以日为周期的决策过程中，能估计氟化铝的质量分数，就能计算初晶温度，从而确定过热度，这种过热度称为等效过热度[19-20]。

A   计算条件和参数说明

电解质成分和过热度的测量周期不确定，但能做到不定期测量，设前 3 次（最近 3 次）测量时间依次记为 t_1，t_2，t_3，对应的测量值分别用下标 1、2、3 表示。对应二次测量之间均值的参数分别用下标 1-2、2-3 表示，下标 3-表示最近一次测量到当前时刻的均值；d_{1-2}、d_{2-3}、d_{3-} 表示 t_1~t_2、t_2~t_3 及最后一次分析至计算日之间的天数。下面是计算过程中用到的变量：W_{AlF} 为电解质中氟化铝质量，kg；w_{AlFg} 为过剩氟化铝的质量分数；v_{aAlF} 为氟化铝添加速率，kg/d；v_{vapAlF} 为氟化铝挥发速率，kg/d；W_{ele} 为电解质总量，kg（与电解质水平相关）；H 为电解质水平，cm；w_{AlF}、w_{CaF}、w_{MgF}、w_{NaF}、w_{KF}、w_{AlO} 分别为对应物质的质量分数；T_{cr} 为电解质初晶温度；T_{SH} 为电解质过热度；T 为电解温度；T_0 为基线温度。

过热度的计算包括氟化铝挥发速率计算、过剩氟化铝浓度计算、等效初晶温度计算和等效过热度计算。所以过热度的软测量涉及多种参数的软测量，是参数软测量的综合应用实例。

B 计算氟化铝挥发速率

由于影响挥发速率的主要因素为温度、过剩氟化铝浓度及添加的氟化铝质量，这种关系是非线性、强耦合的，考虑到铝电解工业过程的粗放和自调整，这里用多元回归方程近似表示它们之间的关系：

$$v_{\mathrm{vapAlF}_{1-2}} = \alpha(T_{1-2} - T_0) + \beta w_{\mathrm{AlFg}_{1-2}} + \gamma v_{\mathrm{aAlF}_{1-2}} + C$$

引入基线温度 T_0 是为了避免修正系数波动太大。

电解质成分分析通常是分析电解质中氟化铝总量，包括游离状态和化合物状态氟化铝总和，电解质中的氟化铝一部分结合成冰晶石，一部分呈游离状态又叫过剩氟化铝，游离状态氟化铝浓度对氟化铝的挥发速率影响大，而冰晶石的熔点较高，不易挥发。过剩氟化铝计算公式为：

$$w_{\mathrm{AlFg}} = w_{\mathrm{AlF}} - w_{\mathrm{NaF}}/1.5$$

首先取 $C=0$，应用历史数据，采用多元回归分析，线性回归方程的残差平方和最小为原则确定上述模型中的系数。不同电解槽有不同的回归系数，某 300kA 预焙铝电解槽初始化系数为：$\alpha = 0.45$，$\beta = 0.35$，$\gamma = 0.10$，$C = 0$。

应用过程中需要在线计算式中的修正系数 C（一个分析周期修正一次）。离线确定了氟化铝挥发速率计算模型中的系数，采用最近二次分析结果，即 t_2 至 t_3 时间内数据计算修正系数。计算时假设 $t_2 \sim t_3$ 时间内添加的氟化铝量部分未溶解，但槽帮中和槽底有部分以前添加的氟化铝会溶解进入电解质中，令二者相等。这样就可以通过添加的氟化铝和挥发的氟化铝及电解质中氟化铝浓度的变化来计算修正系数 C。

$$C = v_{\mathrm{aAlF}_{2-3}} - v_{\mathrm{vapAlF}_{2-3}} - v_{\mathrm{ele}_{2-3}} \times (w_{\mathrm{AlF}_3} - w_{\mathrm{AlF}_2})/v_{2-3}$$

所以，最后一次取样分析后氟化铝平均挥发速率计算公式为：

$$v_{\mathrm{vapAlF}_{3-}} = \alpha(T_{3-} - 920) + \beta w_{\mathrm{AlFg}_{3-}} + \gamma v_{\mathrm{aAlF}_{3-}} + C_{3-}$$

C 计算当日过剩氟化铝浓度

当日过剩氟化铝浓度 w_{AlFg} 由最后一次取样分析至计算日氟化铝挥发总量和添加总量及电解质总量决定。由于槽膛内形的变化，电解质总量很难准确计算，这里假设在一个计算周期，槽膛内形变化不大，用电解质水平（高度）来估计电解质总量。对于试验电解槽计算公式为：$W_{\mathrm{ele}} = (H-4.5) \times 320 + 4500$；过剩氟化铝浓度计算公式为：

$$w_{\mathrm{AlFg}} = (v_{\mathrm{aAlF}_{3-}} - v_{\mathrm{vapAlF}_{3-}}) \times d_{3-}/W_{\mathrm{ele}_{3-}} + w_{\mathrm{AlFg}_3}$$

D 计算等效初晶温度

初晶温度由电解质成分唯一确定，这里采用国内外文献广泛采用的计算公式，由于电解质成分分析会有误差，电解质中还含有些微量元素检测不出来，因此采用带修正项的计算公式，用测量值在线修正计算结果。方法是不定期测量温度、初晶温度和电解质成分，用测量值校正计算值。

$$T_{\mathrm{cr}} = 1011 + 0.50w_{\mathrm{AlF}} - 0.13w_{\mathrm{AlF}}^{2.2} - (3.45w_{\mathrm{CaF}})/(1 + 0.0173w_{\mathrm{CaF}}) + 0.124 \times w_{\mathrm{AlF}} \times w_{\mathrm{CaF}} -$$
$$0.00542(w_{\mathrm{CaF}} \times w_{\mathrm{AlF}})^{1.5} - 7.93 \times w_{\mathrm{AlO}}/(1 + 0.0936 \times w_{\mathrm{AlO}} - 0.0017 \times w_{\mathrm{AlO}}^2 - 0.0023 \times$$
$$w_{\mathrm{AlO}} \times w_{\mathrm{AlF}}) - 8.90 \times w_{\mathrm{LiF}}/(1 + 0.0047 \times w_{\mathrm{LiF}} + 0.0010 \times w_{\mathrm{AlF}}^2) - 3.95w_{\mathrm{MgF}} - 3.95w_{\mathrm{KF}} + \Delta$$

$$\Delta = T_{cr_{ce3}} - T_{cr_3}$$

式中各成分取最近一次分析结果的质量分数，$w_{AlF} = w_{AlF_g}$；$w_{AlO} = 2.2$。

　　E　计算等效过热度

　　等效过热度为测量温度和计算过热度的差值 $T_{sh} = T - T_{cr}$。

2.5.2　氧化铝浓度估算

　　在铝的电解过程中，氧化铝浓度的控制是相当重要的，决定了其生产各项指标的关键参数。如果氧化铝的浓度过高的话，会造成槽底沉淀、降低电流效率、增加电阻和阴极压降，可能危及铝液层的稳定；而当氧化铝浓度过低的时候，又容易发生阳极效应，使槽电压急剧升高。为了获取高的电流效率，必须维持槽内氧化铝浓度处于较低状态且又要避免阳极效应发生这样一个较窄的范围。铝电解过程控制是复杂的控制系统，生产工程中不可能对氧化铝浓度进行直接连续测定。这里根据氧化铝浓度与槽电阻对应关系，采用带遗忘因子的递推最小二乘法辨识氧化铝浓度特征模型参数，对氧化铝浓度与槽电阻的模型进行了研究。

2.5.2.1　槽电阻辨识模型

　　根据氧化铝浓度与槽电阻对应关系，利用槽电阻"辨识"氧化铝浓度，然后控制氧化铝加料速率，进行欠量、正常和过量下料 3 个状态的切换控制，达到控制氧化铝浓度的目的。槽电阻可由采集的槽电压和系列电流表示：

$$\Delta R = \frac{\Delta V - E_0}{\Delta I}$$

式中，ΔR 为槽电阻；ΔV 为槽电压；ΔI 为电流强度；$E_0 = 1.60$。

　　在铝电解槽中，影响槽电阻 R 的因素包括氧化铝浓度、极距、系列电流、槽温等。考虑到在正常的生产中，系列电流、槽温等变化均不大，并且影响较为复杂，因此将其看作干扰因素，认为槽电阻只受氧化铝浓度 C 和极距 L 的影响。由此 R 是 C、L 的函数，表示为：

$$R = f(C, L) \tag{2.27}$$

将式（2.27）的两边对时间 t 求导，得

$$\frac{dR}{dt} = \frac{dR}{dc} \cdot \frac{dC}{dt} + \frac{dR}{dl} \cdot \frac{dL}{dt} \tag{2.28}$$

　　对于固定型号的电解槽，在不做阳极调整的情况下，认为阳极的变化量为零或固定值。R 对 C 的变化率几乎不受设定极距大小的影响，在保持欠量下料和过量下料中的下料速率不变时，dR/dt 与 dR/dc 近似成正比，可用 dR/dt 跟踪氧化铝浓度变化。忽略极距对槽电阻的影响，同时引入一阶干扰项，式（2.28）可化为：

$$u(k) = ay(k) + \varepsilon(k) + c\varepsilon(k-1) \tag{2.29}$$

式中，$u(k)$ 为 T 时间内槽电阻 R 的增量，$u(k) = T \cdot \dfrac{dR}{dt}$；$y(k)$ 为 T 时间内氧化铝浓度 C 的增量，$y(k) = T \cdot \dfrac{dC}{dt}$；$a$ 为 R 对 C 的变化率，$a = \dfrac{dR}{dc}$；$\varepsilon(k)$ 为零均值白噪声。

　　由式（2.29）可得氧化铝浓度模型：

$$y(k) = bu(k) + \varepsilon(k) + c\varepsilon(k - 1) \tag{2.30}$$

2.5.2.2 递推最小二乘法估计参数

所谓的递推最小二乘参数辨识，就是当被辨识系统在运行时，每取得一次新的观测数据后，就在前一次估计结果的基础上，利用新引入的观测数据对前次估计的结果，根据递推算法进行修正，从而递推得出新的参数估计值。这样，随着新的观测数据的逐次引入，一次接着一次地进行参数估计，直到参数估计值达到满意的精确程度为止。

对于氧化铝浓度控制数学模型符合 ARMAX 模型（受控的自回归滑动平均模型）。可用下列方程描述[21]：

$$A(z^{-1})y(k) = z^{-d}B(z^{-1})u(k) + C(z^{-1})\varepsilon(k) \tag{2.31}$$

$$R = \frac{\Delta V - E_0}{\Delta I}, \quad E_0 = 1.60 \tag{2.32}$$

式中，$u(k)$ 为铝电解过程中采样时间 T 内槽电阻的平均值；$\varepsilon(k)$ 为零均值白噪声，设定延时 d 为 2min；$y(k)$ 为 T 时间内的氧化铝浓度的平均值。

$$y_k = \frac{UF_k - UE_k}{m_b} \times 100\% \tag{2.33}$$

式中，m_b 为电解质质量，kg，设定其为常数；UE_k 为 $k\sim k+1$ 采样间隔时电解消耗的 Al_2O_3 量，kg，估算式为 $UE_k = 1.079 \times 10^{-2}CE \cdot T \cdot I_k$；$CE$ 为电流效率，设定为 92%；T 为采样间隔，2min；I_k 为 $k\sim k+1$ 采样间隔内的平均电流强度，kA；UF_k 为 $k\sim k+1$ 采样间隔内加入电解质中的 Al_2O_3 量，kg，$UF_k = NB_k \cdot W_f$；NB_k 为下料次数；W_f 为下料设定量。

将式（2.31）转化为最小二乘形式：

$$y(k) = \theta^{\mathrm{T}}\phi(k) + \varepsilon(k) \tag{2.34}$$

式中，θ 为待估计参数 $(-a_1, -a_0, b_1, b_0)^{\mathrm{T}}$；$\phi(k)$ 为由数据构成的回归向量 $(y(k-1), y(k-2), u(k-1), u(k-2))^{\mathrm{T}}$。

由于过程噪声不可测，可用相应的估计值代替：

$$e(\theta, k) = y(k) - \hat{\theta}\phi^{\mathrm{T}}(k) = \phi_k^{\mathrm{T}}(\theta - \hat{\theta}) + e_k \tag{2.35}$$

优化的目标是使模型误差的平方和最小，即给定一个长度为 N 的数据记录，找到使得 $J_N(\theta) = \sum_{k=1}^{N} e(\theta, k)^2$ 最小的 θ 值，记为最优估计值 $\hat{\theta}$。

递推最小二乘法常常出现"数据饱和"。即随着 k 的增加，修正项的修正能力变得越来越弱，也即新近加入的输入/输出数据对参数向量估计值的更新作用不大，这将导致参数估计值很难接近真值，而且当参数真值变化时，算法无法跟踪这种变化，从而使实时参数辨识失败。

为了解决该问题，采用带遗忘因子的递推最小二乘法进行系统辨识。该递推辨识算法采用遗忘因子为 $\rho = 0.96$ 的最小二乘法估计未知参数，可以分别用下列公式加以描述：

$$\theta(k + 1) = \theta(k) + \frac{P(k)\phi(k + 1)}{\rho + \phi(k + 1)^{\mathrm{T}}P(K)\phi(k + 1)}e(\theta(k), k + 1) \tag{2.36}$$

$$P(k + 1) = \frac{1}{\rho}\left[P(k) - \frac{P(k)\phi(k + 1)\phi^{\mathrm{T}}(k + 1)P(k)}{\rho + \phi(k + 1)^{\mathrm{T}}P(k)\phi(k + 1)}\right] \tag{2.37}$$

式中，$P(k)$ 为信息矩阵 $R(k) = \sum_{n=1}^{k} \boldsymbol{\phi}(n)\boldsymbol{\phi}(n)^{\mathrm{T}}$ 的逆阵。

利用铝电解过程中的系列电流、槽平均电压、下料量实测数据 50 组，使用上述方法辨识出的 ARMAX 模型：

$$y(k) = a_1 y(k-1) + a_2 y(k-2) + b_1 u(k-1) + b_2 u(k-2) + c_1 \varepsilon(k) + c_2 \varepsilon(k-1) \tag{2.38}$$

式中，$a_1 = 0.548$，$a_2 = -0.0818$，$b_1 = -0.367$，$b_2 = -0.0226$，$c_1 = -0.436$，$c_2 = 0.127$，模型的阶为 2。

2.5.2.3　模型验证

以式（2.38）所示的氧化铝浓度模型为参考对象，利用 Matlab 实现上述控制算法，对氧化铝浓度进行仿真及分析。选定了 20 组数据，在 Matlab 中编入程序，运行后得到如图 2.23 所示的仿真结果。从图 2.23 可见，槽电阻的变化反映了氧化铝浓度的变化，当槽电阻在较小的范围内，氧化铝浓度变化快；超出这个范围之后，随着槽电阻的变化，氧化铝浓度的变化缓慢。当槽电阻最小时，氧化铝浓度在 3.1% 左右，也就是对于降低槽电压最有利的氧化铝浓度在 3.1% 左右，此时槽电压最低。

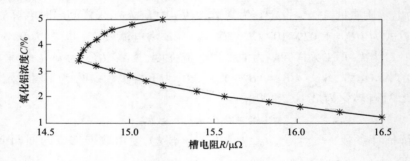

图 2.23　氧化铝浓度和槽电阻关系曲线

带遗忘因子的递推最小二乘法是一种可靠、有效的在线辨识方法，具有运行快、计算耗时少的优点。采用带遗忘因子的递推最小二乘法建立了氧化铝浓度数学模型。可以通过槽电阻变化间接"测量"氧化铝浓度，并据此改变加料速度（即欠量加料、正常加料、过量加料 3 个周期），达到控制氧化铝浓度的目的。

2.5.3　电解质摩尔比的软测量

AlF$_3$ 在高温下很容易蒸发，所以它的浓度是随着时间不断改变的。在生产过程中每天都需要添加很多次。AlF$_3$ 的蒸发速率是由温度和 AlF$_3$ 的浓度决定的。从理论和实践中知道，温度越高蒸发越快，浓度越高蒸发也越快[22]。

目前铝电解过程的摩尔比要取样离线分析，采用化学方法或仪器方法离线分析电解质摩尔比，一般一周分析一次，不能满足生产过程的需要。由于取样、重熔和结晶过程会使电解质的成分发生变化，造成测量结果的偶然误差及离线分析的滞后，使得电解质摩尔比的测量不仅劳动强度高，而且分析结果对生产过程没有很大的指导意义。

2.5.3.1　铝电解质摩尔比的计算

（1）确定电解质中氟化铝增量计算公式的系数，计算公式如下：

$$W_{apAlF} = \alpha(T - T_0) + \beta w_{AlF_g} + \gamma v_{aAlF} + a(T - T_0)^2 + b w_{AlF_3}^2 + c(T - T_0)w_{AlF_g} + d$$

式中，W_{apAlF} 为电解质中氟化铝增量；w_{AlF_g} 为过剩氟化铝的质量分数；v_{aAlF} 为氟化铝添加速率；T_0 为基线温度；α、β、γ、a、b、c、d 为方程中的 7 个系数。

利用生产过程中的分析数据，利用最小二乘法辨识得到方程中的系数，电解质中氟化铝增量以天为单位，每日计算一次。

（2）根据测量的电解质水平、氟化铝添加次数及各次的质量，计算添加的氟化铝质量和电解质总量，氟化铝质量 $W_{aAlF} = N_{AlF} T_{AlF}$（其中，$N_{AlF}$ 为当天氟化铝加料次数；T_{AlF} 为当天每次平均氟化铝加料量）；电解质总量 $W_{ele} = c_1 H_1 + c_2 L_1 + c_3$（其中，$H_1$ 为电解质水平；L_1 为炉膛形状参数；系数 c 由槽型决定）。

（3）利用步骤（1）的公式计算氟化铝的增量，氟化钠的增量根据上二次分析结果直接计算，公式中过剩氟化铝浓度需要滚动计算，即首先用前一天的过剩氟化铝浓度分析结果和温度及氟化铝添加量，计算当天的电解质中氟化铝增量，用当天的电解质中氟化铝增量计算当天的过剩氟化铝浓度，计算公式为 $w_{AlF_g} = W_{apAlF_3}/W_{ele} + w_{AlF_3}$，$w_{AlF_3}$ 为上次计算得到的过剩氟化铝浓度；再用当天计算得到的过剩氟化铝浓度和当天温度及氟化铝添加量计算下一日的电解质中氟化铝增量，依次反复计算得到指定日期的氟化铝增量。根据电解质总量和计算得到氟化铝的增量，利用分析数据和增量，计算当前电解质中过剩氟化铝浓度。

（4）计算滚动误差。当有取样分析结果时，利用过剩氟化铝浓度测量值和取样日计算值，二者相减得到误差值，误差值用来校正计算结果，利用最近三次误差的加权平均值，作为计算的滚动误差，加权系数从远至近分别为 0.1、0.3、0.6。

（5）计算等效摩尔比。利用计算当前电解质中氟化铝增量加上滚动误差，作为计算时刻的实际氟化铝增量，以此来计算过剩氟化铝浓度；再根据当前电解质中氟化钠和过剩氟化铝浓度计算摩尔比，作为生产过程中电解槽控制的等效摩尔比；计算等效摩尔比的公式 $CR_j = 2 \times w_{NaF}/(w_{AlF_g} + \Delta + 2/3 w_{NaF})$（其中，$CR_j$ 为等效摩尔比；Δ 为滚动误差；w_{NaF} 为最近分析的氟化钠的质量分数）。

2.5.3.2　具体实施方式

由于电解质的摩尔比是由电解质中氟化铝和氟化钠浓度计算得到，氟化钠化学性质较稳定，在电解质中的浓度随时间变化不大，在一个取样周期可取为常数。氟化铝易挥发，而且在电解过程中要不断地添加，以保持电解过程高效运行。能估计氟化铝的浓度，就能计算摩尔比，这种通过计算得到的摩尔比，称为等效摩尔比。

软测量过程核心是离线参数辨识，确定电解质中氟化铝增量计算方程的系数。电解质中摩尔比计算过程如图 2.24 所示。

2.5.4　电导率测量

2.5.4.1　概述

对于铝电解质电导率的研究，一直为从事铝电解的科研工作者所关注。但由于氟化物熔体具有极强的腐蚀作用，从而加大了对其导电性能进行测量的难度。在铝电解中，提高熔盐体系的电导率可以降低能耗，提高电流效率，从而能节约成本。

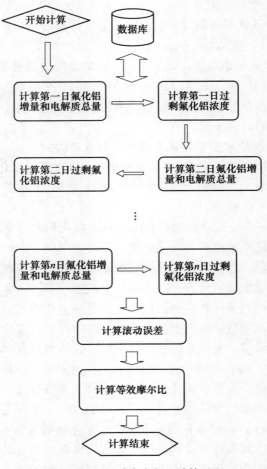

图 2.24 电解质中摩尔比计算过程

　　由于冰晶石体系熔盐的腐蚀性、高温性和挥发性给测定该体系的电导率带来了很多不便，在过去的冰晶石体系电导率的研究中，一些研究者采用了电桥法、四电极法和交流阻抗法等措施，所得出的结论也会存在一定的偏差。

　　从理论和技术的角度来看，电导率是电解质的一项非常重要的化学参数。从而使铝电解质电导率的研究成为一个热门的领域。当电导率与迁移数联系起来时，离子的活动性就可以决定了。为了更好掌握迁移过程机理，这项参数就显得很重要。在铝电解过程中电极两端的欧姆电压降与电导率有直接联系，因而在铝电解中，电导率也是与能量消耗有关的一个重要参数。电解质具有复杂性，特别是氟化物及它们同氧化物和（或）氯化物组成的混合物方面，实验技术更为复杂。除了考虑铝电解质的被测体系的电导池电阻与所用频率的依赖关系外，还要考虑它的腐蚀性、高温性和挥发性。

　　在交流电导池中，由于使用交流电源作为测量电导时的电源，因此在直流电导池中遇到的极化问题可以忽略不计。然而，在熔液的电阻较小时，如果交流电源的测量频率过低，这样测量电源含有一定的直流分量，仍然会产生极化现象，进而影响电导的测量结果。由于铝电解质电导率的数据对电解工艺及认识电解质结构、离子迁移等有着直接的影响，因此对此体系及各种添加物的电导率做了大量的研究。多年来，在熔盐氟化物电导率的测量方法方面进行了大量的研究，研究涉及电导池。电极材料、测试技术等。铝电解质电导率的测试结果也很多，但研究成果存在很大差异，一直没有取得一致。在进行铝电解质电导率的测量时使用的电导池可以归纳为两种：（1）毛细管型电导池。这种电导池具有大的电导池常数，并用电绝缘的耐强高温浸蚀的材料制成。（2）金属电导池。这种电导池使用外面的金属容器作为一极，另插入一金属材料作为另一极。此种电导池的电导池常数比较小。在测量电导率时尽量使电导池常数大一些，这样可以精确测量电导率。

2.5.4.2 电导率常见的检测方法

电导率常见的检测方法有：

（1）电流法。把电极连接到运放的输入端，加上激励信号源，这样在电极对间就会产生一个与被测电导呈线性关系的电流，让电流通过一个标准采样电阻就会产生一个正比于被测电导的交变电压信号，然后对此交变信号进行放大、整流、滤波等处理就可以得到一个直流电压信号，此电压信号的大小反映了被测电导的大小。

（2）分压法。把电极及熔液构成的等效阻抗和一个分压电阻串联，从电极两侧或分压电阻的两侧取出电压。此电压信号经放大、整流、滤波电路处理后得到了反映被测熔液电导率大小的直流信号。分压电阻的取值可以根据测量的需要灵活配置，这种方法的测量范围可以灵活调整。

（3）频率法。把电极及被测熔液的等效阻抗作为振荡电路的一个阻抗元件，熔液电导的变化会影响振荡电路的输出信号的频率。由于频率信号比较容易实现远距离传输及电气隔离，因此振荡电路具有成本低、易于实现的优点，这种方法适用于便携式的电导测量仪。

（4）交流阻抗谱法。交流阻抗谱法测量电导率是依靠电化学体系等效电路来实现的。这种方法从体系的等效电路图求出熔液的电阻，根据电阻求出熔液的电导率。当等效电路图合理时就能扣除导线和电极的电阻，这样此种方法就会是一种快速、简便和准确的测量方法。

（5）交流电桥法。把电极对和导电熔液的等效阻抗作为平衡电桥或不平衡电桥的一个桥臂，电桥的输出反映了待测熔液电导率的变化情况。这种方法测量范围比较小、测量灵敏度高，通常用于实验室分析。

2.5.4.3 铝电解质电导率测量的特殊性

铝电解质电导率测量的特殊性有：

（1）寄生电容和极化现象对测量的影响。当交流电流通过电极和熔液时，在中间导体中除产生电阻外还产生电容。这样电极和熔液接触处的两层电荷之间的电容与熔液的电阻相串联，形成了静电容；另外，电荷的互相迁移及电荷对于电极的迁移所形成的电容与熔液电阻相并联，形成了电解质电容。电容的存在改变了两个极片间的电阻值，造成相移，从而引起了测量误差。

使用直流电源进行测量电导率就会使电极产生极化现象，这样就会影响测量精度。电解产生物在电极和熔液之间形成一个电势，它的方向与外加电势相反，这样电极间的电流减小，等效的熔液电阻增加，结果产生了误差。

（2）温度对测量的影响。温度会影响熔液中电解质的电离度、离子迁移速度、溶解度、熔液的黏度和熔液的膨胀等，所以温度会影响熔液电导率的准确测量。

（3）添加剂对电导率的影响。添加氟化锂、氟化钠和氯化钠会提高电解质的电导率，而添加氟化钙、氟化镁和氟化铝时电导率会降低。熔液中氧化铝浓度对电导率的测量也产生了很强的影响，氧化铝浓度的增加会极大地降低电导率。所以添加剂不同会影响铝电解质的电导率。

2.5.4.4   电导率检测系统的设计

A   电导率检测的原理

铝电解质电导率的测定实质上是测定电极中间导体的电阻。由公式

$$G = \frac{1}{R} = \frac{1}{\rho}\frac{A}{L} = \sigma\frac{A}{L} = \frac{1}{K}\sigma$$

可知要确定电导率 σ 需先确定电阻 R 和电导池常数 K。通过对已知电导率的标准试剂（如氯化钾熔液或熔体等）电阻的测定，可获得电导池常数 K，再测定该电导池结构下被测熔体的电阻，从而求得电导率 $\sigma^{[23]}$。

如图 2.25 所示，1 和 4 为外电极，2 和 3 为内电极，把电极插入电解质熔液中，外电极接 0~8V 交流电，这样就形成一个闭合回路，从而对内电极输入阻抗，并使其通过的电流几乎为零，测出闭合回路的电流就是流过电解质熔液的电流，然后用内电极测出中间电解质导体的电压，把电流和电压信号采集出来，就可以计算出内电极之间的电阻 R_x，通过测量中间导体的电阻，间接测量出熔液的电导率。用单片机来完成数据采集、数据存储、按键输入、数据计算和显示输出等工作。

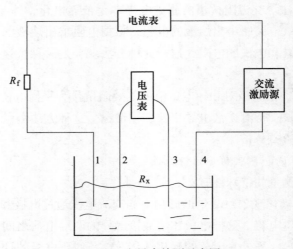

图 2.25   电导率检测示意图

B   数据采集系统方案设计

数据采集的系统框图如图 2.26 所示。

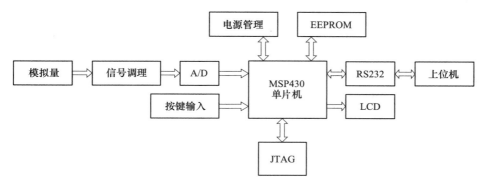

图 2.26　系统框图

2.5.5　铝电解槽熔体高度的测量

工业上生产金属铝是在电解槽中电解冰晶石氧化铝熔体，电解槽是一个高温（900～960℃）、大电流、强腐蚀性体系，电解槽中发生的物理化学现象，进行的电化学过程是非常复杂的，强腐蚀性及强磁场使得内部的许多物理量很难准确地测量。电解槽中有两层熔体，上层是以冰晶石氧化铝为主的电解质熔体，下层是呈液体状态沉积在槽底的金属铝。生产过程中金属铝不断析出，到一定程度定期吸出、铸造，再制造成各种铝材。铝电解过程必须始终保持一定的铝液在电解槽底，它保护槽底炭块，减少生成碳化铝；使阳极底掌中央部位多余的热量通过这层良导体传输到阳极四周，使槽内各部分温度趋于均匀；填充了槽底上高低不平之处，使电流比较均匀地通过槽底。

2.5.5.1　基本原理

基于热电偶在不同的环境中升温速率不同，通过检测热偶探头的升温情况来确定探头是处于哪种介质中，进一步确定铝液的高度。电解槽内铝液和冰晶石熔盐导热系数相差很大，初晶温度相差很大，熔体流动情况也相差很大，这必将导致热电偶探头在铝液中和在电解质中的升温速率不同，所以完全可以在热电偶的温升过程时间内完成对两者的判断。

现场测量了 200kA 预焙铝电解槽中电解质和铝液中热电偶的升温曲线，典型曲线如图2.27 所示[24]。图 2.27 省略了 700℃以下的升温曲线，这是因为在热电偶初始升温过程的数据没有规律可循。曲线 3、4 为对应于曲线 1、2 的升温速率随时间的变化关系。曲线的奇点对应的是体系的初晶温度。

测量时热电偶采样速率每秒 10 次，同时测量电解质和铝液中的升温速率，计算了图2.27 中 800～900℃之间的升温速率，电解质中为 51.0℃/s，铝液中为 62.8℃/s。这表明在这个温度段铝液中的升温速率明显大于电解质中的升温速率，导致这一结果有两大因素：第一，铝液的导热系数远大于电解质；第二，铝的初晶温度远小于电解质，铝液中热电偶表面的凝固层在这一温度段已熔化，而这一温度没有达到电解质的初晶点，电解质中热电偶表面的凝固层没有熔化，导致传热速率有质的差别。

2.5.5.2　传感器设计

传感器的实质是多点热电偶测量不同点处温升速率，再根据各点温度确定温度分布，即可找到电解质和铝液分界点，从而得到熔体的高度值。根据铝电解槽中铝液水平和电解质水平经验值和现场实际操作情况，传感器有 15 个采温点，15 个节点非均匀分布在 180~260mm 和 360~500mm 内。为提高精度，减少时间差产生的误差，测量中采取往复测量，逐个节点采样处理。传感器的结构图如图 2.28 所示[25]。

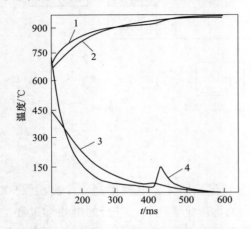

图 2.27 电解槽过程电解质和铝液中
热电偶的升温曲线
1—电解质升温曲线；2—铝液的升温曲线；
3—铝液中的升温速率曲线；4—电解质升温速率曲线

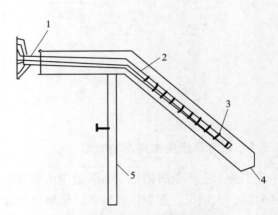

图 2.28 传感器的结构示意图
1—调节盘；2—热电偶丝；3—感温点；
4—钢套管；5—支撑杆

2.5.5.3 测量方法

使用时，这些感温节点分别位于电解质和铝液中。为了便于调节高度，传感器还设有可调的支撑杆 5，支撑杆 5 高度为 30~50cm。第一步，根据常规铝水平调节好支撑杆 5 的位置，也同时确定各个感温节点的高度；第二步，将传感器放入电解槽，直到支撑杆 5 与地面接触，保证多个感温节点 3 分布在铝液和电解质中；第三步，打开数据采集器开关，开始测量，并维持 15~25s；第四步，取出传感器，仪表自动记录电解质温度、铝液温度和铝水平数据。其中，温度的测量采用热电偶直接获得，铝水平的测量是根据电解质和铝液的传热性能不一样，升温速率和平衡温度都不相同。通过计算各感温节点的升温速率，计算各点达到平衡温度的时间，判断各节点的位置，找出升温速率和平衡温度相差最大的相邻节点，以这两个相邻节点的中间位置（也可以根据温度变化的趋势选择这两个相邻节点之间的其他位置）作为铝液和电解质界面的位置，最后根据界面位置和调节支撑杆的高度计算铝水平和电解质水平。

参 考 文 献

[1] 许芬. 现代检测技术及应用 [M]. 北京：机械工业出版社，2021：2.
[2] 董英，周子民，李茂，等. 铝熔盐电解过程阳极电流非接触式测试方法 [J]. 中国有色金属学报，2013，23（8）：2302-2308.
[3] 丁立伟. 电解槽阳极电流的新型测试方法 [J]. 轻金属，2015（4）：37-40.

[4] 赵仁涛，紫京浩，范涵奇，等．电解槽电流测量模型建模及测量位置的研究［J］．仪器仪表学报，2014（3）：496-503.

[5] 李睿强．基于 ZigBee 的铝电解槽阳极电流分布检测系统设计［D］．北京：北方工业大学，2018.

[6] 曾水平，姜晓聪，曲亚鑫，等．铝电解过程的多维决策系统［J］．计算机测量与控制，2013，21（10）：2783-2785.

[7] 崔琳．铝电解过程的多参数采集与分析［D］．北京：北方工业大学，2013.

[8] 曾水平，王沙沙，曲亚鑫．一种铝电解过程阳极更换方法：中国，CN103952723A［P］．2014-07-30.

[9] 彭强强，曾水平．铝电解过程温度的矩阵主轴旋转预测［J］．轻金属，2009（1）：31-35.

[10] 曾水平，吴连成．铝电解过程温度的模糊模式识别［J］．模式识别与人工智能，2001，14（4）：466-469.

[11] 邱竹贤．预焙槽炼铝［M］．北京：冶金工业出版社，2005：6.

[12] 廖波．新型纳米 $CuO-BaTiO_3$ 电子陶瓷电容型 CO_2 气敏元件的制备［D］．长沙：中南工业大学，1995.

[13] 曾水平，曾铮，秦建民．高浓度二氧化碳气体成分检测系统研究［J］．仪器仪表学报，2005（S1）：328-329.

[14] 曾水平，张秋萍．预焙铝电解槽电流效率与阳极电流分布的数学模型［J］．中国有色金属学报，2004（4）：681-685.

[15] ZENG S P, LIU Y X, MEI C. Mathematical model for cont inuous detection of current efficiency in aluminum production［J］. Trans. Nonferrous Met. Soc. China. , 1998, 8（4）：683-687.

[16] 曾水平，刘业翔．160 kA 预焙铝电解槽区域电流效率［J］．中国有色金属学报，2000，10（2）：274-277.

[17] ZENG S P. Model predictive control of superheat for prebake aluminum production cells［J］. TMS Light Metals. , 2008：347-353.

[18] VERSTREKEN R P, KOBBELTVEDT O. Liquidus temperature determination in molten salts［J］. TMS, Light Metals. , 1998, 127：359-365.

[19] 曹丹阳，曾水平，李晋宏．铝电解质过热度预测模型研究［J］．轻金属，2010（10）：35-38.

[20] 石凯．熔体过热度测量系统［D］．北京：北方工业大学，2008.

[21] 任晓宁，曾水平．基于最小二乘法的氧化铝浓度模型参数估算［C］//中国计量协会冶金分会.冶金自动化，2012：143-145.

[22] 曾水平，琚廷瑞，廖春云，等．一种铝电解过程电解质分子比的测量方法：中国，CN103954522A［P］．2014-07-30.

[23] 蒋兴东．铝电解质电导率检测系统的研究［D］．北京：北方工业大学，2009.

[24] 曾水平，张秋萍，张玉辉，等．一种铝电解过程温度和铝水平综合测量装置和方法：中国：CN103954320A［P］．2014-07-30.

[25] 曾水平，张道勇．铝电解槽中熔体高度测量系统［J］．仪表技术与传感器，2004（3）：18-19.

3　铝电解过程物理场仿真

3.1　概述

3.1.1　铝电解过程物理场仿真的意义

铝电解过程在高温强电流环境下进行，铝电解槽上通过的大电流会产生强大的磁场，磁场与铝液中的电流相互作用产生强大的电磁力。在铝电解槽中，铝液的每一点都受到重力、压力、黏性力和电磁力，在这些力的共同作用下，铝液发生非常复杂的运动，循环流动、界面波动和隆起变形。电、磁、流、力、热等物理场互相耦合，这些物理场分布情况的好坏直接影响到电解槽的电流效率、能量消耗和槽寿命等技术经济指标，对铝电解过程物理场分布状况的深入研究有重要意义。当今的铝电解工业正在向着槽容量大型化发展。我国已经自主研发成功了 600kA 大型预焙阳极铝电解槽，由于电解槽容量的增加，槽尺寸相应增加，电磁场分布更趋复杂，造成槽内铝液发生极其复杂的运动。电解过程物理场仿真对大型电解槽的平稳运行十分重要。国内外对铝电解过程物理场进行了大量的研究，有过许多报道，对我们的研究具有重大指导作用[1-6]。

3.1.2　铝电解过程物理场仿真的理论基础

有限元分析（finite element analysis）是随着电子计算机的发展而迅速发展起来的一种现代计算方法。它的物理实质是把一个连续体近似地用有限个在节点处相连接的单元组成的组合体来代替，从而把连续体分析转化为单元分析及对这些单元组合的分析问题。它是20 世纪 50 年代首先在连续体力学领域（飞机结构静态、动态特性分析）中应用的一种有效的数值分析方法，随后很快广泛应用于求解热传导、电磁场和流体力学等连续性问题。

ANSYS 和 COMSOL 是融结构、热、流体、电磁和声学于一体的大型通用型有限元分析软件。一般而言，基本分析过程可以分为 3 步，每一步都提供有一定的工具模块。主要是完成建立模型、设定单元类型和材料特性，对实体模型进行网格划分等工作。这些工作是在前处理模块中进行的。程序允许使用直接生成法建立有限元模型，但是构造复杂的模型时非常费力，因此大多采用首先建立实体模型，再对实体模型进行网格划分建立有限元模型的方法。进行电、热场分析时，选取单元类型和设置材料特性主要是对材料导热系数和电阻率等的设置。

3.2　电解槽的电热场仿真

电解槽生产正常的一个重要标志就是它的槽膛内形。电解过程中，侧部炭块内壁上沉积着一层由氧化铝和冰晶石组成的结壳，它分布在阳极的周围，形成一个椭圆形的环。由这一圈结壳所规定的槽膛形状,铝工业上称为"槽膛内形"。这层结壳是电和热的不良导体,能够阻止电流从槽侧部通过,抑制电流漏损,并减少电解槽的热损失,同时它还能保护着阳极四周的槽底;另一个重要的作用是把槽底上的铝液挤到槽中央部位,使铝液的表面积收缩,有利于提高电流效率和生产率。因此铝电解生产上十分重视槽膛内形,要求槽膛内形较为规整,使电流均匀通过槽底,防止电流经侧壁通过。

电解槽的热场情况直接决定了槽膛形状,而槽膛形状是否规整对电解槽运行是否经济又有很大的影响。槽过冷或过热均不利于电流效率的提高,冷槽的底部结壳长得肥大,槽内铝液挤得很高,电解质萎缩,热槽反之。唯有正常的电解槽,结壳均匀地分布在阳极正投影周围,电流效率最高。因此通过建立电解槽的电热模型,在不同的条件下进行模拟试验,可以预测结壳形状,指导实际设计,从而规整槽膛内形。

铝电解槽的电能能耗主要用于两个方面:一是使反应物达到电解温度并在此温度下完成电解反应;二是补偿电解槽对周围环境散热所造成的能量损失。根据电解槽电能消耗的计算公式,在电流效率一定时,槽电压每增加 0.1V,电能消耗相应增加 340kW·h/t 左右。因此借助铝电解槽的电热解析模型,计算出电解槽的温度分布和电压分布,了解电解槽的热场特性和电场特性,便于配合其他的技术参数实现最优化设计,进而降低槽电压,减少铝电解槽的能量消耗,提高效率等。

3.2.1 铝电解槽物理模型

现代预焙阳极铝电解槽包括以下几个部分:阳极装置、阴极装置、母线装置和槽罩等(见图 3.1)。阳极装置由阳极炭块、钢爪、铝导杆三部分组成,铝导杆用夹具夹在阳极母线大梁上,或者夹在母线梁下方的钢架上。阴极装置采用长方形钢体槽壳,外壁和槽底采用型钢加固,在槽壳之内砌筑保温层和炭块。阴极炭块组是由阴极炭块和埋设在炭块内的钢质导电棒构成。电解时,直流电由阳极导杆导入电解槽,经钢爪进入阳极炭块,通过电解质和铝液层,经阴极炭块由阴极钢棒导出电解槽。在铝电解槽内,热量通过熔体的对流向槽内衬传递。热量最后传到电解槽钢壳表面,经电解槽钢壳表面向外部空间散发。

图 3.1 预焙阳极铝电解槽

可见,铝电解槽的几何形状非常复杂,体积庞大。因此,必须进行适当的物理简化,才能得到为分析所用的模型。由于对称关系,有时可以研究 1/4 槽模型,作如下假设：（1）槽长轴和短轴对称面两侧的电热分布与熔体流动情况轴对称；（2）此 1/4 槽与其他 3/4 槽无电热传递。

以某厂的 SY300kA 预焙槽的主要技术参数（见表 3.1），构建了以下的物理模型（见图 3.2）。

表 3.1　SY300kA 预焙槽的主要技术参数[6]

序号	项目名称	单位	参数
1	电流强度	kA	300
2	阳极电流密度	A/cm^2	0.733
3	阳极炭块尺寸	mm×mm×mm	1550×660×600
4	阳极组数	组	20（双阳极块）
5	阳极钢爪数	个	20
6	槽壳外形尺寸	mm×mm	15440×4790
7	阴极炭块尺寸	mm×mm×mm	3350×515×450
8	阴极炭块组数	组	25
9	槽膛平面尺寸	mm	14500×3880

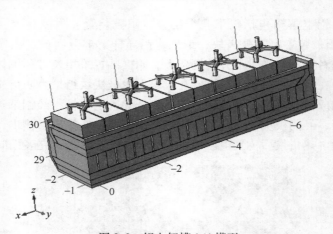

图 3.2　铝电解槽 1/4 模型

3.2.2　铝电解槽电热场数学模型

3.2.2.1　三维稳态方程

电热场是其他物理场的基础。在正常运行的电解槽中，通过槽体的电流会围绕着某个值小幅度的波动，这是因为电网本身存在电流波动的情况，通过整流并不能够使这种波动消除。但是从铝生产的整个生产过程时间来看，电流随着时间围绕着某个值小幅度波动的情况可以不考虑，并且认为通过电解槽的电流能够快速通过并且滞后小。依照电工学的基础知识，在稳态的条件下，对电解槽温度场的分布计算，就是耦合求解导电的拉普拉斯方程和有内热源导热泊松方程。

三维导电拉普拉斯方程为：

$$\frac{\partial}{\partial_x}\left(\frac{1}{\rho_x}\frac{\partial V}{\partial_x}\right) + \frac{\partial}{\partial_y}\left(\frac{1}{\rho_y}\frac{\partial V}{\partial_y}\right) + \frac{\partial}{\partial_z}\left(\frac{1}{\rho_z}\frac{\partial V}{\partial_z}\right) = 0 \tag{3.1}$$

式中，ρ_x、ρ_y、ρ_z 分别为材料 x，y，z 三个方向上的电阻率，随方向和温度改变；V 为电位。

三维导热泊松方程为：

$$\frac{\partial}{\partial_x}\left(k_x\frac{\partial T}{\partial_x}\right) + \frac{\partial}{\partial_y}\left(k_y\frac{\partial T}{\partial_y}\right) + \frac{\partial}{\partial_z}\left(k_z\frac{\partial T}{\partial_z}\right) + q = 0 \tag{3.2}$$

式中，k_x、k_y、k_z 分别为材料 x，y，z 三个方向的导热系数，随着温度变化而改变；q 为单位体积的生热率；T 为温度。

式（3.2）中的 q 是在单位体积内因为电流经过导体而产生的焦耳热，所以与式（3.1）中的电势有关系，所以要将两式进行耦合计算。

方程组（3.3）是一个典型的焦耳热方程组，用来描述电场和温度场之间相互耦合的关系。

$$\left.\begin{array}{l} \nabla \cdot J = Q_j \\ J = \sigma E + J_e \\ E = -\nabla V \\ \rho C_p u_{trans} \cdot \nabla T = \nabla \cdot (k\nabla T) + Q + W_p \end{array}\right\} \tag{3.3}$$

式中，J 为电流密度；Q 为物体吸收的热量；T 为温度；V 为电位；ρ 为密度；u 为流动速度。

在电场中，材料的某些属性会随着温度发生变化，使得电场的大小和方向发生相应变化。由于电阻发热效应，在场中产生热源，整个场中的温度分布受到热源强弱的影响，然而这个热源强度的大小实际上却是随着电磁场的强弱变化的。

3.2.2.2 边界条件

A 导电方程的边界条件

（1）阴极钢棒出口表面取为基准电位。

（2）铝导杆处施加槽电流强度，各导杆电流值均为总电流的平均分配值。

B 导热方程的边界条件

（1）电解质和铝液初始温度均匀给定。

（2）槽周围的环境温度按车间实测温度给定。

（3）槽体外表面与环境之间对流和辐射散热，其总对流传热系数为自然对流传热系数和辐射传热系数之和。根据传热学原理可用下式计算总对流传热系数：

$$h_f = h_0 + \sigma_0 + \varepsilon(T_s^4 - T_b^4)/(T_s - T_b)$$

式中，h_f 为槽体外表面的散热系数，$\mathrm{W/(m^2 \cdot K)}$；T_s 为槽体外表面绝对温度，K；T_b 为环境绝对温度，K；σ_0 为斯蒂芬-玻耳兹曼常数，$5.67 \times 10^{-8} \mathrm{W/(m^2 \cdot K^4)}$；$\varepsilon$ 为槽壳外表面的黑度；h_0 为槽壳外表面与环境的对流换热系数，$\mathrm{W/(m^2 \cdot K)}$。

（4）槽内衬与熔体间的对流换热。电解槽内部存在的液-固之间的传热系数的确定是一个比较困难的问题，因为它处于高温腐蚀性介质中，测定难，国内外相关研究所计算的结果各有差别，取值范围变化较大。它包括电解质-炉帮、铝液-炉帮、熔体和炭块之间的传热系数。

在铝电解过程中，槽膛内形会随着温度变化而变化。当结壳表面温度较高，超过了电解质结晶温度时，结壳就会向外熔化而变薄，电解槽经侧壁向外散热量就增大；当其表面温度低于结晶温度时，电解质就会在结壳表面凝固形成一层新的结壳，使结壳增厚，相应地经侧壁向外散热量就减少。因此电解过程中，电解槽的电热分布是一个动态的过程。当电解槽处于正常生产阶段时，其槽膛内形保持一个相对稳定的形貌，电解趋于稳定，达到热平衡，此时可用静态模型来模拟出这个平衡状态下的槽膛内形，分析电解槽的电热分布情况等。

3.2.3　ANSYS 分析过程

建立有限元模型后，就可以进入分析的第二阶段，即施加载荷并求解。这主要是在 ANSYS 求解模块中进行。进行电、热耦合场分析，所需边界条件一般包括设定对流、辐射散热系数，施加电流强度等，当所有条件均设置好后，即可进行求解计算。ANSYS 求解计算前，会给出确认提示，用户确认无误后，即可开始求解计算。

求解完成后，即可进入后处理器查看结果，并对计算结果进行分析等。对于电、热耦合场的分析来说，可以对相关计算结果如温度、电位及电流密度等进行云图显示、等值线显示等。

利用 ANSYS 参数设计语言 APDL 的程序语言与宏技术组织管理 ANSYS 的有限元分析命令就可以实现参数化建模、施加参数化载荷与求解及参数化后处理结果的显示，从而实现参数化有限元分析的全过程，同时这也是 ANSYS 批处理分析的最高技术。另外，APDL 也是 ANSYS 设计优化的基础，只有建立了参数化的分析过程才能对其中的设计参数执行优化改进，达到最优化设计目标。

3.2.4　基于 ANSYS 的 160kA 铝电解槽电热场仿真

3.2.4.1　仿真过程
A　建立模型

建立铝电解槽模型部分包括建立实体模型、确定单元类型和材料特性、划分网格建立有限元模型等。

（1）建立实体模型。结合铝电解槽物理模型中所述的建立铝电解槽模型的合理假设，针对铝电解槽中对电、热场影响的主要部分，建立铝电解槽 1/4 实体模型。

铝电解槽的几何形状非常复杂，体积庞大。对于铝电解槽电、热场分布来说，有影响的主要包括两大部分：一是导热兼导电部分，包括铝导杆、阳极钢爪、阳极炭块、电解质、铝液、阴极炭块、阴极钢棒、轻质浇筑料等；二是导热部分，包括氧化铝覆盖料、电解质结壳、有关的保温材料和耐火材料等。在建模时，忽略对其影响较小的因素，如阳极炭块之间的炭糊薄层（厚度约 10mm），进行适当的物理简化，得到为计算所用的模型。某厂 160kA 预焙铝电解槽的主要相关参数见表 3.2[7]。

表 3.2 某厂 160kA 预焙铝电解槽的主要相关参数

参　数	参数值
阳极炭块尺寸（长×宽×高）/mm×mm×mm	1400×685×500
阴极炭块尺寸（长×宽×高）/mm×mm×mm	3250×515×450
钢爪尺寸（长×宽×高）/mm×mm×mm	132×132×286
钢爪深度/mm	100
钢梁高度/mm	150
阴极钢棒尺寸（长×宽×高）/mm×mm×mm	2150×200×140
铝液的高度/mm	200
电解质的高度/mm	220
极距/mm	45
耐火砖高度/mm	65×2
保温砖高度/mm	65×2
阳极氧化铝覆盖料厚度/mm	16
电流/kA	160
钢壳尺寸（长×宽×高）/mm×mm×mm	9800×4350×1350

（2）确定单元类型，设定物性参数。针对铝电解槽的实际情况，在导电兼导热部分采用电热耦合单元 SOLID69，它是 8 节点的六面体单元，具有温度和电压两个自由度；在导热部分采用热单元 SOLID70，它也是 8 节点的六面体单元，仅有温度一个自由度。这两个单元均可以退化为四面体结构。对于 SOLID69 单元，在计算过程中可自动计算出该单元因电流通过而生成的焦耳热，因此可实现电热耦合计算。此外，SURF152 单元是三维表面效应单元，利用这一单元可计算槽体表面散失的热量。铝电解槽中用到的材料繁多，材料物性有各向同性和各向异性之分。材料特性中随温度变化的，如导热系数和电阻率等将采用 ANSYS 程序自动进行非线性处理，由任意温度下的材料特性插值计算得到。

近年来，研究者已经对国内铝电解用的材料的导热系数和电阻率进行了研究，得到相关的数据。根据这些研究结果中给出的导热系数和电阻率与温度的关系，通过计算可以给出用到的主要材料特性在 200℃、400℃、600℃、800℃、1000℃ 下的值，见表 3.3 和表 3.4。

表 3.3 导热系数与温度的关系

温度/℃	导热系数/W·(m·K)$^{-1}$				
	铝导杆	阳极	钢爪	磷生铁	覆盖料
200	212.5	4.287	53.2	51.25	0.137
400	245.8	4.619	45.63	51.25	0.195
600	284.4	4.952	37.0	51.25	0.254
800	127.49	5.285	28.5	51.25	0.313
1000	161.22	5.617	27.5	51.25	0.371

温度/℃	导热系数/W·(m·K)⁻¹				
	阴极	钢棒	耐火砖	保温砖	电解质结壳
200	10	30	0.37	0.13	1.09
400	10	28	0.41	0.17	1.11
600	10	24	0.45	0.21	1.14
800	10	22	0.49	0.25	1.16
1000	10	20.5	0.53	0.29	1.19

表 3.4 电阻率与温度的关系

温度/℃	电阻率/Ω·m					
	铝导杆	阳极	钢爪	磷生铁	阴极	钢棒
200	5.25×10^{-8}	56.26×10^{-6}	34.2×10^{-8}	3.37×10^{-4}	5.62×10^{-5}	0.296×10^{-6}
400	7.60×10^{-8}	54.99×10^{-6}	51.5×10^{-8}	3.37×10^{-4}	4.83×10^{-5}	0.493×10^{-6}
600	10.8×10^{-8}	51.79×10^{-6}	81.0×10^{-8}	3.37×10^{-4}	4.21×10^{-5}	0.776×10^{-6}
800	22.2×10^{-8}	46.66×10^{-6}	111.1×10^{-8}	3.37×10^{-4}	3.89×10^{-5}	1.115×10^{-6}
1000	25.0×10^{-8}	39.61×10^{-6}	115.8×10^{-8}	3.37×10^{-4}	3.63×10^{-5}	1.54×10^{-6}

电解质的电阻率与电解质的摩尔比有关，摩尔比高时其导电性能好；摩尔比低时导电性变差。其变化情况见表 3.5。因此，应根据实际槽内电解质的摩尔比来确定电解质的电阻率。

表 3.5 电解质电阻率与摩尔比的关系

摩尔比	3.0	2.7	2.6	2.5	2.4	2.3	2.2	2.1
电阻率/Ω·m	0.38	0.49	0.50	0.51	0.52	0.54	0.56	0.57

根据以上介绍，在 ANSYS 前处理器中建模，得到的某厂 160kA 预焙阳极铝电解槽确定单元后的 1/4 槽实体模型如图 3.3 所示，其中浅色为导电部分，其余为导热部分。

(3) 建立有限元模型。对实体模型进行网格划分得到节点和单元，即得到计算所用的有限元模型。划分网格时，由于铝电解槽内的结壳部分温度变化较大，且需要模拟出炉帮形状，因此采用规则的网格划分。这是考虑到在修正炉帮的计算过程中需要控制节点的移动。其他部分则可以采用智能网格划分，根据材料的不同，不同部分采取不同的网格划分控制，如电阻率较大的电解质层，网格应密集些，可以通过设定智能等级和设定单元大小等来实现；而对于导电和导热性能良好，温度变化缓慢的材料，网格相对可稀疏些，如铝导杆等部分。网格划分后，在槽体表面覆盖三维表面效应单元，以用于槽体表面散热的计算。铝电解槽的有限元模型如图 3.4 所示，其中单元总数 286339，节点总数为 51335。由于槽体表面及铝导杆、钢爪等表面与周围环境之间存在对流和辐射散热，故需要采用三维面效应单元 SURF152 覆盖这些表面，以用于边界条件的修正和热损失的计算。覆盖表面效应单元后，单元总数为 292082。

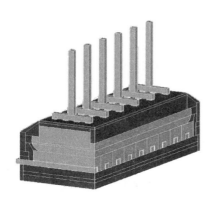

图 3.3 160kA 铝电解槽 1/4 槽实体模型

图 3.4 160kA 铝电解槽 1/4 槽有限元模型

B 施加载荷并求解

设定边界条件。模型所需的边界条件如下：导杆处施加电流强度，大小为各导杆均匀分配值；阴极钢棒出口处设定为基准电位面；熔体和周围固体表面间的对流换热，即给定熔体侧温度和对流换热系数；设定熔体（不包括熔体和结壳换热面）均匀温度；熔体表面的对流换热，即给定环境温度和对流换热系数。

C 槽膛内形的修正

电解槽内电解质结壳的形状取决于槽内电热分布状况，因此要确定结壳形状，必须先了解电解槽内温度分布情况。而用这里所建模型计算电解槽内温度分布，又必须以结壳形状为前提，即求解之前必须在结壳内边界上施加内部对流换热条件。因此，求解前需要先假设结壳形状，施加边界条件，然后进行修正。修正需要采用 ANSYS 提供的 ANSYS 程序设计语言 APDL 进行二次开发。

确定结壳形状的修正过程为：首先假定结壳形状，施加内部边界条件进行求解，得到计算结果后，判断结壳内部边界节点上的温度是否在允许范围内，如果是，则节点不动；如果温度超出了允许范围，则根据一维导热计算公式制定相应的移动策略移动节点，当结壳内边界上的所有节点都被判断并被相应移动后，得到一个新的结壳内边界，此时可以进行新一次的求解。如此反复修正，使得结壳内边界上所有节点温度均在允许误差范围内为止。

3.2.4.2 结果分析

160kA 铝电解槽电、热模型，假定槽体表面换热系数初始值为 $50W/(m^2 \cdot ℃)$，进行边界条件修正，使前后两次总散热量差值小于总散热量的 0.75%。修正后槽体表面换热系数分别从 $6.2W/(m^2 \cdot ℃)$ 到 $27.6W/(m^2 \cdot ℃)$ 之间，如图 3.5 所示。

6.221　10.964　15.708　20.451　25.194
　8.593　13.336　18.079　22.823　27.566

图 3.5 修正后表面换热系数值
（单位：$W/(m^2 \cdot ℃)$）

结果表明，槽底换热系数较小，越靠近槽侧的部分，其换热系数越小。阴极钢棒表面换热系数较大，其中位于槽中间部位的和位于槽端部的钢棒表面换热系数相比，前者较大；位于同一部位的钢棒表面换热系数，离槽体表面近的部分表面换热系数较大。铝导杆表面在与钢爪接触的部分换热系数较大。钢爪表面在两端部位换热系数较大，中间部位较小，除中间与导杆接触部位，换热系数均高于导杆表面换热系数。覆盖料表面在与钢爪接触部分换热系数较大，边部较小。槽体侧部与底部相比，侧部换热系数较大。结壳所在区域的侧部换热系数相对侧部其他部位要大。

计算得出如下结论：

（1）初始条件取 50W/(m^2·℃)、30W/(m^2·℃)、20W/(m^2·℃)，达到相同误差范围时，相应的修正次数分别为 9 次、7 次、5 次。与修正后的结果相比较，这三个假设的初始条件逐渐接近准确值，因此需修正次数减少。

（2）修正后各个部分的散热量均相应逼近某一固定值，铝导杆表面约为 6.34kW，钢爪表面约为 15.79kW，覆盖料表面约为 14.15kW，阴极钢棒表面约为 4.93kW，槽体侧部约为 22.60kW，槽底部约为 3.44kW。

（3）不同初始条件下，经过 4~5 次修正后，各个部分的散热量变化情况基本相同，若不过分要求精确度时，则不同的初始条件下修正次数相差不明显。

（4）经计算槽体上部散热量约占总散热量的 54%，这与有关文献中所述的阳极上部散热量占总散热量的 40%~60% 相符，表明了计算结果是比较合理的。侧部散热量相对底部散热量要多得多，遵循了铝电解槽热设计中侧部散热、底部保温的设计原则。

在外边界条件修正的实际应用时，可预先估测或根据经验取一个较为准确的假定初始值，再进行修正，以减少循环次数、节约运行时间。修正外边界条件并确定槽膛内形后，计算出电解槽的电、热场分布。进入 ANSYS 后处理器，进行结果由图形显示。

铝电解槽温度、电压分布云图如图 3.6 和图 3.7 所示。

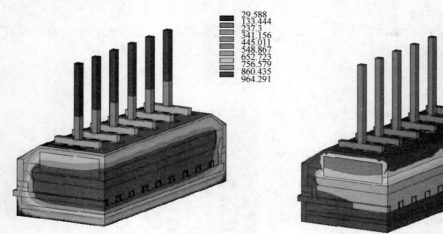

图 3.6 铝电解槽温度分布

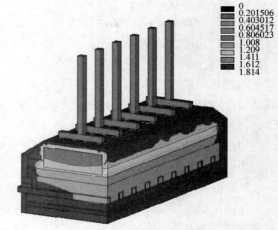

图 3.7 铝电解槽电压分布

由图 3.6 和图 3.7 可知，电解质最高温度 964℃，槽最低温度在槽底，约 30℃。铝电解槽电阻电压约为 1.8V。

铝电解槽内衬等温度线分布如图 3.8 所示。图中温度值为 I 的等温线为电解质结晶温度线。

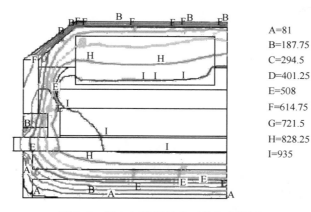

A=81
B=187.75
C=294.5
D=401.25
E=508
F=614.75
G=721.5
H=828.25
I=935

图 3.8　铝电解槽横轴截面等温度线图

由图 3.8 可以看出，铝电解槽底部的温度梯度主要产生在保温层中，侧部温度梯度主要产生在电解质结壳部分。结壳区域的槽体表面温度比槽体底部温度要高，也说明了电解槽底部保温效果良好，符合电解槽热设计原则。阴极炭块中的电解质结晶温度线处于其端部约 1/4 处，因此阴极钢棒与炭块接触面的温度低于渗透在炭块中电解质的结晶温度，从而使得渗入阴极的电解质在此沉积而造成阴极炭块与钢棒间接触电阻的增大，槽底电压降升高。根据电流效率与槽膛内形的关系可知，电解槽底伸腿较短，不能将铝液收缩在阳极底掌下面，因此不利于电流效率的提高。槽体表面的等温度线分布如图 3.9 所示。

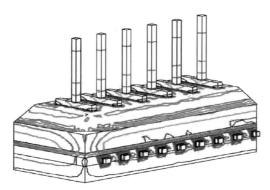

图 3.9　槽体表面等温度线

由图 3.9 可看出，沿槽横轴、纵轴方向等温线较为平缓，槽端部拐角处温度梯度变化较大。这是由于拐角处的结构不同于侧部结构所致。由于良好的导热性，覆盖料附近区域的钢爪表面及槽侧面阴极钢棒附近区域的温度较高。除此之外，结壳所在区域的槽体表面温度较高。

电解质等电位分布云图、垂直电流密度分布分别如图 3.10 和图 3.11 所示。由图 3.10 和图 3.11 可以看出，由于电解质的电阻率较大，电解槽内导体电阻电压主要降落在电解

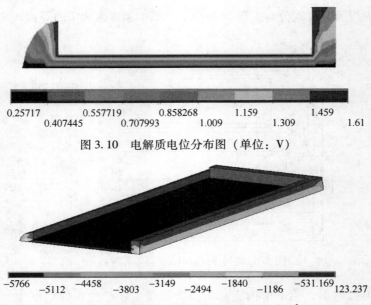

图 3.10   电解质电位分布图（单位：V）

图 3.11   电解质垂直电流密度（单位：A/m²）

质上。阳极投影下面的电解质中电流密度较大且较均匀，阳极侧面电解质的电流密度较小。由于这种不均匀的电流密度分布，导致阴极电流的分布也不均匀。阳极底掌投影下的阴极区域内电流密度较大，而阳极投影四周的阴极区域内电流密度较小。前者在单位时间和单位面积上析出的铝量较多，而后者较少，因此，合适的槽膛内形使边部结壳均匀分布在阳极投影周围。这也表明计算所得的槽底伸腿较短的槽膛内形不利于电流效率的提高。

　　铝液等电位分布云图和水平电流密度分布分别如图 3.12 和图 3.13 所示。

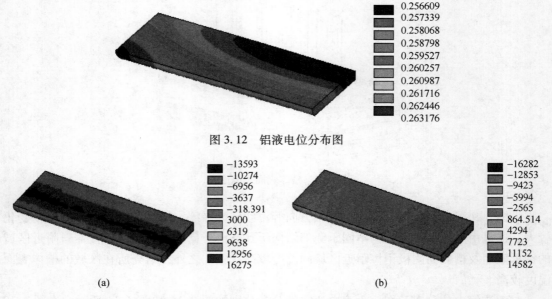

图 3.12   铝液电位分布图

图 3.13   铝液横向电流密度分布（a）和纵向电流密度分布（b）图（单位：A/m²）

由于铝液具有良好的导电性，可以近似看作为等电位区域。从图 3.13 中可以看出，铝液中存在较大的水平电流。由于铝液中水平电流越强，铝液的流动性就越大，铝的溶解速度越大，造成的铝损失越多，进而会降低电流效率。

3.2.4.3　能量平衡计算

根据前面所述的铝电解槽能量平衡，以电解质温度和 1s 时间为计算基础，从能量收支角度计算铝电解槽静态 1/4 槽模型的能量平衡见表 3.6。

表 3.6　铝电解槽 1/4 静态模型能量平衡

能量收入		能量支出	
阳极压降/V	0.36	槽体上部散热/kW	35.87
阴极压降/V	0.357	槽体侧部散热/kW	28.5
电解质压降/V	1.297	槽体底部散热/kW	3.45
极化电压降/V	1.8	补偿电解所需能量/kW	84.17
总能量收入/kW	152.56	总能量支出/kW	151.99
总压降/V	3.814	折合电压降/V	3.801

从表 3.6 可以看出，计算的能量收入和能量支出的相对误差约为 0.5%，模型能量收支基本平衡。因此也验证这里所建模型的准确性。

3.2.5　基于 ANSYS 的 350kA 预焙铝电解槽电热场仿真

3.2.5.1　铝电解槽物理模型和有限元模型

与 160kA 大型预焙铝电解槽电、热场的仿真分析过程一样，首先建立 350kA 大型预焙铝电解槽模型，包括实体模型和有限元模型。实体模型的建立同样包括对铝电解槽几何形状的合理假设、确定单元类型和设定物性参数。对于 350kA 铝电解槽模型，仍确定其导电兼导热部分为电热耦合单元 SOLID69、仅导热部分为热单元 SOLID70；仍设定分为各向异性和各向同性及随温度变化的材料特性。对实体模型进行网格划分建立有限元模型时，铝电解槽的不同部分同样采用不同的有利于仿真分析的网格划分规则。

350kA 铝电解槽和 160kA 铝电解槽这二者在几何结构及材料特性等方面存在不同之处。因此，在建立 350kA 铝电解槽模型时，通过对相应的结构参数的调整，如阳极的结构尺寸、槽腔深度、阴极结构尺寸及槽腔内衬的某些材料特性等参数，建立的 350kA 大型预焙铝电解槽 1/4 槽的实体模型和有限元模型，如图 3.14 所示[8]。

图 3.14　350kA 铝电解槽 1/4 槽模型和有限元模型

3.2.5.2 计算结果分析

在 350kA 铝电解槽的有限元模型上施加相应的载荷和边界条件，实现对其静态模型电、热耦合场的求解计算。模型所需的电边界条件同样包括施加导杆处的电流强度、设定阴极钢棒出口为基准电位面，所需的热边界条件包括槽体表面与周围环境之间的换热、熔体与周围固体表面之间的对流换热等。然后根据槽膛内形、外部边界条件的修正原理进行修正计算，模拟出槽膛内形及电、热场分布情况。然后在 ANSYS 后处理模块中查看结果及进行相应的结果分析。

计算得到的铝电解槽 1/4 槽的温度和电位分布如图 3.15 所示。

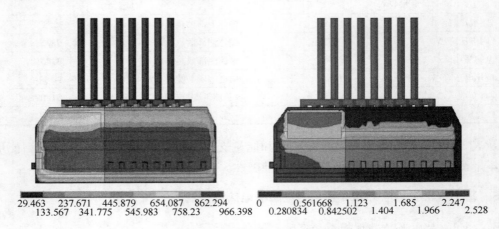

| 29.463 | 237.671 | 445.879 | 654.087 | 862.294 |
| 133.567 | 341.775 | 545.983 | 758.23 | 966.398 |

| 0 | 0.561668 | 1.123 | 1.685 | 2.247 |
| 0.280834 | 0.842502 | 1.404 | 1.966 | 2.528 |

图 3.15　铝电解槽温度和电位分布

铝电解槽内衬等温线分布如图 3.16 所示。图中温度为 I 的等温线为电解质结晶温度线。

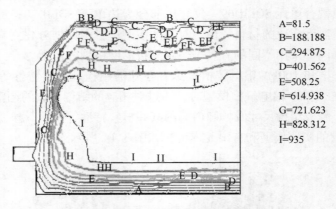

A=81.5
B=188.188
C=294.875
D=401.562
E=508.25
F=614.938
G=721.623
H=828.312
I=935

图 3.16　铝电解槽横轴截面等温度线分布

分析图 3.16 中的等温线分布可以看出，槽内形成的炉帮形状比较合理，伸腿基本伸入阳极投影下方。根据槽膛内形和电流效率的关系可知，此槽可以达到较高的电流效率，也表明此槽阴极内衬的设计是比较的合理的。

铝电解槽内高度相同的各阳极炭块部分的温度、电压分布情况，如图 3.17 和图 3.18 所示。

图 3.17　350kA 铝电解槽阳极炭块的温度分布

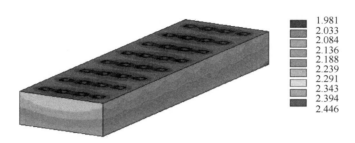

图 3.18　350kA 铝电解槽阳极炭块的电压分布

图 3.17 和图 3.18 中，最左端和最右端的阳极炭块分别位于铝电解槽整槽的中部和端部。由图可以看出，当铝电解槽阳极炭块均正常工作且高度相同时，铝电解槽中各阳极炭块的电、热场分布情况基本一致。为进一步研究，下面分别给出铝电解槽中部和端部阳极炭块的大面、小面中心截面的温度和电压分布图，如图 3.19 和图 3.20 所示。

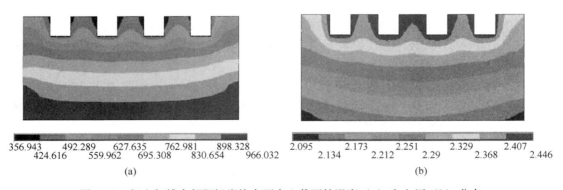

图 3.19　铝电解槽中部阳极炭块大面中心截面的温度（a）和电压（b）分布

由图 3.19 和图 3.20 可以看出，除了由于铝电解槽中部和端部结构不同而使得炭块顶面温度和压降略有差异外，两炭块大面中心截面的温度、电压分布情况基本相同，高度方向上的分布趋势均沿炭块中心基本对称。两阳极炭块与钢爪接触部分温度均较低，电压均较高。对于同一阳极炭块来说，情况又有所不同，与各钢爪接触部分的温度分布为中心部分低于边界部分，而电压分布恰好相反。同大面中心截面情况一样，除铝电解槽端部结果影响外，两炭块小面中心截面的温度、电压分布情况也相似，高度方向上的分布趋势也沿

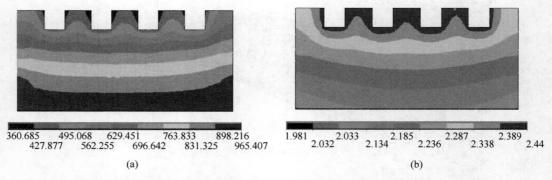

图 3.20 铝电解槽端部阳极炭块大面中心截面的温度（a）和电压（b）分布

炭块中心基本对称。

铝电解实际生产中，阳极炭块由于参与电化学反应而不断被消耗降低，需要定期更换。为了保证铝电解槽稳定生产和避免工作量不均衡而造成生产混乱，正常槽每天每台只能更换 1~2 块阳极。因此，新建的大型预焙铝电解槽在装炉时装入的新阳极炭块，在灌铝一定时间后按事前排好的换极顺序表，通过一个换极周期后，形成与正常生产槽一样的高低错落有致的排列顺序，以达到以后阳极更换工作对铝电解槽的影响最小且换极工作量均衡的目的。新阳极被换入铝电解槽后，阳极被埋入电解质中的部分上立即生成凝结的电解质层，此层向下可增至铝液镜面，此期间，阳极不导电；随后阳极凝结的电解质层缓慢熔化，新阳极逐渐导电至正常工作状态。

3.2.6 基于 COMSOL 的电热场仿真

3.2.6.1 COMSOL 简介

COMSOL Multiphysics 中包含大量的数学模型，范围涵盖从流体流动、热传导到结构力学、电磁分析等多种物理场。COMSOL 中定义模型非常灵活，用户可以根据需要对材料属性、源项及边界条件等进行设定，这些属性可以是常数、函数、表达式，甚至插值函数等。预定义的多物理场应用模式能够解决许多常见的物理问题。并且该软件还有一个好处在于它可以对用户自己定义的物理关系进行耦合匹配，不论是自己建立的方程、材料属性或者其他，都可以建立自己的库，方便调用。

物理场分析软件 Comsol Multiphysics 包含的模块有：AC/DC 模块、声学模块、化学反应工程模块、电池与燃料电池模块、CFD 模块、岩土力学模块、传热模块、MEMS 模块、RF 模块、结构力学模块、等离子体模块、微流模块、多孔介质流模块、电镀模块、粒子模块、化学腐蚀模块、非线性力学模块、管道流模块、CAD 模块、优化模块、材料库还有一些同步连接的模块，比如 SolidWorks 同步链接模块、AutoCAD 同步链接模块、Pro/E 同步链接模块、Matlab 同步链接模块、Excel 同步链接模块等[9]。

（1）AC/DC 模块。AC/DC 模块主要用于仿真电容器件、电感器件、电机系统及传感器。总的来说，这些器件的仿真分析都属于电磁场分析类型，但是实际上这些器件的工作会受到其他各种物理场的影响。比如，热效应可能会带来很多材料的电性参数发生变化，所以要考虑电磁场分析就必须同时考虑电热效应，这在变压器设计中很常见，在电机工程中也很典型；再比如，发电机中常见的机电挠度和振动分析也必须同时考虑。

AC/DC 模块的功能包括静电场分析、静磁场分析、动态电磁场分析，可以输出各种相关的场变量，并且可以和其他物理模块自由耦合。有时工程师需要把电器件放在一个大系统中加以考虑，AC/DC 模块为此提供了对 SPICE 电路网表的支持，工程师可以使用这个 SPICE 电路接口为仿真的电器件添加外围电路并联合仿真，这就是常说的场路耦合分析功能。

AC/DC 模块的应用领域有：AC/DC 电流与场分布、生物热效应、线圈和电磁铁、与 SPICE 的场路耦合仿真、接触阻抗分析、电磁兼容分析（EMC）和信号完整性分析（EMI）、电磁力和转矩分析、电磁屏蔽、电动机械变形、绝缘隔离器、电容器分析、电机、发电机、各种电动机械分析、非线性材料、寄生电容分析、寄生电感分析、永磁铁和电磁场计算、阻抗加热和感应加热、传感器、变压器和电感器设计。

（2）CFD 模块。CFD 模块专为模拟复杂流体流动而设计。可压缩流体、不可压缩流体、层流模型、各种高级湍流模型、自然对流、强制对流都可以在 CFD 模块中自由组合，模拟各种复杂的流动情况。CFD 模块的重要特点在于可以精确模拟各种多物理流动，比如共轭传热与非等温流动、流固耦合、含有黏滞热源的非牛顿流动、流体黏度与成分浓度相关的流动分析。多孔介质流动用户接口可以模拟各向同性或者各向异性多孔介质，也可以将自由流动与多孔介质流动自动耦合分析。在 2D 和 3D 分析中，内建了旋转机械搅拌模拟的用户界面。

对于均质两相流分析，CFD 模块提供了两种应用接口，分别为用于细密颗粒悬浮液分析的混合物模式和模拟均匀分布微小气泡的宏观气泡流模式。对于关注自由相界面的两相流分析，提供了水平集和相场法两种分析模式。

如果配合化学反应工程模块一起使用，CFD 模块可以提供高级的质量输运和反应流模拟功能；如果配合结构力学模块一起使用，CFD 的流固耦合分析功能就能扩展至各种流体与各种弹性结构的相互作用分析，同时具备润滑流动分析功能及弹性力学流动分析的功能。

（3）SolidWorks 同步链接模块。SolidWorks 同步链接模块是一个 SolidWorks 软件与 COMSOL Multiphysics 之间无缝连接的接口。同步链接建立之后，在 SolidWorks 中对几何做出的任何修改，都会自动更新 COMSOL Multiphysics 中的几何模型，而所有模拟相关的设置都不会改变。如果用户在 SolidWorks 中使用了参数化设计，所有的参数名称也会自动传递至 COMSOL Multiphysics，所以针对这些参数的优化设计和参数扫略分析就很方便。

利用 SolidWorks 同步链接模块，COMSOL Multiphysics 可以内嵌在 SoildWorks 软件界面下。也就是用户只需像往常一样打开 SolidWorks 绘制、编辑 CAD 几何，COMSOL Multiphysics 集成在工具栏中，用户可以随时可以启动模拟分析功能，COMSOL Multiphysics 在后台运行，并把结果显示在 SolidWorks 的窗口中。工程师的操作习惯不需要做任何调整就可以完成 CAD 和 COMSOL Multiphysics 的协同工作，完成设计-模拟-优化的整个过程。

利用 COMSOL Multiphysics 有限元仿真软件按照模型定义、几何建模、材料选择、物理设定、网格剖分、求解计算、后处理和可视化的步骤对铝进行计算仿真。利用基于 COMSOL Multiphysics 有限元仿真软件的电场和热场的模块，并且设定电场和热场的边界条件后，对电场和热场进行耦合计算。

3.2.6.2　COMSOL Multiphysics 建模过程

COMSOL Multiphysics 建模过程包括:

(1) 模型定义 (model definition)。对模型的物理场 (可以是多个物理场耦合)、空间维度、因变量等进行定义,选择求解单元 (如拉格朗日单元),还可以自定义应用模式的名称。这些步骤在导航视窗中完成。

(2) 几何建模 (geometry modeling)。根据问题的实际情况和几何尺寸建立求解域的几何模型,这一过程需要对模型进行必要的抽象和简化。建模的一般原则是能使用一维模型就不使用二维模型,能使用二维就不使用三维。总之维度越低,越有可能得到计算简便、精度较高的解。对于无法避免的多维情况,可能的话,先进行低维度的仿真,确定解的大致范围,再进行高维度计算。COMSOL 提供了多种绘图命令,可以直接绘制图形 (点、直线、贝塞尔曲线、矩形、圆形、椭圆形等);可以对图形进行加、减、乘、除等布尔运算;也可以进行取交集、并集、差集等集合运算;还可以根据需要进行嵌入、拉伸、旋转、组合、分离、镜射、移动、复制、粘贴等操作。另外,COMSOL 提供了 CAD 接口,可以从其他 CAD 软件导入几何模型。

(3) 物理设定 (physics settings)。模型的物理设定包括求解域设定 (subdomain settings) 和边界条件设定 (boundary conditions)。有的模型可能包含多个求解子域,每个子域的物理参数不同,因此有时需要对每个子域分别进行物理设定。进入菜单栏中的"物理"和选择"求解域设定",在弹出的窗口左侧"求解域"窗口中选择要设置的子域,完成各项物理参数和初始值的设置,将每一个求解域都设定完毕后,单击确定。一般的模型都包含多条边界,每条边界的条件都需要进行设定。进入菜单栏"物理"和"边界设定"窗口,在左侧"边界"窗口中选择要设置的边界,完成边界类型和边界条件的设置,将每一条边界都设定完毕后,单击确定。

(4) 网格划分 (mesh generation)。COMSOL 软件提供了映射网格划分 (mapped mesh) 和自由网格划分 (free mesh) 的方法,并提供拉伸网格、旋转网格、交互式网格、网格细化 (refine)、网格重划分 (remesh)、自适应网格划分 (adaptive mesh) 等多种网格划分辅助功能。映射网格划分用于曲线、曲面、实体的网格划分方法,可使用三角形、四边形、四面体、五面体和六面体通过指定单元边长、网格数量等参数对网格进行严格控制,在 COMSOL 中可以设置映射网格划分的参数。但规范化划分只适用于规则的几何图素,对于裁剪曲面或者空间自由曲面等复杂几何体则难以控制。自由网格划分用于空间自由曲面和复杂实体,采用三角形、四边形、四面体进行划分,采用网格数量、边长及曲率来控制网格的质量。COMSOL 中划分网格可以通过设置最大单元尺寸、增长率、松弛度等参数来得到更为优化的网格划分。网格重划分是在每一步计算过程中,检查各单元法向来判定各区域的曲率变化情况,在曲率较大变形剧烈的区域单元,进行网格加密重新划分,如此循环直到满足网格单元的曲率要求为止。网格重划分的思想是通过网格加密的方法来提高分析的精度和效率。网格自适应划分的是在计算步骤中,升高不满足分析条件的低阶单元的阶次来提高分析的精度和效率。自适应网格划分必须采用适当的单元,在保证单元阶次的基础上,已形成的单元刚度矩阵等特性保持不变,才能同时提高精度和效率。

划分网格时须考虑网格数量、密度和网格形状。网格数量的多少直接影响着计算的精度,但是网格数量过多会造成计算时间过长、计算规模过大、耗费人力物力等。在结构不同部位采用形状、大小不同的网格是为了适应计算数据的分布特点。在计算数据变化梯度较大的部位（如应力集中处、速度急剧变化处）时，为了较好地反映数据变化规律，需要采用比较密集的网格；而在计算数据变化梯度较小的部位，为减小模型规模，则应划分相对稀疏的网格。在几何尖角处、应力温度等变化大处网格应密，其他部位应较稀疏，这样可保证计算解精确可靠。

总之，要想得到合适的（基于现有硬件资源可以实现，又满足计算精度）网格划分，必须综合考虑单元类型、几何形状、数学模型、电磁力场、计算时间、精度要求等多种因素。还需通过反复多次计算的不断摸索、总结和验证，才能保证有效高效的建立高质量、高效率的有限元模型。

3.2.6.3 求解计算

求解之前先进行求解器参数设置，包括选择求解器，设置公差，进行自适应和高级设置。在求解管理器（solver manager）窗口中，可以对问题的初始值进行设置（可以使用初始值表达式，或者选择当前解，保存解为初始值）；可以选择对某一个或者某几个变量进行求解（也可以对全部变量进行求解）。设置完毕，点击"求解"。

3.2.6.4 后处理和结果的可视化

得到计算结果后，为方便对结果进行分析，有必要对结果进行后处理。由于计算数据一般比较抽象，有必要使其可视化，对计算结果多角度观察分析，得到科学可靠的结论。在菜单栏"后处理"中选择"绘图参数"，进行绘图设置，可以得到等位线、箭头、流线等多种图形。

3.2.6.5 基于COMSOL的300kA电解槽电热场耦合计算

A 建立铝电解槽的几何模型

首先按3.2.1节中的方式建立铝电解槽物理模型。模型结构主要包括：铝导杆、钢爪、阳极炭块、电解质覆盖料、熔融电解质、铝液、阴极炭块、阴极钢棒、侧部内衬结构、底部保温材料及外壳。

B 选择模型各部分对应的材料

通过COMSOL Multiphysics模型开发器和材料浏览器可以完全控制定义和使用材料属性。材料浏览器可以用来统一管理所使用的材料属性，并通过材料库提供必要的材料属性。材料库中包含超过2700种材料，包括元素、矿物、金属合金、热绝缘体、半导体及压电材料。每种材料通过引用的属性函数来表征，包含多达31种关键属性，这些属性可以随某些变量发生变化，其中多数是温度。可以通过绘图来显示这些函数定义，也可以修改和添加函数。铝电解槽中用到多种材料，而且材料的属性参数随着温度而变化，其中用到的导热系数和电阻率随着温度的变化比较明显，所以将它们进行非线性处理。各种材料的导热系数和温度的关系采取下列公式计算（单位：W/(m·℃)）：

黏土耐火砖	$k = 1.44212 + 6.978 \times 10^{-4} \times T$
保温砖	$k = 0.12793 + 3.76812 \times 10^{-4} \times T$
覆盖料	$k = 0.166 + 2.93 \times 10^{-4} \times (T-300)$
阳极炭块	$k = 2.61675 + 2.9075 \times 10^{-3} (T-300)$
阴极炭块	$k = 1.44212 + 6.978 \times 10^{-4} (T-300)$
侧部炭块	$k = 3.54715 + 4.9776 \times 10^{-3} (T-300)$

阴极钢棒　　　　　　　　　　$k = 65.8258 - 6.33835 \times 10^{-2} (T - 200)$

槽帮结壳　　　　　　　　　　$k = 1.08159 + 4.4194 \times 10^{-4} (T - 300)$

式中，T 为温度。

C　设定电场和热场

电场和热场两个物理场分别对应 COMSOL 中的 AC/DC 模块和传热模块物理接口。

（1）AC/DC 模块。AC/DC 模块的功能涵盖静电、静磁、准静态电磁等，可以使用任意派生的物理量，以及与其他物理场之间无限制地进行耦合。

（2）传热模块。传热模块提供一组接口用来仿真热传导、对流和热辐射，而且还可以与其他各种物理场接口相互耦合。传热模块拥有专门编写的接口，可用于自由和强制对流、工艺设计、相变模拟、通过透明和半透明介质的辐射传热，以及这些效应之间的相互耦合。利用描述对流和辐射效应、接触热阻及薄高导热壳等边界条件，可以模拟绝大多数现象，从简单的粗略估计模型到包含显示描述所有效应的完整模型。模块中包含描述变化过程的特定方程。由于所有的材料属性都可以描述成温度的函数，因此可以把热模型和其他物理场耦合在一起，也可以把其他物理场产生的热量引入热模型中。

每个物理场下都要对其相对应的求解域进行设定。因此添加了"电流"和"传热"接口，并在接口中需要设定边界条件。对于电场，添加如下的边界条件：把阴极钢棒末端流出电流位置的电位设置为 0V；电解槽中的结壳不导电并且电流是全部通过阴极炭块流出；每个阳极导杆流入的电流都为 15kA（300kA/20），大小相等。

对于热场，铝电解槽的热过程包含了三种传递形式，即热传导、对流和热辐射。铝液和电解质在铝电解槽中是处于流动的状态，所以一般情况下把熔体各处的温度看作是处于同一温度，熔体中的大量热量是以对流的方式向槽内衬中传递的。在槽内衬中，热量是以热传导的方式从耐火层、保温层传向槽壳外面的，再由槽壳表面以对流和辐射方式散到周围的环境中。所以，对于铝电解槽的热场，需要分别对热传导、对流和辐射三部分分别添加对应的边界条件。

研究热传导其实就是研究温度的分布情况和温度随时间的变化，用 $T(x, y, z, t)$ 来表示。可以用热传导定律，或者称傅里叶定律来描述，如式（3.4）所示。这是一个用来描述瞬态热传导的方程。

$$\rho C_p \frac{\partial T}{\partial t} = \nabla \cdot (k \nabla T) + Q \qquad (3.4)$$

式中，ρ 为密度，即研究对象的密度；C_p 为热容，物体的温度每升高 1K 时所需要吸收的热量；Q 为源项，也就是热流密度，表现为物体吸收的热量；k 为热传导系数，和研究对象的物理本质相关，可以随着温度、时间或者其他的参数的变化而变化。

热传导边界可以理解成导热系统和外界环境之间的换热关系。根据前边所描述的三类边界条件，常见的热传导边界条件可以分为第一、二、三类边界条件。

第一类边界条件：给定系统边界上温度分布，也即温度边界。它既可以是给定的常数值，也可以是空间和时间的函数，如式（3.5）所示。

$$T \big|_{\Gamma_1} = T(\Gamma, t) \qquad (3.5)$$

其中如果 $T \big|_{\Gamma_1}$ 为常数，那么是稳态条件；$T(\Gamma, t)$ 表达为时间的函数，那么是非稳态条件，Γ_1 是第一类边界。通常情况下，如果研究对象中存在一个温度不变的对象，那么是可以

将它简化成其他相邻对象的边界条件的。

第二类边界条件：如果给定系统边界上的外法线方向上温度的导数值，那么意味着边界上有热流的流出或流入，即绝热边界或热通量边界。同样，它既可以是常数值，也可以是空间和时间的函数，如式（3.6）所示。

$$n \cdot (k \nabla T)_{\Gamma_2} = q_s(\Gamma, t) \tag{3.6}$$

其中，如果 $\left.\dfrac{\partial T}{\partial n}\right|_{\Gamma_2}$，那么是绝热边界条件；如果 $\left.\dfrac{\partial T}{\partial n}\right|_{\Gamma_2}$ 是常数，那么是恒热流边界条件，Γ_2 是第二类边界条件。一般情况下，当研究对象的边界有热量流入或流出时，就可以选择这种边界条件。如果热流为零，就表示这个边界是一个热绝缘边界条件。

第三类边界条件：给定系统边界上温度和边界法线方向的温度导数的线性组合关系，物理意义是系统和外界有热交换，实际也可看作是上述两种边界条件的线性相加，如式（3.7）所示。

$$n \cdot (k \nabla T)_{\Gamma_3} = h(T_{\text{ext}} - T) \tag{3.7}$$

通常情况下，如果研究传热时，物体表面与空气对流传热、辐射散热，那么就可以采用此边界条件，这时候定义外界温度是 T_{ext}，空气传热系数是 h。

对流方程：

$$\rho C_p \frac{\partial T}{\partial t} + \rho C_p u \cdot \nabla T = \nabla \cdot (k \nabla T) + Q \tag{3.8}$$

式（3.8）中的新增项一般是和速度的相关项，其中变量 u 既可以是流体流速，也可以是研究对象运动的速度等。

如果是对流，那么相应存在对流边界条件，它用来描述系统和流体之间的换热情形，包括自然对流和强制对流等，而且按照方向的不同，还分为上板、下板和垂直臂等。实际上，这是第三类边界条件，与上面所说类似，区别在于传热系数 h，它是可以按照对流自动计算出来的值。对于自然对流边界条件，传热系数主要涉及边界方向、长度和与环境之间的换热系数。对于强制对流边界条件，传热系数除上述元素之外，还需指定环境的流体流动的速度。

热辐射是电解槽重要的传热方式。通常情况下，关于热辐射的仿真，采用式（3.9）来表示。

$$-n \cdot (-k \nabla T) = \varepsilon \sigma (T_{\text{amb}}^2) - T^4 \tag{3.9}$$

式中，ε 为表面发射率；σ 为斯蒂芬-玻耳兹曼常数；T_{amb} 为环境温度。

热场的边界条件如下：1）周围的环境温度依照车间的平均温度来给定，35℃；2）把电解质层各个位置的温度看作相等，并且设置好它的温度；3）把铝液层各个位置的温度看作相等，并且设置好它的温度；4）覆盖的氧化铝看作绝缘体，只导热而不导电；5）钢爪、阳极炭块、槽体外壳和周围的空气的传热方式看作对流换热，并且换热的环境温度设置为35℃；6）槽壳外表、钢爪、铝导杆、裸露的覆盖料和外界环境的传热方式看作辐射；7）氧化铝覆盖层和空气之间的传热方式看作对流换热，并且换热的环境温度设置为100℃；8）阳极炭块和熔融电解质之间的传热方式看作对流换热，换热的环境温度设置为电解质的温度950℃；9）槽体侧部内衬和熔融电解质之间的传热方式看作对流换热，换热的环境温度设置为电解质的温度 950℃；10）槽体侧部内衬和底部内衬的传热方式看作热传导。

D 网格剖分

物理控制网格较细化和自由四面体剖分网格，最大单元尺寸 0.43m，最小单元尺寸 0.0293m。网格剖分图如图3.21 所示。

E 求解计算模型

选用迭代求解器。迭代求解器的优点是占用内存少，提供更多选择。其中，相对容差设置为 0.01，进行稳态求解计算电场和热场的耦合场。

F 后处理和结果的可视化

COMSOL 可以将计算所得的结果

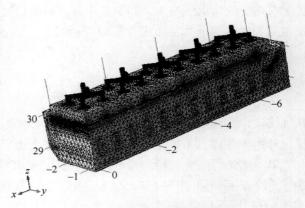

图 3.21 网格剖分图

数据用各种图形表示出来，使数据更加直观，比如可以绘制表面图、立体图、切面图、箭头图、流线图等，还可以应用后处理功能对已获得的参数的相关量进行绘制，可以使用后处理工具来进行计算和积分。绘制的图还可以导出，结果可以导出为 .txt、.dat 和 .csv 格式的文本文件；通过 LiveLink for Excel，结果可以导出为 Microsoft Excel（.xlsx）格式。整个仿真项目的总结报告可以导出为 HTML（.htm、.html）或 Microsoft Word（.doc）格式。

电压和温度分布图分别如图 3.22 和图 3.23 所示。从图 3.22 中可以看出，槽体总电压降为 2.17V，其中铝导杆和钢爪压降大约为 0.2V，阳极压降约为 0.3V，电解质压降约为 1.4V，铝液和阴极炭块压降约为 0.3V；铝电解槽求解域内最高温度为 952℃，最低温度为 79℃。

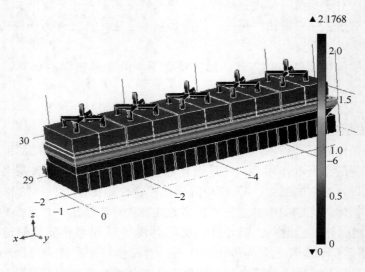

图 3.22 电压分布图（单位：V）

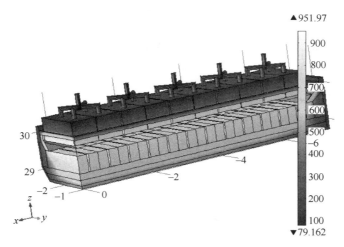

图 3.23　温度分布图（单位：℃）

3.2.6.6　结果分析和讨论

对于电解槽的电压分布，从图 3.22 中可以看出，槽体总电压降为 2.17V，属于该型号电解槽电压降的正常范围。在槽体电压分布中，阴阳极、导杆、钢爪、钢棒的电压降很小，主要压降集中在电解质上，为 1.4V。这是因为电解质的电导率是很低的，所以电解质的压降最大，在各部分电压降中，电解质压降所占的比重最大。在铝生产中，槽体压降和吨铝电耗存在着密切的关系，降低槽体压降是降低吨铝电耗的主要途径之一，所以降低电解质的压降是关键。

工业生产中影响电解质压降的因素主要有三个，即电解质电阻率、电解质水平和极距。工业中电解质的电阻率一般在 $0.0045 \sim 0.0047\Omega \cdot m$，取 $0.045\Omega \cdot m$。电解质水平决定了阳极浸入电解质的深度，工业上该值保持在 $160 \sim 200mm$，取 $200mm$；在一定范围内，随着电解质水平的增大，电解质压降降低。在工业上极距是阳极底掌到铝液镜面的距离，一般保持在 $40 \sim 50mm$，这里取 $40mm$；一般来说，极距越小，电解质压降越小，但是极距的缩短会影响槽内电流分布，加速铝液氧化从而使电流效率降低，这在一定程度上又增加了能耗，所以极距要保持在合理的范围内。

对于电解槽的温度分布，从图 3.23 中可以得出：（1）熔体区域的温度最高。这是因为电解质的电导率很低，所以当电流流过电解质时，电流就会在阳极和阴极之间产生很大的热量，占槽体总发热量的 3/4 左右。（2）槽帮结壳处的温度变化范围较大，而且结壳的厚度很小，所以这个位置的温度梯度较大，等温线密。（3）在槽底，温度差很大程度存在于阴极下面的耐火层和保温层中。在阴极炭块界面上的温度为 950℃ 左右，在保温砖界面上的温度为 850℃ 左右，这说明了槽体底部的保温强度比较高。以上计算结果符合铝电解槽温度分布的合理范围。

3.3　铝电解槽电磁场仿真

铝电解工业正在向槽容量大型化发展。铝电解槽上通过的电流会产生强大的磁场，磁场分布的好坏直接影响到电磁槽的稳定性，这将对铝电解槽的生产操作、电解槽的寿命、电能消耗和电流效率产生巨大的影响，这使得对铝电解槽磁场的计算研究愈发显得重要。如何有效合理地配置母线、改善铝电解槽内磁场的分布，多年来一直备受国内外铝冶金工作者关注。铝电解槽内的磁场与电解质及铝液中的电流相互作用，产生强大的电磁力，使电解质和铝液产生循环流动、界面流动和隆起变形，且磁场对铝电解槽生产的影响是随着电流的增大而增大的。主要表现为：

（1）铝液回流。工业电解槽在启动之后，铝液的流速很慢，而且没有固定的流动方向，处于平静状态。启动若干个月之后，已形成了某种形状的槽膛，则铝液的流动呈 8 字形，或者呈现环形，此时显然是由于铝液中水平电流分布不均所致。在启动后 6~18 个月内，流速增快，回流图案呈现歪斜的 8 字形，平均流速为 6cm/s。18 个月以后直至停槽，主要回流方式逐渐改变成环形，它随槽龄增长而愈益显著，同时流速增加 1 倍。

（2）铝液波动。根据实验观察，槽内铝液经常处于波动状态。其波峰高度和波动频率与阳极气体逸出状态和铝液中电磁作用力大小等因素相关。据 210kA 预焙槽上的测定，阳极上的电流分配随时在变动着，当铝液尖峰正好掠过该阳极之下并返回来的时候，该阳极便达到其电流极大值。按时间计算的平均电流值几乎正好等于其额定值。其电流变动的频率为 1~1.5 次/min。这时候如果把阴极母线的位置向上提高到阴极导电棒的水平位置以上就能使其电流波动平稳。

（3）滚铝。铝电解槽滚铝时，一股铝液从槽底泛上来，然后沿槽壁沉下去。有时候，铝液甚至会喷到槽外。水平磁场与纵向电流相互作用，产生一种向上的电磁力。当纵向电流密度很大时，向上的电磁力足以使该局部的铝液向上翻滚，在严重的情形下甚至喷射出槽外，这就是所谓的"滚铝"。

同其他电解生产领域相比较，铝电解过程电流强度要大若干倍，强大的电流产生强磁场，铝电解槽中的熔体均为带电导体，强磁场和大电流的相互作用产生电磁力，在力的作用下槽内熔体产生运动，对电解槽的生产操作和电流效率有重要影响，因此电磁场的计算及磁场的合理设计是大型率电解槽设计的关键之一。应该从多方面去研究怎样来减弱磁场的影响。在设计铝电解槽时，要求精确计算铝电解槽的磁场分布，优化母线配置，把磁场的不良影响降到最低，使得电解槽内的电解质和铝液保持一个良好的流动状态。

3.3.1　铝电解槽电磁场计算方法

铝电解槽的磁场可以分为三部分：（1）母线电流（包括各种母线、阳极棒及阴极棒）产生的磁场；（2）阴极炭块、阳极炭块及熔体（熔解电解质和铝液）中电流产生的磁场；（3）铁磁材料被磁化后产生的磁场。铝电解槽的磁场是由这三部分磁场叠加形成的。

对于前两部分的磁场的计算，人们已经取得共识，用 Biot-Savart 定律的线积分和体积分进行计算。

第一部分磁场计算，由于计算场点距离母线相对比较远，且导体截面积又相对较小，因此，国内外需要研究者忽略母线的截面积，把母线近似看成无限长的线性导体，应用 Biot-Savart 定律的线积分形式来计算。对于第二部分磁场的计算，由于计算场点距离导体很近，有些甚至落在导体内部，因此，导体的形状、尺寸及电流分布对磁场计算精度的影响不能忽略。国内外研究者普遍认为，对这部分磁场，可以采用 Biot-Savart 定律的体积分形式进行计算。比较麻烦的是第三部分关于铁磁材料产生的磁场计算。铁磁材料是产生磁场的二次源，它的磁化强度受外部磁场的影响，而它产生的磁场又会影响外部磁场，尤其是它的非线性磁导率，使得铁磁材料对磁场的影响不易精确计算，因而，国内外研究者都在努力寻找解决问题的有效办法。最初，人们在计算铝电解槽的磁场时，都将这一部分磁场忽略或进行修正，但是这样得到的计算结果误差很大，随着计算机技术的发展，数值计算方法成为可能，因此人们开始用数值计算方法对这部分磁场进行计算研究。数值计算方法主要有磁衰减指数法、有限元素法、边界元素法等几种方法，但是不同的计算方法所得到的结果存在很大的差异。对铁磁体磁化后产生磁场的计算存在不同的观点，但磁偶极子作为一种处理问题的手段已广为人们所接受。磁偶极子可看成由很多微小的分子电流环构成，磁偶极子表现的性质为所有分子电流环所表现性质的总和。等效磁偶极子模型不考虑铁磁元件的磁化过程，只考虑其磁化后对周围磁场的贡献。这个模型认为，电解槽铁磁物质磁化后在槽内产生的磁场，可以等效成为若干磁偶极子在相同点产生的磁场。这里关键问题是如何处理才能等效，所以必须合理解决三个问题：磁偶极子如何划分；磁偶极子的大小和方向如何确定；磁偶极子计算点的磁场如何确定。在计算过程中做如下处理：首先，划分磁偶极子时限制其长轴在铁壳平面内或与铁磁体长轴一致，磁偶极子的排列交错进行；其次，磁偶极子的大小，同时考虑铁壳表面积和磁偶极子附近铁壳体积两种因素；最后，磁化磁偶极子的磁场要充分考虑电流产生的磁场，其他磁偶极子本身的退磁场[10]。

3.3.2 基于 ANSYS 的 350kA 铝电解槽电磁场仿真

3.3.2.1 导杆、阳极、熔体、阴极和钢棒中电流产生磁场计算

A 电流场简化

由于铝电解槽的结构非常复杂，并且体积很庞大，因此在实际的计算处理中必须对电解槽进行适当的物理简化，对一些结构进行几何化处理，才能得到真正分析处理需要的模型。主要对模型进行如下的假设：（1）把阳极作为一大块阳极进行建模；（2）把阴极作为一大块阴极进行建模；（3）把圆倒角作为直倒角来处理[11]。

B 建立铝电解槽模型

建立电解槽模型部分包括建立实体模型、确定单元类型和材料特性、划分网格建立有限元模型等。

（1）建立实体模型。铝电解槽的几何形状非常复杂，体积庞大。结合铝电解槽物理模型中所述的建立铝电解槽模型的合理假设，并且由于对称性，只选取单个槽体的 1/4 作为计算模型。同时对于计算电磁场而言，只需要考虑其导电部分，包括铝导杆、阳极钢爪、阳极炭块、电解质、铝液、阴极炭块、阴极钢棒等。并且在建模时忽略对其影响较小的因素，得到为计算所用的模型。表 3.7 是某厂 350kA 预焙铝电解槽的主要相关参数。

表 3.7 某厂 350kA 预焙铝电解槽的主要相关参数

参　　数	参数值
阳极炭块尺寸（长×宽×高）/mm×mm×mm	1370×685×450
钢爪尺寸（长×宽×高）/mm×mm×mm	140×140×280
钢梁高度/mm	150
钢爪深度/mm	100

参　　数	参数值
极距/mm	45
电解液高度/mm	220
铝液高度/mm	200
阴极炭块尺寸（长×宽×高）/mm×mm×mm	1925×630×450
阴极钢棒尺寸（长×宽×高）/mm×mm×mm	2525×200×150
电流/kA	350

（2）确定单元类型，设定物理参数。针对铝电解槽的实际情况及不同单元的特性，由于需要对这部分进行耦合场的计算，因此这部分计算电流分布的时候选取 SOLID5 单元。SOLID5 是三维耦合场体单元，是 8 个节点的六面体单元，每个节点最多有 6 个自由度，需要设定它的自由度为电压；在计算磁场的时候选取 SOLID96 单元，SOLID96 是三维电磁体单元，拥有 8 个节点，设定自由度为矢量磁位。此外对空气等外表面进行剖分，当计算磁场时选取无限远单元 INFIN111 进行网格的划分。INFIN111 是 8 节点六面体的单元，拥有 4 个自由度，设定自由度为矢量磁位；在计算电流分布，空气单元需要转化为 NULL element 0 单元。

由于电解槽本身的结构复杂并且体积庞大，并且用到的材料也很繁多，材料物理特性也都很有差别，因此在对其进行了大量的简化和几何化建立模型的基础之上，在设定物理参数时候，选取对计算电磁场有影响的材料进行设定，主要是材料电阻率和磁导率的设定。

随着对电解槽研究的逐步深入及相关技术的不断完善，近年来，我国的研究者已经对国内铝电解用的材料的电阻率进行了很多研究，并且从中也得到了日益准确的相关数据。根据这些研究成果就可以得到主要材料特性的一些数据，见表 3.8。

表 3.8　电阻率与温度的关系

温度/℃	电阻率/$\Omega \cdot m$				
	铝导杆	阳极炭块	钢爪	阴极炭块	阴极钢棒
200	5.25×10^{-8}	56.26×10^{-6}	34.2×10^{-8}	5.62×10^{-5}	0.296×10^{-6}
400	7.60×10^{-8}	54.99×10^{-6}	51.5×10^{-8}	4.83×10^{-5}	0.493×10^{-6}
600	10.8×10^{-8}	51.79×10^{-6}	81.0×10^{-8}	4.21×10^{-5}	0.776×10^{-6}
800	22.2×10^{-8}	46.66×10^{-6}	111.1×10^{-8}	3.89×10^{-5}	1.115×10^{-6}
1000	25.0×10^{-8}	39.61×10^{-6}	115.8×10^{-8}	3.63×10^{-5}	1.54×10^{-6}

由于电解槽正常运行的过程中，这些温度基本保持在 800℃ 左右，因此选取 800℃ 时各项材料的电阻率来计算电磁场。

对于电解质部分的电阻率，由于电解质的电阻率和电解质的摩尔比（电解质中 NaF 与 AlF_3 的分子数之比）有很大关系，摩尔比高的时候导电性能好，摩尔比低的时候导电性能变差。所以，电解质的电阻率应该根据实际铝电解槽内电解质的摩尔比来自最终确定其大小。

经过以上对单元类型及各种材料物理特性的确定，在 ANSYS 前处理器中建立某厂 350kA 预焙阳极铝电解槽 1/4 实体模型，如图 3.24 所示。

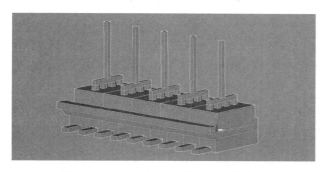

图 3.24 350kA 铝电解槽 1/4 实体模型

（3）建立有限元模型。通过实体建模，可以描述模型的几何边界，同时可以对单元的大小、数目及形状进行控制，然后在该实体模型的基础之上进行网格划分，从而得到包含所有节点、单元、材料属性、实常数、边界条件、载荷条件等的有限元模型。在对实体模型进行网格划分的过程中，采用 SOLID5 单元对模型整体进行智能网格划分。同时由于各部分材料特性有所不同，不同的部分采取不同的网格划分控制，可以通过设定智能等级及单元的大小来实现，对电阻率较大的电解质，网格的划分应该密集些，而对于铝导杆等部分的划分，网格可相对稀疏一些。最终得到的有限元模型如图 3.25 所示。有限元模型中的单元总数为 196640，节点总数为 39523。

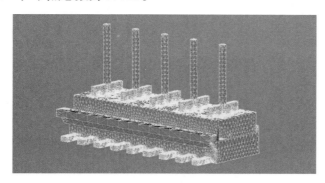

图 3.25 350kA 铝电解槽 1/4 槽有限元模型

C 施加载荷并求解运算

模型所需要的边界条件和负载主要为在导杆处施加电流强度。根据阳极的个数，可以计算出每个阳极上的总电流，然后把电流作为集中节点载荷加到阳极表面上的任何一个节点上，但需耦合节点上的电压自由度；阴极加载方法同阳极，但电流值应为负值；阴极钢棒出口处设定为基准电位面。

设定完毕之后对模型进行求解计算便进入 ANSYS 后处理器，得到的结果如图 3.26 和图 3.27 所示。由图 3.26 和图 3.27 可以看出，铝电解槽电阻电压约为 2.1V。

由于电解质的电阻率较大，电解槽内电阻电压降主要在电解质上。阳极投影下面的电解质中电流密度较大且均匀，阳极侧面电解质的电流密度小。由于这种不均匀的电流密度分布，导致阴极电流的分布也不均匀。同时由于铝液良好的导电性，可以近似看作为等电位区域。

图 3.26 铝电解槽电压分布

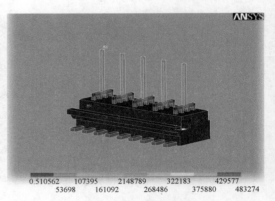

图 3.27 铝电解槽电流密度分布

3.3.2.2 电磁耦合运算

由于前面已经计算出了导杆、阳极、熔体、阴极和钢棒中的电流分布，在计算磁场的时候，需要把结果读入作为磁场的源。可以采用顺序耦合场分析，采用物理环境法建立有限元剖分模型。在图 3.24 模型的基础之上用空气实体把它包围起来建立如图 3.28 所示的实体模型。

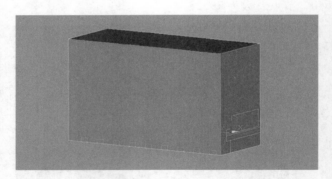

图 3.28 计算磁场用的电解槽 1/4 实体模型

选取 8 节点三维电磁单元 SOLID96 单元对整个模型进行剖分，模型的最外层用无限远单元 INFIN111 进行剖分，得到有限元模型如图 3.29 所示。该模型共包含 202004 个单元，节点数为 704964。

将上面绘制的有限元模型写入物理环境 EMAG 中，进行单元的转换，SOLID96 单元需要转换成 SOLID5 单元，空气中的 SOLID96 单元和无限远单元 INFIN111 转换成 NULL element 0 单元，按照前面提到的设置进行电流场的分析，通过电流场分析，得知电流密度分布之后，读入物理环境进行磁场的分析。

加载边界条件：在磁场的计算中，要求对外表面也就是 INFIN111 单元表面施加无限表面标志，对称面施加磁力线平行边界条件。

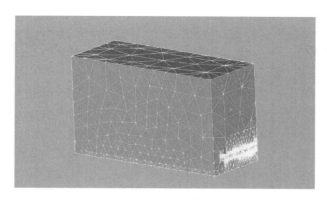

图 3.29 计算磁场用的电解槽 1/4 有限元模型

3.3.2.3 槽周母线电流产生磁场的计算

A 槽周母线满足的数学模型

用标量磁位法来计算槽周母线所产生的磁场，它与标量磁位的关系如下：

$$H = H_h - \nabla\phi_h \tag{3.10}$$

式中，H_h 为初始值；ϕ_h 为全标量位。

B 建立模型

对于槽周母线产生的磁场的计算，由于电解槽槽周母线繁多、分布也非常复杂，因此如果采用矢量磁位法，这就需要为每一根母线建立有限元剖分模型，这显然实现起来比较困难，因此对于这部分的计算采用标量磁位法。

标量磁位法只需要把母线建成电流源的形式，有限元模型只需要把电解槽包围起来即可。同时对电解槽的阳极、熔体、阴极等也可以大大的简化。对于单元的选取，仍然选用 SOLID96 单元对实体进行剖分，外表面用 INFIN47 远场单元剖分。采用标量磁位法建立的实体模型和有限元模型如图 3.30 和图 3.31 所示。该有限元模型共包含 6856 个节点，20239 个单元。

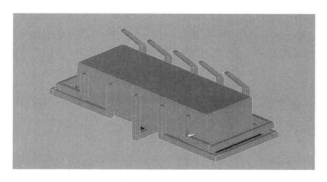

图 3.30 计算槽周母线磁场的电解槽实体模型

一般来说，ANSYS 中首先选择单元类型，然后建立物体（不管通过什么方式，如通过建立一个面拉伸成体，或者直接建立一个三维物体），然后剖分的时候给出选项，比如选择单元类型、材料特性、实常数等。但是对于 SOURC36 单元，它是直接绘制单元，建

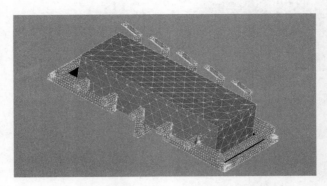

图 3.31　计算槽周母线磁场的电解槽有限元模型

立这个单元前，必须要先声明单元类型、材料特性及实常数，这样才能够将这个单元的属性设置完毕从而建立起来。通过使用 SOURC36 单元建立各母线电流源，SOURC36 单元的设置如图 3.32 所示。

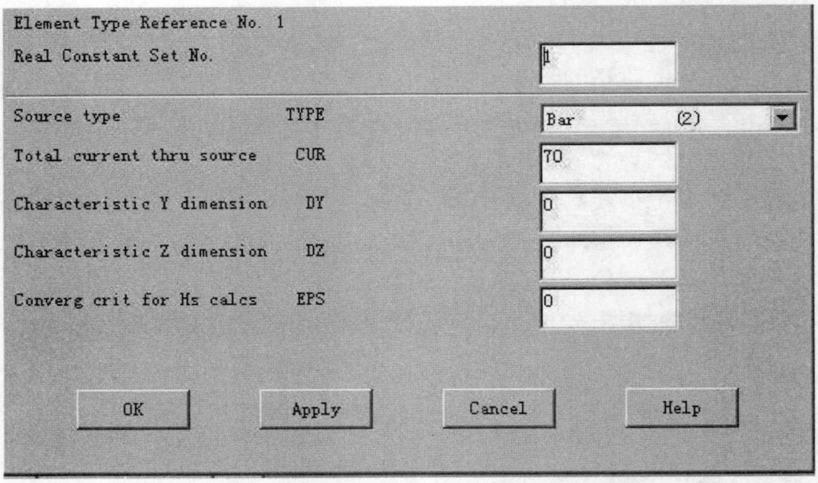

```
Element Type Reference No. 1
Real Constant Set No.                              1

Source type                 TYPE          Bar        (2)     ▼
Total current thru source   CUR           70
Characteristic Y dimension  DY            0
Characteristic Z dimension  DZ            0
Converg crit for Hs calcs   EPS           0


    OK            Apply          Cancel          Help
```

图 3.32　SOURC36 单元的设置

　　图 3.31 有限元模型的进一步简化图如图 3.33 所示。简化后的有限元模型包含 25680 个节点，22661 个单元。

　　C　施加负载

　　由于采用全模型，这里不存在对称面，因此不存在磁力线垂直的边界条件，INFIN47 单元外表面也不需要施加无限表面标志。求解时需要采用 DSP 法求解器，求解器设置如图 3.34 所示。

　　3.3.2.4　求解结果

　　施加负载及相关设置完毕之后，通过计算得到槽周母线电流产生的磁场分布，如图 3.35～图 3.38 所示。

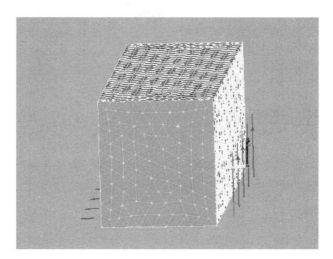

图 3.33 简化后的有限元模型

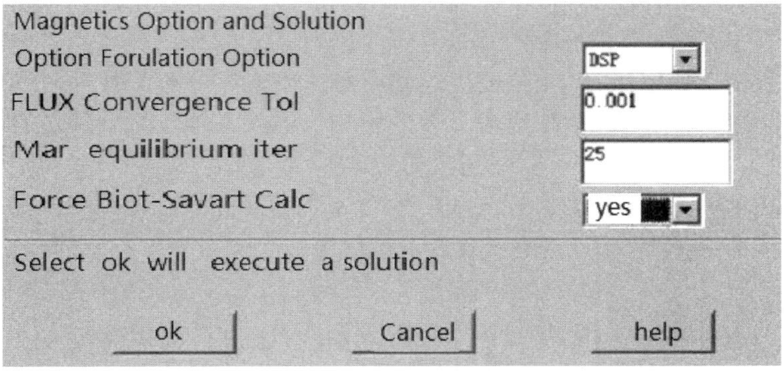

Magnetics Option and Solution
Option Forulation Option   DSP
FLUX Convergence Tol   0.001
Mar equilibrium iter   25
Force Biot-Savart Calc   yes

Select ok will execute a solution

ok   Cancel   help

图 3.34 求解器的设置

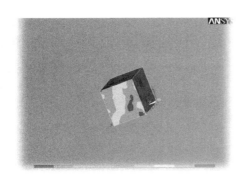

图 3.35 x 方向磁强度 B_x 分布图

图 3.36 y 方向磁强度 B_y 分布图

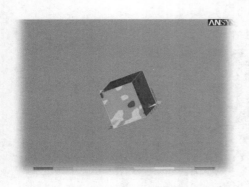

图 3.37　z 方向磁强度 B_z 分布图

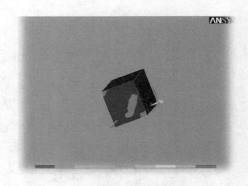

图 3.38　母线电流磁场磁强度总量分布图

3.4　电解槽流场的仿真

　　铝电解槽上通过的电流会产生强大的磁场，磁场与铝液中的电流相互作用产生强大的电磁力，使铝液发生循环流动、界面波动和隆起变形。这会使一次电解出来的金属铝又被阳极气体氧化，造成铝的损失，降低了电流效率。另外，铝液的循环流动和波动，也给生产的稳定操作带来了困难。

　　铝电解槽的稳定性是电解槽高电流效率和低电能消耗的基本条件。一个稳定的电解槽的基本特征是：阴极铝液面是平稳的，具有较小的铝液流速和液面波动，电解槽没有大的温度波动，电解质成分稳定，槽电压稳定。铝电解槽内流场分布的好坏对铝电解的生产操作、槽寿命、电能消耗和电流效率有着重要的影响。因此，铝液流场的仿真研究具有重要意义和实用价值。

　　对铝电解槽的流场进行仿真计算，国内外学者采用了多种数学模型，被广泛采用的有 $k\text{-}\varepsilon$ 紊流模型、常涡流速度模型、浅水动力学模型等。

3.4.1　铝液流场的数学模型

　　流体流动的基本方程组是由连续性方程、运动方程和能量方程构成的。这些方程反映了流体流动过程中遵守质量守恒、动量守恒和能量守恒[12]。

3.4.1.1　连续性方程

　　连续性方程是表达流体运动过程中质量守恒的数学关系式。由于该方程不涉及流体在运动中所受的各种作用力，仅表述流体的运动学性质，因此对理想流体和黏性流体均适用。连续性方程规定了流体速度各个分量之间必须满足的条件，它与运动方程构成动量传递的基本方程组。将方程组做出合理简化，并结合工程问题中的具体条件，可以计算出系统的速度分布和压力分布。连续性方程可以表述为任意微团内质量的增加率等于从外界进入单元的净质量流率。当流体中不存在质量源时，其方程的矢量形式表示为：

$$\frac{\partial \rho}{\partial t} + \mathrm{div}(\rho v) = 0 \tag{3.11}$$

　　在三维直角坐标系中，可写成如下形式：

$$\frac{\partial \rho}{\partial t} + \frac{\partial(\rho u)}{\partial x} + \frac{\partial(\rho v)}{\partial y} + \frac{\partial(\rho w)}{\partial z} = 0 \tag{3.12}$$

式中，u、v、w 分别为沿 x、y、z 坐标方向微团表面单位面积的质量流量。这三项之和为时间 t 内流出的净质量，等于 t 时间内单元内由于密度变化造成的质量变化。该方程中流体的密度也是随时间和坐标变化的。

3.4.1.2 运动方程

运动方程（也称动量方程）反映流体流动过程中动量守恒的性质。按照牛顿第二定律，流体微团某方向动量的变化率等于作用在该方向的外力之和。通常流体微团所受的外力有体积力、黏性力和压力。体积力是指分布作用在整个微团体上的力，如重力、电磁力等。黏性力是指分子微观运动在不同速度的相邻两层流之间产生的摩擦力。

Navier-Stokes 方程是描述黏性不可压缩流体动量守恒的运动方程，简称 N-S 方程。N-S 方程反映了黏性流体（又称真实流体）流动的基本力学规律，在流体力学中有十分重要的意义。它是一个非线性偏微分方程，求解非常困难和复杂，目前只有在某些简单的流动问题上能求得精确解，在有些情况下，可以简化方程而得到近似解。在计算机问世和迅速发展以后，N-S 方程的数值求解有了很大的发展。求解 N-S 方程，必须对流体做几个假设：

（1）流体是连续的。强调流体不包含内部的空隙，例如，溶解的气体的气泡，而且不包含雾状粒子的聚合。

（2）所有涉及的场全部是可微的，例如压强、速度、密度、温度等。该方程从质量、动量、能量守恒的基本原理导出。

3.4.1.3 能量方程

由于铝液流场的密度和黏度随时间和空间变化，因此属于变物性流场。流体密度和动力黏度需要根据压力和温度计算得到。流场各点的温度由能量方程控制。能量方程是分析计算热量传递过程的基本方程之一，通常表述为：流体微元的内能增量等于通过热传导进入微元体的热量、微元体中产生的热量、周围流体对微元体做功之和。此方程是对非等温流动系统进行能量守恒计算所得的数学关系式，即：

$$\rho \frac{\mathrm{d}u}{\mathrm{d}t} = - \underset{(1)}{\mathrm{div}q} - \underset{(2)}{p\mathrm{div}v} + \underset{(3)}{\Phi_\varepsilon} + \underset{(4)}{S} \tag{3.13}$$

等式左边是内能对时间的导数，表示流体微团内能的变化率；等式右边各项依次为：外界对微团的热传导，即周围流体以热传导方式输入单位体积流体的热流量；微团表面压力对流体做功转化成的能量，即压力对单位体积流体所作的膨胀功率；能量耗散函数 ϕ 为单位体积流体于单位时间内由摩擦使机械能变为内能之值；内部热源，即单位时间单位体积流体产生的热量（如反应热）。

3.4.1.4 铝液流场的二维紊流数学模型

由于铝电解槽内铝液的流动以水平方向为主，因此二维建模可以忽略垂直方向上铝液的流动。k-ε 方程已经成功地解决了许多工程紊流问题，结果令人满意。它是目前应用最为广泛的一种求解紊流问题的模型。这里采用有限元分析软件 COMSOL Multiphysics 提供的 k-ε 方程应用模式，建立铝液流场的二维紊流数学模型。

连续性方程
$$\frac{\partial u}{\partial x} + \frac{\partial v}{\partial y} = 0 \tag{3.14}$$

运动方程
$$\rho \boldsymbol{V} \cdot \nabla \boldsymbol{V} = \rho g + \boldsymbol{F} - \nabla p + u_{\text{eff}}(\nabla^2 \boldsymbol{V}) \tag{3.15}$$

紊流脉动动能 k 的输运方程和紊流脉动动能 ε 的输运方程

$$\rho u \frac{\partial k}{\partial x} + \rho v \frac{\partial k}{\partial y} = \frac{\partial}{\partial x}\left[\left(\mu + \frac{\mu_t}{\sigma_k}\right)\frac{\partial k}{\partial x}\right] + \frac{\partial}{\partial y}\left[\left(\mu + \frac{\mu_t}{\sigma_k}\right)\frac{\partial k}{\partial y}\right] + G_k - \rho\varepsilon \qquad (3.16)$$

$$\rho u \frac{\partial \varepsilon}{\partial x} + \rho v \frac{\partial \varepsilon}{\partial y} = \frac{\partial}{\partial x}\left[\left(\mu + \frac{\mu_t}{\sigma_\varepsilon}\frac{\partial \varepsilon}{\partial x}\right)\right] + \frac{\partial}{\partial y}\left[\left(\mu + \frac{\mu_t}{\sigma_\varepsilon}\right)\frac{\partial \varepsilon}{\partial y}\right] + \frac{\varepsilon}{k}\left(C_1 C_k - C_2 \rho\varepsilon\right) \quad (3.17)$$

$$G_k = \mu_t\left[2\left(\frac{\partial u}{\partial x}\right)^2 + 2\left(\frac{\partial v}{\partial y}\right)^2 + \left(\frac{\partial u}{\partial y} + \frac{\partial v}{\partial x}\right)^2\right] \qquad (3.18)$$

$$\mu_t = C_\mu \frac{\rho k^2}{\varepsilon} \qquad (3.19)$$

有效黏性系数 $\qquad\qquad\qquad \mu_{eff} = \mu + \mu_t \qquad\qquad\qquad\qquad (3.20)$

式中，$\sigma_k = 1.0$；$\sigma_\varepsilon = 1.3$；$C_1 = 1.44$；$C_2 = 0.09$；$C_\mu = 0.09$。

式（3.14）~式（3.20）构成了计算铝电解槽流场的基本方程组。

3.4.1.5 边界条件

$k\text{-}\varepsilon$ 双方程模型及有关常数都是在远离壁面或靠近壁面的旺盛紊流流动条件下得出的，它们仅适用于紊流雷诺数足够大的区域。在固体壁面及覆盖在壁面上的边界层，在贴近固体壁面处存在一黏性底层及过渡区，那里紊流雷诺数很小，雷诺应力与分子应力有同样的数量级，对壁面附近区域计算必须考虑分子黏性的影响。为了将高雷诺数 $k\text{-}\varepsilon$ 双方程模型应用到壁面附近的计算区域，必须做出修正，一般采用壁面函数法进行处理。

壁面函数法就是在紊流核心区仍采用高雷诺数 $k\text{-}\varepsilon$ 双方程模型，而将第一内节点直接布置在旺盛紊流区域内，近壁影响全部集中在第一内节点控制体内，根据经验和半经验的方法，合理选择各方程在边界节点处的扩散系数或边界第一内节点的值，使之能近似地反应近壁区域的影响。铝电解槽内，其解析区域无进、出口边界，只有固定壁面与自由表面边界。根据黏性流动分析可知，固定壁面处采用无滑移边界条件，即垂直于壁面的速度 u_n 和切向速度 u_t 都为零，也即：

$$(u_n)_w = (u_t) = 0 \qquad\qquad\qquad (3.21)$$

并且由于固定壁面上无湍动，故 $k_w = 0$，并有：

$$\frac{\partial k_w}{\partial k_n} = 0 \qquad\qquad\qquad (3.22)$$

式（3.22）中，x_n 为垂直于固定壁面的方向。

3.4.2 铝液受力分析及电磁力场的计算

3.4.2.1 铝液受力分析

铝电解槽内发生的物理化学现象非常复杂，既有化学反应，又有导电现象，还存在溶解、扩散、传热、传质等物理过程。

电解过程中，铝槽内通过的强大电流产生强大的磁场，磁场和电场相互作用，产生强大的电磁力，驱动铝液循环流动。然而铝液流动过程中，一小部分处于熔融状态的金属铝会再次溶解到电解质熔体中去，扩散到阳极表面与炭阳极发生反应，这会在一定程度上降低铝产量，称为二次铝损失。铝液的快速流动会造成电流效率的降低，这是因为铝液流动的动能实际上是由电能转化而来。

在铝电解槽中，引起铝液流动的主要因素可以归纳为：（1）加料过程中，氧化铝颗粒在沉降过程中对铝液流动产生影响；（2）更换阳极后，新阳极不导电，对铝槽内电流密度和温度场分布有一定影响；（3）铝电解槽上通过强大的电流，产生强大的电场和磁场，电场和磁场相互作用，产生强大的电磁力，使铝液发生循环流动。

为了便于计算，忽略一些次要因素，合理简化模型，对铝液流场进行如下假设：（1）忽略固体颗粒沉降和析出气体浮升作用的影响，将铝液视为单一均相流体，铝液的流动视为单相流，不计偶然因素引起的槽底沉淀对铝液流场的影响。（2）各种生产操作如加料、更换阳极、出铝等或多或少会对铝液流场的分布产生一些影响，但考虑其操作频率较低，可以近似认为铝槽工作在稳定状态。（3）铝液和电解质的界面视为理想状态，铝液流动视为稳态不可压缩流，由于密度不同，铝液位于电解槽的下部，电解质位于电解槽的上部，两层熔体互不掺杂，可将铝液表面视为自由面[13]。

3.4.2.2 电磁力场的计算

为了简化计算，使用 COMSOL Script 进行电磁力场的计算。根据已知磁场在 x 方向上的分量（B_x）数据进行插值，得到 B_x 在整个铝电解槽中的数据。使用绘图命令 Surf 可以得到 B_x 的图形。同理可得磁场在 y 方向上的分量（B_y），磁场在 z 方向上的分量（B_z），如图 3.39 和图 3.40 所示。可以根据现有电场数据插值计算得到电场三个分量（J_x，J_y，J_z）在铝槽内的分布。

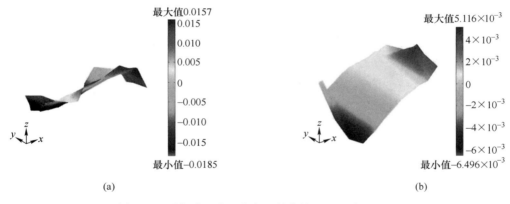

(a)   (b)

图 3.39 磁场在 x 和 y 方向上的分量 B_x(a) 和 B_y(b)

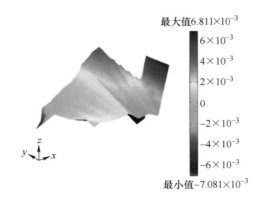

图 3.40 磁场在 z 方向上的分量 B_z

计算电场和磁场的叉积，得到电磁力场 F_x（电磁力场在 x 方向上的分量）、F_y（电磁力场在 y 方向上的分量），如图 3.41 所示。

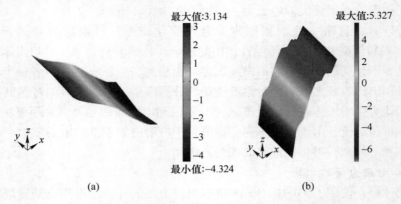

图 3.41　电磁力场在 x、y 方向上的分量 F_x（a）和 F_y（b）

3.4.3　基于 COMSOL 铝液流场的有限元分析

3.4.3.1　模型定义

COMSOL 模型导航视窗中，在左侧应用模式树状目录"Application Modes Tree"中一层一层的选择化工模块"Chemical Module"、动量传递"Momentum Transport"、湍流"Turbulent Flow"、k-ε 湍流模型。

COMSOL 提供了 k-ε 湍流模型，该模型描述了求解域内湍流流体的瞬态输运和连续性。该模型中各方程所包含常数值见表 3.9[14]。

表 3.9　k-ε 湍流模型中常数的值

常数	C_μ	$C_{\varepsilon1}$	$C_{\varepsilon2}$	σ_k	σ_ε
取值	0.09	1.44	1.92	1.0	1.3

3.4.3.2　几何建模

铝电解槽的导电部分包括：阳极钢爪、阳极炭块、电解质熔体、铝液熔体、阴极炭块、阴极钢棒。以下是铝电解槽导电部分的示意图（见图 3.42）和侧视图（见图 3.43）。

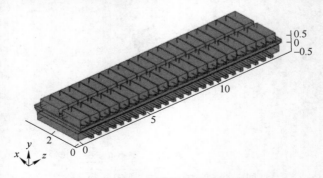

图 3.42　铝电解槽导电部分立体图

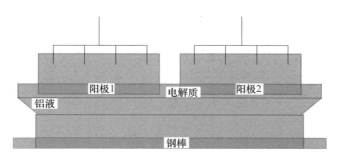

图 3.43 铝电解槽导电部分侧视图

由于铝电解槽内铝液熔体的流动以水平方向为主，因此可以忽略铝液垂直方向上的流动。在此基础上，建立铝电解槽中层铝液流场的二维模型。根据 300kA 铝电解槽的几何形状和尺寸（见表 3.10）绘制铝液流场的二维几何图形，所需数据见表 3.11。

表 3.10 铝电解槽尺寸参数

外部构造	尺寸	内部构造	尺寸
槽尺寸/m×m×m	14.8×3.88×0.55	铝液高度/cm	22.8
阳极炭块/m×m×m	1.55×0.66×0.54	电解质高度/cm	18.6
阴极炭块/m	3.42×0.515×0.45	极距/cm	5

表 3.11 铝液流场求解域二维尺寸及中心坐标

坐标	长度/m	宽度/m	中心 x 坐标	中心 y 坐标
尺寸	14.8	3.88	7.4	1.94

COMSOL 提供的图形界面下，按住"Shift"键同时单击矩形"Rectangle"按钮，设置图形的各项几何参数。单击"确定"，得到铝液流场求解域的二维图形，如图 3.44 所示。

图 3.44 铝液流场求解域的二维图形

3.4.3.3 物理设定

A 求解域设定

在进行求解域设定之前，先添加两个内嵌函数，将预先计算得到的电磁力场数据导入该模型。这些内嵌函数将作为求解计算体积力的依据。

进入菜单中"选项"，单击"函数"，在弹出的函数对话框中单击"新增"，输入函数名称"Fx"，函数类型选择"内差"，选择"从文件使用数据"，单击"浏览"，选择事先保存在指定文件夹下的文本文件 300kA_Fx.txt，单击确定，添加函数完毕。同样道理，选择文本文件 300kA_Fy. txt，添加函数"Fy"。

B 边界设定

COMSOL Multiphysics 提供了壁函数（wall function）作为边界条件的备选项，还可以设置近壁区域的宽度δ。由于铝液处于完全封闭的区域内，求解域没有入口或者出口，所以将铝槽的四个壁面（即求解域的四条边界）都设置为壁函数，δ设置为 0.01m 单击"确定"完成边界条件的设定。

C 网格划分

选择自由网格划分功能，先粗略划分一次，再将网格加密三次，如图 3.45 所示。得 17024 个单元，146685 个求解自由度。

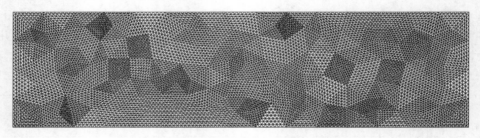

图 3.45 铝液流场自由网格划分结果

由以上网格进行试验计算，发现靠近铝槽壁面和角部铝液流速较大，速度变化较为剧烈，铝槽中部铝液流速较为缓慢，速度变化较小，因此有必要对网格进行改进。边角部进行局部网格细化，铝槽中部的网格划分稍为稀疏。这样有利于在保证计算精度的前提下，节约软、硬件资源。改进后得到 15888 个单元，13277 个求解自由度，如图 3.46 所示。

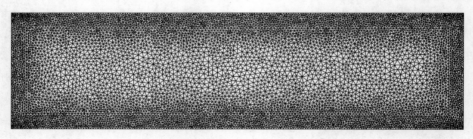

图 3.46 改进后的网格划分结果

D 求解计算

选择静态离散求解器（stationary segregated solver），根据 COMSOL 帮助文档的建议，该求解器适于求解 $k\text{-}\varepsilon$ 方程这样的复杂非线性偏微分方程组。将静态求解参数设置为非线性。两个群组分量的公差（tolerance）都设置为 1×10^{-3}，点击"确定"完成设置。单击求解"Solve"按钮开始求解计算。

E 后处理和结果的可视化

在后处理模块中，COMSOL 提供了多种绘图模式，包括箭头（arrow）、流线（streamline）、等高线（contour）、表面图（surface）、边界图（boundary）、最大/最小值（max/min）等。后处理过程中可以根据需要选择绘制其中一种或多种，以便从多角度分析数据，得出合理结论。观察铝液在指定各点的流速和方向，可以在后处理选择箭头图模式。进入后处理模式"Postprocessing"，单击绘图参数"Plot Parameters"，在弹出的对话框中单击通用"General"选项卡，勾选箭头"Arrow"，单击"Arrow"选项卡，设置绘图参数。单击确定，完成绘图，得到铝液流场分布，如图3.47所示。

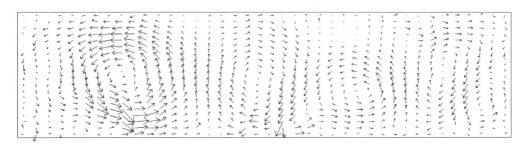

图3.47 铝液流场的箭头图

在计算流体力学中，流线是指流函数等值线。相邻两条流线之间的流量相同，因此流线疏密体现流函数梯度大小。流线图一定程度上反映着流场的分布态势。

COMSOL 提供了流线图绘制功能。进入后处理模式，选择绘图参数，在"通用"选项卡中勾选"流线"，单击"流线"选项卡，设置流线图的绘制参数。单击"确定"，得到铝液流场分布流线图，如图3.48所示。

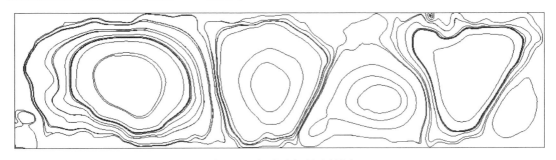

图3.48 铝液流场的流线图

箭头图容易观察流体的速度相对大小和流体走势，流线图可以反映流函数的梯度，但是速度的绝对大小不易由观察直接得出。COMSOL 提供了表面"Surface"绘图，用图形高度代表速度大小，图形表面的起伏反应速度的大小变化。图形简单直观，易于观察并得出结论。

同样，进入绘图参数设置对话框，在"通用"选项卡中勾选"表面"选项。单击"表面"选项卡，在表面数据选项卡中选择"速度场"作为内建物理参数"Predefined Quantities"；单击高度数据"Height Data"选项卡中选择"速度场"作为"内建物理参数"。单击"确定"完成绘图，得到以速度为高度的表面图，如图3.49所示。

表面图容易观察流速大小和流场的整体分布态势，但是较为笼统。COMSOL 提供了等位"Contour"绘图功能，用等位线表现速度大小，图形简单直观，易于观察速度的分布和变化。

进入绘图参数设置对话框，在"通用"选项卡中勾选"等位"选项。单击"等位"

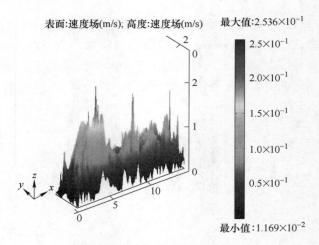

图 3.49　铝液流速表面图

选项卡，在"等位数据"选项卡中选择"速度场"作为"内建物理参数"，单击"确定"完成绘图，得到以速度场的等位线图，如图 3.50 所示。

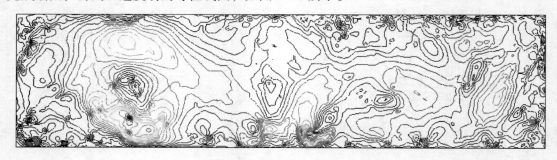

图 3.50　铝液流速等位图

F　不同槽膛内形对铝液流场的影响

槽膛内形是指生产过程中高温电解质遇冷凝结形成的固体结壳。槽膛内形是随着生产情况的变化而变化的，对铝液的流场有着非常重要的影响。一方面，铝液流动区域的侧部边界是由槽膛内形决定；另一方面，槽膛内形影响着水平电流的大小，而水平电流与磁场作用产生电磁力，引起铝液流动。因此，流场的分布必然与相应的槽膛内形相对应。

这里考虑以下四种不同的槽膛内形（如图 3.51 所示）。第一种，电解槽处于启动阶段，槽内没有形成炉帮；第二种，电解槽稳定生产，炉帮伸腿恰好到达阳极底掌在阴极上表面投影的边缘；第三种，x 轴方向炉帮伸腿至阳极底掌在阴极上表面投影的内部 45cm，y 轴方向炉帮伸腿至阳极底掌在阴极上表面投影的内部 15cm；第四种，x 轴方向炉帮伸腿至阳极底掌在阴极上表面投影的内部 60cm，y 轴方向炉帮伸腿至阳极底掌在阴极上表面投影的内部 30cm。

3.4.3.4　不同槽膛内形的铝液流场分布

四种槽膛内形铝液流场图如图 3.52～图 3.59 所示。

3.4.3.5　计算结果讨论

铝液流速的特征参数见表 3.12。

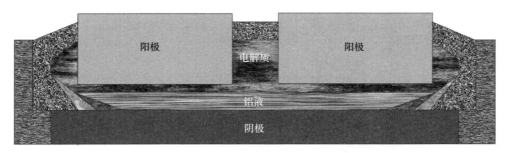

图 3.51 四种槽膛内形示意图

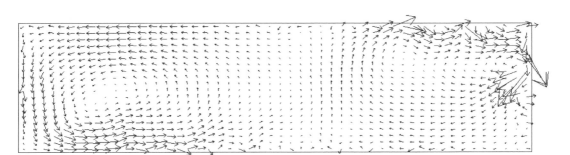

图 3.52 第一种槽膛内形铝液流场箭头图

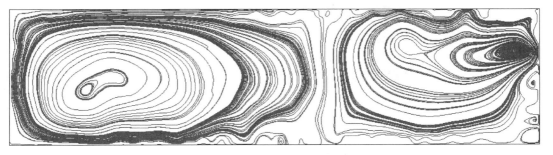

图 3.53 第一种槽膛内形铝液流场流线图

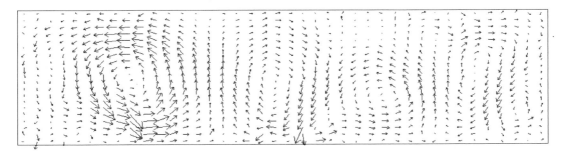

图 3.54 第二种槽膛内形铝液流场箭头图

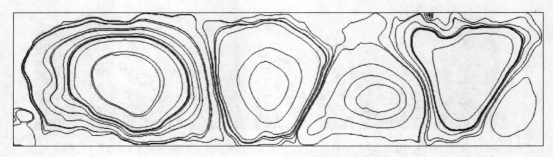

图 3.55 第二种槽膛内形铝液流场流线图

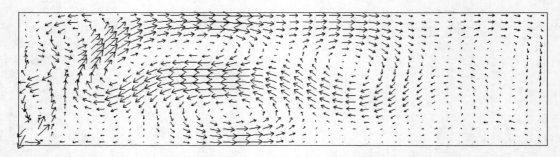

图 3.56 第三种槽膛内形铝液流场箭头图

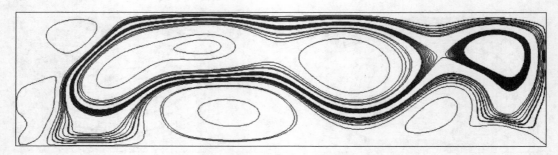

图 3.57 第三种槽膛内形铝液流场流线图

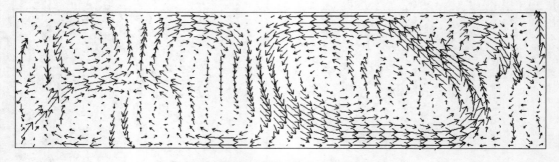

图 3.58 第四种槽膛内形铝液流场箭头图

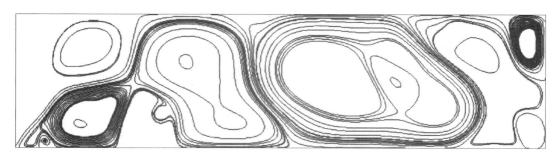

图 3.59 第四种槽膛内形铝液流场流线图

表 3.12 四种槽膛内形铝液流速的特征参数

槽膛内形	第一种槽膛内形	第二种槽膛内形	第三种槽膛内形	第四种槽膛内形
最大流速/cm·s^{-1}	26.28	25.36	27.52	30.33
最小流速/cm·s^{-1}	0.3421	1.169	2.315	4.698
平均流速/cm·s^{-1}	12.33	10.68	13.36	15.78

（1）第一种槽膛内形。槽内没有形成炉帮，水平电流较小，但是越靠近铝槽边部水平电流越大。电场与磁场相互作用，造成铝液运动。从铝液水平流动的整体趋势来看，铝液流动主要呈现两个方向相反的大漩涡，并沿铝槽长轴方向排列。如图 3.52 所示，漩涡外侧流线较为密集，内部流线相对稀疏。说明漩涡外侧流速较大，内部流速较小，在铝槽壁面和角部存在较大流速区，这与实际测量结果相吻合。

（2）第二种槽膛内形。电解槽稳定生产，炉帮伸腿恰好到达阳极底掌在阴极上表面投影的边缘。这时槽内的水平电流很小，只是在边部才较为明显。比较可知，当铝电解槽中的槽膛内形由无槽帮变化为有槽帮时，铝液的流动形式发生了变化。这是由于槽膛内形改变，水平电流也发生相应变化，电磁力重新分布，导致铝液的流动形式发生变化。如图 3.55 所示，铝电解槽横排呈现 4 个大漩涡，两端的漩涡较大，中间的两个漩涡较小。铝槽角部有几个散见的小漩涡。这种不均匀分布主要是由于立柱母线非均匀进电，电场和磁场分布不均匀造成的。如图 3.56 所示，漩涡外侧流线比内部流线稍密，漩涡外侧流速较大，比内部流速稍大。说明在靠近铝槽壁面和角部存在较大流速区。这是由于铝槽的边角部磁场变化比较剧烈，在电场的共同作用下，产生较强电磁力。电磁力驱动铝液在这些区域发生较为剧烈的运动。

（3）第三种槽膛内形。x 轴方向炉帮伸腿至阳极底掌在阴极上表面投影的内部 45cm，y 轴方向炉帮伸腿至阳极底掌在阴极上表面投影的内部 15cm。此时水平电流较大，在电解槽边部变化尤其剧烈。比较槽膛内形铝液流场流线图可知，在槽上侧附近出现几个明显的小漩涡。铝液流速在电解槽进电侧（下侧）大于出电侧（上侧），在进电侧及两端均存在流速较大的区域。铝液流速在出铝端（左侧）大于烟道端（右侧）。

（4）第四种槽膛内形。x 轴方向炉帮伸腿至阳极底掌在阴极上表面投影的内部 60cm，y 轴方向炉帮伸腿至阳极底掌在阴极上表面投影的内部 30cm。如图 3.59 所示，铝液流动基本上呈现 4 个大漩涡，边角部有一些小漩涡。可以看出铝液流动更为剧烈，流动也比较混乱。漩涡流速明显大于第二种和第三种槽膛内形。其结果再次印证了铝液的流动方式与槽膛内形密切相关。值得注意的是，右侧角部有一个流速较大的小漩涡，生产过程中容易造成对角部炉帮的侵蚀，严重时可能造成漏槽。

（5）铝液流速的特征参数。由表 3.12 可知，在仿真的四种槽膛内形的铝电解槽中，第二种槽膛内形的铝液流场最大流速和平均流速最小，能够使铝槽在生产过程中达到较好的磁流体稳定性。此时的铝液流场分布较为理想，有利于电解槽良好运行，稳定生产。而第四种槽膛内形的铝液流场最大流速与平均速度均偏大。在生产操作中应注意观察各项槽参数，控制各项操作参数在较佳状态，防止出现槽况异常。

3.4.3.6　注意事项

（1）模型的简化。忽略了影响铝液流场的一些次要因素，如进电侧与出电侧电流分布不均，槽底存在固体沉淀物，槽膛内形不规整等。

（2）电磁力场的计算。在实际生产场合，影响电磁力场的因素很多，如母线的配置和补偿、铁磁材料的使用、车间内电解槽的摆放位置等。这些因素都会影响铝液流场的计算精度。

（3）边界条件的处理。使用壁面函数作为边界条件时，把铝液中心区域的影响通过经验参数反映到近壁区域，因此这些参数的选取必然依赖于经验，具有一定不准确性。

3.5　铝电解过程多物理场分析

3.5.1　铝电解槽多物理场数学模型

3.5.1.1　电场建模

图 3.60 所示为电解槽物理模型，这里把铝电解槽中的电流场假设是一个独立于时间静态电场，所以铝电解槽导电部分的微分方程的可以表达为拉普拉斯方程：

$$\sigma_x \frac{\partial^2 V}{\partial x^2} + \sigma_y \frac{\partial^2 V}{\partial y^2} + \sigma_z \frac{\partial^2 V}{\partial z^2} = 0 \tag{3.23}$$

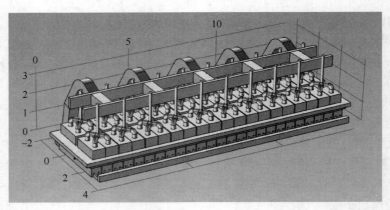

图 3.60　电解槽物理模型（单位：m）

铝电解槽的电场问题可以简化等效模型，利用欧姆定律和电流守恒定律：

$$J = \sigma E$$
$$\nabla \cdot J = 0$$

式中，J 为电流密度；E 为电场强度；σ 为电导率。

利用 $\nabla \times (\nabla \phi) = 0$，有 $E = -\nabla \phi$，可得到电场分布。

由于计算场点与母线间距离较远，且导体截面又相对较小，因而把母线看成有限长的线形导体。

在阴极、炭块与钢棒接触的地方存在电接触现象（此处忽略了存在于阳极钢爪与阳极炭块之间的电接触，因为这一接触电压降对铝液的电场分布作用不明显），这一部分电场直接影响磁场的分布。电接触方程为：

$$J = \frac{1}{\rho_{EC}} \times (\phi_t - \phi_c)$$

式中，ρ_{EC} 为接触电阻率；ϕ_t、ϕ_c 为接触面上的电压。

将电场的边界条件设置如下：在阳极铝导杆上施加电流；在阴极钢棒上施加零电势。在铝液的四周施加绝缘条件，这里没有施加外壳。

图 3.61 所示为电解槽电场分布，结果表明，铝电解槽电势从上到下递减。熔融铝类似于等位区，电解质的电压降是最大的。x 水平电流的变化是沿长轴（x 轴）反对称的，y 水平电流的变化是沿着短轴（y 轴）对称的。实际测量的数据与模拟结果相一致，因此 COMSOL 软件能较好地反映铝电解槽电场的实际情况。

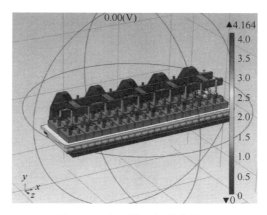

图 3.61　电解槽电场分布情况

3.5.1.2　磁场建模

A　磁场基本方程

铝电解槽的磁场问题满足稳态麦克斯韦方程组：

$$\nabla \cdot H = J$$
$$B = \mu H$$
$$B = \nabla \times A$$

B　磁场边界条件

值得注意的是，由于模型中仅有金属结构和流道，对于计算电磁场，特别是电解槽内磁场而言，求解域是不完整的，需要加上一定的空气域。一般情况下，如果在结构的外侧没有什么屏蔽物（机箱之类），应该采用球形域，表征各向的无限发散；如果外侧有机箱等磁屏蔽物质，则应该画成机箱的形状。因此在模型外部加一个球形，作为磁场区域，用来计算磁场分布。

随着电解槽中工作电流的增大，各导体产生的磁场对电解槽的运行情况的影响愈显突出，包括稳定性与经济效率等。由于电磁力的存在，使得槽内熔体加速循环，不仅导致铝液面产生隆起，而且还会产生偏斜和波动等运动，甚至可能导致铝电解槽无法正常工作。因此，在设计高效能的大型铝电解槽时，必须考虑削弱和控制槽内磁场和电流的相互作用，合理设置电磁力的分布，对于电解槽的磁场计算而言，其分布为不规则形状，再加上其上部结构、槽壳、摇篮架及钢构厂房等铁磁物质的存在，使得很难精确计算，而不得不进行大量的简化，有些因素（特别是铁磁物质）的影响难以全面考虑，因而存在一定的计算误差。

C　磁场源

对于铝电解槽槽内磁场而言，产生这部分磁场的主要原因有：

（1）槽周母线电流产生的磁场。将槽周母线电流用集中在母线的中心轴线上的等效线电流束代替，对每一根母线产生的磁场均按式（3.24）进行计算，然后再进行叠加。

$$B = \frac{\mu_0}{4\pi}\left[-\alpha a\left(\frac{1}{\sqrt{S_2^2 + a^2}} + \frac{1}{\sqrt{S_1^2 + a^2}} \right) + \frac{\beta}{\alpha}\left(\frac{S_2}{\sqrt{S_2^2 + a^2}} + \frac{S_1}{\sqrt{S_1^2 + a^2}} \right) \right] \tag{3.24}$$

（2）槽内电流产生的磁场。为了计算槽内熔体电流产生的磁场，需要把铝电解槽熔体分割为若干块矩形载流导体，其电流用集中在轴线上的线电流来代替，并用式（3.24）进行计算。在应用式（3.24）计算时，由于某些计算场点与轴线接近，但实际结果却相去甚远这种情况的存在，为了提高磁场计算精度，避免误差，在采用等效线电流时，应该注意熔体电流，使点尽量落在矩形熔体角点或边界上。

（3）铁磁材料被磁化后产生的磁场。铁磁材料的影响会通过对材料属性的设定而表现出来。

在对铝电解槽磁场计算过程中，对这三部分均采用有限元素法。由于计算场点距离导体很近，有些在导体内部，因此导体的形状、尺寸、极电流分布对磁场的计算精度不能忽略。

3.5.1.3　稳态流场建模

铝电解槽中磁场分布的情况主要通过流场的分布、运动来体现，由此可见磁场与流场紧密关系，如果铝液能保持在一个良好的流动的状态，则可以很好地提高铝电解的经济技术指标。在铝电解槽中，熔体的每一点都受到重力、压力、黏力、电磁力的作用，在这些力的共同作用下，熔体产生极其复杂的运动，由于铝电解槽中熔体的温度很高且腐蚀性强，因此测量熔体的流动是非常困难的和复杂的。计算时忽略一些外因，认为电解槽中熔体是不可压缩黏性湍流流体，其主要推动力为电磁力。

A　流场基本方程

铝电解电流经过阳极导杆、阳极炭块、电解质层、铝液层、阴极炭块，电解质浮在铝液上方，而电解质的电导率比铝液小很多，所以电解槽的能耗大部分集中在电解质层。连续性方程是用来描述流动过程中流体质量守恒，连续性方程表示如下：

$$\frac{\partial \rho}{\partial t} + \mathrm{div}(\rho v) = 0$$

在三维直角坐标系下，连续性方程可写成如下形式：

$$\frac{\partial \rho}{\partial t} + \frac{\partial(\rho u)}{\partial x} + \frac{\partial(\rho v)}{\partial y} + \frac{\partial(\rho w)}{\partial z} = 0$$

式中，ρu、ρv、ρw 分别为沿坐标轴方向单位面积的质量流量；$\frac{\partial(\rho u)}{\partial x} + \frac{\partial(\rho v)}{\partial y} + \frac{\partial(\rho w)}{\partial z}$ 为时间 $\mathrm{d}t$ 内流出微元体的净质量；v、ρ 为变量。

B　动量方程

运动方程是用来表征流动过程中流量动量守恒的性质。由牛顿第二定律有流体微元所受的合外力等于微元体动量的变化率。

$$\left(\frac{\partial}{\partial t} + U \cdot \nabla\right) U = -\nabla\left(\frac{P}{\rho} - f\right) + \nu_{\text{eff}}\,\nabla^2 U$$

$$\nu_{\text{eff}} = \nu + \nu_{\text{t}}$$

式中，f 为体积力（本书中即为电磁力）；ν_{eff} 为运动黏度；ν 为有效运动黏度；ν_{t} 为湍流运动黏度。

$$\nu_{\text{t}} = c_\mu \frac{k^2}{\varepsilon}$$

式中，k 为湍流动能；ε 为湍流耗散率；分别满足

$$\frac{\partial k}{\partial t} + (U \cdot \nabla)k = \nabla \cdot \left[\left(\nu + \frac{\nu_{\text{t}}}{\sigma_k}\right)\nabla k\right] + \frac{G_k}{\rho} - \varepsilon$$

$$\frac{\partial \varepsilon}{\partial t} + (U \cdot \nabla)\varepsilon = \nabla \cdot \left[\left(\nu + \frac{\nu_{\text{t}}}{\sigma_\varepsilon}\right)\nabla \varepsilon\right] + \frac{C_{\varepsilon 1}\varepsilon}{\rho k}G_k - C_{\varepsilon 2}\frac{\varepsilon^2}{k}$$

湍流动能生成项 G 为流体变形速率张量 S_{ij} 的内积：

$$G_k = 2\rho\,\nu_{\text{t}}\,S_{ij} \cdot S_{ij}$$

$$\text{且}\,S_{ij} = \frac{1}{2}\left(\frac{\partial u_i}{\partial x_j} + \frac{\partial u_j}{\partial x_i}\right) \qquad (i,j = 1,2,3)$$

以上各式中经验系数及其值分别为 $c_\mu = 0.09$，$\sigma_k = 1.0$，$\sigma_\varepsilon = 1.3$，$C_{\varepsilon 1} = 1.44$，$C_{\varepsilon 2} = 1.92$。

C 流场边界条件

由于在建立物理模型时没有加槽壳，因此在设置流场边界时，要将外部边界设定为绝缘层，否则会影响电流密度的分布。电磁力由之前建立的电磁场得到，将各分量都利用 COMSOL 和 Matlab 功能求解出电磁力，作为体积力施加到流场区域。将熔体与炉帮接触的四面定义为无滑动壁条件，将容差设置好。如果没有将电解质和铝液设置成多相湍流模型，无需考虑界面之间的条件设置。

3.5.2 COMSOL 建模过程

3.5.2.1 SolidWorks 建立简易铝电解槽的物理模型

有限元素法有其缺点，因为它是区域性的求解方法，所以会产生很多的单元数和节点，使得最后得到的网格数很庞大，即代数方程组的元数会非常大，当遇到三维问题时，就显得尤为突出。对于一些开域问题，在边界条件的处理上有些困难，会使误差比较大。有限元方法是一种非常有效的数学工具，可以用来求取复杂的微分方程，是一种重要的基础性原理。有限元方法在求解不同的物理、数学模型时，它的基本步骤一致的：（1）对于求解域定义；（2）将求解域离散化；（3）确定控制方程、状态变量等；（4）对单元构造近似解；（5）对离散的矩阵方程求解；（6）联立方程求解。由于较为复杂，利用 SolidWorks 画图时做了以下简化的假设。

铝电解槽完整简化模型如图 3.62 所示，图中没有画出铝电解槽的内衬，防渗材料等也没有设计，共画出 5 个立柱母线，阴极钢棒流出后汇聚到一根导杆上，根据图纸，3D 图中包含的主要参数同表 3.1。

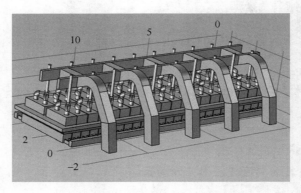

图 3.62 铝电解槽完整简化模型

因为在求解磁场的时候需要加载空气域，以一个圆形域作为空气域用来表征各向的无限发散（理想情况）。

3.5.2.2 COMSOL 建模过程

A 模型定义

模型定义主要是对在物理分析过程中的常数、变量、函数等进行预定义。对电流密度、电势、电流等进行了预设值。

B 几何建模

COMSOL Multiphysics 内嵌的 CAD 工具不仅可以方便地创建各种常见的维度的点、线、面，将二维几何拉伸或旋转成三维对象，通过复杂的布尔运算组合几何体，还可以在图形界面下实现参数化的几何建模，例如基于解析几何表达式建模、表格数据生成参数化面、三维螺线结构等。COMSOL Multiphysics 开发的 CAD 导入接口，除可以导入各种 CAD 的文件格式外，还提供了与 AutoCAD/Pro/Engineer、SolidWorks 等进行同步链接的功能。基于同步链接，不管是 CAD 软件，还是 COMSOL Multiphysics 的几何图形发生变化，协同工作的另一款软件中的几何都会得到实时的更新。COMSOL Multiphysics 还提供了 CAD 导入几何的智能修复功能，可以方便地处理 CAD 导入几何中可能存在的缺陷，为下一步的数值仿真进行必要的修正。利用 COMSOL Multiphysics 中的 SolidWorks 同步链接模块来导入所要分析的模型，而对于之后要分析的铝液则直接在 COMSOL Multiphysics 中进行绘制。

C 材料选择

COMSOL Multiphysics 提供一个包含 2500 多种标准材料、27 种材料属性的材料库，用户可以从材料库中查找到材料属性；还可建立自己的材料库，以解析表达式、差指表或多项式形式定义材料的各种属性。在材料节点中，通过设定材料的作用对象，进行统一的材料属性定义，避免在各物理场中的重复性操作。用到的材料有液态铝、固态铝、液态氧化铝电解质、固态氧化铝、钢、炭等。但由于无法精确地找到实际铝电解槽材料的数据，采用了一些理想的材料比如电解质使用氧化铝、阳极炭块使用单碳等，对结果影响不大，设置过程如图 3.63 所示。

D 物理设定

物理设定是指对模型的求解域还有边界条件等进行设定，每个模型都会包含多个求解域，而每个求解域的范围、参数、性质都不同，则需要对每个求解域都进行分别的设置。

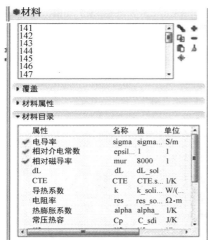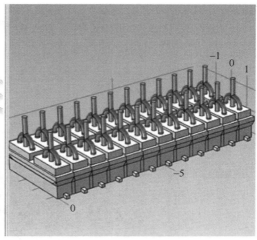

图 3.63 材料属性设置

边界设定则需要对每个求解域的物理意义有深刻的了解，这里涉及了电场、磁场、流场三个物理场，每个物理场下都要对其相对应的求解域进行设定。这里利用了 COMSOL Multiphysics 软件的 AC/DC 模块及流体流动模块。

（1）电场。选择 AC/DC 模块下的电流模型，在该分支下分别设定电流守恒、电绝缘、初始值、电势、法相电流密度、接地、接触阻抗各选项，对阳极导杆设置等电位，阴极钢棒面设置为零电位。

（2）磁场。选择 AC/DC 模块下的磁场模型，在该分支下分别设定外部电流密度和计算力等。

（3）流体。选择流体流动模块下面的单相流-湍流模型。在定义中插入两个插值函数，用来存放流场域范围内地电磁力的 x、y 分量 F_x、F_y。由于只是对铝电解槽内流体部分的分析，因此要重新绘制物理模型，电解槽中流体部分的二维模型只是一个简单的矩形，该矩形的长、宽即为电解槽铝液部分的长、宽，对该二维模型的边界设定是四条边界均设定为壁面，使用壁函数，对密度、运动黏度等参数分别进行设置。此处，由于重力和其他诸如气泡等的作用与电磁力相比忽略不计，则体积力由电磁力来代替，即为 F_x、F_y。由于 COMSOL Multiphysics 软件中有电磁场，可以简化电场、磁场分别求解的复杂，不过此时边界条件以磁场来设定。此时再将所得数据直接用于流场。

E 网格划分

COMSOL Multiphysics 中的网格剖分过程由网格序列来定义，网格序列包括操作特征和属性特征等。其中，操作特征指的是网格类型、复制网格、细化网格或转换网格等，而属性特征则指的是网格类型所对应的尺寸、分布和比例等。因此，当创建一个网格时，首先需要定义的是操作特征，用来创建或修改对应几何的网格剖分。然后在操作特征下通常需要增加局部属性特征，可通过右键单击添加局部属性特征，选择的局部属性特征就会出现在操作特征节点下的对应子节点上。在划分网格数量时要充分考虑网格的数量和计算规模二者的平衡。一般而言，在数据的梯度变化急剧的地方，网格密度较大，反之则网格密度相对稀疏。这样做的好处是使得计算量上尽可能减小，省掉不必要的计算。

采取的都是物理控制划分网格，只需在精度上把握，对于电磁场，可以选自四面体自由剖分，而流场在选择流体动力学条件下自由剖分即可。划分网格如图 3.64 和图 3.65 所示。

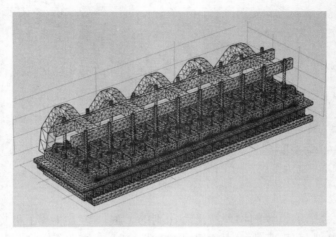

图 3.64 铝电解槽模型网格图

图 3.65 铝电解流场网格

F 求解计算

a 求解器设定

COMSOL Multiphysics 可以对稳态、瞬态、模态、特征值、时域及频域、参数化扫描等数值运算，提供大量功能强大的求解器供用户选择，包括如下 3 种：

（1）直接求解器。SPOOLS/PARDISO/MUMPS 等。直接求解器的特点是易于使用、适用性强、占用内存大、适用于高度非线性和多物理场问题。

（2）迭代求解器。GMRES，FGMRES/ConjugateGradient/BiCGStab 等。其特点是占用内存少，提供更多选择但也需要更多的调整，求解特定的物理场表现出色，如 EM、CFD 等，需要与处理器、网格框架、平滑器等结合。

（3）并行求解器。MUMPS/SPOOLS/PARDISO 等均支持并行求解，缺省的情况下，COMSOL Multiphysics 会根据求解的问题自动为用户选择适当的求解器，对于大多数用户来说，这一功能已经能够满足在求解方面的需求了。用户也可以自如地选择和调整求解器参数或采用参数化的方法进行求解，以实现一些特殊要求或提高模型的收敛性。内建的参数扫描求解功能可以方便地完成几何结构、材料属性、边界条件的优化设计；对于特别复杂的结构，还可以将参数化求解器与 LiveLink 等 CAD 连接功能耦合使用，进行复杂的三维结构优化设计。

b 求解设定

用户可以定义各种不同的求解器序列，分别制定求解的因变量及其使用的网格，在同一个模型中分析各种不同的物理场在耦合多物理场现象中所起的作用。通过定义完整的求解器序列，可以在以此计算中实现多种不同的求解。根据模拟要求，用户也可以设定不同的容差、求解步长等参数，在尽可能短的时间内得到满足要求的结果。利用自适应网格、敏感性分析及优化求解器，得到最适当的网格，分析影仿真的最关键因素，以及对网格、参数、结构进行优化设计或反向工程设计。COMSOL Multiphysics 提供多种并行计算方法，如单机多 CPU 的共享内存并行计算，Windows 平台中缺省使用所有的内核；多机多 CPU 分布共享内存式并行计算，基于 Windows Cluster 或 Linux 集群。通过并行算法，极大地扩展了可进行求解的自由度规模，可以快速地进行大规模的运算。有时在处理一些自由度很高，规模很大的模型时，并行计算可以发挥极大的优势。

求解时，进行求解器参数设置，包括容差、求解器的选择，自适应及高级设置。

G 后处理和结果的可视化

COMSOL Multiphysics 提供了大量的工具进行后处理和图形化，支持剖面图、云图、边界图、箭头、主应力、流线、例子追踪、最大/最小标记、变形图、等值面、域图、边图等。通过剖面图和域图，可以观察求解域内特殊位置的结果。各种积分处理可供用户方便地得到变量的积分结果。使用探测图，可以方便地在求解过程中实现观察变量的变化过程。此外，用户可以很方便的生成 AVI、GIF、SWF 等格式的动画文件，生动地显示变量的变化过程。

用户可以根据需要自定义需要显示的结果，除了变量、变量表达式，还可以定义逻辑表达式等，进行各种数据、曲线、图像及动画的输出与分析。

H 二次开发

COMSOL 提供三种方式的二次开发功能，一种是基于 Matlab 的 LiveLink，另一种是基于 JAVA 标准的 API 函数，此外，COMSOL 的物理接口生成器允许用户建立自己的专业模块。

采用基于 Matlab 的二次开发，通过与 Matlab 之间的 LiveLink，用户可以使用前者 GUI 功能，按照所见即所得的对象封装的概念，快速地建立图形化的工作界面，然后将 COMSOL 的代码插入相对应的 M 脚本文件中，实现快速方便的二次开发功能。在建立了电场、磁场后，将所得的数据输出，利用 Matlab 编程，得到电磁力的图形，作为流场的体积力输入流场模型中，完成流场的分析。

3.5.3 计算结果及分析

物理模型进行电磁场分析后，可以得到电场、磁场的分布情况，再利用 COMSOL 的二次开发功能求解出电磁力，将计算得到的电磁力加载到流场的计算模型当中，图 3.66~图 3.76 为磁场、电场、电磁力的图形情况（以下单位未加说明均为下列规定：磁场的单位：

T，电流密度的单位：A/m²，电磁力的单位：N/m³。

磁场的计算结果如图 3.66~图 3.69 所示。

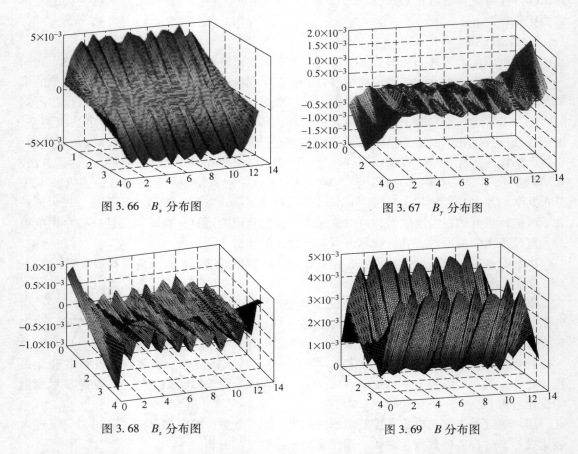

图 3.66　B_x 分布图　　　　　　　　　　　图 3.67　B_y 分布图

图 3.68　B_z 分布图　　　　　　　　　　　图 3.69　B 分布图

　　由图 3.66~图 3.69 可以看出，磁感应强度 B_x 普遍较小，并且分布特点为反对称性，极值出现在大面靠近槽壳处；磁感应强度 B_y 变化幅度相对较大，分布也具有反对称性，极值出现在电解槽进电端靠近槽壳处；磁感应强度 B_z 在电解槽 4 个角处出现极值，其分布也具有反对称性；总磁场分布中心部分的磁场分布较为均匀，且值较小，在 4 个角部磁感应强度突然增大，尤其在靠近电解槽进电侧的两个角部，有最大的磁感应强度。

　　电场计算结果如图 3.70~图 3.73 所示。

　　由图 3.70~图 3.73 可以看出，电流密度 J_x 变化幅度相对较小，并且分布特点也有反对称性趋势；电流密度 J_y 变化幅度相对较大，极值出现在电解槽大面进电端；电流密度 J_z 分布较为均匀，且值较小；总电流密度分布中中心部分的电流密度分布较为均匀，且值较小，呈对称状态，在电解槽大面两侧均出现最大值。

　　电磁力计算结果如图 3.74~图 3.76 所示。

　　由图 3.74~图 3.76 可以看出，沿 x 方向的电磁力幅值变化较小，关于 x 轴呈对称；沿 y 方向的电磁力幅值变化较大，且在电解槽的 A、B 面出现模的最大值；沿 z 方向的电磁力幅值变化较大。

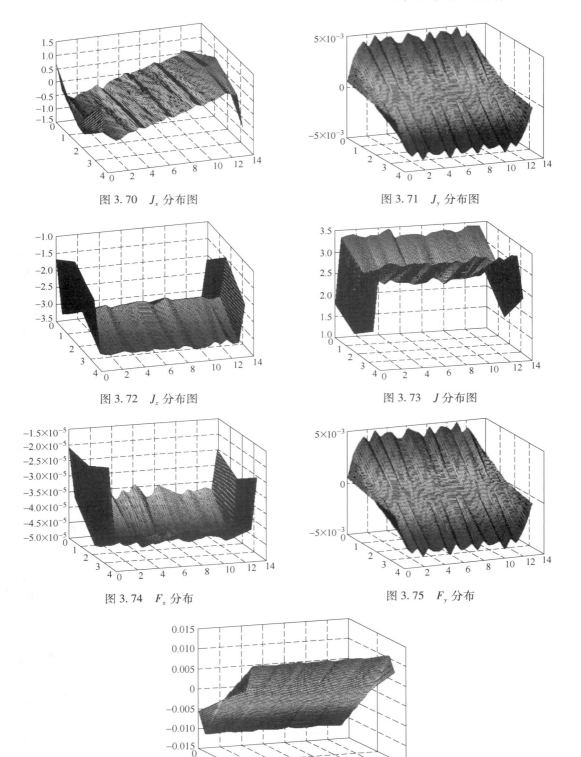

图 3.70 J_x 分布图

图 3.71 J_y 分布图

图 3.72 J_z 分布图

图 3.73 J 分布图

图 3.74 F_x 分布

图 3.75 F_y 分布

图 3.76 F_z 分布

流场计算结果如图 3.77 所示。

图 3.77 流场分布

3.5.4 讨论

电解槽内因电场生成磁场，所以电场、磁场的联合作用决定了熔体流场的运动模式。电磁力促使了电解槽内熔体的流动，但是由于电磁力分布的不对称性及方向的不一致性，使得熔体的界面隆起变形，这就形成了电解质-铝液界面的波动。电解质-铝液界面的波动又会使得熔体电场和磁场重新分配，直至该复杂的电、磁、流体联合系统达到新的动态平衡。熔体流动和铝液表面变形又会改变电流、磁场的分布，进而改变电解质和铝液的受力，改变的电磁力又进一步加剧液体流动和铝液表面变形，电磁场和流场是相互耦合的两个重要物理量。

在理想状态下，对阳极更换、伸腿情况等分别讨论了对流场的影响，分析得到当伸腿恰好在阳极底部阴极上表面投影的区域时，铝液的流动最稳定（见表 3.13）。

表 3.13 不同类型时铝液流场分布

类型	炉帮伸腿恰好到达阳极底部在阴极上表面投影边缘	更换阳极	炉帮伸腿超过阳极底部在阴极上表面投影边缘伸向内部	炉帮伸腿未到达阳极底部在阴极上表面投影边缘
最大速度/cm·s^{-1}	20.71	2.51	12.17	23.02

（1）炉帮伸腿恰好到达阳极底部在阴极上表面投影边缘时，电解槽生产稳定。此时，电解槽内的水平电流很小，只在边部较为明显。铝电解槽横排呈现 4 个漩涡，两端的漩涡较大，中间两个较小。

（2）更换阳极时，在缺失阳极的部分，流速方向都改变了。可见对正常的电解槽运行有很大的影响。

（3）炉帮伸腿超过阳极底部在阴极上表面投影边缘，伸向内部时，出现多个流速减弱的漩涡，流速增大。

（4）炉帮伸腿未到达阳极底部在阴极上表面投影边缘时，槽内没有形成炉帮，水平电流较小，但是越靠近铝电解槽遍布，水平电流越大。铝液的流动呈现两个反方向的大漩涡。这里的计算结果与其他同类相关文献大致相同，并与铝厂提供的资料数据一致，误差并不大。并且从现场人员对铝电解槽停槽检修时，发现的侧部炉帮、炭块冲刷腐蚀较严重的现象相符合。

对于铝电解槽内物理场的分析研究，有条件应该将铝液整体作为研究对象，做出三维的流场分析；建立起2台、3台槽物理模型，将周围母线的因素考虑在内，充分建立完整的电磁场模型；将槽内化学反应产生的气体考虑在内，建立起物理模型，讨论气泡等因素。并对铝液和电解液进行二维的湍流模型分析。

3.6 物理场仿真应用

3.6.1 铝电解生产中阳极电热场分布

3.6.1.1 阳极更换

新启动的铝电解槽灌铝一定时间后，按照事前排好的顺序更换阳极。这一顺序表的排列并不是任意进行的，而是按照一定的原则进行，以保证槽内各新旧程度不同的阳极炭块能够均匀分担电流。随着研究的深入，换极作业方面的相关研究为合理的阳极更换顺序提供了重要的参考依据。这里研究的350kA大型预焙阳极铝电解槽，其单槽阳极炭块为32块，换极周期为32天，阳极更换顺序见表3.14，表中顺序号为换极先后的顺序号。

表 3.14　阳极更换顺序表

A 行	1	2	3	4	5	6	7	8	9	10	11	12	13	14	15	16
顺序号	1	5	9	13	17	21	25	29	3	7	11	15	19	23	27	31
B 行	1	2	3	4	5	6	7	8	9	10	11	12	13	14	15	16
顺序号	12	16	20	24	28	32	4	8	18	22	26	30	2	6	10	14

由于研究的重点是阳极炭块电热分布情况，因此，只考虑铝电解槽铝液以上的阳极部分。为了在满足研究需要的基础上对模型进行简化，只建立包括 B 行 9~16 阳极炭块的 1/4 铝电解槽阳极模型。炉帮形状根据上面的仿真结果取值，电解质温度均匀给定。对新极不导电时及新极完全导电时的不同情况进行研究，包括：

（1）铝电解槽中部新极 B9 阳极炭块不导电时，电解槽阳极炭块的电热分布情况；

（2）铝电解槽中、端部之间新极 B12 阳极炭块不导电时，铝电解槽阳极炭块的电热分布情况；

（3）铝电解槽端部新极 B16 阳极炭块不导电时，铝电解槽阳极炭块的电热分布情况；

（4）铝电解槽中部新极 B9 阳极炭块完全导电时，铝电解槽阳极炭块的电热分布情况；

（5）铝电解槽中、端部之间新极 B12 阳极炭块完全导电时，铝电解槽阳极炭块的电热分布情况；

（6）铝电解槽端部新极 B16 阳极炭块完全导电时，铝电解槽阳极炭块的电热分布情况。

对于上述三种新极不导电的情况，新极温度均匀给定；对于上述三种新极完全导电的情况，假定新极工作天数为 2 天；模型中的零电位位于电解质与铝液交界面。

3.6.1.2 新极不导电时的仿真结果

根据仿真结果可知，各阳极炭块高度相同的条件下，铝电解槽达到静态能量平衡时，各阳极炭块的温度分布情况及阳极压降基本相同。但是，在铝电解正常生产过程中，新换阳极不能立刻完全导电处于正常工作状态，同时，各阳极炭块的高度也不尽相同。因此，各阳极电、热场分布必然也不同。

通过仿真发现，邻近不导电新极的阳极炭块，受不导电新极的影响，其温度分布情况不同于其他正常工作的阳极炭块。同时，各正常工作的阳极炭块由于彼此高度的不同，而使得它们的电、热分布有所不同。邻近不导电新极的阳极炭块的电、热分布情况与其他各阳极炭块的不同之处表现为炭块高度方向上的分布趋势。为进一步地了解，下面以新极 B12 不导电的情况为例，给出其相邻的炭块 B11、B13 及不相邻的 B16 阳极炭块的大面中心截面、小面中心截面的电、热分布图等，如图 3.78~图 3.83 所示。

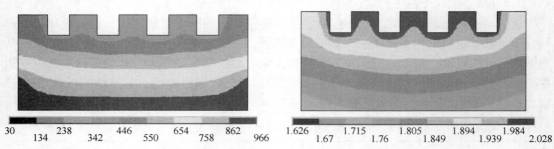

图 3.78 B11 炭块大面中心截面的温度、电压分布

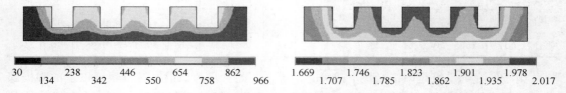

图 3.79 B13 炭块大面中心截面的温度、电压分布

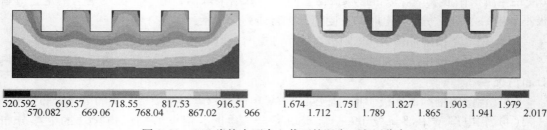

图 3.80 B16 炭块大面中心截面的温度、电压分布

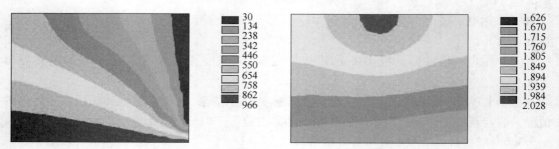

图 3.81 B11 炭块小面中心截面的温度、电压分布

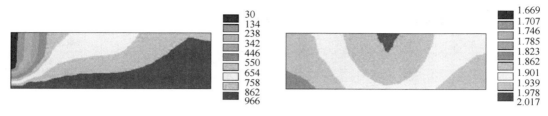

图 3.82 B13 炭块小面中心截面的温度、电压分布

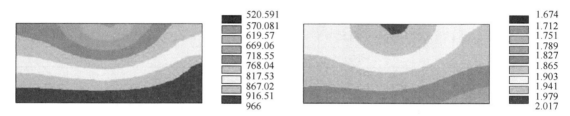

图 3.83 B16 炭块小面中心截面的温度、电压分布

由图 3.78~图 3.80 可以看出，临近新极的阳极炭块和其他正常工作的阳极炭块，大面的温度梯度、电位在炭块高度方向上分布趋势基本一致，均沿炭块中心部分对称。具体的温度、电位分布主要随炭块高度不同而不同。

由图 3.81~图 3.83 可以看出，两炭块小面中心截面电位在炭块高度方向上的分布趋势相差不大，均基本沿炭块中部对称。这是由于各炭块水平电流密度较小，主要表现为垂直电流密度。因此，垂直方向上的电位分布主要与炭块高度有关，受不导电新极的影响较小。但是，两炭块小面中心截面温度分布趋势相差较大。与新极不相邻的阳极炭块小面中心截面温度分布沿炭块中部基本对称，与新极相邻的阳极炭块小面中心截面温度在同一水平面上由邻近新阳极的一端到另一端温度逐渐升高。这是由于新阳极不导电时，温度较低，与邻近的炭块之间水平方向上的热传递量较大而造成的。

通过对新极不导电的三种情况的仿真分析还发现，无论哪一种情况下，铝电解槽中阳极炭块工作天数越多、炭块高度越小的，其顶面温度越高，阳极压降越小。阳极炭块压降的降低不仅由于阳极炭块高度的降低，而且受到炭块电阻变化的影响。有研究表明，随着阳极炭块的消耗，炭块电阻随之下降，临换极和新极相比，电阻约下降一半。随着阳极炭块高度的减小，炭块底部的等电位线趋于水平的程度越差。根据电流与电位的关系，阳极内的电流流向与等电位线正交，阳极电流应垂直流向电解质，即阳极底部的电位线应趋于水平；而从仿真结果来看，阳极大量被消耗时，已经不能满足这一条件，进而影响了电流效率等。因此，如何在不影响生产成本的情况下，适当加大残极高度以减小这一影响，将有重要意义。不导电新极的位置对铝电解槽中正常工作的阳极炭块电、热场分布也有影响。下面给出三种新极不导电时，炭块顶面温度、压降分布见表 3.15。

表 3.15 三种新极不导电情况下的 B9、B12、B16 阳极炭块的电热情况

阳极炭块	B9	B12	B16
工作天数/d	0	20	4
顶面温度/℃	—	510	468
压降/V	—	1.765~2.035	1.641~2.035
阳极炭块	B9	B12	B16
工作天数/d	12	0	16
顶面温度/℃	493	—	520
压降/V	1.738~2.023	—	1.674~2.017
阳极炭块	B9	B12	B16
工作天数/d	28	16	0
顶面温度/℃	612	511	—
压降/V	1.803~2.059	1.789~2.061	—

从表 3.15 中可知:

(1) 当新极 B12 阳极炭块不导电时, B16 阳极炭块工作天数为 16 天; 当新极 B16 阳极炭块不导电时, B12 阳极炭块工作天数同样为 16 天。仿真是在任意阳极炭块每天消耗高度相等且炭块底面均处于同一水平面的条件下进行的, 但是位于铝电解槽不同部位、高度相等的阳极炭块顶面温度相差较大, 阳极压降也不相同。

(2) 当新极 B9 阳极炭块和新极 B16 阳极炭块分别不导电时, B12 阳极炭块工作天数分别为 20 天、16 天。高度不同的同一阳极炭块 B12 的顶面温度、压降在两种情况下均相差较小。说明, 新极不导电时, 由于新极位置的不同, 会导致位于铝电解槽不同部位但高度相同的阳极炭块的电热分布有所不同, 而位于铝电解槽同一部位但高度不同的阳极炭块电热分布却相差不大。也就是说新极的位置会影响铝电解槽内正常工作的阳极炭块的电、热场分布。同时, 由于铝电解槽拐角处和侧部结构不同, 对应的形成电解质结壳形状也不同, 进而使得铝电解槽中部和端部阳极炭块的电热分布情况也有差异。

3.6.1.3 新极完全导电时的仿真结果

根据表 3.14 可知, 当依次更换 B9 阳极炭块、B12 阳极炭块时, 新极完全导电后, 各阳极炭块均处于正常工作状态, 并且均存在相邻的阳极炭块之间高度相差较大的情况。图 3.84 所示为新极 B12 完全导电情况下, 阳极温度和电压分布图。

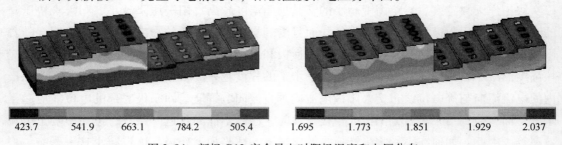

图 3.84 新极 B12 完全导电时阳极温度和电压分布

新极完全导电后, 各阳极炭块均处于正常工作状态, 由于各个阳极电流密度基本相同, 各阳极炭块的电位分布趋势基本相同, 阳极压降只因炭块高度的不同而不同。但是,

受相邻炭块之间高度差的影响，各阳极炭块的温度分布则有不同。通过仿真发现，与新极不导电情况相似，各炭块大面中心截面高度方向上的温度分布趋势相差不大。但受彼此之间的高度差的影响，各阳极炭块小面高度方向上的温度则不同。下面以新极 B12 完全导电为例，给出新极及与新极相邻的 B11、B13 阳极炭块的小面中心截面的温度分布图，如图 3.85~图 3.87 所示。

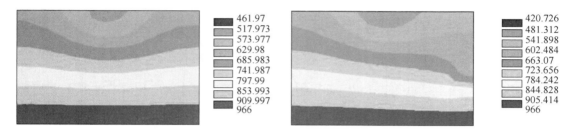

图 3.85　B11 小面中心截面温度分布　　　　图 3.86　B12 小面中心截面温度分布

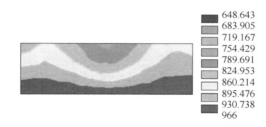

图 3.87　B13 小面中心截面温度分布

　　结合图 3.85~图 3.87 可知，B11 与 B12、B10、B11 炭块之间高度相差都较小，彼此之间的温度分布受高度差的影响也较小，因此 B11 阳极炭块小面温度分布沿炭块中心对称。而 B12 和 B13 炭块之间温度相差较大，且前者较高，受高度差的影响，B12 炭块小面温度在高度方向上的分布趋势与其他炭块不同，而是在存在高度差的部分，同一水平高度上的温度由邻近 B13 炭块的一端到另一端逐渐升高，而 B13 基本不受高度差影响。

　　不同于上述两种更换阳极的情况，当更换 B16 阳极炭块时，不存在相邻阳极炭块之间高度相差较大的情况。新极 B16 完全导电后，阳极电、热分布情况如图 3.88 所示。

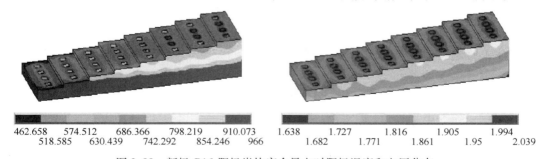

图 3.88　新极 B16 阳极炭块完全导电时阳极温度和电压分布

　　由于各炭块之间高度差较小，因此各个阳极炭块温度、电压分布规律基本一致。下面给出新极 B16 和与之相邻的 B15 炭块小面中心截面温度分布图，如图 3.89 和图 3.90 所示。

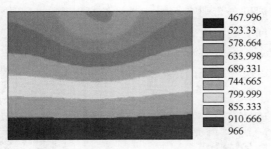

图 3.89　B15 小面中心截面温度分布

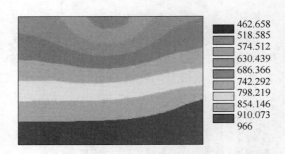

图 3.90　B16 小面中心截面温度分布

由图 3.89 和图 3.90 可以看出，两炭块小面中心截面温度情况相差不大，彼此之间基本不受高度差的影响。

通过对新极完全导电的这三种阳极炭块电热分布情况的分析可知，无论新极位于铝电解槽的哪个部位，阳极炭块顶面温度均随炭块高度降低而升高，炭块压降均随高度降低而减小。三种情况下各个阳极炭块顶面温度统计见表 3.16。

表 3.16　铝电解槽中部、端部及二者之间的新极完全导电时阳极顶面温度分布

阳极炭块	B9	B10	B11	B12	B13	B14	B15	B16
工作天数/d	2	30	26	22	18	14	10	6
顶面温度/℃	420	647	587	551	520	500	481	477
阳极炭块	B9	B10	B11	B12	B13	B14	B15	B16
工作天数/d	14	10	6	2	30	26	22	18
顶面温度/℃	502	479	462	421	649	586	550	535
阳极炭块	B9	B10	B11	B12	B13	B14	B15	B16
工作天数/d	30	26	22	18	14	10	6	2
顶面温度/℃	645	585	551	520	498	480	470	463

由表 3.16 可以看出，阳极消耗过程中，除端部阳极炭块外，炭块顶面温度分布主要取决于本身的高度，基本不受新极在铝电解槽中所处位置的影响。阳极炭块工作天数越多，炭块高度越小，炭块顶面温度越高。位于铝电解槽端部的阳极炭块，由于受铝电解槽结构的影响，与位于铝电解槽其他位置高度相同的炭块相比，顶面温度较高。

3.6.1.4　结论

350kA 铝电解槽生产过程中，新换阳极不导电和完全导电的不同情况下，阳极炭块的电、热场分布情况如下：

（1）各情况中，铝电解槽内正常工作的各阳极炭块，工作天数越多，高度越小，其顶面温度越高，压降越小。

（2）各情况中，不受新极影响的各阳极炭块，其大面、小面方向上的温度和电位分布均沿炭块中心对称。

（3）新极不导电时，新极对邻近炭块小面的温度分布的影响较大，对炭块小面方向上的电位分布及大面方向上的温度分布、电位分布的影响均较小。

（4）新极不导电时，新极在铝电解槽中的位置，对正常工作的阳极炭块的电、热分布

情况有影响。

（5）新极完全导电时，如果各正常工作的阳极炭块之间存在较大的高度差，则较高的阳极炭块小面方向上的温度分布受高度差的影响较大，其小面方向上的压降及大面方向上的温度分布、电位分布不受高度差的影响。

（6）新极完全导电时，除端部阳极炭块略不同外，各阳极炭块顶面温度分布、阳极压降主要取决于炭块本身的高度，基本不受新极在铝电解槽中所处位置的影响。

3.6.2 铝电解槽阳极的优化设计

3.6.2.1 阳极压降的影响因素

研究表明，在其他条件不变的情况下，仅改变阳极炭块长、宽、高，钢爪半径、深度，钢爪之间的距离时，各个参数对阳极压降的影响分别如下：阳极炭块越长，阳极压降越小；阳极炭块越宽，阳极压降越小；阳极炭块越高，阳极压降越大；钢爪深度越深，阳极压降越小；钢爪直径越大，阳极压降越小；阳极压降基本不随钢爪之间距离的变化而改变。

研究还表明，阳极压降与钢爪直径、阳极高度和钢爪深度的关系较大，钢爪直径越大，阳极高度越小，钢爪深度越大，阳极压降就越小。阳极越长、越宽，阳极压降也有一定的下降。钢爪之间的距离则对阳极压降的影响较小。

3.6.2.2 阳极热损失的影响因素

电解槽表面的热损失量在全槽热损失量中的比重相当大，这部分实际包括阳极炭块、阳极钢爪和覆盖在电解质上固态结壳的热损失。阳极上部覆盖料厚度、阳极到大面的距离则是影响阳极热损失的重要因素。

在其他参数不变的情况下，仅改变氧化铝覆盖料的厚度、阳极与大面之间的距离时，氧化铝覆盖料厚度越大，阳极散热量就越小，这是因为氧化铝具有良好的保温性能，加强了上部保温的效果，当覆盖料覆盖了钢爪和钢梁时，散热量大幅度减少；阳极与大面的距离对阳极热平衡的影响较小，随着距离的减小阳极吸热量、散热量减少的幅度很小。

3.6.2.3 阳极优化设计过程及结果分析

A 优化设计过程

基于参数化有限元分析过程的设计优化包含下列基本要素：

（1）设计变量。设计过程中允许改变的基本变量是自变量。每个设计变量都有上下限，它规定了设计变量的取值范围。

（2）状态变量。设计中约束的数值是因变量，是设计变量的函数。也就是说设计应满足的一些必要条件。状态变量也可能有上下限，或者只有上限或下限。

（3）目标函数。设计中极小化的变量参数，它必须是设计变量的函数。在 ANSYS 优化程序中，只能设定一个目标函数。

（4）优化计算方法。ANSYS 提供了两种优化方法即零阶方法和一阶方法。一阶方法基于目标函数对设计变量的敏感程度，因此更适合于精确的优化分析。

优化设计就是反复优化改变设计变量以便在满足状态变量限制条件下使目标函数这个变量参数逼近最小值。每一次优化对应一个优化结果序列。所有的优化结果序列中，完全满足约束条件的就是可行性优化序列，可行性优化序列中目标函数最小的称为最优设计序列。从较低的阳极压降和较少的阳极上部散热量的角度，进行阳极结构尺寸优化设计的步骤为：

（1）利用 APDL 参数化技术和 ANSYS 的分析命令创建参数化分析文件，作为优化循环分析文件，它包括整个分析过程：1）在前处理器中以阳极炭块尺寸（长、宽、高）和钢爪尺寸（钢爪深度、钢爪直径）为参数建立参数化有限元模型；2）施加载荷，在求解器中求解；3）在后处理器中提取阳极压降，同时编制相应的程序，计算阳极上部散热量，为确定保证能量平衡的设计方案提供参考依据；

（2）进入优化设计器，执行优化设计分析过程：1）指定第一步所建的参数化分析文件作为优化分析文件；2）声明优化变量，包括设计变量、状态变量、目标函数；3）选择 ANSYS 提供的零阶优化方法，并指定循环控制方式；4）执行优化分析。

（3）查看优化序列。

B 优化序列分析

根据上面的优化设计过程进行阳极结构尺寸的优化设计，得到包括原始设计方案在内的一系列可行性设计方案。从阳极经济高度、钢爪深度、阳极电流密度和能量平衡等角度，确定出了两种更为可行的设计方案。原始设计方案及确定的优化设计方案中主要设计参数及计算结果见表 3.17。

表 3.17 阳极结构尺寸优化设计可行性方案

方案	炭块长度 /mm	炭块宽度 /mm	炭块高度 /mm	钢爪直径 /mm	钢爪深度 /mm	阳极压降 /mV	阳极上部散热量/kW
1	1400	685	500	132	100	246.05	34.2
2	1462	690	555	150	113	230.13	35.4
3	1476	691	511	157	118	206.53	37.3

表 3.17 中，方案 1 为原始阳极结构尺寸及计算结果，方案 2、方案 3 为确定的两种优化设计方案。与方案 1 相比，两种优化方案中，炭块尺寸、钢爪尺寸均有不同程度的增加，其中方案 2 中炭块高度增加幅度较大；方案 3 中阳极压降较低，随着阳极压降的降低，阳极散热量均增加。下面对两种优化方案进行对比分析。

阳极高度直接决定着阳极的总耗、阳极本身的电压降和热耗量，也影响着阳极作业。由于结构及工艺上本身的局限性，换极作业成为预焙电解槽生产中不可或缺的一项重要操作，而且对生产有较大的影响。更换阳极，会增大工人劳动强度，影响电耗率；会干扰烟气净化污染环境；会增大阳极生产、阳极组装、阳极运输的工作量，增大生产成本等。因此，仅考虑阳极作业的情况下，阳极高度均有所增加的方案 2、方案 3 换极周期增大，有利于降低生产成本、降低工人劳动强度等，且阳极高度较大的方案 2 更优些。

根据相关研究，阳极高度不变的情况下，钢爪深度越大，阳极侧面流出电流相对于阳极底部流出电流的比例越小，越有利于电流效率的提高。因此，从此角度来说，钢爪深度较大的方案 3 更优于方案 2。

阳极炭块加长、加宽，电流密度降低。减小阳极电流密度的好处是降低压降、减少电能消耗，但是加大阳极，基建投资相应增加，槽体散热量也增多，所以阳极电流密度也是一个经济问题。同时，单纯加大阳极，需要相应对电解槽做较大的改动，如人造伸腿要相应减小、阴极炭块要相应加长等。两种优化方案中，阳极炭块长、宽尺寸相差不大，关于这两个尺寸的优化设计对铝电解生产影响的优劣则需综合考虑其他影响因素来确定。

通过上述分析，方案 2 和方案 3 相比，方案 3 阳极炭块长度较长，钢爪直径和钢爪深度较大，有利于减少阳极侧面电流，从而有利于提高电流效率；阳极高度较小，电流流经截面积较大，阳极压降明显降低，有利于节约电能消耗，提高经济效益；方案 2 阳极高度较大，有利于增加阳极更换周期，降低阳极作业成本等，但阳极压降较高。因此两种设计方案的优劣，还需进一步对比分析。

C 优化结果分析

根据两种优化设计方案的阳极结构优化尺寸及其他原始尺寸，对铝电解槽 1/4 静态模型分别进行计算。对比分析这两种设计方案下电解槽的电、热分布变化情况，以及优化后对能量平衡的影响等。两种优化设计方案下，铝电解槽 1/4 静态模型温度分布如图 3.91 所示。

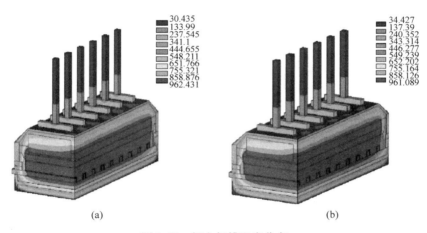

图 3.91　铝电解槽温度分布
（a）方案 2；（b）方案 3

优化前，根据温度分布的计算结果可知，最低温度为 29.6℃，最高温度 964.3℃。由于最低温度均出现在槽底表面，最高温度均出现在电解质层，因此，由图 3.91 的温度分布可以看出，优化设计方案 2 使得槽底最低温度升高，但影响不大，使电解质最高温度均降低约 2℃；优化设计方案 3 也使得槽底温度升高且变化较大，槽底保温加强，电解质最高温度降低约 3℃。

电解质温度的降低，有利于提高电流效率。根据工业电解槽测定，在其他条件相同的情况下，电解质温度降低 10℃，平均电流效率提高 1%～1.5%。因此两种设计方案中电解质温度的降低均有利于电流效率的提高。

两种优化设计方案下，铝电解槽 1/4 静态模型电压分布如图 3.92 所示。

优化设计方案 2 使得铝电解槽电阻电压较优化前降低 58mV；优化设计方案 3 使得电解槽电阻电压降低 91mV。当电流效率一定时，前者吨铝电能消耗相应减少 197.2kW·h 左右；后者吨铝电能消耗相应减少 309.4kW·h。二者能量消耗的变化量对于铝电解生产节约电能消耗、降低生产成本将具有重要的意义，后者的量值尤其可观。

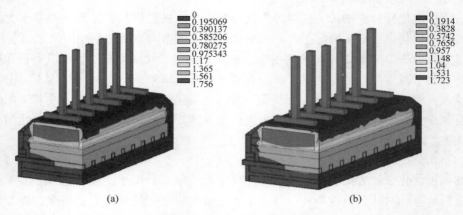

图 3.92 铝电解槽电压分布
（a）方案 2；（b）方案 3

结合表 3.17 可以发现，优化设计方案中，铝电解槽电阻产生电压的减小值并不等于阳极压降的减少量，而是要比阳极压降变化量大得多。也就是说，对阳极结构参数进行优化设计，不仅影响到阳极的电阻电压，同时会影响到其他导电部分的电阻电压。这是由于，阳极结构的变化不仅改变阳极压降，而且会影响铝电解槽内的能量平衡，进而影响到电解槽的热场分布。热场分布的变化主要使槽膛内形发生改变，槽膛内形决定着电流流经的电解质的形状，因此电解质部分电场分布又随槽膛内形的变化而改变。两种优化设计方案中，各部分导体压降的具体变化情况可以通过原设计方案及两种优化设计方案下电压分布情况（见表 3.18）和两种优化设计方案中各部分压降变化情况（见表 3.19）进行分析。

表 3.18 原方案和两种优化设计方案中电压分布情况 （V）

项目	原方案电压分布	方案 2 电压分布	方案 3 电压分布
铝导杆	0.041	0.032	0.029
钢爪	0.043	0.034	0.033
浇铸料	0.021	0.023	0.021
阳极炭块	0.255	0.242	0.217
电解质	1.197	1.168	1.166
阴极	0.257	0.257	0.257

表 3.19 两种优化设计方案下电压变化情况 （mV）

项目	方案 2	方案 3
铝导杆	9	12
钢爪	9	10
浇铸料	−2	0
阳极炭块	13	38
电解质	29	31
阴极	0	0

由表 3.19 可以看出，阳极结构尺寸优化后，除阴极部分（包括铝液、阴极炭块、钢棒、浇铸料）的压降没有发生变化以外，其余导电部分的电压降均有不同程度的改变。其中，阳极炭块、电解质部分压降变化较大；铝导杆、钢爪部分压降变化较小；钢炭接触部分压降变化最小。具体分析如下：

（1）较优化前，优化设计方案 2 和方案 3 中阳极导杆上的压降均减小。这是由于电流强度不变的情况下，两种方案中导杆尺寸变化，使电流流经导杆的横截面面积均增大，电流密度减小，压降降低。截面面积变化量越大，导杆压降变化就相应越大。

（2）同导杆压降降低一样，钢爪压降降低也是由于电流流过的横截面面积增大，电流密度降低所致。

（3）较优化前，优化设计方案 2 的钢炭接触部分的压降增大约 2mV，方案 3 中钢炭接触部分的压降没有发生变化。这两种优化方案中，钢爪直径均增大，钢爪深度均增加。钢爪直径增大，使得电流流经的钢炭接触部分的截面积增大，压降有降低的趋势；钢爪深度加深，使电流流经的钢炭接触部分的长度增加，压降有升高的趋势。同时此部分压降还受到钢爪电流密度变化的影响。在尺寸和电流密度变化的综合作用下，使得这两种优化设计对钢炭接触部位压降的影响较小。

（4）较优化前，优化设计方案 2 和方案 3 中阳极炭块压降均降低，前者变化量相对较小，后者变化量较大，约为前者的 3 倍。阳极炭块的长、宽、高均增加，其中长度、高度的变化量相差较大，前者中炭块高度增加较大，后者中炭块长度增加较大。阳极炭块长、宽增加，使得电流流经炭块的截面积增大，电流密度减小，压降有降低的趋势；炭块高度增加，使得电流流经炭块的长度增加，压降有升高的趋势。方案 3 与方案 2 相比，炭块截面积较大但炭块高度较小，均有利于降低压降，因此阳极炭块压降降低较多。

（5）两种优化设计方案中，电解质压降均有大幅度的降低，方案 3 比方案 2 变化更大。该问题可以从电解质垂直电流密度分布这一角度来分析，如图 3.93 所示。

两种优化设计方案中，阳极尺寸均加大，使得电解质位于阳极底掌正投影下面的部分增加，且方案 3 中增加量较大。电解质层位于阳极底掌正投影下面的部位，电流密度最大，且当电解质水平一定时，电解质压降的大小主要取决于这一部位的电流密度。由图 3.93 可以明显看出，原方案中电解质位于阳极正投影下面的部位电流密度最大，为 $0.56 \sim 0.72 \mathrm{A/cm^2}$；方案 2 次之，为 $0.53 \sim 0.66 \mathrm{A/cm^2}$；方案 3 最小，为 $0.45 \sim 0.55 \mathrm{A/cm^2}$。因此两种方案中电解质压降均降低，且方案 3 变化量较大。

（6）由于阴极尺寸除了铝液部分有较小的变化外，其他部分基本不变，且电流无论在阳极、电解质部分如何分配，最终全部通过阴极部分由阴极钢棒导出，因此阳极结构参数优化设计对阴极压降基本没有影响，阴极压降基本保持不变。

两种优化设计方案下，槽膛内形的等温线分布变化情况如图 3.94 所示。图中温度值为等温线为电解质结晶温度线。

优化前槽底伸腿结壳较短，不能把铝液挤到槽膛中央部位，槽内铝液摊得很开，从而影响了电流效率的提高。由图 3.94 可以看出，对阳极结构参数优化设计后，两种优化设计方案中均由于阳极尺寸加大，使得槽底伸腿距阳极底掌正投影的距离缩短，弥补了原设计方案中槽底伸腿较短的不足，相对改善了结壳的形状，把铝液较好地收缩在阳极底掌正

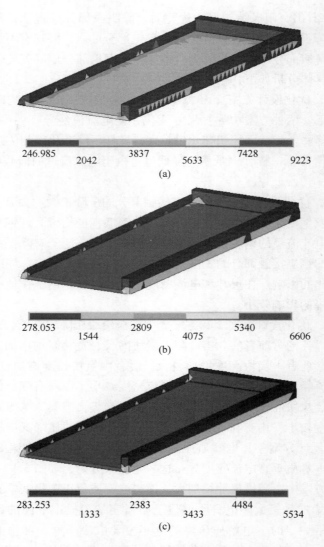

图 3.93   三种设计方案中电解质电流密度的分布（单位：A/m²）
(a) 原方案；(b) 方案 2；(c) 方案 3

投影下面，有利于电流效率的提高。

此外，根据阳极热损失影响因素的分析可知，减小了阳极到大面的距离，使得槽体侧部散热量增大，槽内温度相应降低，结壳也会有相应的变化，但这种影响较小。优化前后，铝液中水平电流密度的变化情况如图 3.95 所示。

由图 3.95 可知，与槽膛内形相接的地方铝液水平电流密度非常大。原方案中铝液水平电流密度最大值高达 1.62A/cm²，方案 2 中最大值高达 1.44A/cm²，方案 3 中高达 1.77A/cm²。

还可以看出，与优化前相比，两种优化设计方案中铝液中间部位的横向和纵向水平电流密度均有减小的趋势，且分布相对均匀。原方案中，铝液中间部位的纵向水平电流密度

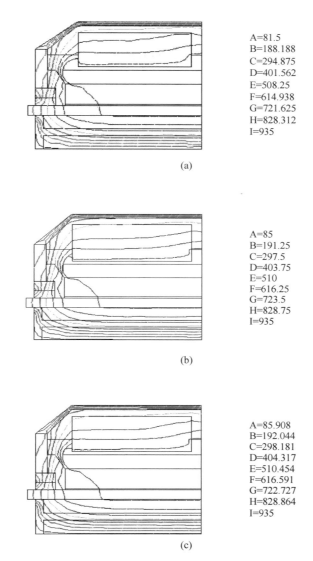

A=81.5
B=188.188
C=294.875
D=401.562
E=508.25
F=614.938
G=721.625
H=828.312
I=935

(a)

A=85
B=191.25
C=297.5
D=403.75
E=510
F=616.25
G=723.5
H=828.75
I=935

(b)

A=85.908
B=192.044
C=298.181
D=404.317
E=510.454
F=616.591
G=722.727
H=828.864
I=935

(c)

图 3.94　优化前后电解槽横轴截面等温线分布
（a）原方案；（b）方案 2；（c）方案 3

大部分集中在$-0.26 \sim 0.77 A/cm^2$；方案 2 中，铝液中间部位的纵向水平电流密度分布主要集中在$-0.22 \sim 0.61 A/cm^2$；方案 3 中，铝液中间部位的纵向水平电流密度分布主要集中在$-0.2 \sim 0.36 A/cm^2$。两种优化设计方案相比，方案 3 中纵向水平电流密度更小些，且分布更均匀。电解槽内，铝液中水平电流越强，铝的溶解速度越大，造成的铝损失越多。同时水平电流产生的洛伦兹力会使槽内熔体循环加速，铝液面隆起、偏斜和波动，从而导致电流效率下降，甚至造成槽的早期破损，从这一角度来说，方案 3 更有利于电流效率的提高。单纯的改变阳极结构尺寸，使得阳极压降降低的同时，槽内电、热场分布也发生相应的变化，电解槽原有的能量平衡也会随之改变，主要体现在槽体表面散热量的变化和电解槽的电能输入量的变化。要维持新的条件下的能量平衡，必须了解新的条件下的能量收支

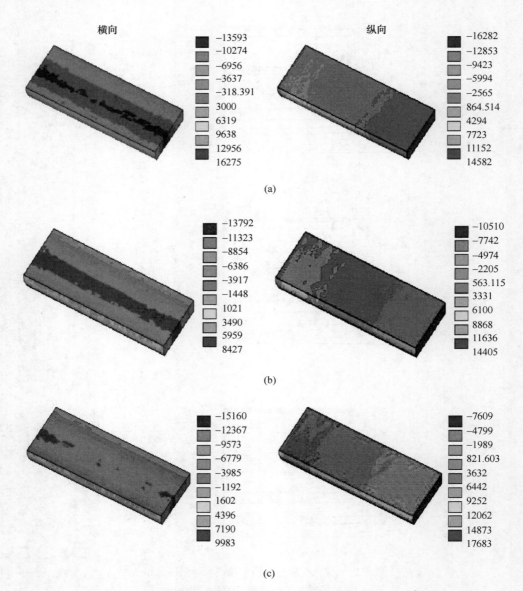

图 3.95   三种设计方案铝液水平电流密度分布（单位：A/m^2）

(a) 原方案；(b) 方案 2；(c) 方案 3

情况，并适当采取措施进行相应的能量补偿。表 3.20 为两种优化设计方案中槽体表面散热量的变化情况。

表 3.20   三种设计方案槽体表面散热量分布   （kW）

项目	原方案	方案 2	方案 3
铝导杆	6.32	7.05	7.71
钢爪	15.60	17.20	18.72
覆盖料	13.95	12.54	12.33

项目	原方案	方案 2	方案 3
槽体侧面	23.50	23.75	23.99
钢棒表面	5.00	5.03	5.02
槽体底面	3.45	3.45	3.46
总散热量	67.82	69.02	71.23

可以看出，这两种阳极尺寸的优化设计对电解槽槽体侧部散热、钢棒表面散热及槽体底面散热的影响均较小，使得钢爪的散热量均增加，覆盖料表面散热量均减少，但槽体表面总散热量均增加。方案 3 中槽体表面散热量增加幅度较大。

根据前面对两种优化设计方案中电位分布的分析可知，方案 3 中槽平均电压降低约为方案 2 的 1.5 倍。若不考虑其他因素的影响，仅考虑槽体散热量和电解槽电能输入量的变化，则与方案 2 相比，方案 3 中需要采取更多的保温措施来加强保温，减少能量支出以补偿槽电压降低及阳极尺寸优化导致的阳极上部散热量增加对铝电解槽能量平衡的影响，因此在实际生产中实现难度就较大些。

优化设计得到的两种较为可行的优化设计方案，结合原设计方案中其他结构尺寸，对两种优化设计方案下的铝电解槽 1/4 静态模型分别进行了计算。通过对比分析可知，这两种优化设计方案下，槽膛内形均相对有所改善，槽平均压降均降低。但二者相比各有优劣，主要表现在：

(1) 方案 2 中，阳极炭块高度较大，因此阳极更换周期增大，换极作业的成本及更换阳极对生产的不利影响均降低，有利于生产效率的提高、生产成本的降低等。

(2) 方案 3 中，铝电解槽平均压降较低，因此铝电解槽的电能输入减少，有利于降低能耗、节约生产成本等。

实际应用时，还需综合考虑其他影响因素，全面分析两种方案的可行性和优劣，结合电流强化等措施，确定出实际生产中最优的设计方案。

3.6.3 不同槽膛内形对物理场的影响

前面讨论了不同槽膛内形对铝液流场的影响，下面再综合分析对物理场的影响。槽膛内形产生变化的原因是生产过程中，高温电解质遇冷凝结，形成固体结壳，结壳形状不同形成的槽膛内型不同。槽膛内形对流场影响很大，铝液由槽膛所限制，槽膛的形状影响着铝液水平电流的大小，进而影响电磁力的大小，影响铝液波动和流场的分布。

将生产过程存在的槽膛类型分为以下 3 种情况（见图 3.96）。第一种，炉帮伸腿刚好在阳极底部阴极上表面投影的边缘；第二种，炉帮伸腿在阳极底部阴极上表面投影的内侧；第三种，炉帮伸腿未达到阳极底部阴极上表面投影的内部。

3.6.3.1 不同槽膛形状对电场的影响

不同槽型情况下的电场情况如图 3.97~图 3.99 所示。

由图 3.97 可以看出，电流密度的 x 分量相比 y、z 分量来说变化比较明显，第二种情况与第一、第三种情况相比，变化较为明显，幅值、形态都有所变化。

图 3.96 电解槽不同槽膛内形

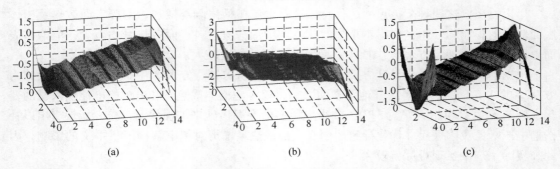

图 3.97 三种槽型下电流密度 x 分量

（a）第一种情况；（b）第二种情况；（c）第三种情况

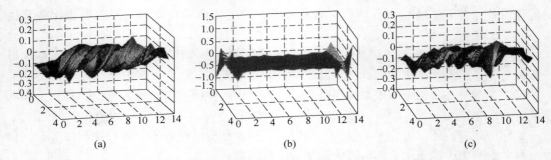

图 3.98 三种槽型下电流密度 y 分量

（a）第一种情况；（b）第二种情况；（c）第三种情况

由图 3.98 可以看出，三种槽况中，第二种槽况的电流密度在幅值和形态上变化较明显。在这三种槽况下，电流密度 z 分量的变化不大，如图 3.99 所示。

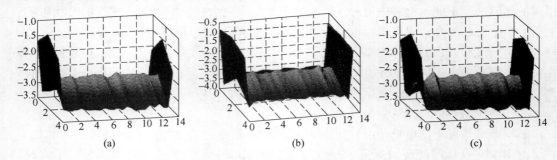

图 3.99 三种槽型下电流密度 z 分量

（a）第一种情况；（b）第二种情况；（c）第三种情况

3.6.3.2 不同槽膛形状对磁场的影响

不同槽型情况下的磁场情况如图 3.100~图 3.102 所示。三种情况下的磁场强度变化都不是很明显。

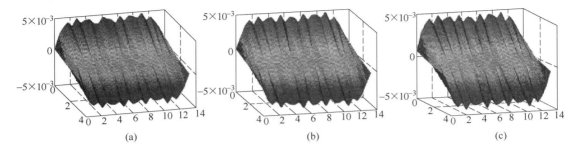

图 3.100 三种槽型下磁场强度 x 分量

（a）第一种情况；（b）第二种情况；（c）第三种情况

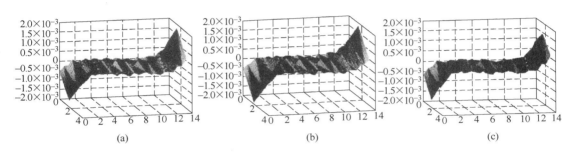

图 3.101 三种槽型下磁场强度 y 分量

（a）第一种情况；（b）第二种情况；（c）第三种情况

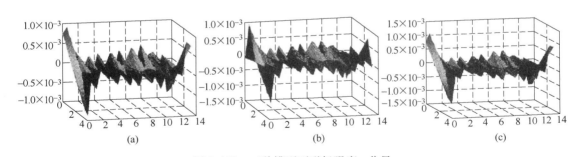

图 3.102 三种槽型下磁场强度 z 分量

（a）第一种情况；（b）第二种情况；（c）第三种情况

3.6.3.3 不同槽膛形状对电磁力场的影响

不同槽型情况下的电磁力情况如图 3.103 和图 3.104 所示。

由公式 $F_x = J'_y \times B_z - J'_z \times B_y$，$F_y = J'_z \times B_x - J'_x \times B_z$ 可知，磁场强度变化不大时，电磁力主要取决于电流密度，电流密度 J_x、J_y 相对变化比较大，F_x、F_y 相应有变化。电磁力的变化导致了流场的变化。

3.6.3.4 不同槽膛形状对流场的影响

不同槽型情况下的流场情况如图 3.105~图 3.107 所示。

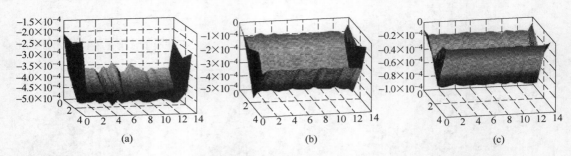

图 3.103 三种槽型下电磁力 x 分量

（a）第一种情况；（b）第二种情况；（c）第三种情况

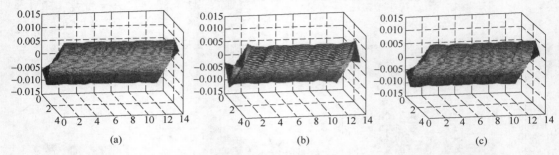

图 3.104 三种槽型下电磁力 y 分量

（a）第一种情况；（b）第二种情况；（c）第三种情况

图 3.105 第一种情况下流场分布

图 3.106 第二种情况下流场分布

图 3.107 第三种情况下流场分布

可以看出，在炉帮形成较少的情况下铝液的水平流速较小，并呈现整齐的环形，逆时针运动；炉帮伸腿在阳极底部阴极上表面投影的区域时，电解槽中熔体大面两侧的流动不均匀，且第一种情况流速有所加快，产生波动，导致电解槽运行相对而言不稳定。图3.107为炉帮伸腿未达阳极底部阴极上表面投影的区域，此时，流速可以看出也有加快，与图3.106相比，大面的另外一侧流速较大，电解槽不稳定。

产生上述情况的原因主要是伸腿的长度不同，即槽内形不同，使得水平电流发生改变，电磁力也发生相应的变化，导致铝液的流动产生不同的分布情况，并且当伸腿超过阳极底面阴影部分时铝液的流速变化最大。

3.6.4 覆盖料厚度对铝电解槽温度场的影响

阳极覆盖料，是覆盖在电解质上方的一层保温料，合适厚度的阳极覆盖料主要作用是减少铝电解槽的上部热损失，从而维持电解槽的热平衡，使得铝导杆、钢爪、阳极炭块、电解质的温度处于适宜的环境下，并获得优质的槽膛内形，降低铝电解槽的能耗，增长槽体的使用时间；另外，由于上部阳极部分被覆盖料覆盖，就减少了阳极的氧化，从而降低阳极消耗。因此，阳极覆盖料是铝电解生产中一道重要的工序，它的厚度对电解槽的稳定生产、高效运行有着非常重大的意义。铝电解槽阳极覆盖料的厚度要求在一定的范围内，既不能过厚也不能过薄。如果阳极覆盖料的厚度过于厚，阳极温度就会升高，这样就会加快电解质结壳以下阳极的氧化反应，从而加快了阳极的消耗；如果覆盖料厚度过薄，就会导致电解槽散失的热量大于产生的热量，这样就会导致成为冷槽。此时，电解质温度下降，电解质高度降低，铝液的高度增大，会出现电压摆动、槽底形成大量沉淀物、阴极压降升高、噪声增大的现象。因此，在我国铝电解生产中，预焙铝电解槽阳极覆盖料的厚度为160mm。

3.6.4.1 计算过程和计算结果

为了能够分析覆盖料厚度对槽体温度的影响，将覆盖料的厚度设置为160mm、120mm、80mm、40mm。按照3.2节中求解温度分布法计算了覆盖料从160mm降低为40mm时电解槽的温度分布情况。

（1）当覆盖料的厚度为160mm时，铝电解槽温度最大值为952.54℃，温度最小值为128.29℃，温度分布如图3.108所示。

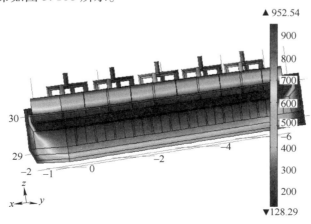

图3.108 覆盖料的厚度为160mm时温度分布图（单位:℃）

（2）当覆盖料的厚度为 120mm 时，铝电解槽温度最大值为 952.53℃，温度最小值为 128.51℃，温度分布如图 3.109 所示。

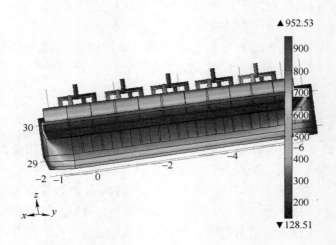

图 3.109　覆盖料的厚度为 120mm 时温度分布图（单位:℃）

（3）当覆盖料的厚度为 80mm 时，铝电解槽温度最大值为 951.98℃，温度最小值为 79.43℃，温度分布如图 3.110 所示。

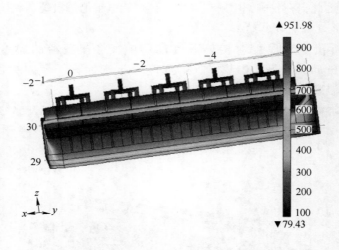

图 3.110　覆盖料的厚度为 80mm 时温度分布图（单位:℃）

（4）当覆盖料的厚度为 40mm 时，铝电解槽温度最大值为 951.98℃，温度最小值为 79.82℃，温度分布如图 3.111 所示。

3.6.4.2　结果分析和讨论

表 3.21 是覆盖料厚度和电解槽温度对应表。

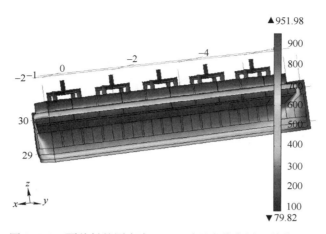

图 3.111　覆盖料的厚度为 40mm 时温度分布图（单位:℃）

表 3.21　覆盖料厚度和电解槽温度对应表

覆盖料厚度/mm	温度最大值/℃	温度最小值/℃
160	952.54	128.29
120	953.53	128.54
80	951.98	79.43
40	951.98	79.82

　　由表 3.21 可知，覆盖料厚度的大小影响了槽体温度的分布，但是影响并不明显。当覆盖料厚度从 160mm 降到 40mm 时，最高温度从 952.53℃ 到 951.98℃，基本不变；最低温度从 128.29℃ 下降到 79.82℃。这是因为最高温度在槽体中心部，当覆盖料厚度从 160mm 降低为 40mm 的过程中，并不会对槽体中心部位的温度产生太大的影响。而随着覆盖料厚度的降低，使裸露在外部的炭块增加，散热增加，最低温度也随着降低了。J. N. Bruggeman 等人仿真了保温料厚度的大小对槽体顶部散热量的影响，计算结果表明，每当覆盖料厚度减小 3cm，槽体顶部的散热就会增加 7%，这和计算结果基本吻合，说明计算结果是合理的。随着保温料厚度增加，钢爪部分被覆盖料包裹的部分越来越多，导致散热量越来越少。在初始阶段，保温料厚度比较薄时，由于钢爪被包围的部分比较少，因此阳极炭块对槽体的热量影响较大，这是一个一维传热的问题，所以当覆盖料厚度增加时散热量一直减少；当覆盖料厚度增加，钢爪被包围的地方越来越多，并且钢爪的温度比覆盖料的温度高，所以被包围的钢爪就会使保温料的散热增加，但是钢爪自己的散热量的减小量比使覆盖料增加的散热量小，所以会出现槽体总的散热量减小而局部散热量增加的情况；随着覆盖料厚度的继续增大，钢爪被覆盖的面积会保持不变，它的影响逐渐减弱了，所以散热量减少的趋势又增大了。由于阳极炭块高度足够，覆盖料在最大厚度 160mm 的时候，钢爪都没有被覆盖，因此不会出现上述问题，而是随着覆盖料厚度的减小，散热量一直增大。

3.6.5　更换阳极工艺对槽体温度场的影响

在预焙阳极铝电解槽中，当使用的阳极剩余的高度为 15~17cm 时，称为残极，这时就应该更换阳极，阳极的使用周期是 30 天左右。如果铝生产中阳极接着被使用，那么钢爪就会熔化，发生这样的现象，铝液就会被污染。因为钢爪熔化会有铁、硅产生，熔入铝液中，影响了铝液的质量，还会导致因为没有及时更换阳极进行的电解槽工况误判。所以，当阳极在使用后剩下一定高度时，要及时去掉残极，换上新的阳极，这样才能保证原铝的品质和电解槽正常运行生产。

其实，更换阳极的过程就是破坏热平衡的过程，更换阳极会给铝电解槽的温度场带来很大的影响。在更换阳极之前，阳极的温度是和电解质的温度相同的，阳极上方的温度也高达 600~700℃，铝电解槽是保持热平衡进行铝生产的。如果更换新的阳极，那么旧的阳极被取出，带走了一部分热量，这时阳极覆盖料和阳极上部的外罩被移走，导致了有一部分铝电解质就会暴露在空气中（取走残极后不立即安放新阳极），这时又散失了一部分热量，所以铝电解槽就会从热平衡的状态变得不平衡。当新的阳极安装到铝电解槽中时，与它接触的电解质存在很大的温度差，所以它们之间会发生热传递的现象，电解质中一部分热量就会被新的阳极吸收，新阳极温度慢慢升高，直到铝电解槽又重新达到新的热平衡的状态。再者，更换阳极的过程中会散失很多热量，这时只有提供额外的电能补充热量的损失，从而防止电解质的温度下降。

3.6.5.1　不同温度的新阳极对槽体温度的影响

A　计算过程和结果

铝电解槽中的新阳极会不断被加热，这里将新阳极的温度作为参数进行参数化扫描，以求解不同温度的新阳极炭块对槽体温度场的影响。将新阳极炭块的温度设置在 100~300℃ 之间，步长为 50℃。计算中，将最右侧炭块视为新加入的阳极炭块。

（1）铝电解槽新阳极炭块组温度为 100℃ 时，槽体温度场分布如图 3.112 所示，由图可以看出，电解槽的最高温度为 951.97℃，最低温度为 52.608℃。

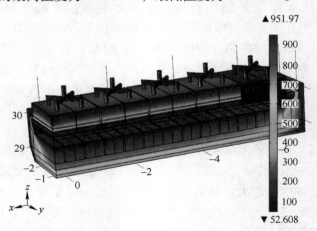

图 3.112　新阳极炭块组温度为 100℃ 时电解槽温度分布图（单位：℃）

（2）铝电解槽新阳极炭块组温度为 150℃ 时，槽体温度场分布如图 3.113 所示。由图可以看出，电解槽的最高温度为 951.96℃，最低温度为 65.405℃。和图 3.112 比较得知，电解槽的最高温度保持不变，最低温度上升了 12.8℃，可见，随着加入的新阳极炭块温度的升高，电解槽的最低温度也随着升高了。

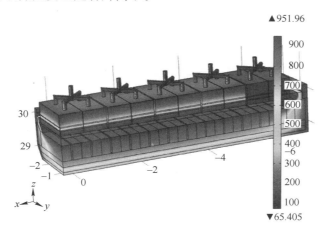

图 3.113　新阳极炭块组温度为 150℃时电解槽温度分布图（单位:℃）

（3）铝电解槽新阳极炭块组温度为 200℃时，槽体温度场分布如图 3.114 所示。由图可以看出，电解槽的最高温度为 951.96℃，最低温度为 73.35℃。和图 3.113 比较得知，电解槽的最高温度保持不变，最低温度上升了 7.9℃，可见，随着加入的新阳极炭块温度的升高，电解槽的最低温度也随着升高了。

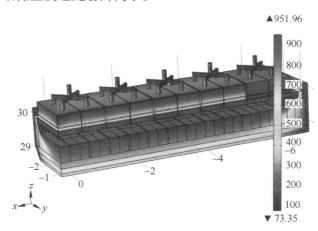

图 3.114　新阳极炭块组温度为 200℃时电解槽温度分布图（单位:℃）

（4）铝电解槽新阳极炭块组温度为 300℃时，槽体温度场分布如图 3.115 所示，由图可以看出电解槽的最高温度为 951.96℃，最低温度为 79.837℃。

B　结果分析和讨论

由图 3.111~图 3.115 可以得出，槽体最高温度基本保持不变，随着加入炭块温度的增大，槽体最低温度约从 52.608℃增加到了 79.837℃。可见新加入的阳极的温度对铝电解槽温度场产生了一定的影响，随着投放的新阳极的温度升高，槽体最低温度也在升高。

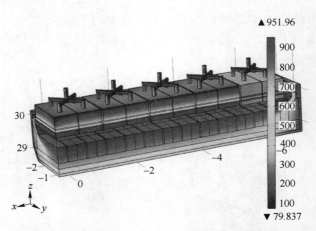

图 3.115 新阳极炭块组温度为 300℃ 时电解槽温度分布图（单位:℃）

图 3.115 是新阳极炭块组周围的几个点受新阳极温度的影响自身温度的变化情况。由图中可知，新阳极炭块组周围的这些点随着新加入的阳极温度的升高，其自身温度也有不同程度也有的升高。

更换阳极时，在阳极浸入电解质的一刹那，与阳极底掌接触的电解质骤然遇到激冷，在阳极底掌表面形成一层电解质凝壳，这一层凝壳将液态电解质与阳极完全隔离，从而使得以导电性碳材料制造的阳极炭块失去导电作用。并且，在阳极底掌表面形成电解质凝壳的同时，由于热传导的作用，邻近阳极底掌部分的电解质失去的热量相对远离阳极处要快得多，从而使得阳极附近电解质的黏度增加。而电解质黏度的增加，也使得阳极气体不易排出，炭渣分离不清，增加了电解质的电阻率，导致该部分电解质导电性下降。所以，应该根据计算结果适当调高新阳极的温度，减少形成电解质凝壳的现象。

在实际生产中，为了能够使新加入的阳极对破坏铝电解槽热平衡的程度减小，可以采取对新阳极预热的方法。采取这种方法不仅可以减小对铝电解槽生产铝的影响，还可以通过减小新阳极和电解质的温差，减少因为两者温差过大产生的阳极炭块的裂纹、掉渣、电解质的黏度增加的情况，从而可以减少电解质中的杂质、降低电解质压降，也可以减小阳极的消耗。目前主要有两种可以实现阳极预热的方法：

（1）利用铝电解车间现有的条件实现预热阳极。铝电解槽车间的温度很高，而在两槽体中间的通道温度无论夏天还是冬天最低都会达到 60℃。所以将阳极炭块放在两个电解槽之间通道的位置上加热，会使阳极炭块的温度最少达到 60℃，并且这种方式加热的炭块温度均匀，没有温度梯度，这种方法简单易行，几乎没有成本需求。目前这种阳极预热方法已被某工厂使用，具体的方法是按照换极顺序表，在更换阳极 16h 前将需要预热的阳极炭块放在两个电解槽之间的风格板上，这样使炭块有效地吸收了来自两侧电解槽的热辐射，使自身温度升高，减小了对铝生产工况的影响。

（2）利用炭素燃烧的余热实现预热阳极。在生产炭素阳极的过程中，煅烧石油焦会有大量的高温烟气产生，温度达到 800~900℃。可以利用高温烟气对阳极进行预热处理。利用这种方式可以将阳极炭块的温度提高到 300℃，有效地减小了新阳极和电解质的温度差，新阳极上槽后内部的热应力减小而使得热震影响降低，减少了阳极炭块的断裂、掉渣的现象，降低了阳极的消耗，提高了电流效率。但是，这种阳极的预热方式由于是利用石油焦煅烧所产生的高温烟气，因此需要额外投资到安装防腐的烟气管线，并且为防止烟气泄露，要建设密封处理的阳极预热间，总体费用较高。

3.6.5.2 换极后新阳极温度的变化

通常，更换阳极会对铝电解槽影响长达16h，在这段时间里，新更换的阳极通过热传递吸收电解质的热量，它的温度不断升高，直到和电解质的温度相当。这个过程对电解槽工况的影响是巨大的，主要包括：（1）物料平衡受到破坏；（2）电解槽能量平衡受到破坏，具体表现是电解质温度下降、黏度增加、槽电压上升；（3）阳极电流分布发生变化，由于新上槽温度在一定时间内不导电，因此会发生偏流；（4）换极后，由于会有较大电解质块掉入电解质中，如果打捞不及时，其很可能与槽底的阴极炭块黏附在一起，当阳极下降到一定程度时，很可能黏附在阳极底掌上，造成阳极底掌长包，导致长包阳极电流集中，造成阳极脱极；（5）拔极后，阳极壳面保温料落入电解质中，会造成电解质摩尔比升高，导致一部分电流效率损失。所以对更换的新阳极的温度场进行了瞬态计算仿真。

A 计算过程和结果

对更换的新阳极的温度场进行了瞬态计算仿真，首先建立阳极炭块组物理数学模型，阳极炭块组的物理模型包括一个钢爪和两个阳极炭块，如图3.116所示。然后建立数学模型，即耦合求解导电的拉普拉斯方程和有内热源导热的泊松方程，同求解铝电解槽的热场的数学模型。最后利用COMSOL Multiphysics对阳极炭块组模型进行分步设置求解，求解步骤同计算铝电解槽热场的步骤，需要强调的是电场和热场的边界条件设置。电场边界条件设置为：钢爪顶部法向电流密度设为15000/0.0113（A/m²），炭块底部设为零电位。热场边界条件设置为：阳极炭块组表面设为对流冷却边界和表面对环境辐射，阳极炭块底部温度设置为和其接触的电解质的温度。

在对阳极的瞬态计算中，计算了新阳极上槽10min内（步长设为1min）的温度。图3.117是阳极炭块刚刚加入铝电解槽的情形。这时阳极炭块的最高温度是1223.2K，最低温度是293.07K。

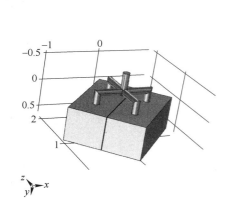

图 3.116 阳极炭块组

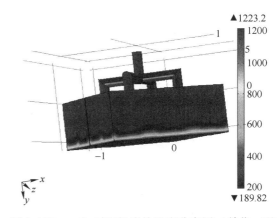

图 3.117 $t=0s$ 时阳极炭块温度分布图（单位：K）

图3.118是阳极炭块加入铝电解槽60s后的温度分布。可以看到，温度由阳极炭块底部开始升温，这时阳极炭块的最高温度是1223.2K，最低温度是293.07K，并且最高温度

产生在阳极炭块底部，最低温度在阳极炭块上部。通过热传导的方式，阳极炭块从底部开始慢慢升温，阳极炭块上部逐渐被加热，温度梯度逐渐减小。

    图 3.119 是阳极炭块加入铝电解槽 120s 后的温度分布。可以看到，温度由阳极炭块底部开始升温，这时阳极炭块的最高温度是 1223.2K，最低温度是 293.15K，并且最高温度产生在阳极炭块底部，最低温度在阳极炭块上部。通过热传导的方式，阳极炭块从底部开始慢慢升温，阳极炭块上部逐渐被加热，温度梯度逐渐减小。

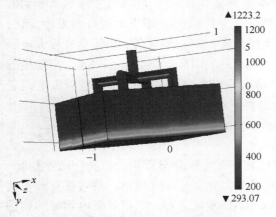
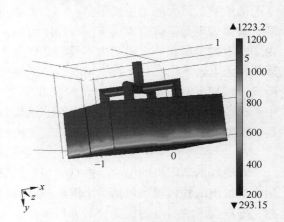

图 3.118　$t=60$s 时阳极炭块温度分布图　　　图 3.119　$t=120$s 时阳极炭块温度分布图
（单位：K）　　　　　　　　　　　　　　（单位：K）

    图 3.120 是阳极炭块加入铝电解槽 180s 后的温度分布。可以看到，温度由阳极炭块底部开始升温，这时阳极炭块的最高温度是 1223.2K，最低温度是 293.15K，并且最高温度产生在阳极炭块底部，最低温度在阳极炭块上部。通过热传导的方式，阳极炭块从底部开始慢慢升温，阳极炭块上部逐渐被加热，温度梯度逐渐减小。

    图 3.121 是阳极炭块加入铝电解槽 300s 后的温度分布。可以看到，温度由阳极炭块底部开始升温，这时阳极炭块的最高温度是 1223.2K，最低温度是 293.15K，并且最高温度

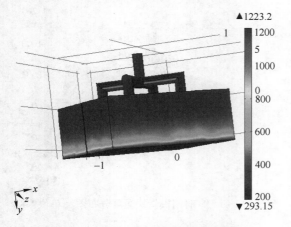
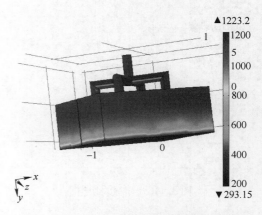

图 3.120　$t=180$s 时阳极炭块温度分布图　　　图 3.121　$t=300$s 时阳极炭块温度分布图
（单位：K）　　　　　　　　　　　　　　（单位：K）

产生在阳极炭块底部，最低温度在阳极炭块上部。通过热传导的方式，阳极炭块从底部开始慢慢升温，阳极炭块上部逐渐被加热，温度梯度逐渐减小。

图 3.122 是阳极炭块加入铝电解槽 420s 后的温度分布。可以看到，温度由阳极炭块底部开始升温，这时阳极炭块的最高温度是 1223.2K，最低温度是 293.15K，并且最高温度产生在阳极炭块底部，最低温度在阳极炭块上部。通过热传导的方式，阳极炭块从底部开始慢慢升温，阳极炭块上部逐渐被加热，温度梯度逐渐减小。

图 3.123 是阳极炭块加入铝电解槽 540s 后的温度分布，可以看到温度由阳极炭块底部开始升温，这时阳极炭块的最高温度是 1223.2K，最低温度是 293.15K，并且最高温度产生在阳极炭块底部，最低温度在阳极炭块上部。通过热传导的方式，阳极炭块从底部开始慢慢升温，阳极炭块上部逐渐被加热，温度梯度逐渐减小。

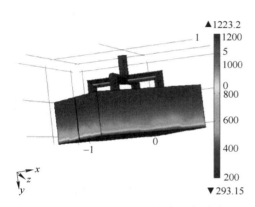 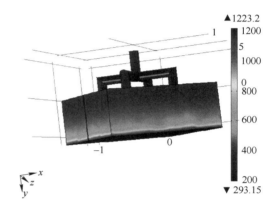

图 3.122 $t = 420\text{s}$ 时阳极炭块温度分布图 （单位：K）　　　图 3.123 $t = 540\text{s}$ 时阳极炭块温度分布图 （单位：K）

图 3.124 是阳极炭块加入铝电解槽 600s 后的温度分布，可以看到温度由阳极炭块底部开始升温，这时阳极炭块的最高温度是 1223.2K，最低温度是 293.15K，并且最高温度产生在阳极炭块底部，最低温度在阳极炭块上部。通过热传导的方式，阳极炭块从底部开始慢慢升温，阳极炭块上部逐渐被加热，温度梯度逐渐减小。

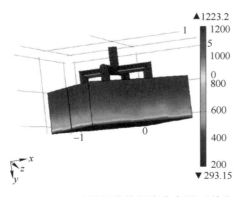

图 3.124 $t = 600\text{s}$ 时阳极炭块温度分布图（单位：K）

B 结果分析和讨论

图 3.125 是炭块顶部的几个点的温度随时间的变化图，由图可得炭块顶部的温度随着时间不断地升高，效果明显。图 3.126 是炭块底部温度随时间变化图，可以看到炭块底部的温度随着时间不变化，这是由于阳极炭块底部和电解质直接接触，热量通过热传导的方式使阳极炭块的底部迅速升高；但是阳极炭块上部需要经过一段时间的加热，温度才会逐步升高。最高温度产生在阳极炭块底部，随着高度的增加，温度越来越低，产生了明显的温度梯度。

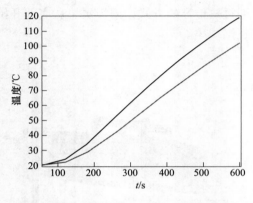

图 3.125 炭块顶部温度随时间变化图

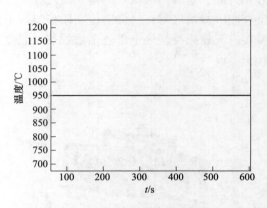

图 3.126 炭块底部温度随时间变化图

随着换极时间的延长，阳极温度逐渐升高，换极时形成于阳极底掌表面电解质凝壳逐步熔化，阳极开始导电，并且随着阳极炭块温度的不断上升，通过阳极的电流不断增加。在换极后 16h 左右，导电量达到正常值的 70%，换极后 24h 达到正常导电量。所以计算新阳极随着时间的温度变化有着重要的意义。

另外，阳极炭块温度如果能够尽快达到稳态生产需要的温度，可以促进电解槽物料平衡和能量平衡、均匀电流分布、减少阳极脱极的现象等。由于在实际生产中，阳极炭块的温度要经过 16h，通过热传导不断吸收电解质的热量，温度才和电解质温度相当，所以在上述计算的 10min 内，阳极炭块的顶部温度依然是室温，需要经过更长时间的加热，阳极炭块的最低温度才会上升，说明计算结果可以供生产过程参考。

3.6.5.3 更换阳极对物理场的影响

炭阳极是铝电解槽的重要组成部分，安装在电解槽上端，强大的电流（可达 300kA）通过炭阳极导杆流入电解液。铝电解生产过程中，炭阳极每日都会产生消耗，平均每天会消耗 1~2cm。因此，为保持阳极正常、连续的工作，定期更换预焙阳极是阳极工作的重要内容，如图 3.127 所示。

更换阳极时各物理场的变化如下：

（1）电流密度。理想情况下，电流密度分布较平均，只在靠近槽周的地方会出现相对而言比较大的值。由图 3.128 和图 3.129 可以看出，更换阳极对电场的影响是很大的，使得电流密度变化十分剧烈，这也是导致磁场、流场不稳定的根源。

（2）磁场强度。由图 3.130 可以看出正常情况下磁场呈对称分布，相对稳定。

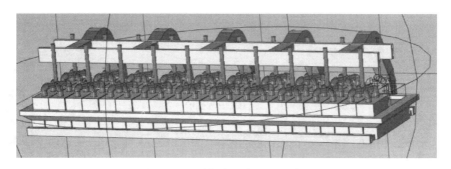

图 3.127　更换右下角的阳极炭块

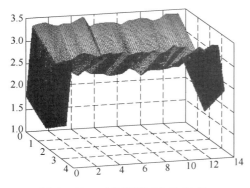

图 3.128　正常情况下电流密度 J

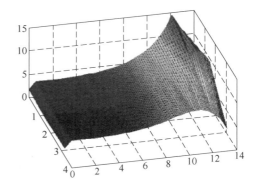

图 3.129　更换阳极时的电流密度 J

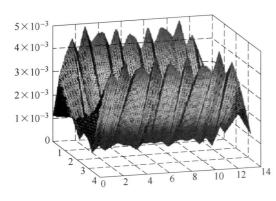

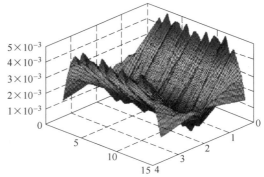

图 3.130　理想情况下磁场强度 B

　　由图 3.131 可以看出磁场强度也有相应的变化，但是磁场变化没有电场那么明显，只是在阳极更换处的幅值上有些变动。

　　（3）电磁力。由图 3.132 可以看出，电磁力 x 方向分量波动不大，相对稳定。由图 3.133 可以看出，洛伦兹力发生了很大的变化，这就使得电解槽中熔体流动发生变化，使流场产生波动，影响电解槽的稳定运行。由此导致流场的变化情况如图 3.134 和图 3.135 所示。

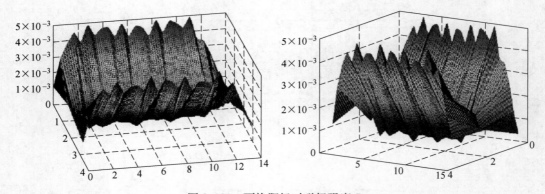

图 3.131   更换阳极时磁场强度 B

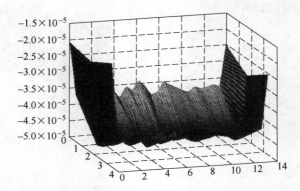

图 3.132   理想状况下的电磁力 F_x

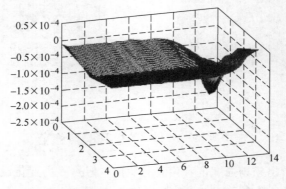

图 3.133   更换阳极时作用力 F_x

由图 3.134 和图 3.135 可以看出，更换阳极导致铝液波动，原因是电流密度的变化加剧，导致磁场力的变化，从而铝液流速发生剧烈变化。右上角为阳极更换处，可以看出，阳极更换铝液的流动紊乱。

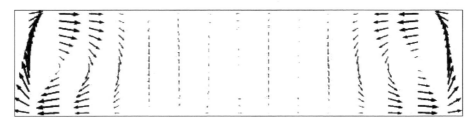

图 3.134 正常运行时流场分布

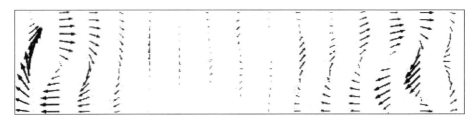

图 3.135 更换阳极时流场的变化

参 考 文 献

[1] 冯乃祥，孙阳，刘刚. 铝电解槽热场、磁场和流场及其数值计算 [M]. 沈阳：东北大学出版社，2001：10.

[2] 梅炽，游旺，王前普. 铝电解槽膛内形在线显示仿真软件的研究与开发 [J]. 中南工业大学学报，1997，28（2）：138.

[3] DUPUIS M，HAUPIN W. Performing fast trend analysis on cell key design parameters [C]//Light Metals，2003：255-262.

[4] 李茂，周子民，王长宏. 300kA 铝电解槽电磁流多物理场耦合计算 [J]. 过程工程学报，2007，4：354-359.

[5] KADKHODABEIGI M，SABOOHI Y. A new wave equation for MHD instabilitise in aluminum reduction cells [C]//Light Metals，2007：345-349.

[6] 王蓉娟. 铝电解过程多物理场分析 [D]. 北京：北方工业大学，2013.

[7] 马素红，曾水平. 160kA 预焙铝电解槽阳极电热场的仿真和优化 [C]//全国冶金自动化信息网建网30周年论文集. 北京：《冶金自动化》杂志社，2007：817-821.

[8] 马素红. 基于 ANSYS 的大型预焙铝电解槽热电场的仿真 [D]. 北京：北方工业大学，2007.

[9] 王沙沙. 300kA 大型预焙铝电解槽电热场的计算分析 [D]. 北京：北方工业大学，2016.

[10] 曾水平. 铝电解槽内电磁场计算及电流效率连续监测的研究 [D]. 长沙：中南工业大学，1996.

[11] 王海波. 基于 ANSYS 的大型预焙铝电解槽电磁场的仿真 [D]. 北京：北方工业大学，2008.

[12] 曾水平，王沙沙，王蓉娟. 300kA 预焙阳极铝电解槽物理场的计算机仿真 [J]. 系统仿真学报，2015，27（5）：935-942.

[13] 刘业翔，梅炽，曾水平. 80kA 上插棒式自焙铝电解槽熔体中电磁力场的计算与分析 [J]. 中国有色金属学报，1996（1）：27-31.

[14] 薛晶晶. 300kA 预培阳极铝电解槽流场的仿真 [D]. 北京：北方工业大学，2009.

4 铝电解槽故障诊断

4.1 概述

4.1.1 故障诊断技术及方法

故障诊断技术是一门多学科综合性技术,涉及数理统计、模糊集理论、信号处理、模式识别、现代控制理论、可靠性理论、人工智能等学科。故障诊断的任务由低级到高级,可分为四个方面的内容:(1)故障建模,按照先验信息和输入输出关系,建立系统数学故障的数学模型,作为故障检测和诊断的依据;(2)故障检测,从可测或不可测的估计变量中,判断运行的系统是否发生故障,一旦系统发生意外变化,发出报警;(3)故障的分离与估计,如果系统发生了故障,给出故障源的位置,判断是执行器、传感器和被控对象等的干扰,区别出故障原因。在弄清故障性质的同时,计算故障的程度、故障发生的时间等参数;(4)故障的分类、评价和决策,判断故障的严重程度,以及故障对系统的影响和发展趋势,针对不同的工况,采取不同的措施,其中包括保护系统启动。

故障诊断方法可划分成基于解析模型的方法、基于信号处理的方法、基于人工智能的方法三种:

(1)基于解析模型的方法,包括参数估计法、状态估计法、等价空间法。

(2)基于信号处理的方法,包括直接测量系统的输入输出法、基于小波变换的方法、输出信号处理法、信息匹配诊断法、基于信息融合的方法、信息校核的方法。

(3)基于人工智能的方法,包括基于专家系统的故障诊断方法、基于神经元网络的故障诊断方法、基于图论的模型推理方法、基于模糊数学的故障诊断方法、基于定性模型的方法。

故障诊断在理论方面取得了许多突破和进展,铝电解过程的状态分析和故障诊断有过许多的报道[1~5],对故障诊断的研究具有重要的参考价值,但是在铝电解工业实际成功应用还不普遍,如何将故障诊断方法应用到铝电解过程中去仍是非常重要的课题。

4.1.2 铝电解槽故障简介

铝电解槽故障简介包括以下几种:

(1)阳极故障。铝电解槽阳极工作常见的故障包括阳极长包和阳极氧化掉渣或脱落。阳极长包是由于炭块内部质量不均匀,在电解槽上使用的过程中,电解消耗速率不一,造成炭块下表面局部凸出的现象。炭阳极氧化掉渣和裂纹掉块是指电解槽运行中阳极炭块底部和侧部等不断有炭渣和碎阳极块脱落,阳极残极因严重氧化而"发软"裂纹掉块等。炭渣碎块脱离阳极,不仅增大了炭耗,更重要的是破坏了电解生产正常的技术条件,改变了电解质的导电性和表面张力等特性，改变了阳极电流密度，严重危害铝电解生产的正常运行，甚至导致阳极事故及停槽。

阳极工作状态的好坏也直接或间接地影响着电解槽生产的正常与否和经济技术指标的好坏。例如，阳极长包现象出现时，铝电解槽槽电压和阳极导杆等距压降出现不稳定变化，长时间如此，往往会造成阳极局部过热，改变电解质的导电性和表面张力等特性，大大影响突起处下部熔体中的电流分布，改变阳极电流密度，严重危害铝电解生产的正常运行，甚至导致阳极事故及停槽，从而影响到铝电解槽的生产效率和其他重要性能指标。我国大约有 1/3 的铝厂和铝用炭素工厂时常为电解槽阳极氧化掉渣和掉块所困扰。严重的氧化掉渣和掉块导致铝电解槽运行紊乱，以致发生电解槽事故，使电能、物料消耗大幅度提高，电流效率急剧下降，甚至导致换阳极、停槽等严重事故。据统计，每年因铝电解槽阳极氧化掉渣或脱落问题给全国铝厂和炭素厂造成的损失在数亿元人民币以上。

（2）阳极效应。阳极效应是在实际铝电解生产中，当电解质里的氧化铝浓度降低到某一值时发生的现象。尽管阳极效应可以清除铝电解质中的炭渣、烧平阳极底掌，但由于发生阳极效应要消耗大量的电能，并引起系列电流和电压的波动，降低电流效率，所以工业生产中要抑制阳极效应的发生。

（3）阴极故障。阴极的主要故障有：铝液快速流动、波动和滚铝；电解槽侧部或炉帮损坏；阴极钢棒腐蚀、漏炉。针振和电压摆可以看成是铝液快速流动和波动引起的。

（4）故障产生的原因。电解槽不稳定，表现为"针振"和"电压摆"。主要是由于槽内熔体受内、外作用力影响使电解质与金属铝的液体界面形状发生改变，造成极距的变化而引起槽电阻或电压产生周期性波动的一种槽况不稳定性，学术上称为磁流体（MHD）不稳定。铝电解槽内电解质、铝液在电场和磁场的作用下产生运动与振荡，但由于电解质、铝液厚度通常是 $10 \sim 30cm$，而水平的槽膛面积大于 $4m \times 10m$，即垂直距离的导线长度只有水平导线长度的几百分之一，因此一般把水平电流的存在作为熔体运动的主要原因。但是整个槽膛电磁力大小并不均匀，水平运动的熔体在移动的过程中就会相互挤压、隆起、做垂直运动。水平电流、垂直电流作用力的合成会使熔体做漩涡运动。这样，整个界面就会以波振动方式，以一定的振幅、频率和对应特征函数模态的空间形式振荡。造成针振或电压摆的原因较多，机理复杂，形成的波形也各不相同，所导致的不稳定性也不一样。

4.2　基于 BP 神经网络的电解槽故障诊断

4.2.1　数据预处理

数据来自某铝厂 350kA 预焙铝电解槽计算机实时监测数据，采样频率为 1Hz，有效频率分析范围为 $0 \sim 0.5Hz$。所采用的数据样本排除了由人为操作引起的信号变化，如设定电压改变、换阳极、出铝等，避免了人为因素对信号频谱的影响，保证了数据分析的准确性。

数据预处理是分析信号前非常重要的一个步骤，它可以剔除异常数据，提高信号分析的准确性。这里对明显异常数据进行剔除或取代，还对数据进行了去均值处理，避免谱曲线在零频处出现一个很大的峰值影响分辨。

4.2.2 频谱分析

4.2.2.1 基于离散傅里叶变换的谱分析

根据离散傅里叶变换的定义，频谱输出 X_K，X_{K+1} 之间的谱线间隔为 $f_x = f_s/N$（f_s 为采样频率，N 为采样点），其中 $N = 2^v$。在实验数据中，铝电解槽采样频率为 1Hz，v 取 10，即取 1024 个点，谱线间隔为 2^{-10}Hz。图 4.1 和图 4.2 是铝电解槽槽电阻数据波形及利用快速傅里叶（FFT）算法进行谱分析的结果[6]。

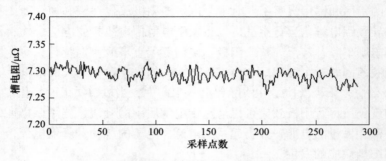

图 4.1 槽电阻时域波形

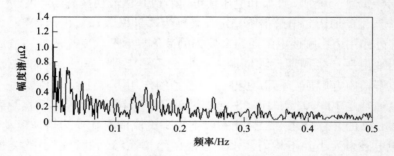

图 4.2 槽电阻傅里叶变换（FFT）频谱

观察槽电阻信号 FFT 频谱图，发现主频区主要在 0～0.1Hz 之间，但是虚假谱峰较多，不易辨识。为了进一步提高谱的分辨率，分别采用功率谱估计方法和 AR 谱估计方法进行分析。

4.2.2.2 经典功率谱估计方法

采用将序列直接用 FFT 求谱，将随机信号 $x(n)$ 的 N 点样本值 $x_N(n)$ 看作为能量有限信号，取其傅里叶变换，得到 $X_N(e^{j\omega})$；然后取其幅值的平方，并除以 N 作为 $x(n)$ 的真实功率谱 $P(e^{j\omega})$ 的估计，即

$$\hat{P}(e^{j\omega}) = \frac{1}{N}|X_N(\omega)|^2$$

用直接法对图 4.1 所示的槽电阻信号做功率谱估计，结果如图 4.3 所示，可看出，用直接法对槽电阻信号做功率谱估计，信号的主频率区更加明显，虚假谱峰明显减少。

4.2.2.3 自回归 AR 谱估计

经典谱估计方法（包括直接法和自相关法）对序列的相关函数做了不合理的修改，或

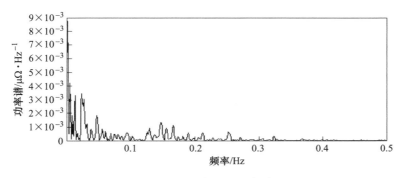

图 4.3 槽电阻直接法功率谱图

者对截断以后的相关假设为零，或者进行了周期延拓。这些都会给谱估计带来一定的误差。现代谱估计方法可以较好地解决这些问题。AR 谱估计具有分辨率高、平滑性较好等特点。AR 谱估计的基本思想是先对随机信号序列建立 AR 模型，再利用模型系数计算信号的自功率谱。AR(p)模型的一般表达式为：

$$y(n) = w(n) - \sum_{k=1}^{p} a_k y(n-k) \tag{4.1}$$

式中，$y(n)$ 为自回归随机序列；$w(n)$ 为具有零均值，方差 σ^2 的正态分布有限带宽白噪声；p 为模型阶次。

AR 模型的输出功率谱为：

$$P(\omega) = \frac{\sigma_\rho^2}{\left| 1 + \sum_{k=1}^{p} a_k e^{-jk\omega} \right|^2} \tag{4.2}$$

式中，p 为 AR 模型阶数；$a_k(k=1, \cdots, p)$ 为模型参数（或自回归系数）；σ^2 为预测功率误差。

这里采用 Burg 算法的 AR 模型谱估计方法对槽电阻信号进行了研究。Burg 法是一种在 Levinson-Durbin 递归约束的前提下，使前向和后向预测误差能量之和为最小的自回归功率谱估计的方法，它避开了自相关函数的计算，能够在低噪声的信号中分辨出非常接近的正弦信号，并且可以用较少的数据记录来进行估计，估计的结果非常接近真实值。

但是 AR 模型的阶次 p 的选择直接影响到 AR 谱估计的质量，p 选得太低，反映不出谱峰；p 选得过大，可能会产生虚假峰值。这里，用最终预测误差准则来帮助选择模型阶次 p，该准则公式如下：

$$FPE(k) = \rho_k \frac{N + (k+1)}{N - (k+1)} \tag{4.3}$$

式中，ρ_k 为最小预测误差功率；N 为数据 $x(n)$ 的长度；$k=1, 2, \cdots, N$。

所选 AR 模型阶次均利用该准则和在实践中所得到的结果多次比较后选定，具有一定的准确性，对图 4.1 所示槽电阻信号，其最终预测误差准则函数曲线如图 4.4 所示，这里选定模型阶次 $p=44$。图 4.5 是 Burg 谱估计法的结果。

以上用傅里叶变换、直接法和 AR 功率谱估计三种方法，对槽电阻信号进行频谱分

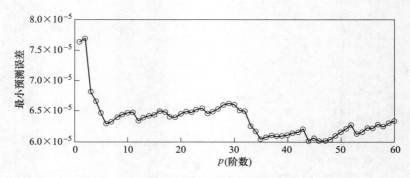

图 4.4   最终预测误差准则函数曲线

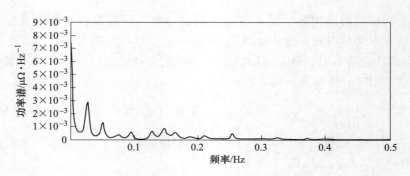

图 4.5   槽电阻 AR 功率谱图

析，比较各个频谱图，通过 FFT 变换得到的频谱图虚假谱峰较多，影响对主频率的观察；而自回归 AR 谱估计方法得到的功率谱图曲线光滑，分辨率高，但阶数 p 的确定较麻烦，需要结合准则并进行多次实验，才能选定能够准确反映频谱的阶数值；而经典功率谱估计方法计算效率高，估计值正比于正弦波信号的功率，虽然也存在方差性能差和谱分辨率不高的缺点，但已满足对槽电阻信号分析的要求。这里选用直接法对槽电阻信号进行功率谱估计，并且以后要用到的特征向量的提取也是在直接法功率谱图的基础上进行的。

4.2.2.4   槽电阻信号频谱特征

A   槽电阻正常和异常信号时域和频域分析

（1）当铝电解槽运行正常时，槽电阻信号的时域和频域功率谱图如图 4.6 和图 4.7 所示。

（2）当铝电解槽内铝液波动时，槽电阻信号的时域和频域图如图 4.8 和图 4.9 所示。

（3）当铝电解槽内阳极异常时，这里给出两例，例 1 的时域和频域图如图 4.10 和图 4.11 所示，例 2 的时域和频域图如图 4.12 和图 4.13 所示。

B   结果与分析

对正常和异常槽电阻信号进行频谱分析，发现异常的槽电阻信号有明显高于正常槽电阻信号的主谱峰，具体分析如下：

（1）在正常槽况下，观察槽电阻信号的时域和频域可以发现，槽电阻波形振幅很小，此时虽然也存在磁流体运动，但是属于正常情况，不会对电解槽造成危害。

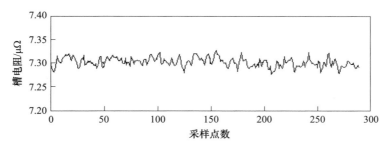

图 4.6　正常槽电阻信号时域图

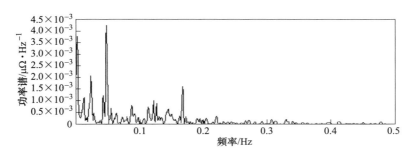

图 4.7　正常槽电阻信号直接法功率

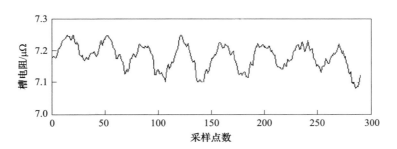

图 4.8　异常槽电阻信号时域图（铝液波动）

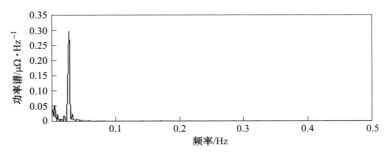

图 4.9　异常槽电阻信号直接法功率

（2）在异常槽况下，槽电阻波动的振幅和周期都十分清楚；利用快速傅里叶变换把槽电阻变换到频域上，通过对大量的槽电阻数据分析并结合专家对铝电解槽运行状况的经验

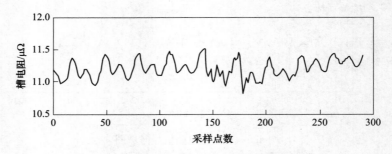

图 4.10　例 1 阳极异常槽电阻信号时域图

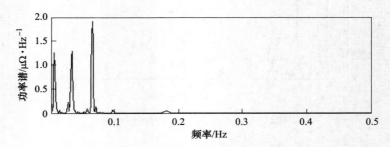

图 4.11　例 1 阳极异常槽电阻信号频域图

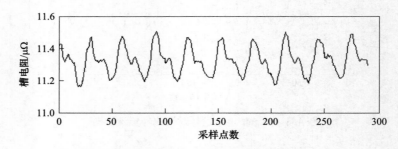

图 4.12　例 2 异常槽电阻信号时域图

发现，铝电解槽的不同故障会引起槽电阻波形振幅和频率的不同变化，各有不同的特征。铝液波动过大和阳极异常都会引起槽电阻不同幅度和不同频率的变化，可以通过该特征来诊断电解槽槽况。如图 4.8 和图 4.9 所示，这是由于电解槽内铝液波动增大，引起电阻波形变化，频谱能量较高，有一个明显的频率峰值；而如图 4.10 ~ 图 4.13 所示，一般认为这是由于阳极底部长包引起的槽况不稳定，频谱能量较高，且有两个较明显的频率峰值。

　　（3）观察功率谱图可发现，无论铝电解槽槽况正常与否，在频率很低的位置，始终有一个位置较稳定的波峰，一般认为是由氧化铝浓度的变化和极距的调整引起的低频信号，可以通过它来控制氧化铝浓度和调整极距，通过低通滤波器后的正常和异常槽电阻低频控制信号如图 4.14 和图 4.15 所示。

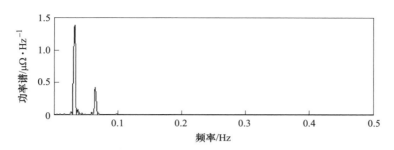

图 4.13　例 2 异常槽电阻信号频域图

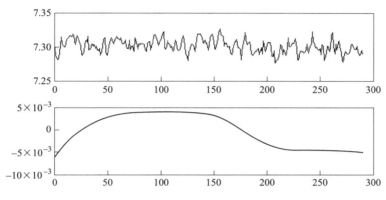

图 4.14　正常槽电阻信号及低频控制信号图

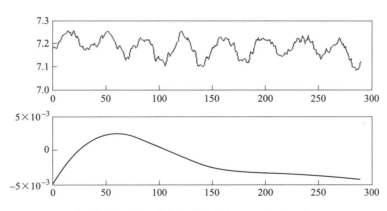

图 4.15　异常槽电阻信号及低频控制信号图

4.2.3　神经网络建模

4.2.3.1　神经网络简介

神经网络的基本单元是神经元，神经网络就是由大量的神经元相互连接而构成的网络，根据连接方式的不同，神经网络的拓扑结构通常可分成两大类：层状结构和网状结构。层状结构的神经网络由若干层组成，其中一层为网络的输入层，另一层为网络的输出层，其余介于输入层与输出层之间的则为网络的隐含层，每一层都包括一定数量的神经元，在相邻层中神经元单向连接，而同层内的神经元相互之间无连接关系。根据层与层之间有无反馈连接，层状结构的神经网络可进一步分为前馈网络和反馈网络两种类型。网状结构的神经网络又称为互联网络，其特点是任何两个神经元之间都可能存在双向的连接关系，所有的神经元既作为输入节点，同时也作为输出节点。因此，输入信号要在所有的神经元之间反复传递，从某一初始状态开始，经过若干次的变化，直到收敛于某一稳定状态或进入周期振荡等状态为止。随着神经元数目的增加，网络结构会迅速复杂化，从而大大增加网络的计算量。

典型结构的神经网络包括反向传播（BP）网络、径向基函数（RBF）网络、Hopfield网络、自组织特征映射网络、递归神经网络等，这几种神经网络研究得已较为透彻，算法也比较成熟，应用相对比较广泛，有些复杂网络可以看成简单网络组合而成，简单介绍如下：

（1）反向传播（BP）网络。BP网络是一种最为常见的前馈网络，它有一个输入层、一个输出层、一个或多个隐含层。一个三层结构的BP网络如图4.16所示。每一层上包含了若干个节点，每个节点代表一个神经元。同一层上的各节点之间无耦合连接关系，信息从输入层开始在各层之间单向传播，依次经过各隐含层节点，最后到达输出层节点。

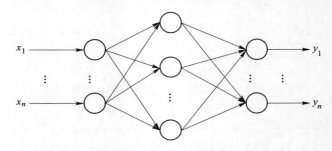

图4.16 三层BP网络结构

（2）径向基函数（RBF）网络。径向基函数（RBF）网络也是一种常用的前馈网络。它属于三层前馈网络，包括一个输入层、一个输出层和一个隐含层。输入层节点的作用是将输入数据传递到隐含层节点，隐含层节点称为RBF节点，由以高斯型传递函数为典型代表的辐射状函数神经元构成，而输出层节点的传递函数通常为简单的线性函数。隐含层节点的高斯核函数对输入数据将在局部产生响应，即当输入数据靠近高斯核函数的中心时，隐含层节点将产生较大的输出，反之则产生较小的输出。

RBF网络与BP网络的主要区别在于BP网络中的隐含层节点使用的是Sigmoid型函数，它在输入空间无限大的范围内取非零值，而RBF网络中的隐含层节点使用的是高斯核型函数，其取值范围具有局部性的特征。

（3）Hopfield网络。Hopfield网络是典型的反馈型神经网络。在反馈型神经网络中，输入数据决定了反馈系统的初始状态，经过一系列状态转移后，系统逐渐收敛至平衡状态。这个平衡状态就是反馈型神经网络经计算后的输出结果。因此，稳定性是反馈神经网络最重要的问题之一。

（4）递归神经网络。递归神经网络（RNN）也是一种常用的反馈网络，它利用网络内部的状态反馈来描述系统的非线性动力学行为，根据状态信息的反馈途径，有两种基本的 RNN 结构模型：Jordan 型和 Elman 型，如图 4.17 所示。

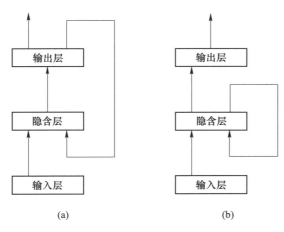

图 4.17 RNN 网络的基本结构

（a）Jordan 型；（b）Elman 型

4.2.3.2 神经网络的选择

在神经网络的实际应用中，BP 神经网络模型是最基本的网络。由于 BP 神经网络的结构简单、可塑性强、算法也非常成熟，因此，这里采用 BP 神经网络进行故障诊断和故障模式分类，建立故障模型。

4.2.3.3 BP 网络学习过程

BP 学习算法由两部分组成：正向计算传播和误差反向传播。在正向传播计算过程中，输入信号从输入层经隐含层节点处理后传向输出层，每一层节点的输出只影响到下一层节点的输出，当输出层得到了期望的输出，则学习算法结束，否则，转入反向传播；反向传播是将输出信号的误差（样本输出和期望输出间的误差）按原连接通路反向传播计算，由梯度下降法调整各层神经元的权值和阈值，使误差信号减少。如此循环，最终使得网络的输出与期望输出间的误差达到给定的精度，学习结束，整个学习过程如图 4.18 所示。

4.2.3.4 改进后的 BP 网络

虽然 BP 网络反向传播法得到了广泛的应用，但它也存在自身的限制与不足，主要存在着两个主要问题：（1）收敛速度慢，需要较长的训练时间。对一些复杂的问题，BP 算法可能要进行几个小时甚至更长时间的训练。这主要是由于学习速率太小所造成的。可采用变化的学习速率或自适应的学习速率来加以改进。（2）局部极小值。BP 算法可以使网络的权值收敛到一个解，但它并不能保证所求为误差平面的全局极小解。这是因为 BP 算法采用梯度下降法，训练是从某一起点沿误差函数的斜面逐渐达到误差的最小值，因而在对其训练过程中，可能陷入某一小谷区，而这一小谷区产生的是一个局部极小值。由此点向各方向变化均使误差增加，以至于使训练无法逃出这一局部极小值。

为了克服上述缺点，研究人员对其做了深入的研究，提出了很多改进方法。以下是两种常用方法：

（1）附加动量。附加动量法使网络在修正其权值时，不仅考虑误差在梯度上的作用，而且考虑在误差曲面上变化趋势的影响。其作用如同一个低通滤波器，允许忽略网络上的

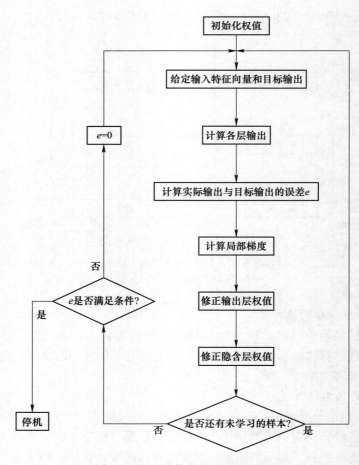

图 4.18 BP 网络学习过程流程图

微小变化特性，利用附加动量的作用则可能滑过这些极小值。该方法是在反向传播的基础上在每一个权值的变化上加上一项正比于前次权值变化量的值，并根据反向传播法来产生新的权值变化。带有附加动量因子的权值调节公式为：

$$\Delta w_y(k+1) = (1-m_c)\eta\partial_i x_j + m_c\Delta w_{ij}(k)$$
$$\Delta\theta_i(k+1) = (1-m_c)\eta\partial_i + m_c\Delta\theta_i(k) \tag{4.4}$$

式中，k 为训练次数；m_c 为动量因子，一般取 0.95 左右。

训练中对采用动量法的判断条件为：

$$m_c = \begin{cases} 0 & E(k) > E(k-1) \times 1.04 \\ 0.95 & E(k) < E(k-1) \\ m_c & 其他 \end{cases} \tag{4.5}$$

附加动量法的实质是将最后一次权值变化的影响通过一个动量因子来传递。当动量因子取为零时，权值的变化仅是根据梯度下降法产生；当动量因子取值为 1 时，新的权值变化则是设置为最后一次权值的变化，而以梯度法产生的变化部分则被忽略掉了。动量法降低了网络对于误差曲面局部细节的敏感性，有效地抑制了网络陷入局部极小值。

（2）自适应学习速率。自适应学习速率有利于缩短学习时间。对于一个特定的问题，要选择适当的学习速率不是一件容易的事情。对训练开始初期功效较好的学习速率，不见得对后来的训练合适。通常调节学习速率的准则是：检查权值的修正值是否真的降低了误差函数，如果确实如此，则说明选取的学习速率值小了，可以对其增加一个量；若不是这样，而产生了过调，那么就应该减少学习速率的值。下面给出了一种自适应学习速率的调整公式：

$$\eta(k+1) = \begin{cases} 1.05\eta(k) & E(k+1) < E(k) \\ 0.7\eta(k) & E(k+1) > 1.04E(k) \\ \eta(k) & \text{其他} \end{cases} \quad (4.6)$$

此方法可以保证网络总是以网络可以接受的最大的学习速率进行训练。当一个较大的学习速率仍能够使网络稳定学习、误差继续下降，则增加学习速率，使其以更大的学习速率进行学习；一旦学习速率调得过大，而不能保证误差继续减少，则减少学习速率直到使其学习过程稳定为止。

4.2.3.5 铝电解故障特征向量的选择

A 选择输入特征向量的原则

选择输入特征向量的原则为：（1）对铝电解槽铝液波动和阳极异常情况下反应较明显；（2）数值稳定，受环境等偶然因素影响较小；（3）获取方法简单。

B 铝电解槽故障特征分析

采集了正常情况和异常情况下铝电解槽电阻信号，利用三种方法（FFT、直接法、自回归 AR 谱估计）对槽电阻信号进行了处理，通过该信号的频谱分析发现，在铝电解槽正常、铝液波动和阳极异常三种不同情况下，它们的槽电阻信号频率和谱的幅值都不一样。以 6min 为一周期分段，对某槽大量槽电阻数据进行功率谱估计，得出如表 4.1 所示的铝电解槽不同槽况特征[7]。

表 4.1 铝电解槽不同槽况特征

正常情况	槽内铝液波动	阳极异常（底部长包）
频谱能量小	频谱能量较大	频谱能量较大
低频处均有一个控制信号（<0.01Hz）处	低频处均有一个控制信号（<0.01Hz）处	低频处均有一个控制信号（<0.01Hz）处
无明显规律	0.02~0.03Hz 处有一个明显峰值	0.03~0.04Hz，0.06~0.07Hz 处有两个明显峰值
0.1Hz 以上无明显峰值	0.1Hz 以上无明显峰值	0.1Hz 以上无明显峰值

C 选择的输入特征向量

取 0~0.01Hz、0.01~0.02Hz、0.02~0.03Hz、0.03~0.04Hz、0.04~0.05Hz、0.05~0.06Hz、0.06~0.07Hz、0.07~0.08Hz、0.08~0.09Hz 各频段能量占总能量的百分比及该时段内归一化总能量等 10 个输入量。

D 选择的输出特征向量

根据要诊断的电解槽的三种不同情况，确定输出节点数为 3，分别代表：（1）铝电解槽工作正常；（2）铝液波动；（3）阳极异常，当某输出节点为"1"时表示对应故障发生，"0"表示对应故障不发生。表 4.2 为铝电解槽输出特征向量。

表 4.2　铝电解槽输出特征向量

电解槽况	输出节点		
	0	1	2
0—工作正常	1	0	0
1—铝液波动	0	1	0
2—阳极异常	0	0	1

4.2.4　网络参数的确定

利用 BP 算法训练神经网络，首先要根据具体的问题选择网络训练样本，给出输入向量和目标向量，并选定所要设计的神经网络结构和运行参数。包括网络的层数、每层的神经元数及每层的激活函数，确定误差向量，然后求得误差平方和。当所训练向量的误差平方和小于误差目标，训练则停止；否则在输出层计算误差变化，且采用反向传播规则来调整各层的输入权值，并一直重复直到网络收敛到误差小于设定的误差目标。

因为 BP 网络的层数较多且每层神经元也较多，而且输入向量数组庞大，往往使得采用一般的程序设计出现循环套循环的复杂的嵌套程序结构，使程序编写费时，又不容易调试。Matlab 神经网络工具箱全部运算均采用矩阵形式，能够处理极为复杂的矩阵运算，使网络训练变得简单快速。

4.2.4.1　网络层数的选择

大量事实表明，隐含层数增加，可以不断降低误差、提高网络精度，但是隐含层的数目超过一定值，会使网络复杂化，增加网络权值的数量和权值的训练时间。所以不能仅仅依靠增加网络隐含层数来提高网络精确度。已经证明了对于任何闭区间内的一个连续函数都可以用一个隐含层的 BP 网络来逼近，因而一个 3 层的 BP 网络可以完成任意的 n 维到 m 维的映射。因此这里将采用含有一层隐含层的 3 层 BP 网络。

BP 网络的输入、输出层的神经元数目完全由使用者按要求来决定。输入层的神经元数由输入特征向量维数确定，对于铝电解故障诊断系统来说，上面已经分析确定输入特征向量维数为 10，即输入层的节点数为 10。输出层的神经元个数由要诊断的不同槽况种类确定，这里输出层节点数为 3（分别代表正常槽况、铝液波动和阳极异常）。

4.2.4.2　隐含层的神经元数量的选择

有关研究表明，网络训练精度的提高可以采用隐含层数量为一个而增加其神经元数量的方法来实现，这比增加网络隐含层数的方法简单得多。但是神经元数量越多，建立的向量越复杂，运算速度受到影响；而神经元数量太少，则达不到计算精确度。在理论上并没有明确规定神经元的数量，比较切合实际的做法是在设计网络时对不同神经元数量的网络进行对比，在获得有效的网络模型及其神经元数量后，适当加上一点余量。对于用作分类器的 BP 神经网络，按照美国科学家 Hebb 提出的以下公式选取隐层节点数：

$$h = (N + M)^{0.5} + \sigma \tag{4.7}$$

式中，h 为隐层节点数；N 为输入层节点数；M 为输出层节点数；σ 为 1~10 之间的常数。

按照该方式设计网络，网络输入层神经元个数为 10 个，输出层神经元个数为 3 个，隐含层的神经元个数并不是固定的，这里通过实际训练的检验，选取隐含层神经元个数为 8 个。

4.2.4.3 网络学习参数的选取

A 初始权值和阈值的选取

由于研究对象的变换规律是非线性的，因此初始值的选取对网络能否收敛、学习次数的多少、训练时间的长短等影响比较大。如果初始值太大，使得加权后的输入落在启动函数的饱和区，从而导致其导数 $f'(x)$ 非常小。因为在计算权值的修正公式中的 δ 正比于 $f'(x)$，所以如果 $f'(x)$ 很小即 $f'(x) \to 0$，则有 $\delta \to 0$，使得 $w \to 0$，从而使学习过程几乎停顿下来。所以，一般总是希望经过初始加权后的每个神经元的输出值都接近于零，这样可以保证每个神经元的权值都能够在它们的 S 型激活函数变化最大之处进行调节。所以，在设计神经网络时，一般取初始权值在（-1，1）之间的随机数。另外，有的学者经过分析研究后认为，选择权值的量级为 $\sqrt[T]{S_1}$（其中 S_1 为第一层神经元数量，T 为输出层神经元数量）。这里采用 Matlab 中的神经网络初始化函数，自动选取初始的权值和阈值。

B 学习速率的选择

学习速率决定每一次循环训练中所产生的权值变化量。如果学习速率较大，训练时间可能短一些，收敛速度可能快一些，但会导致系统的不稳定，可能跳过误差表面的低谷而使精度降低；如果学习速率较小，则训练时间较长，收敛速度很慢，但是能保证网络的误差值不会跳出误差表面的低谷而最终趋于最小误差值。所以，在一般情况下，为了保险起见，倾向于选择较小的学习速率以保证系统的稳定性和精确度。学习速率的选取范围一般在 0.01~0.8 之间。和初始权值的选取过程一样，在设计神经网络过程中，网络要经过对几个不同的学习速率进行训练，通过观察每一次训练的误差平方和 $\sum e^2$ 的下降速率来判定所选定的学习速率是否合适。如果 $\sum e^2$ 下降很快，则说明学习速率是合适的；若 $\sum e^2$ 出现振荡现象，则说明学习速率过大。对于每一个具体的神经网络都存在一个合适的学习速率，但对于比较复杂的网络，在误差曲面的不同部位可能需要不同的学习速率。为了减少寻找学习速率的训练次数和训练时间，这里采用变化的自适应学习速率，使网络的训练在不同的阶段自动设置不同的学习速率。

C 期望误差的选取

在设计网络的过程中，适当的期望误差值也应当通过对比训练来确定。较小的期望误差值是要靠增加隐含层的节点及增加训练时间来获得的。一般情况下，作为对比，可以对若干个不同的期望误差值进行网络训练，最后通过综合因素考虑确定。

4.2.4.4 样本数据的处理

将整理的数据样本映射到 [-1，1] 之间，进行归一化处理，这样有利于提高神经网络的训练速度。具体算法是：

$$P_n = 2 \times (p - \min p)/(\max p - \min p) - 1 \tag{4.8}$$

式中，p 为所整理的一组数据；$\min p$，$\max p$ 分别为这组数据的最小值和最大值；P_n 为映射后的数据。

Matlab 提供了对数据进行归一化处理的函数：

$$[P_n, meanp, stdp, T_n, meant, stdt] = prestd(P, T)$$

式中，P 为输入向量矩阵；T 为目标向量矩阵；P_n 为归一化输入向量矩阵；$meanp$ 为输入向量均值矩阵；$stdp$ 为输入向量标准差矩阵；T_n 为归一化目标向量矩阵；$meant$ 为输出向量均值矩阵；$stdt$ 为目标向量标准差矩阵。

这里使用的数据共有 190 组，随机抽取其中 130 组作为神经网络学习训练样本，60 组作为检验样本。

4.2.5 故障诊断结果与分析

通过对 350kA 铝电解槽生产工艺和大量的槽电阻数据进行综合分析，提取特征向量，结合一般性原则，运用 Matlab 语言及神经网络工具箱，对 350kA 铝电解槽槽况进行故障诊断。综合前面所述，这里神经网络的激活函数隐含层和输出层均采用 S 型激活函数，预先对样本数据进行处理，使数据映射到 [−1，1] 之间。采用处理后的 130 组数据作为训练样本，60 组数据作为检验样本。铝电解槽况归一化处理后的部分数据输入样本，见表 4.3。采用 10 输入、3 输出的三层 BP 网络，根据经验公式选取隐含层节点数为 8 个，同时输入层至隐含层和隐含层至输出层的激活函数均用 logsig 形式的 Signoid 函数。这里的期望误差选取为 0.001，最大训练次数为 3000，初始学习速率为 0.08，采用改进后的 BP 网络进行模型的训练。

表 4.3 铝电解槽况归一化处理后的部分数据输入样本

样本	总能量	P_1	P_2	P_3	P_4	P_5	P_6	P_7	P_8	P_9	预期目标
1	0.021	0.073	0.082	0.079	0.334	0.221	0.082	0.086	0.014	0.028	（010）
2	0.308	0.031	0.081	0.519	0.261	0.091	0.005	0.006	0.004	0.002	（010）
3	0.359	0.039	0.022	0.061	0.363	0.049	0.028	0.397	0.035	0.006	（001）
4	0.024	0.205	0.068	0.090	0.179	0.188	0.137	0.056	0.060	0.017	（100）
5	0.205	0.066	0.046	0.684	0.162	0.011	0.009	0.012	0.004	0.008	（010）
⋮	⋮	⋮	⋮	⋮	⋮	⋮	⋮	⋮	⋮	⋮	⋮
127	0.260	0.072	0.052	0.019	0.228	0.053	0.073	0.439	0.05	0.010	（001）
128	0.021	0.073	0.079	0.092	0.126	0.392	0.158	0.055	0.011	0.015	（100）
129	0.419	0.101	0.022	0.59	0.244	0.014	0.009	0.010	0.009	0.0027	（010）
130	0.247	0.152	0.144	0.018	0.047	0.239	0.261	0.064	0.030	0.046	（001）

注：P_1—0~0.01Hz，P_2—0.01~0.02Hz，P_3—0.02~0.03Hz，P_4—0.03~0.04Hz，P_5—0.04~0.05Hz，P_6—0.05~0.06Hz，P_7—0.06~0.07Hz，P_8—0.07~0.08Hz，P_9—0.08~0.09Hz。

网络经初始化，经 215 次训练后，网络的误差平方和达到了目标误差的要求。训练过程中，误差平方和的变化曲线如图 4.19 所示，误差平方和随着训练次数逐渐减小，直至达到所规定的期望误差，停止训练。

为检验模型的正确性，用随机抽取的 60 组数据作为测试样本对训练好的 BP 网络进行检验，表 4.4 给出了部分测试样本诊断结果。实验结果表明，60 组数据中有 53 组能够准确诊断出故障原因，正确率达到了 88.3%。

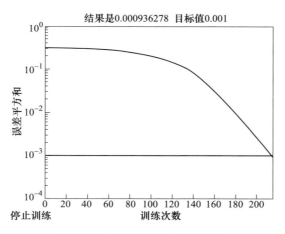

结果是0.000936278　目标值0.001

图 4.19　误差平方和变化曲线

表 4.4　部分测试样本诊断结果

测试样本数	实际结果			预测结果		
	正常槽况	铝液波动	阳极异常	正常槽况	铝液波动	阳极异常
1	1	0	0	0.9515	0.0130	0.0325
2	1	0	0	0.9253	0.0222	0.1062
3	1	0	0	0.9396	0.2081	0.0205
4	1	0	0	0.9697	0.0114	0.0198
5	1	0	0	0.9241	0.0243	0.0126
6	0	1	0	0.0801	0.9762	0.0177
7	0	1	0	0.0408	0.9405	0.1360
8	0	1	0	0.0037	0.9616	0.0285
9	0	1	0	0.0581	0.9779	0.0064
10	0	1	0	0.0242	0.9082	0.2079
11	0	0	1	0.0203	0.0241	0.9673
12	0	0	1	0.0303	0.1081	0.9483
13	0	0	1	0.0209	0.2151	0.9331
14	0	0	1	0.0025	0.1057	0.8709
15	0	0	1	0.0256	0.0313	0.9548

4.2.6　遗传优化的神经网络诊断系统

4.2.6.1　BP 神经网络的优化方案

神经网络的训练可以看作是一个最优化问题，它要找到一个权集，使得在此权集下，输出结果与期望结果误差最小。由于神经网络结构非常复杂，因此这是一个非常困难的问题。BP 算法是神经网络研究中比较成功的算法，它对于前馈神经网络非常有效。BP 算法的实质是梯度下降法，因而存在两个明显的缺点：一是容易陷入局部极小值，二是收敛速度慢。初始值的选取，对网络能否收敛、学习次数的多少、训练时间的长短等影响也比较大。为了解决这些问题，通常可采取以下优化措施：

（1）选择合适的初始权值。

（2）给权值加以扰动。在学习的过程中给权值加以扰动，有可能使网络脱离当前局部最小点的陷阱。

（3）在网络的学习样本中适当加些噪声，可避免网络依靠死记的办法来学习。

（4）当网络的输出与样本之间的差小于给定的允许误差范围时，则对此样本神经网络不再修正其权值，以此来加快网络的学习速度。

（5）适当选择网络的大小，尽可能使用 3 层网络，这样可以避免因层数多、节点数多、计算复杂化而可能导致反向误差发散的情况。

（6）采用最优化算法与 BP 算法相结合的方法，例如模拟退火算法、遗传算法等。

遗传算法是一种进化论的数学模型，是在思想上标新立异的优化方法。通过对生物进化过程中繁殖、杂交和变异的自然选择规律的模拟，在"物竞天择，适者生存，优胜劣汰"的选择原则下，使问题的最优解得以生存，从而实现对问题的优化。遗传算法不仅具有良好的全局收敛能力，收敛速度快、效率高，还具有全局搜索性，能够克服神经网络固有的局部最小点问题，但微调能力不够。在遗传算法初步优化权值的基础上，再进行神经网络的训练和识别，充分利用神经网络的非线性逼近能力，可以实现优势互补，同时避免各自缺点。遗传算法目前还没有严格的数学基础，但实际应用表明该算法在很多情况下能取得满意的效果。

有以下 4 种方法通过遗传算法优化设计神经网络的结构和权重系数：

（1）列出神经网络中所有可能存在的神经元，将这些神经元之间所有可能存在的连接权重系数都编码成二值码串或实数码串表示的个体，随机地生成这些码串的群体，然后反复使用选择、交换、变异和其他的遗传算子对群体进行遗传优化计算。将码串反编码构成神经网络，计算所有训练样本通过此神经网络产生的平均误差可以确定每个码串表示的个体的适应度。这种方法简单明了，但是运算量较大。当优化设计解决复杂问题的大规模神经网络时，随着神经元数目的大量增加，连接权重系数的总数也急剧增加，从而造成遗传算法搜索的空间急剧增大。

（2）利用遗传算法优化设计的不仅是神经网络的结构，而且包括神经网络的学习规则和与之关联的参数。这类方法中有的还利用遗传算法优化设计码串个体的适应度的计算方程。这类方法并不将连接权重系数编码成码串，而是将未经训练的神经网络的结构模式和学习规则编码成码串表示的个体，因此遗传算法搜索的空间相对较小。相对于第一种方法，它的缺点是对于每个选择的码串表示的个体都必须反编码构成未经训练的神经网络，再对此神经网络进行传统的训练以确定神经网络的连接权重系数。

（3）介于对所有的连接权重系数都编码的第一种方法和不对任何连接权重系数编码的第二种方法之间。这种方法构造一条空间填充曲线来确定神经网络输入层到第一层的函数，它的搜索空间与计算量都是适中的，但只能用于基于径向基函数的神经网络的优化设计。

（4）利用遗传算法同时优化设计神经网络的结构和连接权重系数，即同时对神经网络的结构和连接权重系数都进行编码。Vittorio 还提出了粒度编码方法以提高连接权重系数的优化精度。Vittorio 的粒度控制加快了收敛到一定优化精度的遗传搜索时间，但会引起个体的适应度的剧烈不连续变化，从而又间接地导致遗传算法收敛速度变慢。

采用遗传算法与 BP 算法相结合的方法对 BP 神经网络进行优化处理，改善 BP 网络的初始化权值，这样可以避免其陷入局部极小值，加快其训练速度，改善网络的性能。

4.2.6.2 遗传算法优化 BP 神经网络

A 基本思想

遗传算法是具有很强的全局优化搜索能力的算法，并具有简单通用、鲁棒性强、具有并行处理结构、应用范围广的显著优点。经典的遗传算法的结构如图 4.20 所示[8]。

由图 4.20 可以看到，遗传算法是一种种群型操作，该操作以种群中的所有个体为对象。遗传算法的 3 个主要操作算子是物种选择（selection）、杂交（crossover）和变异（mutation）。遗传算法包含了 5 个基本要素：参数编码、初始种群的生成、适应度函数的设计、遗传操作设计、控制参数设定（主要指种群的规模和采用的遗传操作的概率等）。

根据遗传算法的特点，可以得到遗传算法优化 BP 神经网络初始权值的基本思想是：（1）在一定区域内初始化网络的权值。根据种群规模的不同，这样的网络权值可以有几十个甚至更多。（2）根据遗传算法"优胜劣汰"的进化原理，以网络误差最小作为进化准则，经过多次迭代，最后获得一组权值，该组权值是遗传算法所能遍历的权值中网络误差最小的，是给定网络结构下趋于全局能量最小的权值。（3）用这组权值作为 BP 网络开始训练的初始权值。

遗传算法优化神经网络模型的流程图如图 4.21 所示。

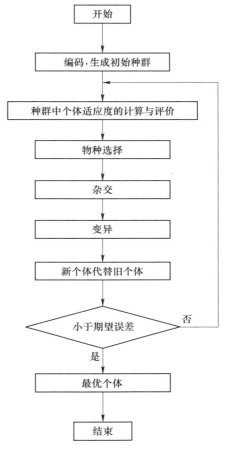

图 4.20 遗传算法的结构图

B 编码方案的选择

常用的编码方式有二进制编码和实数编码两种。大多数的问题都可以采用一维的染色体编码形式，尤其是基于 {0，1} 符号集的二进制编码形式。二进制编码的形式最为自然和直接，交叉和变异算子也可以直接使用，但是二进制编码在求解本问题时会存在以下两个缺点：（1）不能直观反映所求问题本身的结构特征；（2）为了提高编码的精度，必须使用较长的编码，若编码过长，计算量很大，进化速度会很慢，因此存在一个精度和效率的冲突问题。而实数编码则是该问题的直观描述，不存在编码和解码过程，从而提高了解的精度和运算速度。所以，为了取得较为满意的实验结果，这里采用了实数编码的方法。

将 BP 神经网络的每个连接权值都用一个实数表示，一个网络的权值用一组实数表达，

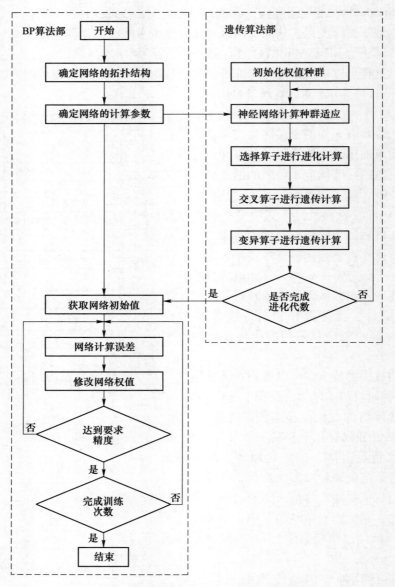

图 4.21 遗传算法优化神经网络模型流程图

每组实数由 4 部分组成（输入层与隐含层的连接权值、隐含层与输出层的连接权值、隐含层的阈值、输出层的阈值）。所以，当输入层中的节点数为 10、隐含层中的节点数为 8、输出层中的节点数为 3 时，这样的一个 3 层 BP 神经网络存在的权值数为 $10 \times 8 + 8 \times 3 = 104$ 个，阈值数为 $8 + 3 = 11$ 个。采用实数编码将行向量 W 当作一条染色体，每一个实数 w_i（即其中一个连接权值）是染色体上的一个基因位，这样一个染色体的长度就是权值和阈值的数量值，即一个染色体的长度是 $104 + 11 = 115$，也就是说共有 115 个参数需要优化。

接下来需要确定种群中染色体的初始值，即网络的初始权值和阈值。网络的初始权值和阈值的取值范围为 [-1, 1]，分布以正态分布来随机确定，这种做法是通过大量实验得来的，这样做能使遗传算法搜索到所有可行解的范围。

C 初始种群的生成

在进行遗传操作之前，必须为其准备一个由若干个初始解组成的初始种群。遗传算法以此为起点经过一代代进化直到终止，得到最后一代（或种群）。

种群的规模与遗传算法的迭代次数和染色体长度都有关系。群体规模越大，迭代次数就越多，收敛就越慢，但是规模太小又会使染色体得不到充分的交叉和变异，同样会影响收敛速度。当规模太小，得到的结果一般不佳，可能过早收敛到局部最优解，所以说，大的群体更有希望收敛到全局最优解。然而群体越大，每一代的计算量也就越多，规模过大会导致一个无法接受的慢收敛率。根据经验，规模越大，收敛到最优解所需代数越少；规模越小，收敛到最优解所需代数越多。从已有的文献看，变量较少时，规模为 30~50；变量较多时，规模为 100~2000。通过多次反复的实验，选择初始种群的规模为 $G=30$ 比较合适。

D 适应度函数的设计

在遗传算法中，适应值的度量是群体演化的依据，遗传算法在运行中基本上不需要外部信息，只需依据适应度函数来控制种群的更新。对适应度函数的唯一要求是可计算出能加以比较的非负数值，设计适应度函数的主要方法是把问题的目标函数转换成合适的适应度函数。另外，当优化问题存在强约束条件时，也要对原适应度函数进行修正，因为经典的遗传算法是不考虑约束问题的。

适应度函数是优化问题中的目标函数，目标函数为使前向计算网络的输出误差的平方和最小。

$$E = \sum_{i=1}^{k} e_i^2 \tag{4.9}$$

式中，$i=1,2,3,\cdots,k$，为训练集样本数。

由于遗传算法是向适应度函数值增大的方向进化，因此适应度函数 f_i 可以为

$$f_i = \frac{1}{E} \tag{4.10}$$

式（4.10）就是遗传算法的适应度函数。

E 遗传操作的设计

遗传操作包括选择、交叉与变异 3 个主要的算子。

选择算子，又称为再生算子，选择的作用是把优化的个体直接遗传到下一代或通过配对杂交产生新的个体再遗传到下一代。根据个体的适应度函数值所度量的优劣程度决定它在下一代是被淘汰还是被遗传。一般地，选择使适应度较大个体有较大的存在机会，而适应度较小的个体继续存在的机会也较小。确定选择算子的方法主要有：轮盘赌方法、最佳个体保存方法、期望值方法、排序方法、联赛选择方法、排挤方法等。

采用轮盘赌的方法，每个个体进入下一代的概率就是等于它的适应度值与整个种群中个体适应度值和的比例，适应度值越高，被选中的可能性就越大，进入下一代的概率就越大。令 $\sum_{i=1}^{n} f_i$ 表示群体的适应度值之总和，f_i 表示种群中第 i 个染色体的适应度值，它产生后代的能力，也就是个体的选择概率 p_{select} 正好为其适应度值所占份额 $f_i / \sum_{i=1}^{n} f_i$，即可以按

照式（4.11）的概率值来选择网络的个体。

$$p_{select} = f_i \Big/ \sum_{i=1}^{n} f_i \tag{4.11}$$

式中，f_i 为个体的适配值；i 为染色体数，$i = 1$，2，3，$\cdots$，n。

选择过程使适应性好的成员在中间种群中有更多的拷贝，不产生新的个体。而交叉过程是种群成员之间交换信息，可以产生新的个体，从而检测搜索空间中新的信息。

交叉算子每次作用在从种群中随机选取的两个个体上，产生两个子代串，它们一般与父代串不同，并且彼此不同，每个子代串都包含两个父代串的遗传信息。交叉操作就是把配好对的两个父本个体的部分结构加以替换重组，而生成新个体的操作。这里采用算术交叉，由两个个体的线性组合而产生出两个新的个体。假设在两个个体 W_1 和 W_2 之间进行算术交叉，则交叉后产生的两个新个体是：

$$\begin{cases} W_a^{t+1} = \alpha W_b^t + (1 - \alpha)W_a^t \\ W_b^{t+1} = \alpha W_a^t + (1 - \alpha)W_b^t \end{cases} \tag{4.12}$$

式中，α 为每次运算时随机产生的一个参数。

例如两个父体 $W_a^t = [w_{a1}^t, w_{a2}^t, \cdots, w_{a104}^t]$ 和 $W_b^t = [w_{b1}^t, w_{b2}^t, \cdots, w_{b104}^t]$，选择从第 k 个分量开始进行交叉，则经过交叉后的后代为 $W_a^{t+1} = [w_{a1}^{t+1}, w_{a2}^{t+1}, \cdots, w_{bk}^{t+1}, w_{b(k+1)}^{t+1}, \cdots, w_{a104}^{t+1}]$ 和 $W_b^{t+1} = [w_{b1}^{t+1}, w_{b2}^{t+1}, \cdots, w_{ak}^{t+1}, w_{a(k+1)}^{t+1}, \cdots, w_{b104}^{t+1}]$。

变异算子的功能就是对个体串的某些基因座上的基因值做变动。在实数编码中，变异算子不再是简单的取反。选用均匀变异、边界变异和非均匀变异的混合算子，具体实现分别如下：

（1）均匀变异。均匀变异就是分别用符合某一范围内均匀分布的随机数，以某一较小的概率替换个体编码串中基因座上的原有基因。设 $W = [w_1, w_2, \cdots, w_k, \cdots, w_{104}]$ 是解空间的一个向量，也就是其中一个个体，若 w_k 是一个变异点，其取值范围为 $[U_{\min}^k, U_{\max}^k]$，在该点对个体 W 进行均匀变异操作后，得到一个新的个体 $W' = [w_1', w_2', \cdots, w_k', \cdots, w_{104}']$，其中变异点 w_k 的新基因值为：

$$w_k' = U_{\min}^k + r(U_{\max}^k - U_{\min}^k) \tag{4.13}$$

式中，r 为 $[0, 1]$ 范围内符合均匀概率分布的一个随机数。

（2）边界变异。边界变异就是随机选取基因座的两个对应边界基因值之一去替换原有基因。在进行由个体 $W = [w_1, w_2, \cdots, w_k, \cdots, w_{104}]$ 向新个体 $W' = [w_1', w_2', \cdots, w_k', \cdots, w_{104}']$ 的边界变异操作中，若变异点 w_k 处的基因值取值范围是 $[U_{\min}^k, U_{\max}^k]$，则变异点新基因值由下式确定：

$$w_k' = \begin{cases} U_{\min}^k, (\text{random}(0,1) = 0) \\ U_{\max}^k, (\text{random}(0,1) = 1) \end{cases} \tag{4.14}$$

式中，$\text{random}(0,1)$ 表示以均等概率从 0 和 1 中任取其一。

（3）非均匀变异。与均匀变异相比，不是取均匀分布的随机数去替换原有的基因值，而是对原有基因值作一随机扰动，以扰动后的结果作为变异后的新基因值。在进行由个体 $W = [w_1, w_2, \cdots, w_k, \cdots, w_{104}]$ 向新个体 $W' = [w_1', w_2', \cdots, w_k', \cdots, w_{104}']$ 的边界变异操作中，若变异点 w_k 处的基因值取值范围是 $[U_{\min}^k, U_{\max}^k]$，则变异点新基因值由下式确定：

$$w_k = \begin{cases} w_k - \Delta(t, w_k - U_{min}^k), random(0,1) = 1 \\ w_k + \Delta(t, U_{max}^k - w_k), random(0,1) = 0 \end{cases} \tag{4.15}$$

式中，$\Delta(t, Y)$ 为 $[0, Y]$ 范围内符合非均匀分布的一个随机数，其中 Y 代表 $U_{max}^k - w_k$ 和 $w_k - U_{min}^k$。

$\Delta(t, Y)$ 要求随着进化代数 T 的增加，$\Delta(t, Y)$ 接近于零的概率也逐渐增加，可根据式（4.16）来确定：

$$\Delta(t, Y) = Y \times (1 - r^{(1-t/T)b}) \tag{4.16}$$

式中，r 为 $[0, 1]$ 范围内符合均匀概率分布的一个随机数；T 为最大进化代数；b 为一个系统参数，它决定了随机扰动对进化代数 t 的依赖程度。

F 控制参数的设计

控制参数选取不同会对遗传算法的性能产生很大的影响，要想得到算法执行的最优性能，必须确定最优的参数设置。

（1）最大进化代数 T。在实验中，最大代数的选择分两步，先给出一个小代数，观察收敛情况。不理想时，在原进化结果的基础上继续进化。先取进化代数为 20~50 之间，通过试计算 5~6 次，判断出足够的进化代数为 100，所以这里取最大进化代数 $T = 100$。

（2）交叉概率 $p_{crossover}$。交叉概率控制交叉算子应用的频率，在每代复制后的中间群体中，只有 $p_{crossover}G$ 个串实行交叉，其中 G 为初始种群的规模，即 30。交叉概率越高，群体中串的更新就越快。若交叉概率 $p_{crossover}$ 过高，相对选择能够产生的改进而言，高性能串被破坏得要更快。如果交叉概率 $p_{crossover}$ 过低，搜索可能会停滞不前。通常可取 $p_{crossover} = 0.6 \sim$ 0.8，这里选取 $p_{crossover} = 0.6$。

（3）变异概率 $p_{mutation}$。变异概率控制变异算子应用的频率，每代复制之后，新的群体中的每个串的每一位以概率等于变异率 $p_{mutation}$ 进行随机改变，从而每代大约发生 $p_{mutation}GL$ 次变异（其中 L 为串长，即 $L = 104$）。变异概率 $p_{mutation}$ 的值越大，种群的多样性越高，但是搜索的随机性增大。变异概率 $p_{mutation}$ 的值越小，可能使某位过早丢失的信息无法恢复，造成种群的多样性低，可能会使搜索限于局部最小。一个低水平的变异率足以防止整个群体中任一给定位保持永远收敛到单一的值。通常取 $p_{mutation} = 0.01 \sim 0.1$，这里选择 $p_{mutation} = 0.09$。

4.2.6.3 基于遗传神经网络模型

遗传算法优化 BP 神经网络的权值是将 BP 网络的学习过程看成是在权值的空间中搜索最优权值的过程[9]。

用遗传算法优化 BP 神经网络权值的步骤如下：

（1）参数初始化。设置初始种群的个体个数 $G = 30$，最大遗传代数 $T = 100$，交叉概率 $p_{crossover} = 0.6$，变异概率 $p_{mutation} = 0.09$，适应度函数 f_t 通过 Matlab 编程实现。

（2）编码并生成初始种群。对任一个连接权值 WIH_{ij} 和 WHO_{jk} 与阈值 h_j 和 o_k 用实数进行编码，即 $W = (WIH_{11}, WIH_{21}, \cdots, WIH_{101}, \cdots, WHO_{11}, WHO_{21}, \cdots, WHO_{81}, \cdots, h_1, \cdots, h_8, o_1, \cdots, o_3)$，构造出一个码链，每一个码链就是 BP 神经网络的一个权值和阈值集合，随机生成包含有 30 个个体的初始群体。

（3）根据适应度函数计算每一个个体的适配值，判断是否满足条件。如果不满足，则进行遗传操作，产生新的个体。计算人工神经网络的误差平方和，如果没有达到期望值 $\varepsilon_{GA}=5.0$，再继续进行遗传操作。如果在 100 代遗传操作之内满足条件，则得到最终的最优解。

（4）将得到的最优解分解为 BP 网络的初始权值和阈值。根据步骤（2）中定义的码链，将前 80 个数作为输入层节点到隐含层节点的连接权值与 WIH_{11}，WIH_{21}，…，WIH_{101}，…，WIH_{18}，WIH_{28}，…，WIH_{108} 相对应，将第 81 个数至第 104 个数与 WHO_{11}，WHO_{21}，…，WHO_{81}，…，WHO_{13}，WHO_{23}，…，WHO_{83} 相对应（共 24 个数）作为隐含层到输出层的连接权值，将第 105 个数至第 112 个数（共 8 个数）与 h_1，h_2，…，h_8 相对应，作为隐含层中节点的阈值，将第 113 个数至第 115 个数作为与 o_1，o_2，o_3 相对应输出层节点的阈值。图 4.22~图 4.24 给出了过程及仿真结果。

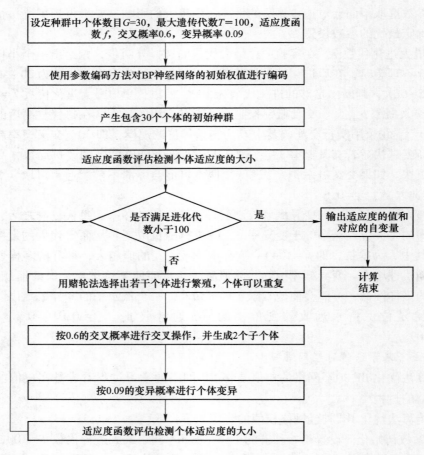

图 4.22　遗传算法流程图

4.2.6.4　仿真结果

为了测试所建立的故障模型的准确性，用 30 组数据作为测试样本对训练好的 BP 网络进行检验，结果表明，30 组数据中有 24 组能够准确诊断出故障原因，正确率达到了 80%。部分测试结果见表 4.5。

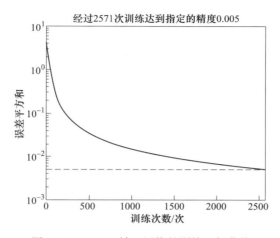

图 4.23　GA-BP 神经网络的训练目标曲线

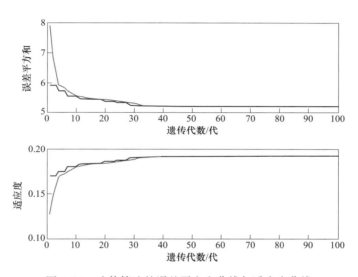

图 4.24　遗传算法的误差平方和曲线与适应度曲线

表 4.5　部分测试结果

测试样本数	测试结果			期望结果		
	槽况正常	铝液波动	阳极异常	槽况正常	铝液波动	阳极异常
1	0.9832	0.0031	0.0085	1	0	0
2	0.9953	0.0102	0.0117	1	0	0
3	0.9691	0.0081	0.0155	1	0	0
4	0.9695	0.0116	0.0098	1	0	0
5	0.0113	0.9901	0.0122	0	1	0
6	0.0093	0.9854	0.0115	0	1	0
7	0.0125	0.9863	0.0130	0	1	0
8	0.0106	0.0165	0.9851	0	0	1
9	0.0175	0.0159	0.9912	0	0	1
10	0.0103	0.0143	0.9893	0	0	1

4.3 基于 Elman 神经网络诊断系统

4.3.1 Elman 神经网络诊断模型的建立

4.3.1.1 Elman 神经网络

Elman 神经网络是一种典型的局部回归网络，是 BP 神经网络的一种变形，可以将它看作是一个具有局部记忆单元和局部反馈连接的前向神经网络。Elman 网络具有与多层前向网络相似的多层结构。在这个网络中除了有普通的隐含层之外，还有一个特别的隐含层。这个隐含层可以称其为关联层，该层从普通的隐含层接收反馈信号，每一个隐含层节点都有一个与之对应的关联层节点连接，关联层的神经元输出被传至隐含层。关联层的作用是通过连接记忆将上一个时刻的隐层状态连同当前时刻的网络输入一起作为隐层的输入，相当于状态反馈。隐层的传递函数仍为某种非线性函数，一般为 Sigmoid 函数，输出层为线性函数，关联层也为线性函数。当它只有正向连接是适用的而反馈连接为恒值，那么就可以将其看成是普通的前向网络，并且可以采用 BP 算法。Elman 网络的结构如图 4.25 所示[10]。

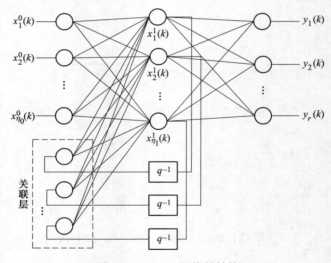

图 4.25 Elman 网络的结构

通过 Elman 网络的结构图可以写出 Elman 网络的各层关系式：

输入层：
$$x_i^0(k) = x_i(k) \qquad (i = 1, 2, \cdots, n_0) \tag{4.17}$$

隐含层：
$$\begin{cases} s_i^1(k) = \sum_{j=1}^{n^0} w_{ij}^0 x_j^0(k) + \sum_{j=1}^{n_1} w_{ij}^2 c_j(k) \\ x_i^1(k) = f_1(s_i^1(k)) \end{cases} \qquad (i = 1, 2, \cdots, n_1) \tag{4.18}$$

关联层：
$$\begin{cases} s_i^2(k) = x_i^1(k-1) \\ c_i(k) = s_i^2(k) \end{cases} \qquad (i = 1, 2, \cdots, n_1) \tag{4.19}$$

输出层：
$$\begin{cases} s_i^3(k) = \sum_{j=1}^{n_1} w_{ij}^1 x_j^1(k) \\ y_i(k) = f_2(s_i^3(k)) \end{cases} \qquad (i = 1, 2, \cdots, r) \tag{4.20}$$

式中，$x_i^0(k)$ 为 Elman 网络中第 i 个节点的输入；$s_i^1(k)$，$x_i^1(k)$ 分别为隐含层第 i 个节点的输入及输出；$s_i^2(k)$，$c_i(k)$ 分别为关联层第 i 个节点的输入及输出；$s_i^3(k)$，$y_i(k)$ 分别为输出层第 i 个节点的输入和输出；$f_1(\ )$，$f_2(\ )$ 分别为隐含层和输出层的激活函数；w_{ij}^0，w_{ij}^2，w_{ij}^1 分别为隐含层、关联层还有输出层的连接权值。

创建 Elman 神经网络的指令格式为：

$$net = newelm(PR,[S1\ S2\cdots SN1],\{TF1\ TF2\cdots TFN1\},BTF,BLF,PF)$$

式中，PR 为 R 个输入元素的范围矩阵；Si 为第 i 层的神经元个数；TFi 为第 i 层的传递函数，默认值为 "tansig"；BTF 为反向传播网络的训练函数，默认值为 "traingdx"；BLF 为反向传播权值的学习函数，默认为 "learngdm"；PF 为性能分析函数，默认为 "mse"。

训练 Elman 神经网络可以用 train 或者 adapt。两个函数不同之处在于，train 函数应用反向传播训练函数进行权值修正，通常选用 traingdx 训练函数；adapt 函数应用学习规则函数进行权值修正，通常选用 learngdm 函数。网络的训练过程如下：

（1）计算网络的实际输出和期望输出之间的误差；

（2）计算该误差对权值和阈值的梯度并进行反向传播。但是由于是延时反馈，因此权值对误差的影响会被忽略，得到的梯度实际上为近似的值；

（3）如果使用 train 函数来训练的话，就会调用该训练函数来调整权值和阈值；如果使用的是 adapt 函数的话，那么就调用学习函数来对权值和阈值进行调整。

4.3.1.2 输入、输出及各参数的选择

数据来自某铝厂电解槽计算机实时监测数据，采样频率为 1Hz。铝电解槽的生产过程是个非线性、强腐蚀、多变量、强耦合系统，可以在线采集的信息非常的少。槽电阻信号是到现在为止唯一能在线获得的，能够反应电解槽状况的信号，它跟电解槽内氧化铝浓度有很大的关系。这里从槽电阻入手，根据采集到的槽电压和槽电流，计算出槽电阻信号并对其进行处理，通过对该信号的频谱分析可以发现，槽电阻的主频率在 $0\sim0.1$Hz 之间。在铝电解过程中，由于氧化铝下料和极距调整，在很低频率处有一个稳定的低频信号。当槽况正常时，频谱能量较小，中频和高频处都无明显的控制信号；当阳极效应发生之前某时段时，频谱能量较大，在中频率处的 $0.03\sim0.04$Hz 及 $0.06\sim0.07$Hz 处有两个比较明显的波峰。为了表达方便将阳极效应发生之前某时间段的状态称为阳极异常。因此，选择电解槽槽况正常和阳极异常两种不同情况下的频谱能量样本为输入信号。这里一共有 100 组不同槽况下的频谱数据，选取其中 80 组作为网络训练的样本，而其余剩下的 20 组数据则作为测试网络是否可行的测试样本。表 4.6 是网络的部分输入样本。

表 4.6 网络的输入样本

特征样本										故障状态
0.020487	0.0732	0.0818	0.0793	0.3342	0.2208	0.0824	0.0861	0.0138	0.0283	
0.023539	0.2051	0.0678	0.0898	0.1796	0.188	0.1366	0.0559	0.0601	0.0171	槽况正常
0.020825	0.0728	0.0788	0.0917	0.1264	0.3922	0.1577	0.0553	0.0105	0.0146	
0.3595	0.0398	0.022	0.0604	0.3629	0.049	0.0281	0.3965	0.0355	0.006	
0.25939	0.0719	0.0519	0.0186	0.2279	0.0533	0.0733	0.4398	0.0529	0.0102	阳极异常
0.24686	0.0886	0.0323	0.0396	0.3082	0.0577	0.0535	0.3591	0.0487	0.0121	

建立以频谱能量为特征向量的故障样本和网络模型。取 0~0.01Hz、0.01~0.02Hz、0.02~0.03Hz、0.03~0.04Hz、0.04~0.05Hz、0.05~0.06Hz、0.06~0.07Hz、0.07~0.08Hz、0.08~0.09Hz 频率之间的能量及总能量为输入量。分别取槽况正常及阳极异常时的情况下的样本数据为训练的输入样本。然后确定网络的输出模式。因为要做的是要在阳极效应发生之前对它进行预测报警，因此这里为神经网络选择了两种输出情况，即槽况正常和阳极异常这两种状况。将这两种状况作为网络的输出信号，网络的两种输出模式为：槽况正常（1，0）；阳极异常（0，1）。

学习速率决定每一次循环训练中所产生的权值变化量。如果学习速率较大，训练时间可能短一些，收敛速度可能快一些，但这样会导致系统的不稳定；如果学习速率较小，则训练时间较长，收敛速度很慢，但是能保证网络的误差值不会跳出误差表面的低谷而最终趋于最小误差值。所以，在一般情况下，倾向于选择较小的学习速率以保证系统的稳定性和精确度。学习速率的选取范围一般在 0.01~0.8 之间。经过反复实验仿真，将学习速率确定为 0.08。

期望误差也是比较重要的一个参数，较小的期望误差值要靠增加隐含层的节点及增加训练时间来获得的。在这里，将期望误差确定为 0.002。

4.3.1.3　Elman 网络的构建

构建网络最主要的工作就是输入层和输出层节点数的选择和确定中间隐层神经元的个数。输入层的神经元个数是由输入特征向量的维数来决定的，根据上面确定的输入特征向量可以确定输入节点数为 10。而输出层节点数则是由不同的槽况种类来确定的，在此，有槽况正常、阳极异常两种模式，所以输出层节点数为 2。构建网络过程如图 4.26 所示。

隐层节点数的选取是最重要也是最困难的。如何选取网络的隐含层的节点数，现在还暂时没有准确可行的方法。唯一的方式就是根据经验来多次选取，并反复的实验，看在哪种情况下所达到的结果最好。在本系统中，借用了 BP 网络确定隐层节点数的经验参考公式来选取 Elman 网络的隐层节点数：$h \geqslant \sqrt{m+n} + a$（其中，$h$ 为隐层节点数，n 为输入神经元数，m 为输出神经元数，a 为 1~10 之间的常数）。本神经网络中，输入节点数为 10，输出节点为 2 个，常数 a 可以多选取几个进行比较。经过反复多次的对比，得知将常数 a 取 4 时，网络的训练次数最少并且达到的误差也相对较小。即 $h \geqslant \sqrt{10+2} + 4 = 7.5$，所以隐层节点取 8。

应用函数 newelm 可以构建两层或者多层的 Elman 网络，隐层函数通常应用 tansig 传递函数，输出层通常是 purelin 传递函数。经过反复的尝试和训练，已将隐层的神经元节点定为 8 个，最大训练次数为 3000，训练要求精度为 0.002，其余参数都采用默认值。

Elman 网络的训练选用 train 函数。经过了 1097 次训练，网络的性能就达到了要求，训练的时间为 5.531s。它的误差平方和曲线的变化如图 4.27 所示。

4.3.1.4　不同隐层神经元节点数的 Elman 网络之间的对比

在建立 Elman 神经网络时说过，当隐层的神经元节点数为 8 的时候，网络的训练次数最少，训练时间最短，效果最佳。在此，分别将 Elman 网络取不同隐层节点时的训练结果拿来进行对比来证明这一结论。

当参考公式中的常数 a 取 3 时，隐层节点数则为 7。这时，网络经过了 1756 次训练使得误差控制在 0.002 以内，网络的训练时间为 8.563s。当常数 a 取 5 时，隐层节点数为

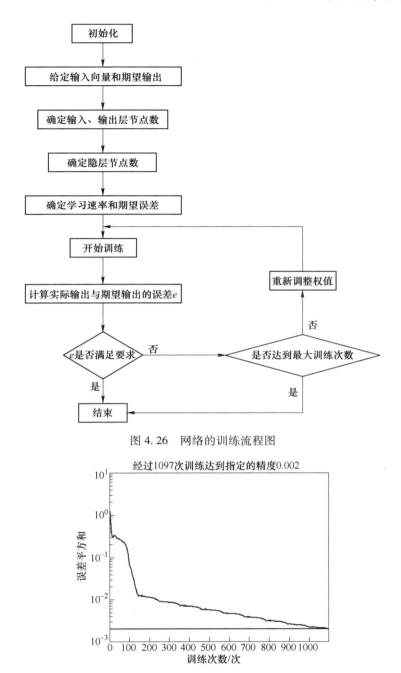

图 4.26　网络的训练流程图

图 4.27　Elman 网络训练的误差平方和曲线

9。这个时候可以看到，Elman 网络经过了 1909 次训练才使得网络误差达到标准，训练的时间为 10.06s。相比之下，无论从训练次数、训练时间还有误差这几个方面比较，常数 a 取 4 时都要略胜一筹。由此可以看出，隐层的节点并不是越多越好，而是要经过反复的训练比较试验才能选取到最合适的神经元个数。图 4.28 和图 4.29 是 Elman 网络隐层分别取 7 和 9 时的网络训练曲线。

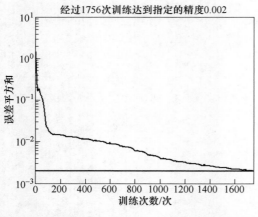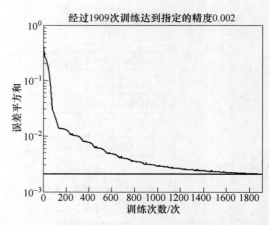

图 4.28 隐层节点为 7 时 Elman 的误差平方和曲线   图 4.29 隐层节点为 9 时 Elman 的误差平方和曲线

4.3.2 Elman 神经网络与 BP 网络的结果对比

为了显示出 Elman 网络的优点，再建立一个 BP 网络与其进行对比。BP 网络的输入与期望输出都与 Elman 网络相同。据此建立 3 层 BP 网络，该网络有 10 个输入神经元，2 个输出神经元，在此隐含层神经元也取 8 个。初次是将期望误差设置为 0.002，训练的最大次数设置为 5000 次。但是当网络训练次数达到最大的时候，BP 网络的误差还没有达到预定的目标。因此将网络的期望误差调整为 0.02，设置最大训练次数为 5000 次。与 Elman 网络的构建函数不同，BP 网络是使用 newff 函数来进行构建的。神经网络的学习过程使用 BP 网络算法。在 Matlab 上编程运行之后，经过了 3183 次的训练，BP 网络可以收敛到指定的误差范围之内，训练的时间为 17.234s。在训练过程中，网络的误差平方和变化曲线如图 4.30 和图 4.31 所示。

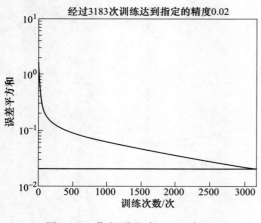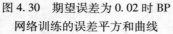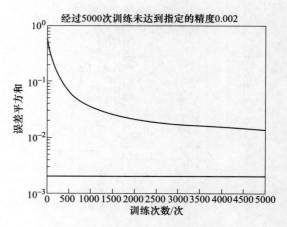

图 4.30 期望误差为 0.02 时 BP
网络训练的误差平方和曲线

图 4.31 期望误差为 0.002 时 BP
网络训练的误差平方和曲线

经过比对可以发现，Elman 神经网络在训练次数上比 BP 网络减少大约一半，并且其所能达到的精度与 BP 网络相比却提高了 10 倍，在用时上也大大减少。

4.3.3 诊断结果

当网络构建好了以后，对所建立的网络进行测试，看训练出来的网络是否能够准确的将阳极效应预测出来。选取几组电解槽槽况正常及阳极异常时的数据对网络进行测试，表4.7是部分测试所得到的结果。

表 4.7 部分网络测试结果

测试结果		期望结果		电解槽状况
1.0866	0.0527	1	0	槽况正常
−0.0641	0.9478	0	1	阳极异常
1.1316	−0.0217	1	0	槽况正常
−0.1054	1.0181	0	1	阳极异常
0.9823	−0.0032	1	0	槽况正常
−0.0242	0.9954	0	1	阳极异常
1.0540	0.0596	1	0	槽况正常
−0.0548	0.9581	0	1	阳极异常

从测试的结果可以看出，所得的结果虽然与所期望的结果还有一些差距，但是经过训练后的网络可以一定程度满足生产的要求。

4.4 基于短时傅里叶变换的信号分析

4.4.1 短时傅里叶变换

4.4.1.1 连续短时傅里叶变换

在研究非平稳信号领域中，短时傅里叶变换（short time fourier transform，STFT）是众多分析方法中最常用的一个。它的基本思想是利用一个随时间滑动的分析窗对非平稳信号进行加窗截断处理，将非平稳信号分解成一系列近似平稳的短时信号，最后利用傅里叶变换理论分析各短时平稳信号的频谱[11]。

单独一段短时段频谱并不能代表一整个频谱特征，所以短时傅里叶分析也不是简单地对各短时段频谱进行单独分析，而是通过将每一个短时段频谱连接到一起进行分析，才能观察分析出最终的结果。

假设被分析信号为 $x(t)$，$t(-\infty,+\infty)$，窗函数 $w(t)$。非平稳信号 $x(t)$ 经短时傅里叶变换处理过后的定义如下：

$$STFT(t,\omega) = \int_{-\infty}^{\infty} \left[x(\tau) * w^*(\tau - t) \right] \mathrm{e}^{-\mathrm{j}\omega\tau} \mathrm{d}\tau \qquad (4.21)$$

在 t 时刻处做短时傅里叶变换的计算过程为：将分析窗平移到时刻 t 处，得到 $w(\tau - t)$；对原始信号在平移后的分析窗内做加窗截断处理，得到短时信号 $x_i(\tau) = x(\tau)w(\tau - t)$，并对短时信号进行傅里叶变换分析得出频谱。

设分析窗的持续时间为 τ，那么时域加窗截断处理相当于取时间范围内的原非平稳信

号 $x(t)$ 的成分。若期望得到较好的时间分辨率，则必须选择持续时间较短的分析窗。

连续短时傅里叶变换的频域形式，根据傅里叶变换的性质可知，两个时域信号它们乘积的傅里叶变换与自频域的卷积相同。

$$STFT(t,\omega) = e^{-j\omega t} \frac{1}{2\pi} \int_{-\infty}^{\infty} \hat{x}(\omega') w^*(\omega' - \omega) e^{-j\omega't} d\omega' \tag{4.22}$$

由式（4.22）可知，在 ω 处的短时傅里叶变换的过程为：将分析窗 $\hat{w}(\omega)$ 平移到 ω 处，得到 $\hat{w}(\omega'-\omega)$，通过对信号频谱加窗截断的处理，得到短频信号，最后求短频信号 $\hat{x}_i(\omega')$ 的傅里叶逆变换在 ω 处的短时傅里叶变换。

$$\hat{x}_i(\omega') = \hat{x}(\omega') \hat{w}^*(\omega' - \omega) \tag{4.23}$$

根据 Heisenberg 测不准原理，短时傅里叶变换不可能在频域达到很高分辨率的同时保证时域也达到很高分辨率，将两者做出折中才是最佳选择。

4.4.1.2   离散短时傅里叶变换

A   离散短时傅里叶变换的定义

离散短时傅里叶变换与离散傅里叶变换具有相同的方法，为了实现信号频谱分析的数值计算，需要对短时傅里叶变换进行数字频域抽样。短时傅里叶变换由此得出：

$$S_x(n,\omega) = \sum_{m=-\infty}^{+\infty} x(m) w(n-m) e^{-j\omega m} \tag{4.24}$$

式中，$w(n)$ 表示分析窗，其作用是取出 $x(n)$ 在 n 时刻附近的一小段信号进行傅里叶变换，当窗函数随 n 移动，从而得到信号频谱随时间 n 变化的规律，此时的傅里叶变换是一个二维域（n，ω）的窗函数。

在对信号进行离散短时傅里叶变换的分析时，若想使二维谱图的显示效果得以改善，需注意两点：第一，为了提高短时序列频率分辨率，需增加频域抽样长度；第二，为了使时域达到高分辨率，需使用小的滑动窗分析因子。

B   离散短时傅里叶变换的计算

计算的有效性和窗函数的选择是进行短时傅里叶变换主要涉及的问题。离散短时傅里叶变换可以在相同频率间隔的采样点上对分析窗截断的每个时刻所截取的信号段做快速傅里叶变换（FFT）处理，使计算速度相当大程度上得到了提升的同时存储量也减少了一部分。

4.4.2   窗函数的选择及参数确定

4.4.2.1   窗函数的选择

（1）如果想要获得较高的频率分辨率，在选择窗函数时应从保持最大信息量和尽量消除旁瓣这两方面来考虑，因此应选用频谱主瓣宽度窄的窗函数，因为主瓣宽度窄才能使能量尽可能地集中在主瓣中。

（2）减少频谱泄漏，应选择较小的旁瓣且旁瓣能与频率一起快速衰减的窗函数。

（3）窗函数的选取应将被分析信号的特征与窗函数本身的性质特征综合考虑，且窗口长度选择恰当才能得到较好的频率分辨率。通常通过比较不同条件下性能来选择最合适的分析窗函数。

4.4.2.2 窗长的选择

在选定了分析窗函数之后，合理的选择分析窗长度也有利于分析精度的提高。窗口过长，信号不能近似看作平稳信号的话，则傅里叶变换将失去作用，也会加大运算量；若窗口过小，又会丢失信息。因此慎重选取窗函数的长度也是很有必要的。

由 Heisenberg 测不准原理可知，分析窗的时间与带宽乘积是恒定，无法保证在时域达到好分辨率的同时频域也有很好的分辨率，而这里研究方法需要同时从频率和幅值两个方面分析采样信号，因此需要折中选择一个窗函数使得频率跟时间能同时达到较好分辨率。由于海明窗（hamming）旁瓣更小，从减少频谱泄漏的方面看海明窗具有较优分析性能，且其主瓣宽度比较窄，基本能满足频率与时间同时达到较好分辨率的效果，因此选择具有较优分析性能的海明窗作为短时傅里叶变换的分析窗。

4.4.3 基于短时傅里叶变换的特征值提取

4.4.3.1 特征值的提取

若直接对信号进行检测一般都会检测出大量与故障无关的信息，因为随机信号占比较大，因此一般不用此类信号。可以从波形结构上对一些有规律的信号进行特征量的提取。

阳极导杆等距压降能够反映出阳极的工作状态。选用从窗函数每移动 4 次的结果中找到前 5 个幅值最大值及其对应的 5 个频率作为判断阳极故障的特征值。

通过短时傅里叶变换的方法对数据进行分析，并将时间、频率和幅值三个分析结果保存到 Excel 文件中。

4.4.3.2 特征参数选取

纵向分析铝电解槽的 A3 采样点处采集的数据，采样点 A3 的时域波形图如图 4.32 所示。窗函数沿时间轴每移动 4 次，在采样点 A3 数据中找出前 5 个最大幅值及其对应的频率值作为特征值，进行提取。

短时傅里叶变换的相关计算主要通过 Matlab 编程实现，采用有量纲指标平均值对特征值进行处理，将窗函数每移动 4 次（512）得到的幅值结果中找出的前 5 个最大幅值求平均值，同时将幅值对应的

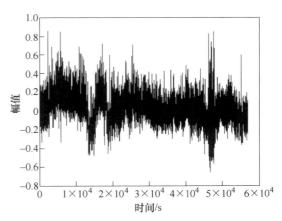

图 4.32 A3 采样点电压时域波形图

频率也做相同取平均值处理（幅值、频率各被分了 110 组）。在 Matlab 中采用 mean 函数对数据进行求均值处理。

需要处理的数据为 $A = data1 - mean$（data），[ss, ff, tt] = spectrogram（A, 256, 128, 256, fs）得到短时傅里叶变换处理后的数据，窗函数每移动 4 次（512）得到的幅值结果中取前 5 个最大幅值作为特征值保存下来，即 tzzfz，并将其对应的频率也作为特征值保存下来，即 tzz。tzzm = mean（tzz, 2），tzzfzm = mean（tzzfz, 2）为 mean 函数解析过的数据。A3 采样点处频率结果线形图如图 4.33 所示，幅值线形图如图 4.34 所示（频率、幅值线形图横坐标均为组的序号，共计 110 组）。

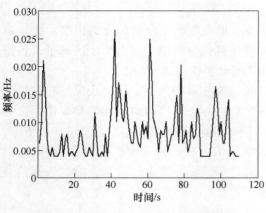

图 4.33 A3 采样点频率均值线形图

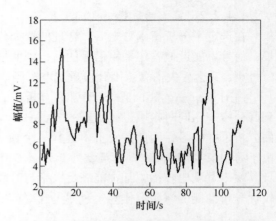

图 4.34 A3 采样点幅值均值线形图

数据信号的采样频率为 1Hz，A3 求均值后的频率与幅值统计部分结果见表 4.8。

表 4.8 采样点 10000~20000 求均值频率、幅值结果

分组情况	频率均值	幅值均值
10240~10752	0.0039	8.3
10752~11264	0.0047	7.3
11264~11776	0.0054	8.2
11776~12288	0.0086	8.2
12288~12800	0.0078	8.7
12800~13312	0.0047	7.75
13312~13824	0.0039	11.7
13824~14336	0.0039	17.2
14336~14848	0.0055	14.8
14848~15360	0.0047	13.9
15360~15872	0.0039	10.7
15872~16384	0.012	6.8
16384~16896	0.0078	9.1
16896~17408	0.0039	10.3
17408~17920	0.0039	11.0
17920~18432	0.0047	8.2
18432~18944	0.0039	8.1
18944~19456	0.0078	10.2
19456~19968	0.0039	11.9

从图 4.34 观察 A3 采样点的时域波形图，发现第 10000~20000 采样点中，电压值波动较大，认为是可能出现故障的时间段。此段频率均值及幅值均值分布见表 4.8，观察表 4.8 可以发现在波动较大的这段采样点中，均为频率较大或者幅值较大。在第 12800~

13312 采样点中，发现频率均值与幅值均值均偏大，此时的频率均值为 0.0047Hz，幅值均值为 7.75mV。可将频率 0.0047Hz、幅值 7.75mV 作为划分故障与非故障的临界值，即当频率大于 0.0047Hz 且幅值大于 7.75mV 时，系统出现故障。

在诊断时从纵向和横向两个方面进行。一方面纵向将同时满足频率大于 0.0047Hz 且幅值大于 7.75mV 这一条件应用于 A3 采样点进行诊断。观察图 4.33 和图 4.34 得出，A3 采样点 6144~7168、采样点 11264~13312、采样点 14336~14848、采样点 16384~16896、采样点 18944~19456 满足当频率大于 0.0047Hz 时，幅值大于 7.75mV。该故障临界值可以诊断出 A3 采样点故障值。另一方面横向取采样点 A5、采样点 B2 的数据，采用上面求得的故障临界值的条件进行故障诊断验证。同样对采样点 A5、采样点 B2 数据进行短时傅里叶变换后取特征值，对特征值进行求均值处理，得到的采样点 A5、采样点 B2 频率、幅值均值分布图如图 4.35 和图 4.36 所示。

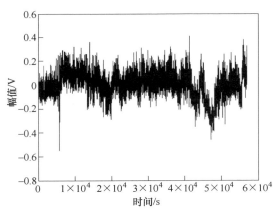

图 4.35　采样点 A5 电压时域波形图

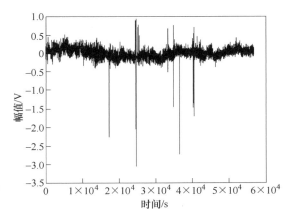

图 4.36　采样点 B2 电压时域波形图

将同时满足频率大于 0.0047Hz 且幅值大于 7.75mV 作为故障临界值代入采样点 A5 进行诊断，如图 4.37 和图 4.38 所示。

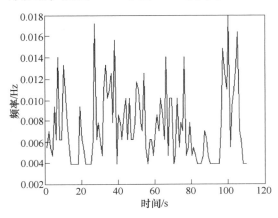

图 4.37　A5 采样点频率均值线形图

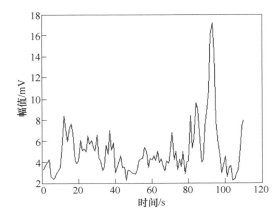

图 4.38　A5 采样点幅值均值线形图

观察图 4.38，A5 上幅值均值大于 7.75mV 的采样点为：第 6144~6656、第 41472~

41984、第 43008~44032、第 46080~49152、第 56320~56832。观察图 4.37，找出幅值大于 7.75mV 的采样点中且频率大于 0.0047Hz 的采样点为第 41472~41984。由于该段采样点满足故障条件，故采样点 41472~41984 为 A5 故障点。

将同时满足频率大于 0.0047Hz 且幅值大于 7.75mV 作为临界值代入采样点 B2 进行诊断，如图 4.39 和图 4.40 所示。

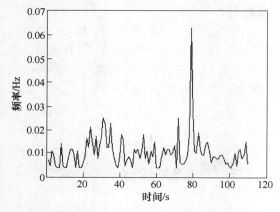 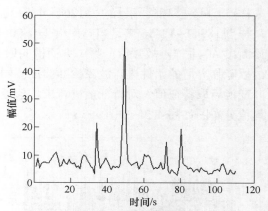

图 4.39　B2 采样点频率均值线形图　　　　图 4.40　B2 采样点幅值均值线形图

观察图 4.40 可以得出，B2 幅值均值大于 7.75mV 的采样点为：第 1024~1536、第 4608~7168、第 8192~8704、第 9728~10240、第 13312~15360、第 17408~18432、第 19968~20992、第 24576~26624、第 30720~32768、第 36864~37376、第 40960~41472。观察 B2 采样点频率均值线形图 4.39，找出在 B2 频率均值大于 0.0047Hz 的采样点中幅值大于 7.75mV 的采样点为：第 1024~1536、第 6144~7168、第 13312~15360、第 17408~18432、第 20480~20992、第 24576~26624、第 32256~32768 共 7 组采样点。因为以上 7 组采样点同时满足频率大于 0.0047Hz 且幅值大于 7.75mV，故以上 7 组为 B2 故障点。

将频率大于 0.0047Hz 且幅值大于 7.75mV 作为故障临界值在采样点 A5 及采样点 B2 中可以诊断出故障点。因此可以将特征值取均值后的频率大于 0.0047Hz 且幅值大于 7.75mV 作为划分有无故障的临界值。

4.4.4　阳极的故障诊断

4.4.4.1　加权平均值法

求加权平均值主要是在经过短时傅里叶变换处理过数据后，同样窗函数每移动 4 次（512）找出前 5 个最大幅值及其对应的频率，对找出的前 5 个最大幅值所对应的频率做求加权平均的处理。在 Matlab 中使用 spectrogram 函数变换后得到的数据，从窗函数每移动 4 次的结果中，提取前 5 个最大幅值及其对应的频率，使用 bsxfun 函数对频率特征值进行求加权平均处理。

由于在铝电解槽正常工作时，低频成分占主要地位，频率越小，幅值越大，因此频率越小它所对应权值的比重应该越大。下面对比三种权值所得到的结果。

图 4.41 是第一组权值设为（0.3，0.25，0.2，0.15，0.1）得出的加权平均频率线形图。从图 4.42 的 A3 采样点电压时域波形图中可看出采样点 10000~20000 包含波动较大和

波动较小的时间段。分析这段采样点取加权平均后的频率与幅值均值结果见表4.9。

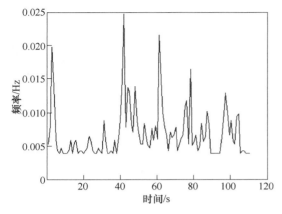

图 4.41 第一组权值 A3 频率线形图

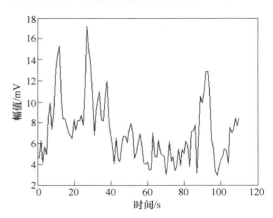

图 4.42 A3 幅值线形图

表 4.9 权值 1 采样点 10000~20000 频率、幅值结果

分组情况	频率均值	幅值均值
10240~10752	0.0039	8.3
10752~11264	0.0043	7.3
11264~11776	0.0047	8.2
11776~12288	0.0064	8.2
12288~12800	0.0059	8.7
12800~13312	0.0043	7.75
13312~13824	0.0039	11.7
13824~14336	0.0039	17.2
14336~14848	0.0047	14.8
14848~15360	0.0045	13.9
15360~15872	0.0039	10.7
15872~16384	0.0088	6.8
16384~16896	0.0059	9.1
16896~17408	0.0039	10.3
17408~17920	0.0039	11.0
17920~18432	0.0043	8.2
18432~18944	0.0039	8.1
18944~19456	0.0059	10.2
19456~19968	0.0039	11.9

在 A3 采样点 12800~13312 波动比较大，认为是故障点，从表4.9中可以得到该段采样点求加权平均后的频率为 0.0043Hz，幅值均值为 7.75mV。将 0.0043Hz、7.75mV 作为故障临界值，并在 A3 进行诊断，观察图 4.41 和图 4.42 可得出，在采样点 3072~3584、

采样点 6144~7168、采样点 7680~8192，采样点 14336~15360、采样点 16384~16896、采样点 17920~18432、采样点 18944~19456，采样点 19968~20480，频率幅值同时满足大于 0.0043Hz 和 7.75mV，因此可判定为故障点。

图 4.43 为第二组权值设为（0.5，0.29，0.1，0.08，0.03）得出的加权平均频率线形图。同样分析波动较大 10000~20000 采样段，加权平均频率与幅值均值结果见表 4.10。

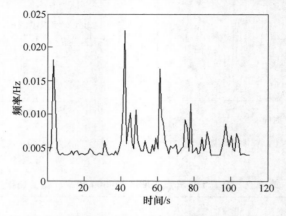

图 4.43 第二组权值 A3 频率线形图

表 4.10 权值 2 采样点 10000~20000 频率和幅值结果

分组情况	加权频率均值	幅值均值
10240~10752	0.0039	8.3
10752~11264	0.004	7.3
11264~11776	0.0042	8.2
11776~12288	0.0048	8.2
12288~12800	0.0045	8.7
12800~13312	0.0041	7.75
13312~13824	0.0039	11.7
13824~14336	0.0039	17.2
14336~14848	0.0042	14.8
14848~15360	0.004	13.9
15360~15872	0.0039	10.7
15872~16384	0.0061	6.8
16384~16896	0.0045	9.1
16896~17408	0.0039	10.3
17408~17920	0.0039	11.0
17920~18432	0.004	8.2
18432~18944	0.0039	8.1
18944~19456	0.0045	10.2
19456~19968	0.0039	11.9

同样在认为故障点处采样点 12800～13312 处，根据表 4.10 得出该段加权后频率为 0.004Hz，将加权平均频率 0.004Hz，幅值 7.75mV 作为故障临界值，对采样点 A3 进行诊断。根据图 4.43 和图 4.44 得出，采样点 3072～3584、采样点 6656～7168、采样点 7680～8192、采样点 11264～13312、采样点 14336～14848、采样点 16384～16896、采样点 18944～19456 满足故障条件，判定为故障点。

图 4.45 为将第三组权值设为（0.6，0.15，0.1，0.08，0.04）经加权平均得出的频率结果线形图，接下来分析采样点 10000～20000，频率幅值分布情况见表 4.11。

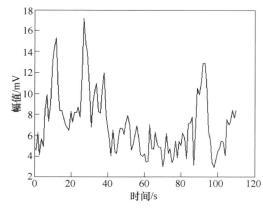

图 4.44　A3 幅值平均值

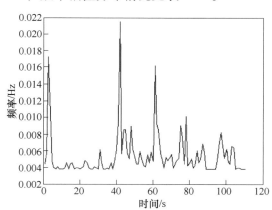

图 4.45　第三组权值 A3 频率线形图

表 4.11　权值 3 采样点 10000～20000 频率、幅值结果

分组情况	加权频率均值	幅值均值
10240～10752	0.0038	8.3
10752～11264	0.0039	7.3
11264～11776	0.0041	8.2
11776～12288	0.0049	8.2
12288～12800	0.0046	8.7
12800～13312	0.0044	7.75
13312～13824	0.0038	11.7
13824～14336	0.0038	17.2
14336～14848	0.0041	14.8
14848～15360	0.0039	13.9
15360～15872	0.0038	10.7
15872～16384	0.0061	6.8
16384～16896	0.0045	9.1
16896～17408	0.0038	10.3
17408～17920	0.0038	11.0
17920～18432	0.0039	8.2
18432～18944	0.0038	8.1
18944～19456	0.0046	10.2

故障点采样段 12800~13312 的频率加权平均值为 0.0044Hz，幅值均值不变仍为 7.75mV。将 0.0044Hz、7.75mV 作为故障临界值对 A3 进行诊断，根据图 4.45 和图 4.46 可以得出：采样点 7680~8192、采样点 11776~13312、采样点 16384~16896、采样点 19968~20480 满足故障临界值条件，认为是故障点。通过对比三组权值在 A3 的诊断结果见表 4.12。

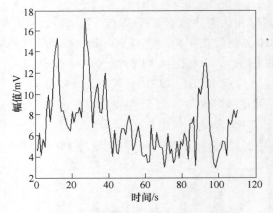

图 4.46 A3 幅值均值

表 4.12 三组权值诊断结果

权值 1	权值 2	权值 3
采样点 3072~3584	采样点 3072~3584	采样点 7680~8192
采样点 6144~7168	采样点 6656~7168	采样点 7680~8192
采样点 7680~8192	采样点 7680~8192	采样点 11776~13312
采样点 11264~13312	采样点 11264~13312	采样点 16384~16896
采样点 14336~15360	采样点 14336~14848	采样点 19968~20480
采样点 16384~16896	采样点 16384~16896	
采样点 17920~18432	采样点 18944~19456	
采样点 18944~19456		
采样点 19968~20480		

得到权值 1（0.3，0.25，0.2，0.15，0.1）作为加权系数进行求加权平均值的故障诊断结果与权值 2 和权值 3 相比较，能更加全面地找到故障点，因此最终确定将加权系数定为（0.3，0.25，0.2，0.15，0.1）对采样点进行基于加权平均值的故障诊断。

通过已经确定的权重对采样点 A5 和采样点 B2 进行加权平均处理后的频率幅值分布如图 4.47~图 4.50 所示。

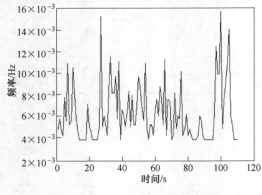

图 4.47 A5 加权平均频率线形图

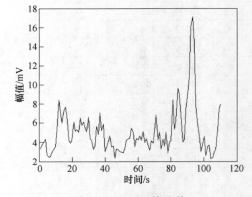

图 4.48 A5 幅值均值

分别观察采样点 A5 与采样点 B2 的加权平均的频率与幅值均值，得出同时满足频率大于 0.0043Hz 且幅值大于 7.75mV 的，A5 采样点有：第 6144~6656、第 41472~41984；B2

采样点有：第 1024～1536、第 4608～5120、第 6144～7168、第 13312～15360、第 17408～18432、第 20480～20992、第 24576～26624、第 32256～32768、第 36864～37376、第 40960～41472。

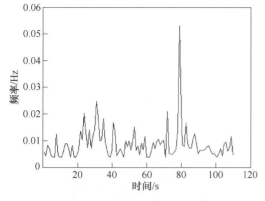

图 4.49 B2 加权平均频率线形图

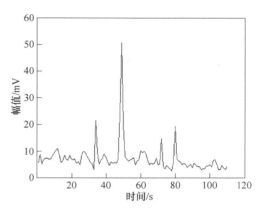

图 4.50 B2 幅值均值

根据加权平均选取的特征参数所确定故障临界值，在采样点 A3、采样点 A5 和采样点 B2 诊断出的故障点，与求平均值选取特征参数所确定故障临界值诊断出的故障点做比较发现，在加权平均的基础上诊断出的故障点在包含根据平均值诊断出的所有故障点的同时，还在 A3、A5、B2 采样点诊断出了平均值未诊断出的故障点。因此可以得出结论，采用基于加权平均值的诊断方法与平均值相比，能够更精准、更全面地找出故障点。

4.4.4.2 相关系数法

相关系数是变量之间相关程度的指标。相关系数的取值范围为 $[-1, 1]$。样本相关系数用 r 表示，$|r|$ 值越大，变量之间的线性相关程度越高；$|r|$ 值越接近零，变量之间的线性相关程度越低。

在统计学和概率论中，两个随机变量它们之间线性关系的方向与强度一般用相关系数来表示（见表 4.13）。它表示的是两个变量之间的协方差除以两个变量之间的标准差，即方差的平方根。

表 4.13 相关系数与相关程度

相关系数	相关程度
0.00～0.30	微相关
0.30～0.50	实相关
0.50～0.80	显著相关
0.80～1.00	高度相关

在 Matlab 中，求序列的自相关和互相关，一般采用 xcorr 函数。具体使用方法如下。

$c = \text{xcorr}(x, y)$，语句中返回的是矢量长度为 $2 \times N-1$ 互相关函数序列，其中 x 的矢量长度为 N，y 与 x 相同；当出现 x 的长度与 y 不相同，这时需要对较短序列后面进行补零到与长序列长度相等的操作。

$c = \text{xcorr}(x)$ 为矢量 x 的自相关估计。

$c = \text{xcorr}(x, y, \text{'option'})$，是具有正规划选项的互相关计算；语句中选项"biased"表

示有偏的互相关函数的估计；"unbiased"表示无偏的互相关函数估计；"coeff"表示在零延时对正规化序列进行自相关计算；"none"表示为原始的互相关计算。在 Matlab 中，利用傅里叶变换中的卷积定理进行求解 xcorr。

在根据均值和加权平均选取特征参数取得故障临界值所诊断出的故障点，均诊断出 A3 采样点在第 12800~13312 为故障点，且从图 4.51 中可以看出该段采样点波动也较大。

因此这里选取采样点 12800~13312 作为故障序列，与 A3 整体采样点序列进行互相关程度比较。经 Matlab 程序运行后得出相关系数结果如图 4.52 所示。

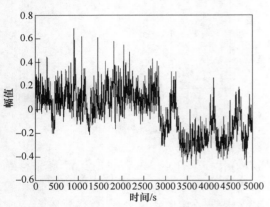

图 4.51　A3 采样点 10000~15000 波形图

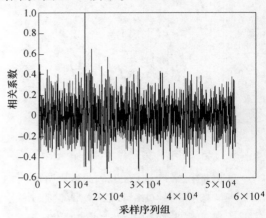

图 4.52　采样点 A3 相关系数线形图

根据表 4.13 中相关系数大小与相关程度的关系将相关系数绝对值大于 0.5 作为故障临界值。观察图 4.52 得出系数绝对值为 0.5~1 之间的组与已找出的故障组序列相关，为故障组。故障组为 336、12760~12830、14440~14460、14670~14700、18950~19010、19130~19190、27650~27670。

故障点的构成认为将故障组的前 200 个数据与后 312 个数据组合更加合理，即 A3 故障采样点为第 136~648、第 12560~13142、第 14240~15012、第 18750~19502、第 27450~27982 五组为故障点，将互相关系数绝对值大于 0.5 作为判定采样点是否故障的标准。将 A3 采样点的 12800~13312 作为固定故障点序列，与采样点 A5、采样点 B2 采样点序列一一进行相关系数求取，根据相关系数图 4.53 和图 4.54 所示，得出采样点 A5 故障点为：

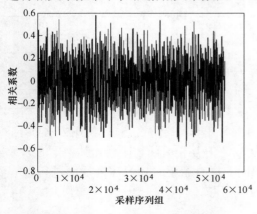

图 4.53　采样点 A5 相关系数

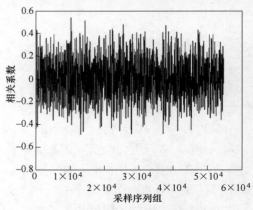

图 4.54　采样点 B2 相关系数

$6030 \sim 6785$、$14210 \sim 15302$、$19080 \sim 19592$、$21100 \sim 21612$、$33630 \sim 36142$、$43540 \sim 45852$、$53580 \sim 54102$。采样点 B2 的故障点为：$8310 \sim 10622$、$14136 \sim 14648$。

基于求相关系数的方法进行故障诊断，不但可以较全面地找出采样点中的故障点，而且比平均值和加权平均值这两个方法能够更直观地从结果图中直接找出故障点，将相关系数绝对值大于 0.5 的序列判定为故障序列。

4.5 模糊综合评判法分析阳极故障

4.5.1 电压信号分析与处理

随着当前铝电解过程智能控制和专家控制系统的研究在国际上的兴起，研究者们越来越重视对以往被视为噪声而剔除的采样信号的高频成分进行深入的解析，以求尽可能多地获取槽况信息。一些研究者认为采样信号的高频部分是由阳极故障引起的。大部分铝电解槽故障诊断的应用软件和国内外相关的研究表明，在对电解槽的工作状态进行故障诊断之前都要对诊断参数进行信号处理。一般来说，就是设计低通数字滤波器对诊断参数进行滤波处理，取出其中的高频（即快时变）组分，以避免其相对铝电解槽阳极工作状态这个慢时变过程的诊断产生干扰[12]。

对槽电压和阳极导杆等距压降进行频谱分析，并根据频谱分析结果设计低通、高通数字滤波器，将采样信号的高频组分和低频组分分离。从槽电压和阳极导杆等距压降这两种信号入手来对阳极工作状态进行故障诊断，有效地分析、处理这些信息，建立它们和设备运行状态之间的联系，是设备故障诊断的基础。为了更有效地进行识别和诊断，通常还要对信号进行加工处理，抽取其特征。如果知道某些特征与设备的状态或某种故障有较强的依赖关系就能获得好的诊断效果。一般采用的是具有惯性滤波性能的一阶递归式低通数字滤波器。其结构形式是：

$$y(k) = (1 - \psi) \cdot y(k - 1) + \psi \cdot x(k)$$

式中，$y(k)$ 为滤波器输出；$x(k)$ 为输入；k 为采样点的时序；ψ 为滤波系数（$0 < \psi < 1$）。

为了达到加强滤波效果，常采用多个这样的数字滤波器级联的方式。滤波系数及滤波器的级联个数一般用实验或经验确定。

4.5.2 槽电压和阳极导杆等距压降的频谱分析

信号在分析前经过模拟滤波器的滤波，避免了假频现象的发生。使用数学工具 Matlab 对槽电压和阳极导杆等距压降进行频谱分析，其算法如图 4.55 所示。

"初始化" 主要内容为给定采样间隔（1s）和采样点数（2048）等参数；"采样序列读入和预处理" 主要是对信号序列仅做去除均值的处理，目的是方便进行频谱分析；"快速傅里叶变换" 采用该算法进行槽电压、阳极导杆等距压降的幅度谱计算；"显示" 为显示幅度谱曲线的分布情况。

频谱分析结论：槽电压波动的主频率区为 $0.002 \sim 0.1$Hz；阳极导杆等距压降波动的主频率区为 $0.002 \sim 0.1$Hz。当频率为

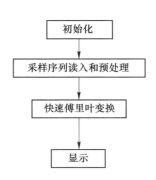

图 4.55 频谱分析算法构成

0.5Hz 左右时，高频部分出现波峰，表明这时高频组分增大；槽电压和阳极导杆等距压降的频谱曲线形状变化比较稳定。

4.5.3 信号分解

4.5.3.1 数字滤波器的设计

选择 IIR 滤波器。低通 DF 采用的设计方法是，首先把 DF 的性能要求转换为与之相应的作为"原型"的低通模拟滤波器（AF）的性能要求，然后根据此性能设计低通 AF；最后用双线性变换法将此"原型"低通 AF 在归一化频率下的转移函数 $G(p)$ 数字化为所需的 DF 的转移函数 $H(z)$。高通 DF 的设计方法是将要设计的滤波器的技术指标通过频率转变关系转换成低通 AF 的技术指标，设计出低通滤波器的转移函数，然后再根据频率转换关系转换为所要设计的滤波器的转移函数。

4.5.3.2 低频信号和高频组分的分离

利用低通 DF 和高通 DF 来实现槽电压和阳极导杆等距压降中的低频信号和高频组分的分离。根据大量实验和频谱分析结果，取采样周期 $T=1\text{s}$，槽电压和阳极导杆等距压降低通数字滤波器的截止频率设为 0.1Hz，高通数字滤波器的上限频率设为 0.1Hz。槽电压和阳极导杆等距压降的低通数字滤波和高通频率为 0.2Hz。

4.5.3.3 槽电压和阳极导杆等距压降与阳极工作故障关系

对于阳极具体工作故障中的阳极长包目前还没有特别准确的特征量来描述，实验发现当发生阳极长包时，铝电解槽的槽温升高，进而影响了槽电压（可升 1V），电压摆有 0.5V 左右，阳极的电流分布（阳极导杆等距压降）不稳定变化。因此，以一定周期内（6min）此两种采样信号的低频信号的累积斜率（信号变化率的绝对值之和）来表征阳极长包故障的发生。对于阳极工作故障的另一具体故障——阳极掉渣或脱落，它们能够引起采样信号（槽电压和阳极导杆等距压降）的异常的阶越（跃升或跌落），因此，判断此种阳极故障采用的方法是在对采样信号进行上述低通滤波（DF-1）的同时，进行截止频率更小的低通滤波（DF-2，截止频率为 0.05），用两种低通 DF 的输出值来描述阳极掉渣或脱落故障，此方法的原理是当阶跃式信号经过较大惯性的窄通带低通 DF 时会产生较大的滞后特性。图 4.56 说明了这一原理。

4.5.4 阳极状态诊断

4.5.4.1 阳极故障诊断方法

模糊综合评判法就是应用模糊变换和最大隶属度或阈值诊断原则，考虑评价相关事物的各个因素对其所作的综合评价。模糊综合评判的着眼点是所考虑的各个相关因素，其原理如图 4.57 所示。

4.5.4.2 诊断方案

阳极工作状态故障诊断模块框图如图 4.58 所示。首先确定阳极工作状态是否可能有故障，如果阳极工作状态可能有故障，那么接下来判断阳极工作状态的具体故障（阳极长包和阳极掉渣或脱落）。确定阳极工作状态是否可能有故障首先应该选择用于诊断阳极工作状态故障的合适的特征量，确定阳极工作状态故障的征兆因子，确定故障与征兆的模糊关系 R 和权重 W，然后通过模糊综合评判判断阳极工作状态是否有故障。判断阳极具体故

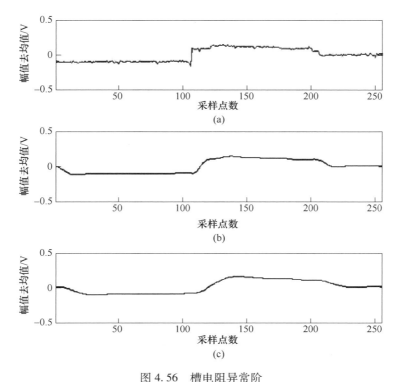

图 4.56　槽电阻异常阶

（a）槽电压采样信号；（b）宽通带低通 DF-1 输出；（c）窄通带低通 DF-2 输出

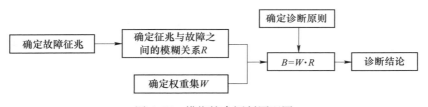

图 4.57　模糊综合评判原理图

障与判断阳极工作状态故障的过程相同。

4.5.4.3　特征量的选择

一般来说，直接检测的信号大都是随机信号，包括大量的与故障无关的信息，一般不宜用作判别量，需要用现代信号分析和数据处理方法把直接监测信号转换为能表达工况状态的特征量。而对于某些具有规律的信号，也可从波形结构上提取特征量。因而就需要对采样信号进行特征分析，目的是通过各种信号处理方法，找到工况状态与特征量的关系，把反映故障的特征信息和与故障无关的特征信息分离开来，达到"去伪存真"的效果。此外，特征量的选择还要考虑判别的实时性，要求计算简单，如能在一定程度上表达工况状态的物理含义，就更有利于对工况状态变化原因的分析。槽电压和阳极导杆等距压降的高频组分能够初步反映阳极的工作状态，因此，这里选用高通 DF 槽电压 6min 内的最大值与最小值之差及 6min 内高通 DF 阳极导杆等距压降的最大值与最小值之差作为判断阳极工作状态故障的特征量，选择通过低通 DF-1 的槽电压的累计斜率及通过 DF-1 的阳极导杆等距

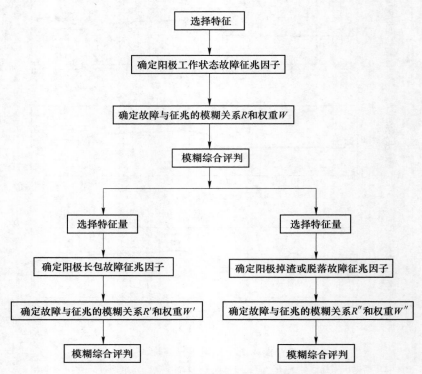

图 4.58 阳极工作状态故障诊断模块框图

压降的累积斜率作为阳极工作故障中阳极长包故障的特征量。选择通过低通 DF-1 和低通 DF-2 的槽电压之差及通过低通 DF-1 和低通 DF-2 的阳极导杆等距压降之差作为判断阳极掉渣或脱落故障的特征量。

4.5.4.4 建立故障空间、确定症状因子集和评价集

根据以上知识,下面分别介绍各故障集和与之相对应的征兆因子集及相应的评价集。

故障集 V, $V = \{v_1\}$, 其中 v_1 为阳极工作故障,与之相对应的故障征兆因子集 U, $U = \{u_1, u_2\}$, 其中, u_1 为经过高通 DF 滤波的槽电压 6min 内最大值与最小值之差, u_2 为经过高通 DF 滤波的阳极导杆等距压降的 6min 内最大值与最小值之差。

故障集 V', $V' = \{v_1'\}$, 其中 v_1' 为阳极长包故障,与之相对应的故障征兆因子集 U', $U' = \{u_1', u_2'\}$, 其中, u_1' 为 6min 内通过低通 DF-1 的槽电压的累计斜率, u_2' 为 6min 内通过 DF-1 的阳极导杆等距压降的累积斜率。

故障集 V'', $V'' = \{v_1''\}$, 其中 v_1'' 为阳极掉渣或脱落故障,与之相对应的故障征兆因子集 U'', $U'' = \{u_1'', u_2''\}$, 其中, u_1'' 为通过低通 DF-1 和低通 DF-2 的槽电压之差, u_2'' 为通过低通 DF-1 和低通 DF-2 的阳极导杆等距压降之差。

阳极工作故障与其征兆因子关系见表 4.14,阳极长包故障与其因子关系见表 4.15,阳极掉渣或脱落故障与其因子关系见表 4.16,表中数据是通过 Matlab 对工业采样数据进行统计得到的。

表 4.14 *U* 与 *V* 的关系

V	U		
	无故障	可能有故障	有故障
高通 DF 滤波的槽电压 6min 内最大值与最小值之差	0~0.24	0.24~0.5	>0.5
高通 DF 滤波的阳极导杆等距压降的 6min 内最大值与最小值之差	0~0.4	0.4~0.6	>0.6

表 4.15 *U′* 与 *V′* 的关系

V′	U′		
	无故障	可能有故障	有故障
通过低通 DF-1 的槽电压变化率的累积变化率	0~5.25	5.25~7.3	>7.3
通过 DF-1 的阳极导杆等距压降的变化率的率累积变化率	0~36	36~88	>88

表 4.16 *U″* 与 *V″* 的关系

V″	U″		
	无故障	可能有故障	有故障
通过低通 DF-1 和低通 DF-2 的槽电压之差	0~0.2	0.2~0.3	>0.3
低通 DF-1 和低通 DF-2 的阳极导杆等距压降的差	0~0.1	0.1~0.2	>0.2

阳极工作状态这一故障集只是判断阳极是否长包、阳极是否掉渣或脱落的前提，因此不为这一故障定义评价集。根据上面设定，将阳极长包的评价集定义为 $G′$、阳极掉渣或脱落的评价集定义为 $G″$，$G′=\{$无故障,可能有故障,有故障$\}$，$G″=\{$无故障、可能有故障、有故障$\}$。

4.5.4.5 确立隶属函数

隶属函数的确定方法通常可分为模糊统计方法和指派方法两种，常用的是指派方法。指派方法普遍认为是一种主观的方法，它可以把人们的实践经验考虑进去，若模糊集定义在实数域 R 上，则模糊集的隶属函数便成为模糊分布。指派方法的具体方式就是根据问题的性质套用现成的某些形式的模糊分布，然后根据测量的数据确立分布中包含的参数。

选用半升梯形作为判断阳极工作状态的分布函数，以确定隶属度，其隶属函数分布如图 4.59 所示，其中 A_1 表示阳极工作状态无故障时征兆因子的上限值，A_2 表示阳极工作状态有故障时征兆因子的下限值，征兆因子不同，A_1、A_2 也有所不同。

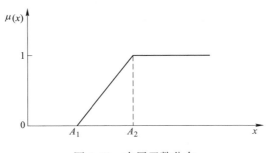

图 4.59 隶属函数分布

结合阳极工作状态的具体故障（阳极长包和阳极掉渣或脱落）的评价等级的实际情况，这里选用较为简便的梯形作为阳极长包和阳极掉渣或脱落的分布函数，以确定征兆因子相对于评价等级的隶属度，隶属函数分布如图4.60所示，其中 a_1 表示无阳极长包或无阳极掉渣故障时征兆因子的上限值；a_3 表示有阳极长包或无阳极掉渣故障时征兆因子的下限值，征兆因子与评价等级不同，a_1、a_3 也有所不同（a_2 为 a_1 与 a_3 的平均值）。

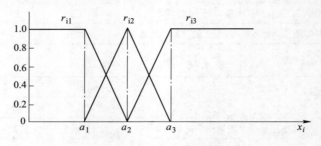

图 4.60 隶属函数分布图

图 4.59 中，横坐标表示阳极工作故障的各征兆因子的实测值，图 4.60 中，横坐标表示阳极长包或阳极掉渣或脱落故障的各征兆因子实测值。

如图 4.59 所示，设定 R 是从 U 到 V 上的模糊关系，其隶属函数为：

$$\mu(x) = \begin{cases} 0 & x \leq A_1 \\ (x - A_1)/(A_2 - A_1) & A_1 < x \leq A_2 \\ 1 & x > A_2 \end{cases} \tag{4.25}$$

如图 4.60 所示，设 r_{in} 代表征兆集中第 i 个的因子对评价集中第 $n(n=1,2,3)$ 个因子的隶属度。当 $n=1$ 时，第 i 个征兆因子对评价集中第一个因子的隶属函数为：

$$r_{i1} = \begin{cases} 1 & x_i \leq a_1 \\ (a_2 - x_i)/(a_2 - a_1) & a_1 < x_i < a_2 \\ 0 & x_i > a_2 \end{cases} \tag{4.26}$$

式中，x_i 为第 i 种征兆信息的实测值。

当 $n=2$ 时，第 i 个征兆因子对评价集中第二个因子的隶属函数为：

$$r_{i2} = \begin{cases} (x_i - a_1)/(a_2 - a_1) & a_1 < x_i < a_2 \\ (a_3 - x_i)/(a_3 - a_2) & a_2 < x_i < a_3 \\ 0 & x_i \leq a_1 \text{ 或 } x_i \geq a_3 \end{cases} \tag{4.27}$$

当 $n=3$ 时，第 i 个征兆因子对评价集中第三个因子的隶属函数为：

$$r_{i3} = \begin{cases} 0 & x_i \leq a_2 \\ (x_i - a_2)/(a_3 - a_2) & a_2 < x_i < a_3 \\ 1 & x_i \geq a_3 \end{cases} \tag{4.28}$$

根据以上隶属函数式和表 4.14~表 4.16，可求出征兆因子对故障评价等级的具体的隶属函数。

对于阳极工作状态故障来说，当故障征兆因子为经过高通 DF 滤波的槽电压 6min 内最大值与最小值之差时，$A_1 = 0.24$，$A_2 = 0.5$，代入式（4.28）得其对阳极工作状态故障的隶属函数为：

$$r_{11} = \begin{cases} 0 & x_i \leqslant 0.24 \\ (x_i - 0.24)/0.26 & 0.24 < x_i \leqslant 0.5 \\ 1 & x_i > 0.5 \end{cases} \tag{4.29}$$

故障征兆因子为高通 DF 滤波的阳极导杆等距压降 6min 内最大值与最小值之差时，$A_1 = 0.4$，$A_2 = 0.6$，代入公式（4.29）得其对阳极工作状态的隶属函数为：

$$r_{21} = \begin{cases} 0 & x_i \leqslant 0.4 \\ (x_i - 0.4)/0.2 & 0.4 < x_i \leqslant 0.6 \\ 1 & x_i > 0.6 \end{cases} \tag{4.30}$$

对于低通 DF-1 的槽电压的累计斜率来说，$a_1 = 5.25$，$a_2 = 6.275$，$a_3 = 7.3$，代入式（4.26）~式（4.28）得，其对阳极长包故障的评价集中各个因子的隶属函数分别如下：

当阳极长包故障的评价集中的因子为"无故障"时：

$$r'_{11} = \begin{cases} 1 & x_i \leqslant 5.25 \\ (6.275 - x_i)/1.025 & 5.25 < x_i \leqslant 6.275 \\ 0 & x_i > 6.275 \end{cases} \tag{4.31}$$

当阳极长包故障的评价集中的因子为"可能有故障"时：

$$r'_{12} = \begin{cases} (x_i - 5.25)/1.025 & 5.25 < x_i \leqslant 6.275 \\ (7.3 - x_i)/1.025 & 6.275 < x_i \leqslant 7.3 \\ 0 & x_i < 5.25 \text{ 或 } x_i > 7.3 \end{cases} \tag{4.32}$$

当阳极长包故障的评价集中的因子为"有故障"时：

$$r'_{13} = \begin{cases} 0 & x_i \leqslant 6.275 \\ (x_i - 6.275)/1.025 & 6.275 < x_i \leqslant 7.3 \\ 1 & x_i > 7.3 \end{cases} \tag{4.33}$$

对于通过低通 DF-1 的阳极导杆等距压降变化率的累计变化率来说，$a_1 = 36$，$a_2 = 62$，$a_3 = 88$，代入式（4.31）~式（4.33）得，其对阳极长包故障的评价等级的隶属函数分别如下：

当阳极长包故障的评价集中的因子为"无故障"时：

$$r'_{21} = \begin{cases} 1 & x_i \leqslant 36 \\ (62 - x_i)/26 & 36 < x_i \leqslant 62 \\ 0 & x_i > 62 \end{cases} \tag{4.34}$$

当阳极长包故障的评价集中的因子为"可能有故障"时：

$$r'_{22} = \begin{cases} (x_i - 36)/26 & 36 \leqslant x_i \leqslant 62 \\ (88 - x_i)/26 & 62 < x_i \leqslant 88 \\ 0 & x_i < 36 \text{ 或 } x_i > 88 \end{cases} \tag{4.35}$$

当阳极长包故障的评价集中的因子为"有故障"时：

$$r'_{23} = \begin{cases} 0 & x_i \leqslant 62 \\ (x_i - 62)/26 & 62 < x_i \leqslant 88 \\ 1 & x_i > 88 \end{cases} \qquad (4.36)$$

对于低通 DF-1 和低通 DF-2 的槽电压之差来说，$a_1 = 0.2$，$a_2 = 0.25$，$a_3 = 0.3$，代入式（4.26）~式（4.28）得，其对阳极掉渣或脱落故障的评价等级的隶属函数分别如下：

当阳极掉渣或脱落故障的评价集中的因子为"无故障"时：

$$r''_{11} = \begin{cases} 1 & x_i \leqslant 0.2 \\ (x_i - 0.2)/0.05 & 0.2 < x_i \leqslant 0.25 \\ 0 & x_i > 0.25 \end{cases} \qquad (4.37)$$

当阳极掉渣或脱落故障的评价集中的因子为"可能有故障"时：

$$r''_{12} = \begin{cases} (x_i - 0.2)/0.05 & 0.2 \leqslant x_i \leqslant 0.25 \\ (0.3 - x_i)/0.05 & 0.25 < x_i \leqslant 0.3 \\ 0 & x_i < 0.2 \text{ 或 } x_i > 0.3 \end{cases} \qquad (4.38)$$

当阳极掉渣或脱落故障的评价集中的因子为"有故障"时：

$$r''_{13} = \begin{cases} 0 & x_i \leqslant 0.25 \\ (x_i - 0.25)/0.05 & 0.25 < x_i \leqslant 0.3 \\ 1 & x_i > 0.3 \end{cases} \qquad (4.39)$$

对于低通 DF-1 和低通 DF-2 的阳极导杆等距压降之差来说 $a_1 = 0.1$，$a_2 = 0.15$，$a_3 = 0.2$，代入式（4.26）~式（4.28）得，其对阳极掉渣或脱落故障的评价集的隶属函数分别如下：

当阳极掉渣或脱落故障的评价集中的因子为"无故障"时：

$$r''_{21} = \begin{cases} 1 & x_i \leqslant 0.1 \\ (0.15 - x_i)/0.05 & 0.1 < x_i \leqslant 0.15 \\ 0 & x_i > 0.15 \end{cases} \qquad (4.40)$$

当阳极掉渣或脱落故障的评价集中的因子为"可能有故障"时：

$$r''_{22} = \begin{cases} (x_i - 0.1)/0.05 & 0.1 \leqslant x_i \leqslant 0.15 \\ (0.2 - x_i)/0.05 & 0.15 < x_i \leqslant 0.2 \\ 0 & x_i < 0.1 \text{ 或 } x_i > 0.2 \end{cases} \qquad (4.41)$$

当阳极掉渣或脱落故障的评价集中的因子为"有故障"时：

$$r''_{23} = \begin{cases} 0 & x_i \leqslant 0.15 \\ (x_i - 0.15)/0.05 & 0.15 < x_i \leqslant 0.2 \\ 1 & x_i > 0.2 \end{cases} \qquad (4.42)$$

4.5.4.6 模糊关系

A 故障征兆因子与故障评价等级之间的关系

将数据分别代入各个具体隶属函数中，可计算出 U 和 V 之间的模糊矩阵 R 如下：

$$R = \begin{pmatrix} r_{11} \\ r_{21} \end{pmatrix} \qquad (4.43)$$

U'和G'之间的模糊矩阵为：

$$R' = \begin{pmatrix} r'_{11} & r'_{12} & r'_{13} \\ r'_{21} & r'_{22} & r'_{23} \end{pmatrix} \tag{4.44}$$

U''和G''之间的模糊矩阵为：

$$R'' = \begin{pmatrix} r''_{11} & r''_{12} & r''_{13} \\ r''_{21} & r''_{22} & r''_{23} \end{pmatrix} \tag{4.45}$$

B 故障征兆因子间的模糊关系

在模糊综合评判中，另一个重要的判断因素就是故障征兆因子间的模糊关系，即权重。一般地，各评判因素对评判对象的相对重要程度是客观存在的，如果靠决策者的经验直接给每一个评价因素赋予一定的权重系数，往往不能反映各因素客观的、真实的排序，在此基础上的综合评判结果与实际偏离太大，会导致诊断的最终失误。目前，确定权重系数最普遍的方法就是层次分析法。层次分析法的原理如下：

设某一个评判对象分别有 n 个评价因素 u_1、u_2、u_3、$\cdots$、u_n。各评价因素对评判对象的相对重要度为 w_1、w_2、w_3、$\cdots$、w_n，由它们组成权重向量 W，$W=(w_1、w_2、w_3、\cdots、w_n)$。为了能反映各因素的相对权重，由评判者（一人或多人采取背靠背的方式）将 n 个因素予以两两对比，建立判断矩阵 $A=(a_{ij})_{n\times n}$，元素 a_{ij} 是因素 u_i 与因素 u_j 相对于评判对象重要性的比例标度，其取值按下列各种情况予以处理：若 u_i 与 u_j 同样重要，取 $a_{ij}=1$；若 u_i 与 u_j 稍微重要，取 $a_{ij}=3$；若 u_i 与 u_j 明显重要，取 $a_{ij}=5$；若 u_i 与 u_j 强烈重要，取 $a_{ij}=7$；若 u_i 与 u_j 极端重要，取 $a_{ij}=9$；若 u_i 与 u_j 相比较时介于上述各相邻判断之间，取 $a_{ij}=2$，4，6，8。

显然判断矩阵满足

$$a_{ij} = \frac{1}{a_{ji}} \tag{4.46}$$

取 A 的第一列归一化得权重向量

$$W = \left(\frac{a_{11}}{\sum_{i=1}^{n} a_{i1}}, \frac{a_{21}}{\sum_{i=1}^{n} a_{i1}}, \cdots, \frac{a_{n1}}{\sum_{i=1}^{n} a_{i1}} \right) \tag{4.47}$$

此方法最大的优点就是通过一致性验证，保证了主观判断的一致性，但是此方法得到的权重向量普遍存在着不同程度的"强化—弱化"现象（大者偏大，小者偏小），因而准确性降低。

国内学者提出了另外一种计算各因素权重的专家排序法，其主要原理是：假定评估对象涉及 n 个因素（即有 n 个评估指标），由 m 个评委对这些因素的重要程度进行表态，认为最重要的因素就记为 1，次之记为 2，$\cdots$，最不重要的记为 n。每个评委所排的序号数称为该因素的秩，把 m 个评委所给的秩加起来所得的结果称为该因素的秩和，计为 R，第 j 个因素的秩和表示为 R_j，则第 j 个因素的权重的计算公式为：

$$a_i = 2[m(1+n) - R_j]/[mn(1+n)] \tag{4.48}$$

式中，m 为评委人数；n 为因素个数；R_j 为第 j 个因素的秩和，$j=1$，2，$\cdots$，n。

此方法简单易行，当多因素时，此方法优点明显，但是当因素较少时，结果会和直观看法有差异。如将层次分析法和专家排序法相结合，将会大大提高权重的可靠性，而且又不增加计算量。权重的确定方法采用了将层次分析法和专家排序法相结合的方法，即分别利用两种方法求出权重，然后求平均值。过程如下：

（1）层次分析法。评判者为一名，其对个因素打分结果见表 4.17（其中 0.143 = 1/7）。因此判断矩阵 A 如下：

$$A = \begin{pmatrix} 1 & 0.143 \\ 7 & 1 \end{pmatrix} \tag{4.49}$$

因此，此方法得到权重集为：

$$W_1 = \{1/(1+7), 7/(1+7)\} = \{0.125, 0.875\} \tag{4.50}$$

表 4.17　评判者打分结果

因素 u	因素 u	
	低通 DF-1 滤波的槽电压 6min 内最大值与最小值之差	低通 DF-1 滤波的阳极导杆等距压降的 6min 内最大值与最小值之差
低通 DF-1 滤波的槽电压 6min 内最大值与最小值之差	1	0.143
低通 DF-1 滤波的阳极导杆等距压降的 6min 内最大值与最小值之差	7	1

（2）专家排序法。由 7 位评委对征兆因子进行评定，见表 4.18。因此，此方法得到的权重集为：

$$W_2 = \left\{ \frac{2 \times [7(1+2) - 14]}{7 \times 2(1+2)}, \frac{3 \times [7 \times (1+2) - 7]}{7 \times 2(1+3)} \right\} = \{0.333, 0.667\} \tag{4.51}$$

表 4.18　评委打分结果

评委	经过低通 DF-1 滤波的槽电压 6min 内最大值与最小值之差	低通 DF-1 滤波的阳极导杆等距压降的 6min 内最大值与最小值之差
A	2	1
B	2	1
C	2	1
D	2	1
E	2	1
F	2	1
G	2	1
总和	14	7

将层次分析法和专家排序法综合，求平均值得：

$$W = \frac{1}{2}(W_1 + W_2) = \{0.229, 0.771\} \tag{4.52}$$

运用同种方法，可得阳极长包故障的征兆因子权重集 $W' = \{0.229, 0.771\}$，阳极掉渣故障的征兆因子的权重集为 $W'' = \{0.229, 0.771\}$。

4.5.4.7　模糊集合的复合运算

根据模糊矩阵的复合运算 $B = W \cdot R$，可得出模糊综合评判的结果。采用加权平均模型，计算公式为：

$$b_j = \sum (w_i r_{ij}) \qquad i = 1,2;j = 1,2,3 \tag{4.53}$$

计算阳极工作状态故障的具体公式为：

$$B = \{w_1,w_2\} \cdot \begin{pmatrix} r_{11} \\ r_{21} \end{pmatrix} = (w_1 r_{11} + w_2 r_{21}) = (b) \tag{4.54}$$

计算阳极长包故障和阳极掉渣故障的公式为：

$$\begin{aligned} B &= (w_1,w_2) \cdot \begin{pmatrix} r_{11} & r_{12} & r_{13} \\ r_{21} & r_{22} & r_{23} \end{pmatrix} \\ &= (w_1 r_{11} + w_2 r_{21}, w_1 r_{12} + w_2 r_{22}, w_1 r_{13} + w_2 r_{23}) \\ &= (b_1,b_2,b_3) \end{aligned} \tag{4.55}$$

4.5.4.8 诊断原则

模糊综合评判法的诊断原则共有三种，分别是最大从属原则、阈值原则和择近原则。这里判断阳极工作状态故障，选择阈值原则；判断阳极长包和阳极掉渣，选择最大隶属度原则，在 b_1，b_2，b_3 中取最大值，其所对应的评价集 V 中的级别即为对该故障评判的模糊综合评判结果。

4.5.5 阳极状态诊断实例

下面以铝电解槽某一阳极的工作状态为例，采样槽电压和阳极导杆等距压降数据，利用以上模糊综合评判方法来诊断阳极的工作状态。经计算，某个 6min 内高通 DF 滤波的槽电压最大值与最小值之差为 0.46，高通 DF 滤波阳极导杆等距压降最大值与最小值之差为 0.55；此周期内槽电压的累积斜率为 6.08，阳极导杆等距压降的累积斜率为 51；此时，通过低通 DF-1 和低通 DF-2 的槽电压之差为 0.273，通过低通 DF-1 和低通 DF-2 的阳极导杆等距压降之差为 0.331。此 6min 内槽电压和阳极导杆等距压降采样序列图如图 4.61 和图 4.62 所示。

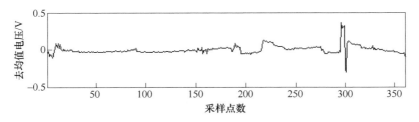

图 4.61 6min 内槽电压采样

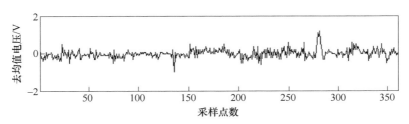

图 4.62 6min 内阳极导杆等距压降采样

诊断步骤如下：

（1）判断阳极工作状态是否有故障产生。按式（4.29）和式（4.30）确定模糊关系矩阵 $R = \begin{bmatrix} 0.85 & 0.75 \end{bmatrix}^T$，代入评判公式：$B = W \cdot R^T$

$$B = (0.229 \quad 0.771) \cdot \begin{pmatrix} 0.85 \\ 0.75 \end{pmatrix} = 0.7729 \tag{4.56}$$

结论：采用阈值原则，0.7729>0.5，因此可能发生阳极工作故障。

（2）判断是否发生阳极长包故障。按式（4.31）~式（4.36）确定模糊关系矩阵：

$$R^T = \begin{pmatrix} 0.19 & 0.81 & 0 \\ 0.423 & 0.577 & 0 \end{pmatrix} \tag{4.57}$$

代入诊断矩阵得：

$$B^T = \begin{bmatrix} 0.229 & 0.771 \end{bmatrix} \begin{pmatrix} 0.19 & 0.81 & 0 \\ 0.423 & 0.577 & 0 \end{pmatrix} = \begin{bmatrix} 0.369 & 0.63 & 0 \end{bmatrix} \tag{4.58}$$

结论：采用最大隶属度原则，0.63>0.369>0，因此阳极长包故障可能发生。

（3）判断是否发生阳极掉渣或脱落故障。按式（4.37）~式（4.39）确定模糊关系矩阵：

$$R^T = \begin{pmatrix} 0 & 0.54 & 0.46 \\ 0 & 0 & 1 \end{pmatrix} \tag{4.59}$$

代入模糊诊断矩阵得：

$$B^T = \begin{bmatrix} 0.229 & 0.771 \end{bmatrix} \begin{pmatrix} 0 & 0.54 & 0.46 \\ 0 & 0 & 1 \end{pmatrix} = \begin{bmatrix} 0 & 0.123 & 0.875 \end{bmatrix} \tag{4.60}$$

（4）采用最大隶属度原则，0.875>0.123>0，因此该阳极发生阳极掉渣或脱落故障。经验证，该诊断结论与实际情况相符。

4.5.6 阳极效应诊断

结合两种采集信号（槽电压和阳极到杆等距压降）提出了一种新的阳极预报的方法。大量的实验数据和文献表明，在整个铝电解槽发生阳极效应时，铝电解槽槽电压会突然由几伏升至几十伏甚至上百伏；同时当发生阳极效应时，阳极电流分布变换不均，从而导致了阳极导杆等距压降的变化频繁、不稳定。经过大量的数据研究发现，当阳极效应发生之前，2min 内槽电压累积斜率（表征了槽电压的变化趋势）和 2min 阳极导杆压降累积斜率（表征了阳极到杆等距压降的变化趋势）都会有不同情况的增长，以槽电压累积斜率为例，如图 4.63 所示，图中当槽电压累积斜率为 35.6 后，发生了阳极效应。基于这种实际情况，把传统的阳极效应预报方法结合模糊数学的方式来预测阳极效应的发生。

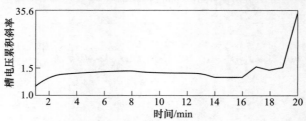

图 4.63 阳极效应前槽电压累积斜率变化

阳极效应预报的具体方法如下：

（1）将槽电压斜率和阳极导杆压降斜率进行模糊化处理。选取升半梯形分布作为隶属函数，如图 4.64 所示。

通过大量的数据验证，对于 2min 内槽电压累积斜率，选取 a_1 为 1.31，a_2 为 1.5，对于 2min 内阳极到杆等距压降累积斜率，选取 a_1 为 10，a_2 为 14.2。则有：

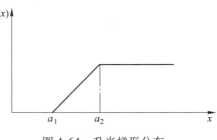

图 4.64　升半梯形分布
a_1—预报下限值；a_2—预报上限值

$$\mu(x) = \begin{cases} 0 & x \leqslant a_1 \\ (x - a_1)/(a_2 - a_1) & a_1 < x \leqslant a_2 \\ 1 & x > a_2 \end{cases}$$

$$(4.61)$$

（2）算法。参考实际工业情况，确定报警算法，当 $\mu_v(x) > 0.5$（阳极导杆等距压降隶属度）时发出阳极报警信号，此时应加强对 $\mu_v(x')$ 的监测，如果 $\mu_v(x') > 0.8$ 时发出危险报警信号，报警算法的流程如图 4.65 所示。

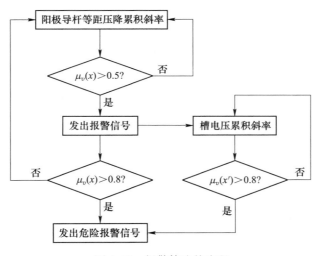

图 4.65　报警算法的流程

在实施此算法计算的累积斜率来预报阳极效应时，可能存在的问题是，如用于获得槽电压和阳极导杆等距压降的低通 DF 的截止频率过大，此两种信号中未被滤净的快时变噪声会被放大，从而导致判断失误。但在生产过程中，铝电解槽的整个状态是个慢变化过程，低通 DF 的截止频率可以取足够的小，使之远离噪声的主频区，因此，为阳极效应专门设计了低通 DF-3，经试验验证，其截止频率可设为 0.01Hz。

4.5.7　阳极效应预报实例

下面以某一铝电解槽为例，采样槽电压和阳极导杆等距压降数据，利用以上阳极效应预报方法预报阳极效应故障。

　　经计算，某个 2min 内经低通 DF-3 滤波的槽电压的累计斜率为 1.46，低通 DF-3 滤波的阳极导杆等距压降累计斜率为 13.37。此 2min 内槽电压和阳极导杆等距压降采样序列图如图 4.66 和图 4.67 所示。

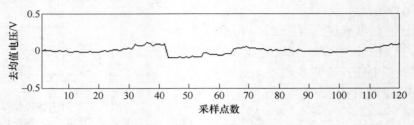

图 4.66　2min 内槽电压采样序列

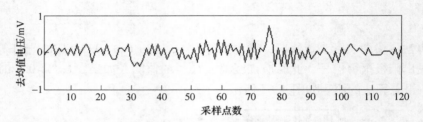

图 4.67　2min 内阳极导杆等距压降采样序列

　　将 2min 内经低通 DF-3 滤波的槽电压的累计斜率 1.466 和 2min 内经低通 DF-3 滤波的阳极导杆等距压降的累计斜率 13.37 分别代入式（4.61）得，$\mu_v(x) = 0.623 > 0.5$，$\mu_v(x') = 0.821 > 0.8$。因此，可得结论，可能将会发生阳极效应，经验证预报 6min 后，此电解槽发生了阳极效应。

4.6　基于希尔伯特-黄变换的铝电解过程故障分析

4.6.1　希尔伯特-黄变换法简介

　　希尔伯特-黄变换法（Hilbert-Huang transform，HHT），是 1998 年由科学家 Norden E. Huang 首次提出的。该方法是一种新的非线性、非平稳信号分析方法。作为 20 世纪末的一项重大发现，HHT 法已逐步应用到地震信号分析、机械故障诊断、流体力学、医学信号处理和语音信号处理等领域[13]。

　　对于铝电解槽电压、温度等信号的分析，传统工艺上较多采用傅里叶变换或者小波变换算法，但实践证明，铝电解槽在受到内部或外界影响时，其信号（比如阳极导杆等距压降信号、电解槽温度信号等）会呈现非平稳非线性的情况。这时，传统的信号分析方法就显得力不从心，应用希尔伯特-黄变换法来分析铝电解槽的这些信号，能从中发现一些有价值的信息。

4.6.2　希尔伯特-黄变换法的过程

　　HHT 算法的关键部分是经验模态分解方法（empirical mode decomposition，EMD），非平稳信号都可以由 EMD 方法分解成有限个本征模态函数（intrinsic mode function，IMF），再利用 Hilbert 变换，求解各个 IMF 的瞬时频率，从而获知原始信号经过 EMD 分解后的时频分布 Hilbert 谱图。最后，对该时频谱图于时间范围内取定积分，得到原始信号的边际谱，即幅频谱图。下面介绍具体的算法过程。

4.6.2.1 经验模态分解 EMD

EMD 分解过程如图 4.68 所示，给定输入信号 $x(t)$，最终获得有限个本征模态函数 IMF。

从图 4.68 中可以看出，EMD 是一个不断反馈分解的过程，分解过程需要满足两个条件：分量终止条件和分解终止条件。

（1）分量终止条件是满足基本模态分量 IMF 的两个条件。这两个条件是：1）每个 IMF 的极值点数和过零点数相等或至多相差 1；2）上下包络时间轴对称，信号对称于局部极值。

（2）分解终止条件是通过限制两个连续的处理结果之间的标准差 S_d 的大小来实现。S_d 通常取 0.2~0.3。

$$S_d = \sum_{t=0}^{T} \frac{|\,\text{IMF}_{k-1}(t) - \text{IMF}_{(k)}(t)\,|^2}{\text{IMF}_{(k-1)}(t)^2}$$

$$(4.62)$$

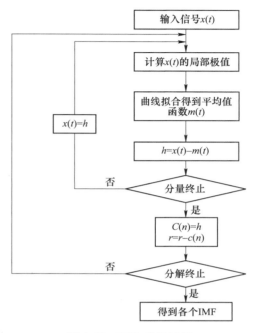

图 4.68 EMD 分解过程

经过 EMD，使复杂信号分解为有限个本征模态函数 IMF，所分解出来的各 IMF 包含了原信号的不同时间尺度的局部特征信号，使 EMD 对非平稳数据进行了平稳化处理。

EMD 算法中需要根据原始信号的极大值与极小值用 3 次样条插值实现拟合，从而获得信号的上、下包络，那么这时就存在由于端点处极值的不确定性引发的端点效应问题。如果端点处确实是极值，那么就会使得上下包络在信号两端发生扭曲，随着筛分过程的不断进行，这种端点效应会扩散到信号分解内部，那么每层的分解误差就会逐渐增加，进而可能会淹没信号的端部特征，严重影响分解质量。目前针对这一问题，存在的解决方法有端点延拓法和镜像延拓法。

4.6.2.2 Hilbert 变换和边际谱

原始信号 $x(t)$ 经过 EMD 得到若干个 IMF，记为 $C_1(t),C_2(t),\cdots,C_n(t)$，它们包含了原始信号从高到低的不同频率成分，每一频段所包含的频率成分都是不同的。

此时，信号 $x(t)$ 可以表示为：

$$x(t) = \sum_{i=1}^{n} C_i + r_n \qquad (4.63)$$

式中，r_n 为余量。

对式（4.63）中的每个固有模态函数 $C_i(t)$ 作 Hilbert 变换得到：

$$\overline{C_i}(t) = \frac{1}{\pi} \int_{-\infty}^{\infty} \frac{C_i(\tau)}{t-\tau} \mathrm{d}\tau \qquad (4.64)$$

构造解析信号:

$$Z_i(t) = C_i(t) + j\overline{C_i}(t) = a_i(t)\mathrm{e}^{\mathrm{j}\Phi_i(t)} \qquad (4.65)$$

得到幅值函数:

$$a_i(t) = \sqrt{C_i(t)^2 + \overline{C_i}(t)^2} \qquad (4.66)$$

相位函数:

$$\Phi_i(t) = \arctan\frac{\overline{C_i}(t)}{C_i(t)} \qquad (4.67)$$

进一步可求出瞬时频率:

$$f_i(t) = \frac{1}{2\pi}w_i(t) = \frac{1}{2\pi}\times\frac{\mathrm{d}\Phi_i(t)}{\mathrm{d}t} \qquad (4.68)$$

这样就可以把信号表示成:

$$x(t) = \mathrm{Re}\sum_{i=1}^{n}a_i(t)\mathrm{e}^{\mathrm{j}\int w_i(t)\mathrm{d}t} = H(w,t) \qquad (4.69)$$

这里不考虑 r_n,因为它是余量,具有不确定性。

边际谱:

$$h(w) = \int_0^T H(w,t)\mathrm{d}t \qquad (4.70)$$

Hilbert 谱图反映了各个 IMF 中包含的瞬时频率值,而边际谱图描述了信号的幅值随频率变化的规律。瞬时频率表示信号交变快慢的物理量,任一瞬时频率都具有一定能量,现在将所有时刻上对应的瞬时频率的能量累加起来,就是信号中某一频率的总能量,即边际谱线的高度。但并不是每一时刻都存在该频率,也不一定只在某一时刻出现,而是可能以不同或相同的幅值出现几次。事实上,傅里叶变换的物理意义也是这样,只不过它要求任意频率都具有相同的幅值,这样就容易破坏信号中本来的真实频率,从而出现虚假频率。这样看来,希尔伯特-黄变换开始展现其在信号分析上区别于傅里叶变换的优势。

4.6.3   希尔伯特-黄变换法的信号分析结果及讨论

系统采集到的信号和后面分析的信号有所不同,系统采集的是基于实验室环境的模拟实验平台的槽电压信号和热电偶温度信号,而分析的是一组离线数据,阳极导杆压降数据。这是出于实际铝电解现场条件的考虑,没有将采集系统放到实际工业现场去采集与调试,只是在实验室环境内调通系统,可以成功采集到槽电压信号,而在信号分析方面,对于阳极导杆等距压降信号的分析比较重要和典型[14]。

阳极导杆等距压降信号反映了阳极的电流分布,电解槽阳极的电流分布对电解生产非常重要,当发生阳极故障时,阳极的电流就会呈现不均匀分布情况,这时的阳极导杆等距压降就会很不稳定,所以选择该阳极导杆等距压降信号作为对象进行分析。以正常槽况和异常槽况两种情况,对阳极导杆等距压降信号做 HHT 算法处理,并比较该算法与传统傅里叶变换的分析结果,讨论一下 HHT 算法的特别之处。

正常槽况下,阳极导杆等距压降信号约为 2.5mV,当发生故障时,阳极导杆等距压降信号会迅速增大 50~100mV,而故障后又趋于正常幅值,使用数学工具 Matlab 对该信号做 HHT 分析与处理,步骤如下:

（1）初始化。给定采样数组 2048，采样频率 2Hz 等参数。

（2）采样序列读入与预处理。序列保存在 Microsoft Access 数据库中，利用 ADO 方式及智能指针将数据读入 Matlab 程序中，作为待处理信号。预处理是对该组数据做去均值处理，这是为了避免谱曲线在零频处出现一个很大的峰值，影响分辨其附近的曲线。

（3）希尔伯特-黄变换。采用该算法分析铝电解槽阳极导杆等距压降信号。

（4）显示。显示分析结果，包括 EMD 分解图，Hilbert 时频图及边际谱图。

4.6.3.1 正常槽况下的阳极导杆等距压降信号分析

在分析该阳极导杆等距压降信号之前，要明确信号的组成，一是有用信号，这部分是正常生产控制进入的低频信号，有规律可循；二是噪声信号，可以粗略得归纳为三种：采样噪声、槽噪声和异常阶跃。

（1）采样噪声。这是指电解槽阳极导杆等距压降信号采样和计算过程中引入的与电解槽运行特性无关的噪声，来源主要有以下 3 个方面：1）阳极导杆等距压降的模拟与量化误差；2）阳极导杆等距压降采样不同步造成的误差；3）系列电流波动引入阳极导杆等距压降信号的伪噪声。

（2）槽噪声。这里是指电解槽内部原因产生的阳极导杆压降噪声，包括阳极故障、气泡排出、铝液层波动等因素引起的高频或低频噪声（低频只是相对而言）。

（3）异常阶跃。各种人为干扰或异常情况引起的槽阳极导杆等距压降信号的变化，如出铝、阳极脱落、掉块、换阳极等因素引起的阳极导杆等距压降大幅上升或跌落。这里排除这种人为干扰造成的噪声影响。

图 4.69 所示为待处理的铝电解槽正常槽况下阳极导杆等距压降信号。

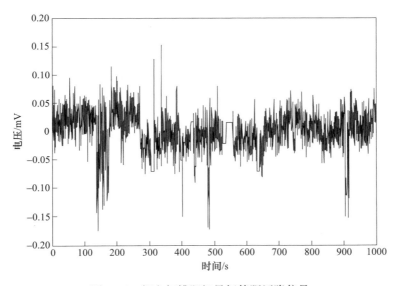

图 4.69　铝电解槽阳极导杆等距压降信号

横轴代表时间，纵轴为去均值后的阳极导杆等距压降信号，从该曲线中发现，在正常槽况下阳极导杆等距压降信号表现为相对稳定，但在获取阳极导杆等距压降信号的过程中不可避免存在噪声的干扰，所以经过算法处理的信号会将实际信号同噪声信号分离。现在对该信号进行 EMD 分解，图 4.70、图 4.71 显示了分解结果。

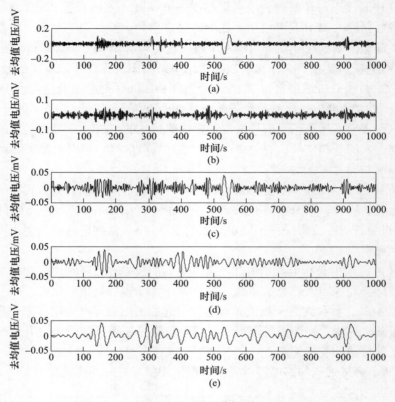

图 4.70　EMD 分解图

（a）IMF1；（b）IMF2；（c）IMF3；（d）IMF4；（e）IMF5

　　图 4.70 和图 4.71 为 EMD 分解图，横轴代表时间，纵轴表示各个 IMF 的幅值，经过 EMD 分解终止条件的筛选，共得到 9 个 IMF 分量和一个余量。EMD 将信号分解为若干个 IMF 分量之和，不同 IMF 分量包含了不同的时间尺度，可以使信号的特征在不同的分辨率下显示。EMD 过程中采用 3 次样条插值法实现曲线拟合。当然，各个 IMF 分量与余量的时域叠加，可以还原为原始信号。

　　得到了 IMF 后，对各个 IMF 进一步做 Hilbert 变换，获得瞬时频率，这些瞬时频率能够反映信号中的真实频率成分，这也是将信号频率从高至低的层层剥离。这里，将具有代表性的瞬时频率层显示出来，如图 4.72 显示了 IMF1 时频分解结果，图 4.73 显示了 IMF3 时频分解结果。

　　图 4.72 和图 4.73 是本征模态函数 IMF1 和 IMF3 的瞬时频率图，横轴是时间，纵轴是频率值，该图反映了分解得到的 IMF 在不同时间点上对应的瞬时频率值，信号的频率成分被分离，选择 IMF1 和 IMF3 的结果显示，是因为两者具有代表性。从图 4.72 中可以看到，上面一些零散且嘈杂的频率点是 EMD 分离后的第一层的瞬时频率，其中 IMF1 的瞬时频率范围是 0.2~0.5Hz，这是因为一些高频噪声、异常成分信号在 EMD 的前两层左右就被分离出来。而图 4.73 所示的 IMF3 的瞬时频率是在 0.05Hz 以下，而且在实际的分解中，发现 IMF3 及后几层中包含了信号中的真实低频信号，即信号的主频在 0.05Hz 左右。

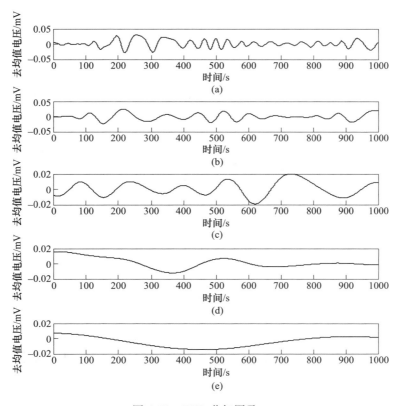

图 4.71　EMD 分解图及 r_n

（a）IMF6；（b）IMF7；（c）IMF8；（d）IMF9；（e）r_n

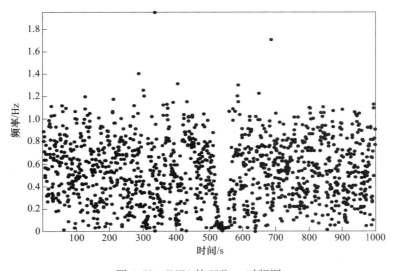

图 4.72　IMF1 的 Hilbert 时频图

从时频谱 $H(w,t)$ 可以获得信号沿时间轴的频率成分分布，对于信号能量突变的定位与检测能力较强，具有很好的动态时频分辨能力。然而从边际谱 $h(w)$ 可以获得在整个时

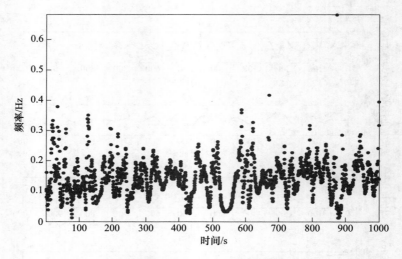

图 4.73 IMF3 的 Hilbert 时频图

间区域内的频率成分分布，以及每一种内在模态对应的幅度，进而可以得出信号中某些具有特殊意义的能量在整个频域内的分布情况。

对 $H(w,t)$ 在时间 t 上求积分，可得到原始信号的边际谱，即幅频谱，并且与 FFT 方法得到的幅频谱进行对比，清楚地看到 HHT 方法在处理这种非平稳信号时比 FFT 更准确，如图 4.74 所示。

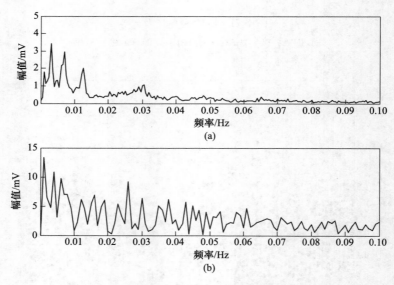

图 4.74 Hilbert 边际谱图（a）和 FFT 幅值谱图（b）

边际谱图与傅里叶幅值谱图的表示结果相同，横轴表示频率，纵轴表示幅值。从 Hilbert 边际谱图中可以清晰得看出信号的主频为 $0.001 \sim 0.05\text{Hz}$，这与理论结果相符。而且一些高频噪声和虚假信号都已被滤除，HHT 处理结果清晰明了，而在相同的幅频范围内，傅里叶变换法的幅频图中有太多虚假频率的干扰，无法准确判断信号的主频范围。

4.6.3.2 异常槽况下的阳极导杆等距压降信号分析

相同的电解槽，图4.75为待处理的铝电解槽异常槽况下阳极导杆等距压降信号。

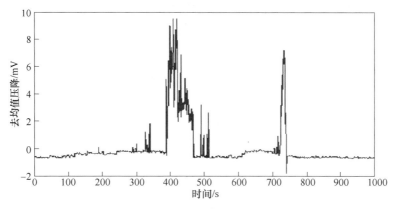

图4.75 铝电解槽阳极导杆等距压降信号

从图4.75曲线中发现信号是不稳定的，而且信号波动很大，造成这种结果的原因是铝电解槽已发生了阳极故障。对于这样一个极其不平稳的信号仍然对它进行 EMD 分解，得到若干 IMF，并分析它们的瞬时频率情况。图4.76和图4.77显示了 EMD 分解结果图。

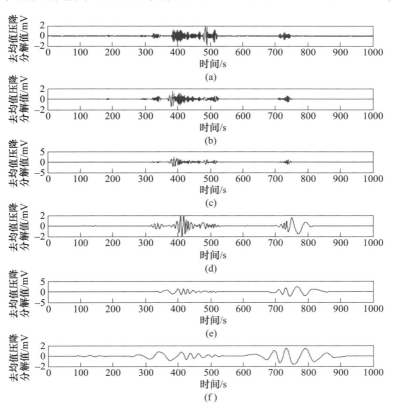

图4.76 EMD 分解图

(a) IMF1；(b) IMF2；(c) IMF3；(d) IMF4；(e) IMF5；(f) IMF6

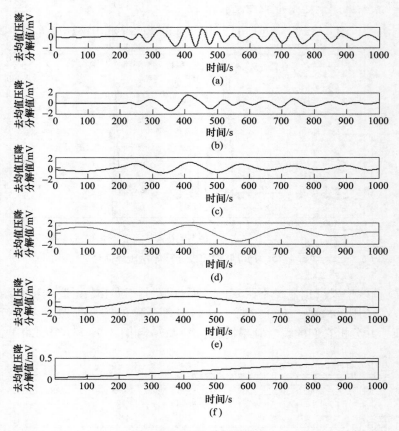

图 4.77   EMD 分解图及 r_n

(a) IMF7；(b) IMF8；(c) IMF9；(d) IMF10；(e) IMF11；(f) r_n

图 4.76 和图 4.77 展示了经过 EMD 分解终止条件筛选后得到的 IMF 及 r_n，这些 IMF 和 r_n 的累加和仍然可以还原原始信号。通过对比正常槽况和异常槽况下的 EMD 分解图，发现异常槽况下得到的 IMF 已很不稳定，在发生阳极故障处 IMF 有巨大波动。下面对这些 IMF 做 Hilbert 变换，得到它们的瞬时频率图，即 Hilbert 频谱图。图 4.78 显示了第一层的瞬时频率结果，图 4.79 显示了第五层的瞬时频率结果。

通过逐层剖析发现，IMF1～IMF4 的 Hilbert 频谱都很杂乱，其中包含了大量的噪声信号和故障信号频率，这里只将 IMF1 的时频图显示出来，而从 IMF5 开始，后面层级的时频图就清晰起来。对比正常槽况和异常槽况下的 Hilbert 时频图发现，异常槽况下的瞬时频率更加复杂、多变。当然，对该原始信号做边际谱图，同样与相同状态下 FFT 变换结果图对比，发现其中规律，如图 4.80 所示。

从 Hilbert 边际谱图中可以看出，信号的主频仍然在 0.001～0.05Hz，但是在一些频率区间内已出现了不同程度的幅值，比如 0.05～0.2Hz 区域内。而在相同的频率范围，傅里叶变换法的幅频图中有太多虚假频率的干扰，无法准确判断信号的主频范围。

电解槽正常运行时，信号主要包含 250s、140s、75s、33s、25s 为周期的信号。根据铝电解正常作业过程，影响阳极电流的因素主要有：铝液流动和波动、电解质流动和波

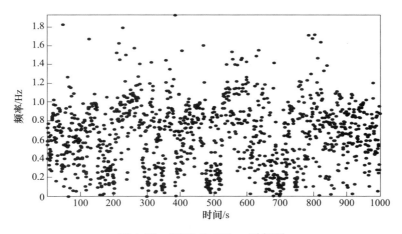

图 4.78 IMF1 的 Hilbert 时频图

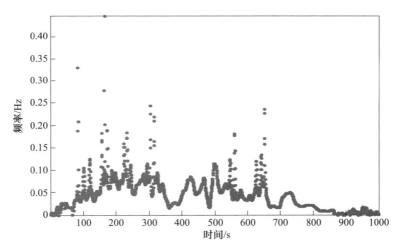

图 4.79 IMF5 的 Hilbert 时频图

动、阳极气泡的形成和逸出、氧化铝和氟化铝下料，还有就是外界的高频交流电机的干扰。由于采样速率所限，高频干扰信号无法分析，只能分析低频信号。由于氧化铝下料间隔在 30~90s 之间由控制系统根据槽电压解析来决定，这与分析得到的 75s、33s 为周期的信号一致。阳极气泡的形成和逸出一般在 15~30s 之间，这通常与电解过程电解质水平和阳极底面光滑度有关，气泡的大小决定其对电压的影响程度，这与分析得到的 25s 为周期的信号一致。分析得到的 250s 和 140s 为周期的信号强度很大，从电解工艺来分析对阳极电流影响最大的是极距（阳极底掌到阴极铝液的距离），这和铝液流动和波动、电解质流动和波动有关；所以可以认为，所分析的阳极下方铝液流动和波动、电解质流动和波动的周期可能在 140~250s 之间。由于电解质和铝液的流动路径无法预测，在电解槽中铝液流动的最长路径是电解槽腔的周长，最短路径是铝液的最小漩涡，所测 300kA 电解槽铝液流动的最长路径可能从几厘米到几十米。而目前的测试和计算机仿真表明，铝液流速在 0.04~0.25m/s，通常在现有的母线配置下，铝液流动的大漩涡是 1/4~1/2 槽，相当于流动路径 10~15m；以 250s 和 140s 周期计算，铝液流动速率为 0.08~0.12m/s，这与文献给

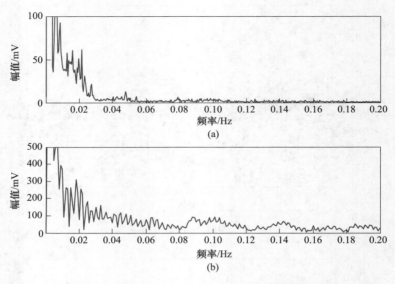

图 4.80 Hilbert 边际谱图 (a) 和 FFT 幅值谱图 (b)

出的铝液流速基本一致。由于阳极电流的频谱特征具有时域和区域特点，不同的电解槽在不同的时间不同的位置，阳极电流的频谱特征会有区别，所以认为文献给出的铝液波动的周期 50~60s，可能对于较小容量的电解槽是存在的，也有可能是氧化铝下料所致。由于还没有实测结果佐证，还不能根据这个来计算熔体的流速。

同样，对比一下正常槽况和异常槽况下的信号边际谱，发现异常槽况下相同频率范围内信号边际谱对应的幅值增大了很多。也就是说，在正常槽况下，幅值限制在 5 以内，就可以较清晰地辨认出信号的边际谱；而在故障槽况下，幅值要限制在 100 以内才可以较清晰辨认出信号的边际谱。对于同一个铝电解槽，如果将两者局限到同一频率范围和幅值范围内来观察边际谱，就可以很快辨认出哪个是正常槽况，哪个发生了故障。

所以，通过 HHT 方法来分析铝电解槽阳极导杆等距压降信号，要比 FFT 方法更加准确，而且为后期故障诊断也提供了一些理论依据。

4.6.4　HHT 算法与传统信号分析算法的区别

与传统的信号分析处理方法（傅里叶变换、小波变换等）相比，HHT 算法有如下的特点及优势：

（1）HHT 算法能够自适应的处理非线性非平稳信号。非线性非平稳信号的分析、处理及特征提取一直是工程界和学术界研究的热点问题，被人们所熟知的传统方法如傅里叶变换法和小波变换法一直占据着信号分析处理的大量篇幅，但实践证明这两种方法也存在不足之处。傅里叶变换法通过在全局上定义统一的谐波分量的线性组合来表达信号，但这种试图用统一的谐波来逼近实际的非平稳信号的方法，往往会造成不同程度的失真。小波变换法也存在类似的问题，因为该方法对信号的分析严重依赖选择好的小波基函数，这些小波基要满足"可容性"条件且选取小波基也并非易事，这些问题的存在证明了传统的信号分析方法无法自适应的解决实际信号问题。HHT 算法与前两者相比，有两点优势：

1）可以自适应的分析处理实际信号，因为 HHT 算法不需要强制选取谐波函数或基函数；

2）传统的信号分析方法不能完全意义上的处理非线性非平稳信号，因为它受到线性和平稳性的双方束缚，而 HHT 算法就可以做到眷顾两者。

（2）HHT 算法适合处理突变信号。傅里叶变换法、小波变换法、短时傅里叶变换法都要受到测不准原理的制约，也就是时间窗口与频率窗口的乘积要是一个常数。那就意味着，它们无法在保证时间分辨率的基础上兼顾频率分辨率，反之亦然，这给信号的分析处理带来一定程度的不便。而 HHT 算法就不受测不准原理的制约，该算法可以在保证时间分辨率的基础上同时保证频率分辨率，这样，HHT 算法可以很好的应对一些突变信号。

（3）HHT 算法得到的瞬时频率具有局部特性。傅里叶变换法、小波变换法及 HHT 算法在分析信号时，都要得到信号的频率成分，但得到的过程不尽相同。FFT 与小波变换得到的频率是全局的或者区域性的，因为它们需要预先选择基函数，而频率的产生是通过与基函数卷积得到的。而 HHT 算法得到瞬时频率的方式则不同，它借助 Hilbert 变换求得相位函数，再对相位函数求导，得到瞬时频率，这样得到的频率具有局部性，可以分析出信号中的真实局部信号瞬时频率。

4.6.5 HHT 算法的适用性

前面提到了这么多关于希尔伯特-黄变换法的特点和优势，将该方法应用到了铝电解槽阳极导杆等距压降信号的分析中，并得到了分析结果，那么是否就可以确定该方法适合用在铝电解槽信号的分析处理中呢？

对于铝电解槽信号的分析主要包括这些信号：槽电压、阳极导杆压降、槽温度等。这些信号在槽况正常下表现稳定且线性，当电解槽出现故障或者异常时，这些信号就会表现出不同程度的变化和波动。比如，槽电压信号，正常情况下为 0~10V，当发生阳极效应时，槽电压会突变增至 60V，同时槽温度会随即升高，阳极导杆压降也会迅速增大 50~100mV。

电解槽中另一种不稳定槽况叫"针摆"或"电压摆"，其形成的主要原因是槽内熔体受内、外作用力影响使电解质和金属铝的界面形状发生改变，造成极距的变化而引起槽电阻产生周期性波动。

总之，经常分析的这些电解槽内的信号，多数具有非线性、不稳定、突变的特性，那么结合上面提到的 HHT 算法区别于传统信号分析方法的优势，不仅从理论上可以说明 HHT 算法比较适合分析处理及特征提取铝电解过程中存在的信号，而且，从对实际信号的处理也可以发现，HHT 算法确实比较适合分析具有这种特征的信号，但是更多的特性和问题有待继续考察。

4.7 基于小波分析铝电解槽阴极状况分析

4.7.1 阴极软母线压降数据采集和预处理

4.7.1.1 数据采集

数据来自河南省某铝厂生产车间的两个铝电解槽，用 64 通道多路数据记录仪采集。多路数据记录仪能实时显示采集的电压值并且保存下来，连续采集了 2 天多的数据，采集的是两个铝电解槽阴极软母线处电压，共 28 个采样点（3514 号槽测了 24 个电压点，3515

号槽测了 4 个电压点），采样频率为 1Hz，总共采集了 500 多万条数据信息。

同一通道采集的电压值差别不大，不同通道采集的电压值平均值差别比较大，原因是采集信号时，连接阴极软母线处的两接线端子之间的距离是不一样的，也很难做到一样，所以接线端子之间的电压值就有比较大的差别。

用电压降做分析，主要是因为阴极软母线形状不规则，而且是由多个铝带构成，每个软母线的面积不严格相等，导电面积不好计算。如果计算电流，会有二次误差，数据可靠性差。

4.7.1.2　数据处理

A　检查遗漏值

用 SPSS 软件检查采集的数据有无遗漏值，结果见表 4.19 和表 4.20。

表 4.19　第 1~4 个采样点处采集数据检查有无遗漏值的结果

通道	N	平均数	标准方差	遗漏值		极端数的数目	
				计数	百分比	低	高
1	188901	5.15696	0.060658	0	0	5935	3327
2	188901	9.39206	0.906403	0	0	14	9430
3	188901	7.82683	0.329179	0	0	44	13332
4	188901	7.44705	0.450093	0	0	4878	11883

表 4.20　第 5~8 个采样点处采集数据检查有无遗漏值的结果

通道	N	平均数	标准方差	遗漏值		极端数的数目	
				计数	百分比	低	高
5	188901	8.89126	0.420667	0	0	28	11971
6	188901	6.95789	0.097861	0	0	5561	2614
7	188901	7.64770	0.814791	0	0	740	14
8	188901	6.26816	0.127592	0	0	74	7777

表 4.19 和表 4.20 中显示了每个采样点处采集的数据个数、平均值、标准方差、遗漏值的计数和百分比、极端数的数目。这两个表中显示没有遗漏值，观察其余的采样点处数据的检查结果发现无遗漏值。

B　去均值化

去均值化的目的是去除直流分量对其他成分的影响，如果存在直流分量，观察数据的频谱图时，直流分量太大，影响对其他频率成分的观察。

去均值化的方法是求出每个采样点处数据的平均值，然后用每个采样点数据减去各自采样点处数据的均值得到去均值化后的数据。

4.7.2　小波基函数和分解层数的确定

4.7.2.1　小波基函数的确定

选择小波基主要从以下几个方面考虑：将小波基的各种数学参数特性直接比较；定性地比较几个特定的小波基在某一方面应用中的效果差异；运用传统的信息价值函数对小波基进行比较。通过计算信号的重构误差来判定小波基的好坏，由此决定小波基。通常认为，墨西哥草帽小波一般用于系统辨识，Morlet 小波用于信号的表示和分类、特征提取、图像识别，Shannon 正交基用于差分方程求解，样条小波用于材料探伤，Symlets 或 Daubechies 一般用于处理数字信号。因此，选用 Daubechies（dbN）和 Symlets（symN）小波进行小波分解。

选用 dbN 和 symN 小波，先以分解层数为 4 进行小波分解，以采集的 600 个电压信号为例来比较这两类小波的优劣。

从重构误差方面比较，小波分解与重构结果如图 4.81 和图 4.82 所示[15]。

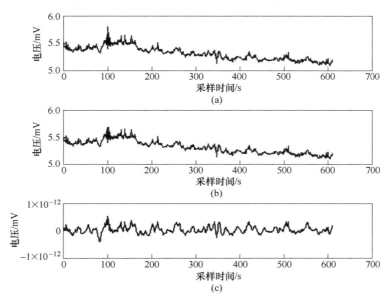

图 4.81　db4 小波分解结果

（a）原始信号；（b）重构信号；（c）误差信号

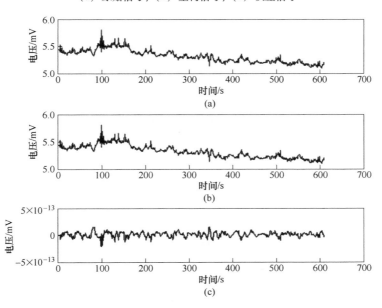

图 4.82　sym4 小波分解结果

（a）原始信号；（b）重构信号；（c）误差信号

图 4.81 中误差的最大值是：$5.7554×10^{-13}$ mV，误差的平均值是：$9.7173×10^{-14}$ mV。

图 4.82 中误差的最大值是：$2.2382×10^{-13}$ mV，误差的平均值是：$3.7206×10^{-14}$ mV。

db 小波簇之间的比较结果见表 4.21，sym 小波簇之间的比较结果见表 4.22（误差绝对值很小，相对值很有意义）。

表 4.21　db 小波簇之间的比较结果

误差	db9	db8	db7	db6	db5	db4	db3	db2	db1
平均误差	$2.2330×$ 10^{-12}	$2.4219×$ 10^{-13}	$1.1163×$ 10^{-13}	$8.2093×$ 10^{-14}	$1.4654×$ 10^{-13}	$9.7173×$ 10^{-14}	$5.3834×$ 10^{-13}	$4.5081×$ 10^{-14}	$2.9301×$ 10^{-15}
最大误差	1.4112 $×10^{-11}$	1.1431 $×10^{-12}$	6.9456 $×10^{-13}$	4.2988 $×10^{-13}$	8.0469 $×10^{-13}$	5.7554 $×10^{-13}$	3.5767 $×10^{-12}$	3.1175 $×10^{-13}$	6.2172 $×10^{-15}$

表 4.22　sym 小波簇之间的比较结果

误差	sym9	sym8	sym7	sym6	sym5	sym4	sym3	sym2	sym1
平均误差	$1.6356×$ 10^{-15}	$1.5190×$ 10^{-14}	$5.1272×$ 10^{-14}	$5.6758×$ 10^{-14}	$1.5102×$ 10^{-14}	$3.7206×$ 10^{-14}	$5.3834×$ 10^{-13}	$4.5081×$ 10^{-14}	$2.9301×$ 10^{-15}
最大误差	$7.1054×$ 10^{-15}	$7.1942×$ 10^{-14}	$2.9576×$ 10^{-14}	$3.4461×$ 10^{-14}	$7.6383×$ 10^{-14}	$2.2382×$ 10^{-13}	$3.5767×$ 10^{-12}	$3.1175×$ 10^{-13}	$6.2172×$ 10^{-15}

分析表 4.21 和表 4.22 可知小波的紧支集长度对小波变换的影响，小波的紧支长度为 $2×N+1$（N 为表中小波函数名最后的那个数字），紧支长度越长，计算时间越长，产生更多高振幅值的小波系数。有效支撑区域越长，频率分辨率越好；有效支撑区域越短，时间分辨率越好，所以紧支撑长度既不能太小也不能太大。因此在表 4.21 中，可以不将 db9、db8、db2、db1 小波用于比较，在剩余的小波中，可以发现 db4、db6 小波的平均重构误差和最大误差相对来说是比较小的（从有效位看，差别很明显）。因此，在 db 系列小波中，选择 db4 和 db6 为较优小波。同理在表 4.22 中，选择 sym5 和 sym4 小波作为较优小波。比较 sym 系列小波和 db 系列小波的重构误差，可以发现 sym 系列小波相对较优。

通过对一相同的采样信号做小波分析所用时间的对比表（表 4.23）发现：同一小波簇函数随着 N 的减小，运算时间也变小；sym 小波总体的运行时间小于 db 小波。因此，优先选择 sym 小波用于小波变换。

表 4.23　不同小波运算时间表

小波名称	db6	db5	db4	db3
运行时间/s	1.692150	1.622863	1.597217	1.555289
小波名称	sym6	sym5	sym4	sym3
运行时间/s	1.630658	1.604275	1.59036	1.541713

在选择最优小波时，优先考虑的是重构误差的影响，但是在重构误差差别不是很大，都能满足实验要求的前提下，也要考虑运算时间的影响。因为运用小波变化进行信号分析时，要考虑运行效率和时效性。虽然表 4.23 中的运行时间差别也不是很大，但是当分析大量的数据时，时间差别就会比较大，对于时效性要求高的分析系统来说是必须要考虑运算时间的。

在考虑小波支集长度对小波分解结果影响的前提下，综合考虑重构误差和运算时间两个方面，最终认为 sym5 和 sym4 小波都合适，这里采用 sym5 小波作为最优小波，用于下文的信号分析工作。

4.7.2.2 分解层数的确定

小波分解的目的是将信号中的噪声信号分离出来，只对有用成分进行信号分析。噪声的存在会影响信号分析的结果。通过对噪声序列随分解层数变化时能量的分布规律的研究，采用了一种依据能量分布确定小波分解层数的方法，即能量对比实验法。该方法的主要步骤如下：

（1）应用 Monte-Carlo（MC）模拟试验方法确定噪声序列的能量概率分布特性及随分解层数增大时的能量分布规律（见图 4.83）。

（2）确定所研究序列的能量随分解层数增大的能量分布曲线。

（3）将噪声序列随分解层数增大时的能量分布曲线与所研究序列的能量随分解层数增大的能量分布曲线做对比，确定出所研究序列中的噪声成分和主成分，从而确定出最优的分解层数。

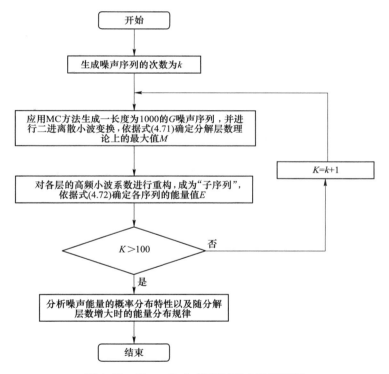

图 4.83 Monte-Carlo 模拟试验方法流程图

图 4.83 中

$$M = \text{fix}(\log 2N) \tag{4.71}$$

$$E(j) = \sum_{i=1}^{N} |f_i(x)|^2 \tag{4.72}$$

式中，N 为噪声序列的长度；M 为分解层数的最大值；E 为各子序列的能量值。

分别取 N 的值为 3600、600、60，经过上面的方法得到含不同数据个数的噪声序列的能量分布图,如图 4.84~图 4.86 所示。

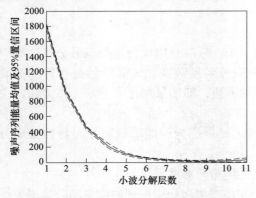

图 4.84 3600 个数据的噪声序列的
能量分布概率图

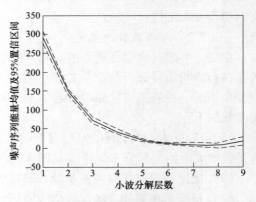

图 4.85 600 个数据的噪声序列的
能量分布概率图

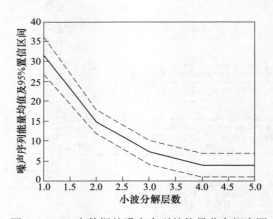

图 4.86 60 个数据的噪声序列的能量分布概率图

由此方法可得,噪声子序列的能量值随着分解层数增大而逐渐减小,且大致按 2^{-1} 的速率指数递减。将所研究序列的能量曲线与噪声序列的能量曲线做对比,当所研究序列能量曲线不再符合噪声序列的能量分布规律时,说明小波分解到这一层时,所研究序列的能量中有用成分占主要,所含噪声的影响可以忽略。

分别取包含 3600 个、600 个、100 个数据的三组电压信号,将这三组信号经小波分解后的各层能量值计算出来显示在图 4.87 中,图中还包含相同长度的噪声序列的能量分布曲线。

在图 4.87 中,采集信号的电压序列分解后的能量与噪声序列的能量分布曲线有交点,局部放大图中,交点的横坐标从上到下依次为 3.06、2.54、2.15。选择的最佳分解层数为噪声序列能量分布曲线与采集电压序列分解后的能量曲线完全分离时的整数分解层数。由于 100 个电压序列的能量与噪声序列能量的交点为 3.06,稍微大于 3,可以取分解层数为 3 或者 4,所以 100 个、600 个、3600 个电压序列的最佳分解层数分别为 3 或 4、3、3。这里在分解序列时每次用的数据个数不超过 3600 个又大于 100 个,一般用 100~600 个数据,所以选择的最佳分解层数为 3 层。

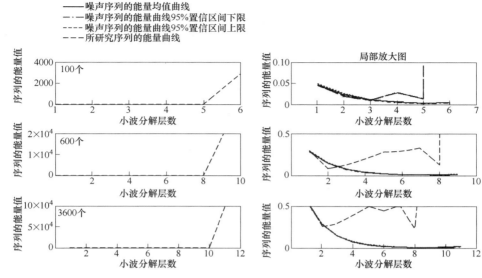

图 4.87　所研究序列的能量与噪声序列的能量对比图

4.7.3　特征参数的选取

　　信号经过三层小波分解之后，噪声信号和有用信号基本分离，重构后的第三层近似信号包含信号的主要成分，而含有极少的噪声信号。因此，对第三层近似信号进行分析。此处的分析包括特征参数的提取和故障诊断过程[16]。

4.7.3.1　特征参数的选取标准

　　将故障诊断问题转换为无量纲特征参数（nondimensional symptom parameters，NSPs）的分类问题进行研究。各个特征参数对故障敏感性不同，因此，利用多个 NSPs 建立待选故障特征集，对铝电解槽进行全面地故障检测，然后依据某种指标，将对故障最为敏感的 NSPs 用于铝电解槽的故障诊断。采用 9 种 NSPs（后文用 P_n 代替，$n = 1，2，\cdots，9$）构成待选故障特征集，它们分别是：

$$P_1 = \frac{\sigma}{\bar{f}} \tag{4.73}$$

$$P_2 = \sum_{i=1}^{N} \frac{(f_i - \bar{f})^3}{N\sigma^3} \tag{4.74}$$

$$P_3 = \sum_{i=1}^{N} \frac{(f_i - \bar{f})^4}{N\sigma^4} \tag{4.75}$$

$$P_4 = \frac{\bar{f_p}}{\bar{f}} \tag{4.76}$$

$$P_5 = \frac{\bar{f}}{\sigma} \tag{4.77}$$

$$P_6 = \frac{\left| \sum_{i=1}^{N_p} (f_{pi} - \bar{f_p})^3 \right|}{N_p \sigma_p^3} \tag{4.78}$$

$$P_7 = \frac{\left| \sum_{i=1}^{N_p} (f_{pi} - \bar{f}_p)^4 \right|}{N_p \sigma_p^4} \tag{4.79}$$

$$P_8 = \frac{\left| \sum_{i=1}^{N_v} (f_{vi} - \bar{f}_v)^3 \right|}{N_v \sigma_v^3} \tag{4.80}$$

$$P_9 = \frac{\left| \sum_{i=1}^{N_v} (f_{vi} - \bar{f}_v)^4 \right|}{N_v \sigma_v^4} \tag{4.81}$$

式中，f_i 为所选信号第 i 点的电压值；f_{vi} 和 f_{pi} 为所选信号的谷值和峰值；$\bar{f}$ 为所选信号的均值；$\bar{f}_v$ 和 $\bar{f}_p$ 分别为 f_{vi} 和 f_{pi} 的均值；σ 为 f_i 的标准差；σ_v 和 σ_p 分别为 f_{vi} 和 f_{pi} 的标准差；N 为信号的个数，N 取 600。

利用检测指数（detection index，DI）的概念来衡量特征参数对故障的敏感性。

定义：设 s_1、s_2 分别为在两种不同故障情况下采集的信号计算得到的某一 NSP 值，且 s_1、s_2 满足正态分布。

$N(u_1,\sigma_1)$，$N(u_2,\sigma_2)$，$u_2 > u_1$，则这两种故障对应的 DI 值为：

$$DI = \frac{u_2 - u_1}{\sqrt{\sigma_1^2 + \sigma_2^2}} \quad \text{或} \quad DI = \frac{s_2 - s_1}{\sqrt{\sigma_1^2 + \sigma_2^2}} \tag{4.82}$$

DI 值越大，对故障越敏感，所以通过比较 DI 值的大小就能确定哪个特征参数更加合适。

4.7.3.2 选取过程和结果

由于采集的信息数据比较多，故采用横向和纵向的分析方法。纵向分析方法是对某一个采样点处的采样数据提取出多组数据进行分析，一组数据为相邻的 600 个采样值，即实际时间为 10min 的数据。横向分析方法是对一个电解槽采集的 24 个采样点中某几个采样点处相同的时间段各提取两组可能带故障信息的数据进行分析。

取第 1 个采样点前 1800 个数平均分为 3 组，如图 4.88 所示，每组 600 个数据；表 4.24 为应用式（4.82）求得的 DI 值，1、2、3 为对应的组号。

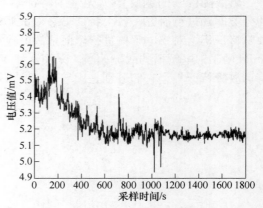

图 4.88 第 1 个采样点处的前 1800 个采样信号的采样时间-电压图

表 4.24 第 1 个采样点处三组数据的特征参数对应的 DI 值

DI	P_1	P_2	P_3	P_4	P_5	P_6	P_7	P_8	P_9
$DI_{1\text{-}2}$	0.115	0.735	64.22	0.016	724.7	9.593	53.44	2.809	9.368
$DI_{2\text{-}3}$	0.099	0.483	158.8	0.057	3902	2.674	152.1	7.95	10.41
$DI_{1\text{-}3}$	0.157	0.591	8.000	0.037	2198	0.149	0.334	1.712	5.947

取第 1 个采样点处的第 13000～14200 个数据和第二个采样点处的第 13000～14200 个数据，如图 4.88 所示电压平均值大约为 5.1mV 和 8.7mV 的两条数据曲线，每个采样点处两组数据，分别记为 A1、A2、B1、B2，四组数据对应的 DI 值见表 4.25。

表 4.25 不同采样点处的四组数据对应的 DI 值

DI	P_1	P_2	P_3	P_4	P_5	P_6	P_7	P_8	P_9
DI_{A1-A2}	0.141	35.30	196.3	0.022	1080	3.721	15.47	4.061	17.23
DI_{A1-B1}	0.246	0.408	14.75	0.007	37.66	0.378	1.017	0.955	6.122
DI_{A1-B2}	0.133	31.19	183.3	0.021	1020	2.439	9.823	5.143	27.29
DI_{A2-B1}	0.091	15.75	74.02	0.018	536.7	2.118	8.207	0.472	7.905
DI_{A2-B2}	0	4.136	2.508	0	9.008	2.185	9.746	1.66	5.268
DI_{B1-B2}	0.090	14.56	72.40	0.017	531.3	1.579	5.818	1.45	6.565

由表 4.24 和表 4.25 可以发现，P_3 和 P_5 对应的 DI 值较大，DI 的值越大，相应的 NSP 对故障的敏感性越强，故障的识别率就会越高。所以选择 P_3 和 P_5 作为特征参数。

纵向取第 1 个采样点前 60000 个数据中的 20 组数据，这 20 组数据分别是时域图上电压波动很大的时间段前后的几组数据，如图 4.89 所示。将这 20 组数据的特征参数值求出，画出分布图，结果如图 4.90 所示。

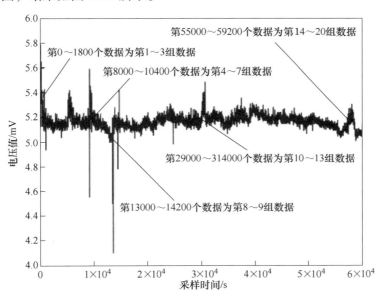

图 4.89 第 1 个采样点处取得的 20 组数据的分布图

图 4.90 中，特征参数 P_5 和 P_3 的值相对于其他的特征参数的值来说明显偏大，对故障更为敏感。

横向各取 24 个采样点第 13000～14200 个数据范围内的 1200 个数据，分为两组，共 48 组数据，如图 4.91 所示；各组的特征参数 P_3 和 P_5 的值见表 4.26。

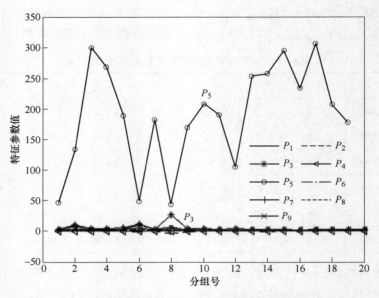

图 4.90 纵向取第 1 个采样点各组的特征参数值的分布图

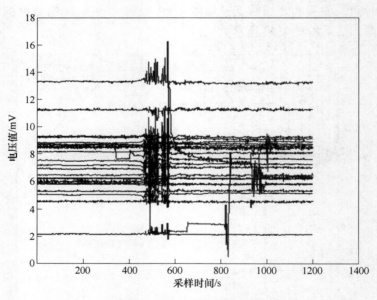

图 4.91 48 组采样信号的电压值

图 4.91 中，一共有 24 条曲线，每条曲线包括两组数据。每条曲线的电压波动幅度比较大的范围基本在 400~600s 范围内，但有 3 条曲线在 600~1200 范围内有一段电压波动较大的数据。所以如果不考虑这 3 条曲线的异常情况，这 24 条曲线的总体趋势是每条曲线的前一组电压数据有电压波动较大的数据，后一组电压数据比较平稳，即每条曲线的前一组电压数据为疑似有故障数据，后一组电压数据为相对正常数据。

表 4.26 横向 48 组数据的特征参数值

分组序号	P_3	P_5	分组序号	P_3	P_5
1-1	26.8893	44.841	13-1	57.7343	127.6805
1-2	3.9974	170.5245	13-2	2.9579	241.1899
2-1	22.8161	34.5449	14-1	44.7266	131.2311
2-2	4.1333	170.7438	14-2	3.7149	271.0045
3-1	19.4794	50.2164	15-1	3.6956	3.1161
3-2	3.8311	219.501	15-2	1.2778	2.2941
4-1	27.9262	46.1578	16-1	32.1108	45.563
4-2	3.2542	277.5925	16-2	2.876	145.2358
5-1	17.8091	48.129	17-1	30.5068	51.8485
5-2	2.7117	289.3482	17-2	9.8326	204.8957
6-1	40.9067	36.8857	18-1	26.1658	37.191
6-2	2.9648	199.8628	18-2	2.8959	177.2394
7-1	3.1875	22.1724	19-1	17.0524	65.0559
7-2	3.823	242.7529	19-2	24.8467	101.7033
8-1	30.4362	57.9926	20-1	38.7016	34.6798
8-2	2.8859	258.7422	20-2	9.9636	111.6564
9-1	23.6442	68.5731	21-1	29.2112	6.3823
9-2	3.2101	203.0847	21-2	2.1123	9.8074
10-1	18.8792	77.4484	22-1	27.4653	51.8074
10-2	2.6511	160.1451	22-2	95.7035	68.7858
11-1	32.7625	47.0997	23-1	24.681	38.9868
11-2	3.3672	152.8915	23-2	68.7427	56.7735
12-1	71.4214	73.6793	24-1	37.6463	41.6609
12-2	3.0768	208.5744	24-2	3.6519	257.8882

4.7.4 特征参数聚类分析和应用

4.7.4.1 特征参数的聚类分析

本节用到的聚类分析方法是 K-mean 聚类分析法。K-mean 聚类分析法的基本步骤是：（1）从被分析的多对特征参数中任选两对数据作为两个聚类中心，设为 A、B；（2）分别计算其余的几对数据到聚类中心 A、B 的欧氏距离，到哪个聚类中心距离近，就属于哪一类；（3）对所有的数据聚完一遍后，将两类数据中的数据分别求均值，将这两对均值作为新的聚类中心；（4）重复第（2）（3）步，直到聚类中心不再变化或者变化极小时，聚类结束[16]。第一个采样点纵向聚类的结果和横向聚类结果如图 4.92 和图 4.93 所示。

从图 4.92 和图 4.93 中可以看出，K 均值聚类方法将特征参数聚为明显的两类，通过对比查看第三层近似信号图，可以发现圆圈所对应的点处幅值变化相对较小，属于正常状况；加号所对应的点处幅值变化幅度较大，判断为故障点。图 4.93 中的圆圈对应的全为

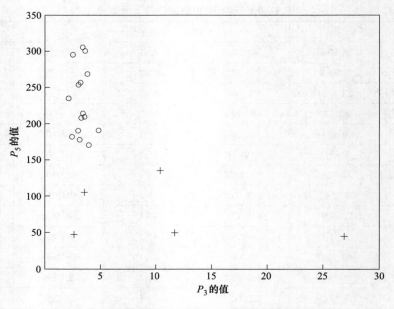

图 4.92　第一个采样点纵向聚类的结果图

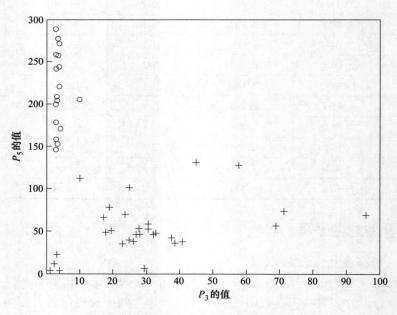

图 4.93　第一个采样点横向聚类的结果图

偶数组，加号对应的大部分为奇数组，是因为每个采样点处取样的两组数据为电压信号有较大波动处的一组数据和其相邻的电压相对稳定的一组数据。从图 4.93 中可得，同一个电解槽不同采样点在相同的时间段内的电压情况基本是相同的，但个别采样点处也有略微差异。

　　观察图 4.92、图 4.93 可以发现，正常点的 P_3 偏小，P_5 偏大；异常点的 P_3 值大小都有，P_5 偏小。可以发现，当一组数据为正常数据时，均值和标准差都相对异常数据时要小，但是均值的变化没有标准差的变化对 P_5 的影响大。所以当数据正常时，标准差偏小，P_5 的值就偏大；反之，当数据异常时，标准差偏大，P_5 的值就偏小。P_5 的分析结果与之前确定特征参数时的结果是一致的，即 P_5 对故障的敏感性最强，P_5 的选择是合理的。P_3 这个特征参数对故障的敏感性相对除 P_5 之外的其他几个特征参数是较强的，比较能反映故障的特性，P_3 的分子和分母都反映数据的离散程度。选择 P_3 和 P_5 两个特征参数一起判断数据是否存在故障，能增加诊断的准确性。

4.7.4.2 特征参数聚类的应用

特征参数聚类的应用包括两个方面，一方面是用另外一个槽的数据去验证诊断方法的好坏；另一方面是当诊断时间间隔由每 10min（600 个）数据为一组提高为每 3min（180 个）数据为一组时，此方法是否还能适用。

A 用 3515 号槽数据做验证

用 3515 号槽的第二个采样点处的数据对上面的方法进行验证，取 3515 号槽的第二个采样点处的第 1~20000 个电压数据，电压数据的分布如图 4.94 所示。对这 20000 个数据，按每组 600 个（10min）数据为一组分组，分组最后不足 600 个的数据就不用了，然后对每组数据进行特征参数提取，最后对提取的特征参数做聚类分析，聚类的结果如图 4.95 所示。

图 4.95 中的第 1、2 点对应的时间段为 0~1200s，第 4、5 点对应的时间段为 1800~3000s，第 14 点对应的时间段为 7800~8400s，第 23 点对应的时间段为 13200~13800s，这些时间段在时域图中正好是电压幅值波动很大的时间段。第 24~33 点（图 4.95 中比较集中的加号）对应时间段为 13800~19200s，这 10 个点比较集中聚集在一起，是因为这个时间段的电压值相对于之前时间段的电压值有了一定幅度的下降，而且波动幅度也相对变大。因此把这个时间段的信号归为故障信号，这个故障产生的原因可能是 23 点对应的时间段

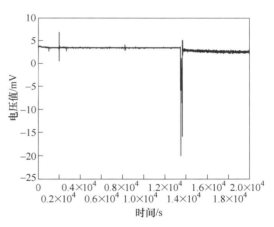

图 4.94　3515 号槽第二个
采样点前 20000 个数据分布图

内，阴极有故障产生，导致阴极电压有极大的波动，从而导致 24~33 点对应的时间段内电压下降，波动变大。经过用 3515 号槽的第二个采样点处的数据对上面的方法进行检验，得出此诊断方法适用于每 10min 为一组进行特征参数提取的铝电解槽阴极状况的诊断。

B 缩小诊断时间间隔后对诊断方法的验证

选择 3514 号槽的第 16 个采样点的第 12000~16000 个电压信号，用于验证缩小诊断时间间隔后的诊断方法的验证。所选择数据的分布如图 4.96 所示。

将之前每 600 个（10min）数据为一组改为每 180 个（3min）数据为一组。将数据导入编写的 Matlab 程序，把每组的数据个数设置为 180 后，运行 Matlab 程序得到如图 4.97 所示的聚类结果图。

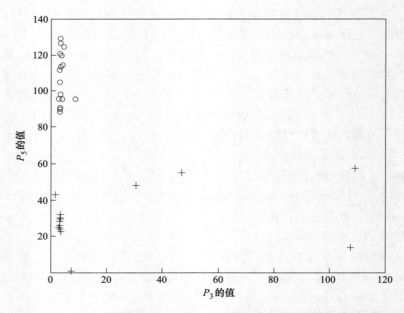

图4.95 3515号槽第二个采样点前20000个数据的故障诊断结果图

图4.97中加号代表的点为故障点，分别为第6、11、12、13、14组数据对应的特征参数值。在图4.96中，电压波动较大时间段为1400~1800s、2350~2900s。识别出的这5个故障点中只有第14个点在电压波动较大的时间段内。故障点的识别率很低，可见，将每组的数据个数减少后，即缩小诊断时间间隔后，用此方法得到的诊断结果很不理想。将此方法应用于铝电解槽的实际故障诊断时，不能满足实际需求。因此，采用无量纲特征参数选取的诊断方法不能满足实际需求，不能用于故障诊断系统设计中，需要选择更优的诊断方法。

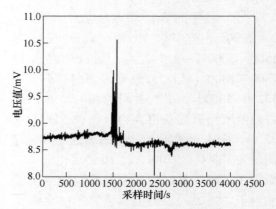

图4.96 3514号槽第16个采样点处的
第12000~16000个信号的电压曲线图

通过对选择的9种特征参数对故障的敏感性做比较，发现特征参数P_3和P_5对故障更为敏感，因此，选择特征参数P_3和P_5作为所要提取的一类特征参数。需要说明的是，P_5的选取如果不包含电压平均值，只用标准差，有时也是可以的，但用电压平均值与标准差的比值做分析，增加了诊断的准确性和普遍自适应性。从实际测量看正常工厂生产阴极钢棒电流相差很明显（和炉膛形状及阳极作业有关），用这个比值计算可以一定程度消除这种差别。如果阴极电压值偏离正常值较大的时候，或者电压变化值偏离正常值较大时，诊断系统还需要设定临界值来进行辅助诊断。对采集的数据分别进行了横向和纵向的分析，提取出无量纲特征参数，用聚类分析的方法对提取的特征参数进行聚类，并从两个方面对诊断方法进行验证，发现对信号无量纲特征参数进行聚类方法适合于对时间间隔要求不是

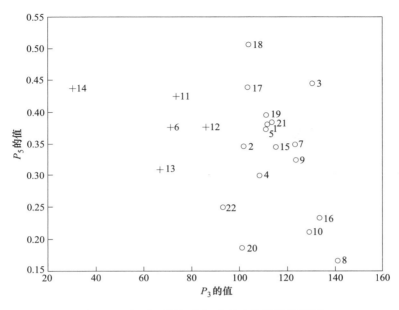

图 4.97 提取无量纲特征参数法的聚类结果图

很高的场合，当时间间隔为每 3min 的数据为一组时，此方法就完全不适用于实际的应用，诊断准确率太低。

4.7.5 阴极状况的诊断过程

4.7.5.1 包络谱特征参数的选取

A 包络谱分析的介绍

用到的包络谱为 Hilbert 包络谱，基本步骤为对小波分解后的第三层近似信号进行 Hilbert 变换后构造解析函数，然后依据解析函数求模值，求得的模值即为包络，然后对信号包络进行 FFT 后得到的即为 Hilbert 包络谱。

假设第三层近似信号为 $X(t)$，其 Hilbert 变换后得到的为 $\hat{X}(t)$，两者构成的解析函数 $Z(t)$ 为：

$$Z(t) = X(t) + j\hat{X}(t) \tag{4.83}$$

由此可得信号 $X(t)$ 的包络为：

$$|Z(t)| = \sqrt{X^2(t) + \hat{X}^2(t)} \tag{4.84}$$

然后再对上式进行 FFT 后得 Hilbert 包络谱。

B 特征参数选取过程

特征参数的选取过程分两方面进行：

（1）纵向在 3514 号铝电解槽的第 1 个采样点处采集的数据中连续取两个时间段的数据，这两个时间段电压信号的时域图如图 4.98 和图 4.99 所示。在两个时间段内，都包含电压值波动大和波动小的时间段，将这两个时间段的数据每 3min 分为一组（即 180 个电压值为一组），将分组后的数据分别进行包络谱分析，提取特征参数。

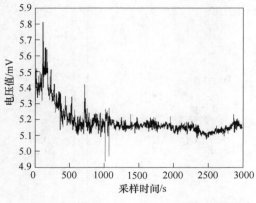

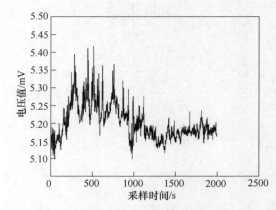

图 4.98　第 1 个采样点处第 1~3000 个电压值图　　　图 4.99　第 1 个采样点处第 5000~7000 个电压值图

（2）横向取第 1、12、20 个采样点处的一段数据，数据信息图如图 4.100 和图 4.101 所示。将取得的这三个时间段的数据也按照每隔 3min 为一组分组，对分组后的数据分别进行包络谱分析，提取特征参数。

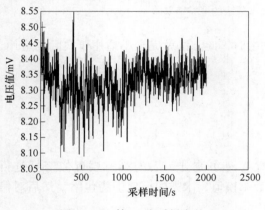

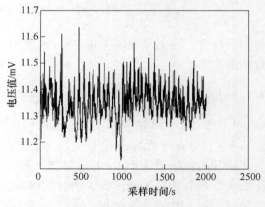

图 4.100　第 12 个采样点处　　　　　　　　　图 4.101　第 20 个采样点处
第 5000~7000 个电压值图　　　　　　　　　　第 5000~7000 个电压值图

包络谱的计算过程通过 Matlab 编程实现，主要用到的函数为 Hilbert 函数。假设 A 为要处理的数据，$B = \text{Hilbert}（A）$ 得到 A 的 Hilbert 变换后的值，$C = A + Bj$ 得到解析函数，$D = \text{abs}(C)$ 得到包络信号，最后通过 $E = \text{abs}(\text{FFT}(D, n))$，$n$ 为采样点数，得到 Hilbert 包络谱。第 1 个采样点处部分数据的包络谱图如图 4.102 和图 4.103 所示。

图 4.102 和图 4.103 中，包络谱为三层小波分解后信号的包络谱，信号的采样频率为 1Hz，所以包络谱的最大频率为 $0.5/2^3 = 0.0625$Hz，可以分辨周期为 $1/0.0625 = 16$s 的信号。查阅文献得知，电解槽正常运行时，信号主要包含 250s、140s、75s、33s、25s 为周期的信号，这些信号的频率成分都包含在信号的包络谱中。

根据电压值的波动判断有无故障，包络谱的最大值为 16.6679；图 4.103 中的 180 个电压值的波动比较小，认为是没有故障的情况，包络谱的最大值为 4.8968。对比多组数据的包络谱可以发现，当电压波动较大（认为有故障）时，包络谱的最大值明显偏大；当电压波动较小（认为没有故障）时，包络谱的最大值相对偏小。初步选择包络谱的最大值作为特征参数来判断有无故障，下面验证这个特征参数是否适用于铝电解槽阴极的故障诊断。

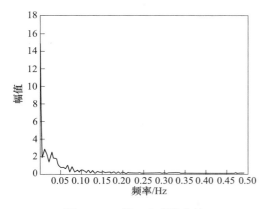

图 4.102　第 1 个采样点处
第 1~180 个电压信号的包络谱图

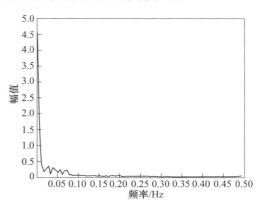

图 4.103　第 1 个采样点处
第 2700~2880 个电压信号的包络谱图

C　特征参数选取结果的分析及故障判定标准的确定

纵向和横向取得的各组信号的包络谱最大值的统计结果见表 4.27 和表 4.28。

表 4.27　第 1 个采样点处的第 1~2880 个电压值包络谱的最大值

分组情况	包络谱最大值	分组情况	包络谱最大值
1~180	16.6679	1440~1620	2.1147
180~360	13.1790	1620~1800	3.0841
360~540	9.6931	1800~1980	2.5504
540~720	6.5911	1980~2160	3.3367
720~900	9.1175	2160~2340	2.6836
900~1080	8.3268	2340~2520	4.0293
1080~1260	4.0626	2520~2700	2.2229
1260~1440	2.2481	2700~2880	4.8968

表 4.28　第 1、12、20 个采样点处的第 5000~7000 个电压值包络谱的最大值

分组情况	第 1 点处包络谱最大值	第 12 点处包络谱最大值	第 20 点处包络谱最大值
5000~5180	6.0477	10.5420	8.9259
5180~5360	11.8504	15.5828	14.9309
5360~5540	9.8338	19.5479	14.9380
5540~5720	7.0991	16.558	11.1993
5720~5900	8.1092	12.5713	10.3722
5900~6080	7.8846	21.1712	13.732
6080~6260	5.5303	12.8918	8.3168
6260~6440	4.6130	11.3371	6.5310
6440~6620	2.8715	10.3449	8.3042
6620~6800	1.9303	9.1562	6.8789
6800~6980	3.3964	11.2471	5.6725

观察图 4.99 可以发现，第 1 个采样点的第 5000~6000 个范围内的电压信号波动较大，认为是有故障的情况，后面的第 6000~7000 个范围内的电压信号相对平稳，认为是没有故障的情况。所以表 4.27 中前 6 组数据认为是有故障的组，后 10 组为无故障的组。前 6 组数据包络谱最大值中的最小值为 6.5911，后 10 组数据包络谱最大值中的最大值为 4.8968。只从这 16 组数据的结果分析可以初步划定有无故障的临界值是包络谱最大值在 4.8968~6.5911 之间。然后通过表 4.28 的结果来验证这个临界值取值多少合理。

观察图 4.99 可以发现，5200~6100 之间的电压波动较大，认为有故障，其余的为无故障。所以表 4.28 中第 1 个采样点处包络谱最大值所在的那一列中的第 2~5 组为有故障的组，其余的为无故障组。统计这几组数据，有故障组的包络谱最大值中的最小值为 7.0991，无故障组的包络谱最大值中的最大值为 6.0477，因此，临界值可以在 6.0477~7.0991 之间取值。综合分析表 4.27 得到结果，临界值在 6.0477~6.5911 之间取值。

但是，当用确定的这个临界值的范围去判定表 4.28 的后两列的值时发现，后两列的值基本都大于这个范围，临界值完全不适用于对后两列的判定。原因是不同采样点的电压的平均值是不同的，这是采样时人为造成的，也是很难避免的。因此，以第 1 个采样点确定的临界值为标准，将其他采样点处数据的包络谱最大值统一到这个标准上，以方便对不同的采样点的数据用同一个临界值就能进行分类。采用的方法是将采集的每个采样点处的电压平均值求出，然后以第 1 个采样点为基准，用其他的采样点处的电压平均值除以第 1 个采样点处的电压平均值，分别得到一个商值，如式（4.85）所示：

$$q_k = \frac{\mathrm{mean}V_k}{\mathrm{mean}V_1} \tag{4.85}$$

式中，$\mathrm{mean}V_k$ 为第 k 个采样点处电压值的平均值；$\mathrm{mean}V_1$ 为第 1 个采样点处电压值的平均值；q_k 为第 k 个采样点处电压平均值与第 1 个采样点处电压平均值的商。

然后将其他采样点处每组数据求得的包络谱最大值除以对应的商值，得到统一后的包络谱最大值。

分别取每个采样点处的前 10000 个（取这么多数据是为了更加精确）电压值作均值，求得第 1 个采样点的均值 $\mathrm{mean}V_1 = 5.1753$，第 12 个采样点的均值 $\mathrm{mean}V_{12} = 11.305$，第 20 个采样点的均值 $\mathrm{mean}V_{20} = 8.389$，将后两个均值分别除以第 1 个采样点的均值得到商值分别为 $q_{12} = 2.1844$、$q_{20} = 1.621$。

将表 4.28 后两列的包络谱的最大值分别除以对应的商值 q_{12}、q_{20} 求得的数据表格见表 4.29。

表 4.29　统一后的第 1、12、20 个采样点处的第 5000~7000 个电压值包络谱的最大值

分组情况	第 1 点处包络谱最大值	第 12 点处包络谱最大值	第 20 点处包络谱最大值
5000~5180	6.0477	4.8260	5.5064
5180~5360	11.8504	7.1337	9.2109
5360~5540	9.8338	8.9489	9.2153
5540~5720	7.0991	7.5801	6.9089
5720~5900	8.1092	5.7550	6.3986

续表 4.29

分组情况	第 1 点处包络谱最大值	第 12 点处包络谱最大值	第 20 点处包络谱最大值
5900~6080	7.8846	9.6920	8.4713
6080~6260	5.5303	5.9018	5.1307
6260~6440	4.6130	5.1900	4.0290
6440~6620	2.8715	4.7358	5.1229
6620~6800	1.9303	4.1916	4.2436
6800~6980	3.3964	5.1488	3.4993

将前面划定的临界值的范围应用于统一后的第 12、20 点处包络谱的最大值可以发现，第 12 个采样点处的有故障的组为第 2、3、4、6 组数据，对应于图 4.100 的时域图可以发现这几组数据电压值的波动比较大，其余的几组数据电压稳定；第 20 个采样点处有故障的组为第 2~6 组数据，对应于图 4.101 的时域图可以发现，这几组数据电压值的波动比较大，其余的几组数据电压稳定。经验证，可得划定的临界值完全可以在 6.0477~6.5911 之间取值，为了更加合理，取该范围上下限的平均值即 6.3194 为划定有无故障的临界值，当一组信号包络谱最大值统一化后大于临界值，就为故障信号，反之，则为正常信号。

4.7.5.2 诊断的应用

诊断的应用包括两个方面的验证：一方面当是诊断时间间隔为每 3min(180 个) 数据为一组时，验证此诊断方法的好坏；另一方面是用另 3515 号槽的数据去验证诊断方法的适用性。

A 缩小诊断时间间隔后的对诊断方法的验证

此处所用的数据也选择 3514 号槽的第 16 个采样点的第 12000~16000 个电压信号，所选择数据的分布如图 4.104 所示。

对包络谱进行特征参数提取时，首先需要计算要分析数据的均值，然后除以第 1 个采样点的数据均值，得到商值，然后将计算得到的包络谱最大值除以商值，再将得到的结果与前面确定的临界值 6.3194 做对比，判断是否为故障信号。若不为故障信号，给它标号为 1；若为故障信号，给它标号为 2，然后将带有标号和包络谱最大值的各组数据通过图片显示出来，显示结果如图 4.105 所示。

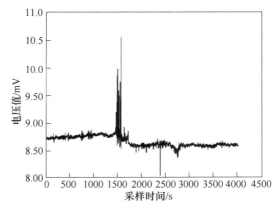

图 4.104　3514 号槽第 16 个采样点处的
第 12000~16000 个信号的电压曲线图

在图 4.105 中，加号对应的为故障点，分别为第 9、10、14、15、16 组数据的包络谱最大值和其标号值点。这 5 组数据对应的时间段正好位于电压波动较大的时间段 1400~1800s、2350~2900s，而且差不多正好和这个时间段重合，说明此方法的诊断效果非常好，诊断结果令人满意。

B 用 3515 号槽数据做验证

取 3515 号槽的第二个采样点处的第 1～4000 个电压数据，是因为诊断时段间隔缩小了，取 20000 个数据做出来的诊断结果图上的点太多，不利于观察。电压数据的分布如图 4.106 所示。

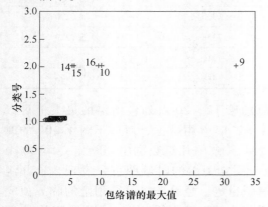

图 4.105 对包络谱特征参数分类的结果图

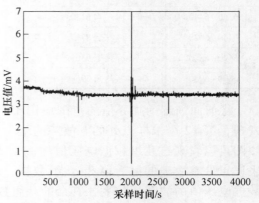

图 4.106 3515 号槽第二个采样点
前 4000 个数据分布图

对选取的 4000 个数据按照每组 180 个 (3min) 数据为一组分组，对每组数据的包络谱做特征提取，然后将提取的特征参数与临界值做比较，将特征参数分类为有故障的一类和无故障的一类，分类的结果如图 4.107 所示。

图 4.107 中，加号代表的 5 个点分别为 2、6、12、13、15，这 5 个点为故障点，其余的圆圈代表的点为正常点。在这 5 个故障点中除了标号为 2 的点在数据分布图上电压波动范围不大外，其余的 4 个故障点的电压波动较大，对应的时间段分别为 900～1080s、1980～2160s、2160～2340s、2520～2700s，从分布图 4.106 上能较明显的观察出这 4 个时间段有急剧的电压波动。对于标号为 2 的点，代表的时间段为 180～360s，虽然这个时间段在分布图上很难直观地观察出电压的剧烈波动，但是这个点反映的可能是那些不能被明显观察出的故障。

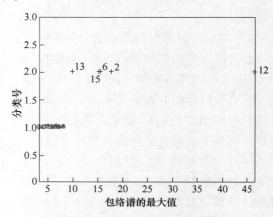

图 4.107 3515 号槽第二个采样点
前 4000 个数据的故障诊断结果图

经过从上述两个方面的验证认为，对包络谱提取特征参数然后分类的诊断方法不仅能满足实际铝电解故障诊断时间间隔的要求，而且诊断准确率还很高，还能发现一些人为观察不出故障点。

C 时域诊断方法和频域诊断方法的比较

经过对频域和时域诊断方法的分析，从程序运行时间和诊断结果两个方面比较这两种方法的优劣。对 3514 号槽的第 16 个采样点的第 12000～16000 个电压数据进行分析，对比结果见表 4.30。

表 4.30 两种诊断方法对比结果

方法	程序运行时间/s	诊断结果
无量纲特征参数聚类法	72.43759	5 个故障点诊断出 1 个
包络谱分类法	4.432513	5 个故障点全部诊断出来

从表 4.30 中可以很明显地发现，不论从运行时间还是诊断结果来看，对 Hilbert 包络谱进行特征参数提取然后进行分类的诊断效果远远优于对信号无量纲特征参数进行聚类的效果。对信号无量纲特征参数进行聚类方法在每组 600 个数据的时候诊断准确率还能满足实际需要，但是当诊断时间间隔设定为每组 180 个数据时，诊断准确率就不能满足实际需要。因此，对信号包络谱进行特征参数提取后，进行分类，可以作为铝电解槽阴极故障诊断方法。

4.8 基于小波包分解和神经网络的铝电解槽阴极状态诊断

4.8.1 阴极故障特征提取

小波包分解与小波分解方法类似，两者算法思想基本相同，但是小波包对全频段分解更加细致，是小波分解的一个延伸。当铝电解槽阴极发生故障时，输出电压值会发生变化，所以小波包分解后输出各频带的能量值随之发生变化。通过小波包变换对阴极电压信号进行分解，通过分析各频带能量变化来判断是否有故障。算法流程如图 4.108 所示。

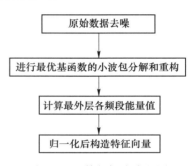

图 4.108 特征提取流程图

使用多路数据记录仪对河南某铝厂 1 号槽和 2 号槽进行数据采集，1 号槽取了 12 个采样点，2 号槽只取了 1 个采样点，每个采样点测量 18h，采样频率 1Hz，1 号槽共采集到 777600 个数据，2 号槽采集到 64800 个数据。用小波包进行分解，每 3min 为一个数据点，所以每 180 个数为 1 组，进行一次小波包分解，分解后的特征向量为 1 行 8 列的矩阵，分解后 1 号槽 12 通道共含有 4320 个特征向量，2 号槽含有 360 个特征向量，对特征数据进行最大最小规范化处理，通过线性变换将数据范围控制在 0~1 之间：

$$x' = \frac{x - \min}{\max - \min} \tag{4.86}$$

式中，x 为原始特征数据；x' 为经最大最小规范化处理后的数据；$\max$ 为原始特征数据集中的最大值；$\min$ 是原始特征数据集中的最小值。

处理后的数据不改变原始数据结构，完整保留原始数据信息。取第一通道第一小时特征值见表 4.31。

可以看到分解后共 8 个节点，表中第 8、第 11 和第 15 个点为故障点，也就是第 22~24min、第 31~33min 和第 43~45min 时铝电解槽阴极发生故障。将第 1 个点（正常点，见图 4.109）与第 8 个点（故障点，见图 4.110）分解后各频带能量值的图进行直观对比，可以明显看出，铝电解槽在有故障和无故障时各频带能量分布不同，正常信号低频段能量高，对照工作状态频率确实如此。所以分解后的特征向量可以作为神经网络的输入。

表 4.31 第一通道第一小时特征值

列 1	列 2	列 3	列 4	列 5	列 6	列 7	列 8
1.0000	0.1417	0.2705	0.1561	0.2112	0.3318	0.1417	0.4053
1.0000	0.0673	0.1784	0.0872	0.1332	0.0817	0.0900	0.1218
1.0000	0.1427	0.1238	0.2629	0.1021	0.0987	0.0837	0.0517
1.0000	0.1971	0.1073	0.1427	0.0783	0.0720	0.0823	0.1060
1.0000	0.1134	0.1125	0.1269	0.1057	0.1618	0.0629	0.0286
1.0000	0.0473	0.0718	0.1408	0.0220	0.0652	0.0597	0.0935
1.0000	0.0967	0.1712	0.0641	0.1281	0.0965	0.0609	0.0671
0.0000	0.3572	0.7935	0.4439	0.3614	0.4199	0.2587	0.3608
1.0000	0.1159	0.2000	0.1074	0.1563	0.1118	0.0886	0.2461
1.0000	0.1174	0.1547	0.2201	0.2141	0.1027	0.1554	0.2469
0.0000	0.0483	0.1943	0.5828	0.1678	0.1522	0.2766	0.2087
1.0000	0.0536	0.1079	0.0960	0.0754	0.0396	0.1266	0.0646
1.0000	0.2307	0.3411	0.2450	0.0595	0.1453	0.1414	0.1075
1.0000	0.2597	0.2958	0.1985	0.2321	0.1169	0.1789	0.2700
0.0000	0.2334	1.0000	0.7317	0.6510	0.4438	0.4433	0.8937

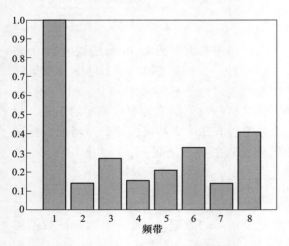

图 4.109 第 1~3min 数据分解各频带能量值   图 4.110 第 24~27min 数据分解各频带能量值

4.8.2 铝电解槽阴极状态诊断

4.8.2.1 网络训练

网络训练采用的 BP 神经网络为有监督学习的前馈型网络，BP 神经网络的学习训练过程分为两部分，第一部分为前向的值传递，第二部分为反向的梯度传播[17]，训练流程如图 4.111 所示。

第一部分，将特征数据送入输入层，经隐含层的激励函数进行非线性变化；然后将隐

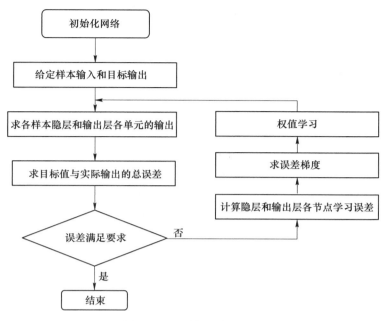

图 4.111　网络训练流程图

含层的激活值送入输出层，由于是全连接网络，后一层的每个神经元都与前一层的所有神经元相连；最后通过输出层得到网络输出与真实类别进行比较，通过损失函数将训练误差逆向传播，调整各层神经元的权值和阈值，使误差平方和减小，继续进行信号正向传播，反复迭代，直到误差小于给定值，达到期望精度，或者达到规定的学习次数，学习过程终止，停止迭代。随机为各层的权值和阈值赋值，w_{ij} 和 w_{jk} 分别是输入层到隐含层之间隐含层和输出层之间的连接权值。

　　在输入层输入训练样本，由于 BP 神经网络是有监督训练，因此训练样本包括输入向量和期望输出，训练样本为 $(X_k,\ T_k)$，设有 p 个训练样本，所以 $K=1,\ 2,\ \cdots,\ p$。隐含层第 j 个神经元的输出表达式为：

$$y_j = f\left(\sum_{i=0}^{n} w_{ij} x_i\right) \tag{4.87}$$

输出层第 k 个神经元的输出表达式为：

$$O_k = f\left(\sum_{j=0}^{m} w_{ik} y_j\right) \tag{4.88}$$

然后进行误差信号的反向传播，将输出误差函数用 E 表示，E 的表达式为：

$$E = \frac{1}{2}(T - O)^2 = \frac{1}{2}\sum_{k=1}^{L}(T_K - O_k)^2 \tag{4.89}$$

　　如果满足精度要求就结束训练，不满足则修改各层的权值和阈值。通过梯度下降法，调整各层连接权值和阈值：

$$x(n+1) = x(n) - \eta g(n) \tag{4.90}$$

$$g(n) = \frac{\partial E(n)}{\partial x(n)} \tag{4.91}$$

式中，$x(n)$ 为第 n 次迭代时各网络层间的权值或阈值；η 为学习率；$g(n)$ 为第 n 次迭代时输出误差对各层间权值和阈值的梯度向量，负号表示梯度的反方向，也就是最速下降方向；$E(n)$ 表示第 n 次迭代时的总输出误差函数。

4.8.2.2　模型的建立

选取单隐层 BP 网络结构，经小波包进行 3 层特征提取后，得到的每组特征向量是 1 个 1 行 8 列的矩阵，所以输入层神经元个数为 8，故障诊断结果设定输出值为 0 代表有故障，输出值为 1 代表无故障。设定临界值，将所有训练数据中真实值为 0 对应的数据的预测值的范围进行统计，统计故障点中预测值最大值和正常点中预测值最小值，临界值范围在这两个值之间。在 Matlab 中查看第 2 通道部分数据训练后的预测值与其对应的真实值，见表 4.32 和表 4.33。

表 4.32　第 2 通道部分数据训练后的预测值

1~13 列	14~26 列	27~39 列	40~52 列	53~65 列	66~78 列	79~91 列
0.9277	0.9054	0	0.9255	0.2908	0.9268	0.7480
0.0006	0.3361	0.9129	0.9263	0.9136	0.9293	0.9241
0.9033	0.9264	0.9171	0.9275	0.9232	0.9290	0.4371
0.8663	0.9214	0.9096	0.9274	0.9280	0.9237	0.9196
0.9079	0	0.9010	0.9285	0.9187	0.9245	0.9168
0.8642	0.0001	0.8986	0.9253	0.9256	0.9245	0.9089
0.8987	0.9295	0.8887	0.9269	0.9267	0.9160	0.9242
0.7352	0.9271	0.9059	0.0001	0.8926	0.9100	0.9282
0.6294	0.9195	0.9076	0.9236	0.8939	0.9274	0.9281
0.9066	0.9278	0.9225	0.9219	0.9104	0.9285	0.9273
0.9003	0.9150	0.9271	0.9280	0.9261	0.0001	0.9275
0.9140	0.9206	0.9295	0.9095	0.9145	0.0001	0.9283
0.9265	0.9152	0.9283	0.9237	0.9211	0.0002	0.9219

表 4.33　第 2 通道部分数据的真实值

1~13 列	14~26 列	27~39 列	40~52 列	53~65 列	66~78 列	79~91 列
1	1	0	1	0	1	1
0	0	1	1	1	1	1
1	1	1	1	1	1	0
1	1	1	1	1	1	1
1	0	1	1	1	1	1
1	1	1	1	1	1	1
1	1	1	1	1	1	1
1	1	1	0	1	1	1
1	1	1	1	1	1	1
1	1	1	1	1	1	1
1	1	1	1	1	0	1
1	1	1	1	1	0	1
1	1	1	1	1	0	1

通过这两个表可以看出，故障点中预测值最大值为 0.4371，正常点中预测值最小为 0.6294，所以基本可以断定阈值范围在这两个值之间。然后将所有训练数据中真实值为 0 对应的数据的预测值的范围进行统计，最终将临界值设定为 0.5。最终确定大于 0.5 输出为 1，小于 0.5 输出为 0，输出层数值为 0~1 之间的某个数，输出层神经元个数为 1，结合输入层神经元的个数及输出层神经元个数，来确定隐含层神经元的范围，然后通过实际的训练结果进行调整。

$$n = 2n_i + 1 \tag{4.92}$$

$$n = \sqrt{n_i + n_o} + a \tag{4.93}$$

$$\frac{n_i + n_o}{2} \leqslant n \leqslant (n_i + n_o) + 10 \tag{4.94}$$

式中，n 为隐含层神经元个数；n_i 为输入层神经元个数；n_o 为输出层神经元个数；a 为一个整数，取值范围是 $1 \leqslant a \leqslant 10$。

由上文可知这里输入层神经元个数为 8，输出层神经元个数为 1，所以将 $n_i = 8$，$n_o = 1$ 代入以上 3 个公式中分别为：$n = 17$、$3 \leqslant n \leqslant 13$ 和 $4.5 \leqslant n \leqslant 19$。根据得到 n 的范围，可以得到隐含层中神经元个数的范围是 [3, 19]。对训练集第 1 通道也就是第 1~360 个数据进行实验，见表 4.34。

表 4.34　对 1~360 个数据误差率随隐含层节点数的改变

节点数	误差率	节点数	误差率	节点数	误差率
3	0.0944	9	0.0583	15	0.0361
4	0.0694	10	0.0555	16	0.0416
5	0.0611	11	0.0416	17	0.0388
6	0.0666	12	0.0361	18	0.0388
7	0.0638	13	0.0388	19	0.0361
8	0.0472	14	0.0527		

节点数为 12 时误差率最低，在 12 之前误差下降明显，12 之后变化不明显。所以选定神经元个数为 12。最终构建神经网络的结构为 8-12-1，隐含层的激活函数选取 tansig 函数，输出层的激活函数选取 logsig 函数。

4.8.2.3　铝电解槽阴极故障诊断仿真

在 Matlab 中进行训练，将训练函数设置为 traingd 函数，对训练集中第 1~9 通道共 3240 组数据进行训练，默认训练次数为 2000 次，训练精度为 0.01，结果如图 4.112 所示[18]。

此时已经完成迭代了 2000 步，训练损失函数值为 0.19115，收敛速度比较慢，此时的收敛情况下传统 BP 神经网络对 3240 组阴极电压故障样本的训练结果情况如图 4.113 所示。

横坐标为铝电解槽阴极电压故障样本的训练样本数，纵坐标是铝电解槽状态，"0" 表示有故障，"1" 表示无故障，诊断正确率为 94.84%，共 162 个故障点，故障率为 5%。从图 4.113 中可以看到只有 1 个故障被诊断出来，网络将 161 个故障点认为无故障。传统 BP

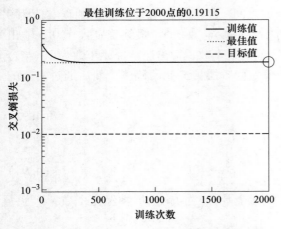

图 4.112　传统 BP 神经网络训练收敛图 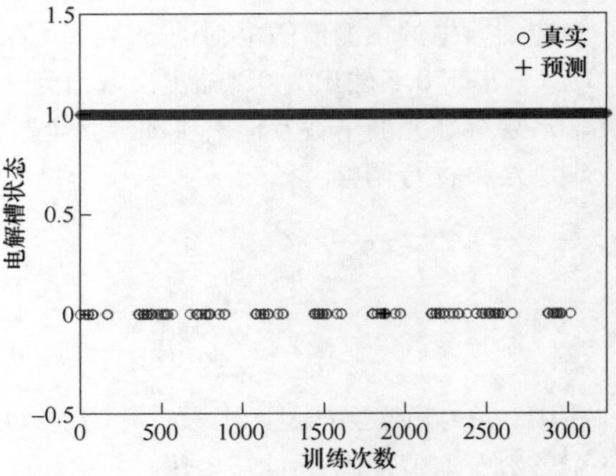　　　图 4.113　传统 BP 神经网络训练的故障诊断结果

神经网络不能很好地对铝电解槽阴极故障进行诊断,需要对其进行改进。

这里采用 L-M 优化算法,是近似牛顿法和梯度下降法的结合。牛顿法的算法形式为:

$$\Delta w = H^{-1} J^T e \qquad (4.95)$$

式中,H 为 Hessian 矩阵;e 为神经网络误差向量;J 为 Jacobian 矩阵。

L-M 优化算法的形式为:

$$\Delta w = (J^T J + \mu I)^{-1} J^T e \qquad (4.96)$$

式中,μ 为大于 0 的常数;I 为单位矩阵。

Hessian 矩阵可以近似为:

$$H = J^T J \qquad (4.97)$$

通过式 (4.95)~式 (4.97) 可以看出,$\mu = 0$ 时,两式形式相同,此时变为具有近似 Hessian 阵的牛顿法;μ 的值越大,越接近于梯度下降法。在训练过程中,μ 是一个可变的参数,Δw 可以使误差函数变小,μ 随之减小,Δw 使误差函数变大,则 μ 变大。

在 Matlab 中训练函数为 trainlm,如图 4.114 所示。

可以看出,L-M 优化法训练损失函数值为 0.07284,达到误差目标 0.01 的数量级,只用了 612 步就训练结束。

图 4.115 中故障诊断正确率 99.31%,效果最佳,166 个故障点中诊断出 147 个,有 2 个正常点被预测是故障,1 个故障点被预测为正常。可见选择 L-M 优化 BP 算法对故障样本的训练确实取得比较好的结果,在网络收敛时间和精度上有所改善,有助于提高铝电解槽阴极故障的诊断性能。

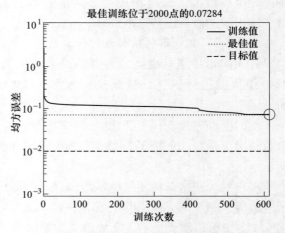

图 4.114　L-M 优化 BP 算法网络训练收敛图

采用 L-M 优化 BP 法进行网络训练后，网络的误差性能及诊断准确率达到期望标准，即可以训练好的网络进行铝电解槽阴极故障诊断仿真，采用将 10~12 通道数据分解后的结果作为测试集，诊断结果如图 4.116 所示。

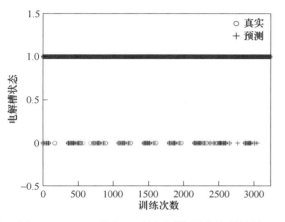 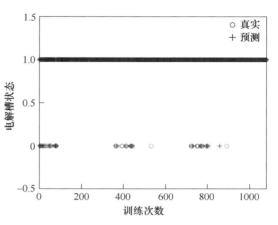

图 4.115 L-M 优化 BP 神经网络训练诊断结果　　图 4.116 L-M 优化 BP 神经网络
测试数据故障诊断结果图

诊断正确率为 98.79%，54 个故障点诊断出 44 个，有 1 个非故障点被预测为故障点。可见利用改进 L-M 优化 BP 算法在处理铝电解槽阴极故障诊断的实际应用是可以的，具有较高的诊断精度。

为了测试改进 L-M 优化 BP 算法在其他槽的泛化能力，采用 2 号槽第 1 通道共 360 个数据进行测试，结果如图 4.117 所示。

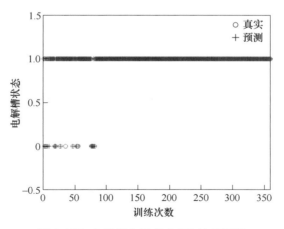

图 4.117 2 号槽 L-M 优化 BP 神经网络
测试数据故障诊断结果图

诊断正确率为 98.73%，共有 2 个故障点没有被诊断出来，3 个非故障点被预测为故障。

参 考 文 献

[1] BEREZIN A I, POLIAKOV P V, RODNOV O O, et al. Neural network qualifer of noises of aluminum reduction cell [C]. Light Metals, 2003: 437-440.

[2] ZENG S P, CUI L, LI J H. Diagnosis system for alumina reduction based on BP neural network [J]. Journal of Computers, 2012, 7 (4): 929-933.

[3] 李贺松, 股小宝. 基于阳极电流波动的铝电解槽槽况诊断系统 [J]. 化工学报, 2011 (6): 1779-1788.

[4] 李界家, 吴成东. 基于集成神经网络的多故障诊断方法 [J]. 控制工程, 2012, 3: 407-411.

[5] 吴连成, 曾水平, 马志军. 铝电解槽故障诊断系统设计 [J]. 轻金属, 2007, 5: 61-64.

[6] 丁蕾, 曾水平, 曾铮. 350kA 铝电解槽槽电阻信号的频谱分析 [J]. 自动化技术与应用, 2005 (12): 68-70.

[7] 丁蕾. 350kA 预焙铝电解槽故障诊断系统的研究 [D]. 北京: 北方工业大学, 2006.

[8] 杨春宁, 曾水平. 基于遗传神经网络的铝电解故障诊断研究 [C] // 全国冶金自动化信息网 2008 年会论文集. 2008: 147-149.

[9] 杨春宁. 基于遗传神经网络的铝电解槽诊断系统研究 [D]. 北京: 北方工业大学, 2008.

[10] 罗彬, 曾水平. 基于 Elman 网络的铝电解槽故障诊断系统的研究 [C] // 中国仪器仪表学会. 第八届全国信息获取与处理学术会议论文集. 2010: 58-60.

[11] 王丽娜. 基于短时傅里叶变换的铝电解槽阳极故障诊断 [D]. 北京: 北方工业大学, 2018.

[12] 李春艳. 铝电解槽阳极故障诊断系统研究 [D]. 北京: 北方工业大学, 2004.

[13] HUANG N E, SHEN Z, LONG S R, et al. The empirical mode decomposition and the Hilbert spectrum for nonlinear and non-stationary time series analysis [J]. Proc. R. Soc. Lond. A, 1998.

[14] 曾水平, 姜晓聪. 应用希尔伯特−黄变换对铝电解过程阳极电流的分析 [J]. 轻金属, 2015, 4: 29-33.

[15] 曾水平, 崔福伟, 邹爱笑. 300kA 预焙阳极铝电解槽阴极状况的诊断 [J]. 轻金属, 2017 (1): 25-30.

[16] 崔福伟. 基于小波分析的 300kA 预焙阳极铝电解槽阴极状况的诊断 [D]. 北京: 北方工业大学, 2017.

[17] 赵泽霖, 曾水平. 基于小波包分析和神经网络的铝电解槽阴极状态诊断 [J]. 中国科技信息, 2019 (12): 96-98.

[18] 赵泽霖. 基于小波分析和神经网络的铝电解槽阴极状态诊断研究 [D]. 北京: 北方工业大学, 2019.

5 铝电解槽控制技术

5.1 概述

5.1.1 铝电解过程控制系统的目的和任务

5.1.1.1 铝电解过程控制系统的主要目的

铝电解过程控制系统的主要目的有：

(1) 安全性。确保生产过程中人身与设备安全，保护或减少生产过程对环境的影响。

(2) 稳定性。确保产品质量与产量的长期稳定，抑制各种外部干扰。

(3) 经济性。实现效益最大化或成本最小化。

5.1.1.2 主要任务

围绕上述目的，需要确定被控变量、控制方案、控制算法和控制装置。

(1) 被控变量和操作变量。选择与控制目标直接或间接相关的可测量参数作为控制系统的被控变量，如温度、电压、二水平等；从所有可操作变量中选择合适的操作变量，要求对被控变量的调节作用尽可能大而快，如极距、下料量、出铝量等。

(2) 控制方案和控制算法。铝电解过程被控变量与操作变量多于 1 个，对于铝电解过程对象数学模型难以建立，不能直接用多输入多输出模型控制方案，也难以将系统分解成几个单输入单输出子系统再进行设计。目前多采用智能控制系统，可采用的控制算法很多，适用于计算机控制。具体控制方案根据实际情况确定。

(3) 控制装置的选择。根据被控变量与操作变量的工艺条件及对象特性，选择合适特征特性的控制器和控制网络。铝电解过程控制采样槽控机、中间管理机和上层调度的多级系统，控制系统安装完毕后，按控制要求检查和调整各控制仪表工作状况（包括控制器参数的在线整定），将其投入运行。

5.1.2 铝电解槽控制的特点

铝电解的控制主要是基于铝电解槽的能量平衡和物料平衡。能量平衡主要体现在电解温度和电解质过热度的控制上。铝电解物料平衡主要体现在生产过程中氧化铝浓度和电解质摩尔比的控制上。槽温控制的实现方法是维持合适的炉膛和控制阳极极距将表观槽电阻维持在设定值范围内。由于炉膛变化的复杂性，极距和电解质温度没有确定的对应关系，当电解槽状态或运行条件发生变化时，电解槽在新的条件下达到能量平衡以得到较好的技术指标。电解温度和电解质的过热度测量和控制非常重要。氧化铝浓度控制目前仍然是依据槽电阻-氧化铝曲线来辨识氧化铝浓度。但是由于槽电阻-氧化铝曲线在不同槽况下会发生变化，氧化铝溶解的滞后、下料器误差，会导致氧化铝溶度偏离控制目标。如果能够在线测量或计算氧化铝的浓度，就可以实现实时监控，从而精确控制氧化铝下料。一般情况下铝电解质成分中变化较快的是氧化铝浓度和电解质摩尔比，它们就决定了电解质的物理化学性能，所以这些测量问题的解决必将为铝电解槽控制带来巨大的突破，对生产过程的节能降耗具有重大意义。

　　铝电解槽过程控制系统的目标是在换阳极、下料和出铝等扰动存在的情况下，依据生产过程安全性、经济性与稳定性的要求，通过调节参数确定铝电解工业过程工艺参数保持在其设定值。由于直接反映过程效率的参数电流效率和能量消耗，以日为单位无法量测，电流效率的实时监测还处于研究之中，因此控制目标不可能采用电流效率和能量消耗，目前铝电解过程的控制采用最佳的工艺条件控制[1]。温度、过热度和溶度对电流效率影响较大，电压和电流效率对能量消耗影响较大，所以，目前铝电解槽过程控制主要是对电压、温度、溶度和过热度的控制。电解槽的电压主要受极距的影响，平均电压管理一般由工厂级的管理员限定。溶度的控制主要是氧化铝溶度和氟化铝溶度的控制。国内外大量的生产和研究表明，大型铝电解槽的参数监测和控制技术对提高铝电解厂的经济效益具有重要意义。

　　一般来说，用于设计电解槽内衬材料和设置操作的目标的模型是"稳定状态"的热电模型。这个模型一般被应用在这个稳定区域。稳定态模型只是说明内衬等温线位置的平均值、炉帮厚度、形状及预测的过热度。稳定态模型需要知道目标平均炉帮厚度值和过热度值，这在实际过程比较困难。

5.1.3　铝电解槽控制现状

　　20 世纪后期，以低摩尔比、低温为主要特征的工艺技术条件被生产厂家广泛接受，因而对铝电解控制系统的控制精度提出了更高的要求。在控制系统的硬件配置上已普遍采用"集中操作—分散控制"方式。在控制模型方面，人们开始应用一些先进控制理论与技术来建立氧化铝浓度的控制算法，从而使铝电解槽的下料控制方式从过去的定时下料过渡到按需下料。法国研究者提出的"欠量下料"与"过量下料"交替进行的下料方式，通过跟踪槽电阻变化曲线来判断和控制氧化铝浓度，经过我国学者的完善，在我国得到广泛应用。多种改良的算法也在实践中证明是有效的[2-4]。著名铝冶金学家 Martin 在 2007 年 TMS 年会上总结 Alcan 的 AP3X 电解槽新进展时认为，他们最近开展的热、电、磁流体测量对大型槽的控制、生产工艺和设计起到关键作用[5]。国外学者开发了动态实时模型实施电解槽的控制，还探讨了基于状态观测器的铝电解过程控制模型[6]。也有人提出了利用神经网络实现槽况诊断和氧化铝浓度的控制问题[7-8]。俄罗斯学者研究了摩尔比和温度在铝电解槽控制中的作用，认为摩尔比和温度对电解槽的运行起重要作用，国内目前广泛使用了模糊专家控制方法实施电解槽的自适应控制[9-10]。这些方法在不同时期不同程度上对推动电解槽的控制技术发展起到重要作用。

　　分析已有的多种控制方法也发现，基于模型的控制，必须要有很好的模型参数辨识算法；简单地基于槽电阻曲线跟踪的控制方法对电解槽生产运行的平稳性及相关条件均有较高要求，否则容易出现控制发散、需人工干预处理的现象。基于专家知识的模糊控制缺乏系统根据控制效果的反馈动态修正规则的自调整能力。而且，对氧化铝溶度的控制和辨识国内研究较多，并且开发了基于在线智能辨识的模糊专家控制方法，对其他工艺参数（温度、初晶温度、铝水平等）研究相对较少。随着计算机技术和控制算法的发展，铝电解过程的控制已采用基于系统在线智能辨识的自适应控制。

5.2 铝电解过程温度控制

5.2.1 铝电解过程温度控制的影响因素

铝电解生产过程中，对温度与摩尔比的控制都是通过调节电压、加料量、铝水平来实现的，电压、加料量、铝水平是电解槽中的三个和温度与摩尔比密切相关的因数。

在电流恒定的条件下，电压是用来调节电解槽能量平衡最重要的参数之一，这也是最易实现和最容易测量的值。在实际生产中，通过改变设定电压来对槽电压的改变，是通过改变极距的方法来实现改变电解质电压降的值，并且电解质电阻又与电解质的成分（摩尔比）和过热度有关，所以在调节过程中，要遵循一般的规律。在电解槽热量不足、电解质水平在持续下降、投入大量氟化盐来提高电解质的高度而补充热量时，铝水平高度超过基准值时都需要提升电压；相反当电解槽热量过剩、电解质水平连续在上限基准之上、投入的物料已经熔化时，就不再需要补充热能了，这时就需要减小电压值。

在生产过程中，电解质成分在不断发生变化，最显著的变化是摩尔比会随着生产的进行而升高。原因主要有两方面，一是原料中杂质的影响，二是电解质的挥发。生产上所用的 Al_2O_3、氟化盐和阳极中均有一定量的杂质，这些杂质将会分解电解质中的氟化铝和冰晶石，生成 Al_2O_3 和其他化合物，这种影响的结果使摩尔比升高。电解质在高温下很容易挥发，而挥发分中大部分是 AlF_3，当电解温度越高，AlF_3 的挥发也就越大。在生产过程中为了确保电解质成分稳定，必须定期（3～5 天）对成分进行采样分析，按分析结果及时补充 AlF_3。显然，每次加料的过程中，都会造成大量的热损失，改变槽的温度，且会伴随着电解质的挥发，改变电解质的成分。

铝水平高度也是影响槽热平衡的因素之一，影响结果主要表现在两个方面，一个是炉膛形状，另一个是炉底洁净状况。当铝水平高于正常水平时，会使槽中的热传导过多，导致槽中温度下降，槽底变冷，引发病槽；但是当铝水平低于正常水平时，铝液中传导的热量会减少，从而使得槽中的温度升高，由于铝液表面的面积大，会在大的电流密度的作用下，产生大的磁场力，在这个力的作用下，使得铝液的运动加快，从而使得槽电压发生大幅度的波动。此外，在铝水平较低时，阳极下面的电解质温度高，铝的二次反应严重，使电流效率下降。由上可见，电解槽的铝水高度管理十分重要，管理的重点是保持确定的铝液高度，防止偏高、偏低现象的发生。

出铝、换极等各种操作也会引起温度与摩尔比的变化，同时为了控制合理的摩尔比，还必须及时地往电解槽中添加各种添加剂，以保证合适的初晶温度。可以看出电解槽是一个很复杂、多变、各个参数互相影响的系统，这就使得系统的控制变得很复杂。

图 5.1～图 5.3 是某铝电解厂的一个电解槽在平稳运行时记录的槽电压与温度，摩尔比与温度和铝水平与温度的关系，从图中可以更清晰地明确电解槽中这些主要参数间的关系。图 5.1 是在摩尔比为 2.42 左右，铝水平为 21cm 左右，得到的槽电压与温度的关系；图 5.2 是在槽电压为 4.2V，铝水平为 21cm 左右，得到的摩尔比与温度的关系；图 5.3 是在摩尔比为 2.42 左右，槽电压为 4.2V，得到的铝水平与温度的关系[11]。

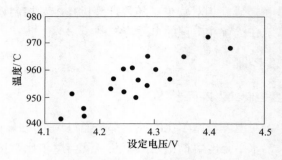

图 5.1　槽电压与温度的关系

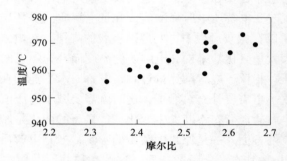

图 5.2　摩尔比与温度的关系

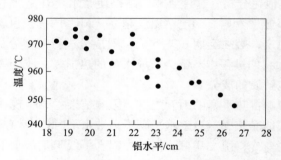

图 5.3　槽中铝水平与温度的关系

5.2.2　铝电解温度自适应模糊控制

5.2.2.1　参数预处理

鉴于电解槽测量参数的特点,人工测量数据和从局域网上采集来的各种数据不一定能直接使用,数据需要预处理。首先对输入模型的参数进行处理,如电解温度,在铝电解模糊知识库中并不直接使用,而是使用电解温差(电解温度减去炉别基准)、五日温趋等变换后的数据;再如摩尔比,平均 4 天测一次摩尔比,其余时间要使用最近一次的摩尔比和最近几日氟化铝下料量等数据进行计算才能得到。另外,模糊专家系统推理出的数据大部分是差值,但在发布到网上或下发到槽控机时是实际值,这就需要在输出前进行各种计算。参数预处理主要采用简单的数学方法,如加权平均、移动平均、一阶滤波和数学方程式计算[12]。

5.2.2.2 专家规则库的建立

A 变量及其论域

控制系统输入变量采用温度、摩尔比、铝水平、平均电压、炉底压降、炉帮厚度、历史氟化铝添加量、历史氧化铝添加量。输出变量采用出铝量、设定电压、氟化铝添加量、氧化铝添加量。

把论域限制在当前应用所关心的范围内，定义温度的论域为 [930，1020]，摩尔比的论域为 [2.0，2.9]，铝水平的论域为 [20，25]，平均电压的论域为 [3900，4500]，出铝量的论域为 [1800，2800]，设定电压的论域为 [4000，4300]，氟化铝添加量的论域为 [0，120]，氧化铝添加量的论域为 [3500，4900]。

B 模糊语言变量的隶属度函数

既考虑控制效果，又方便可行，对不同的语言变量采用不同的隶属度函数，模糊子集的数目根据需要确定，例如温度分 13 子集，氟化铝添加量分 13 子集，炉底压降只有 2 个子集。以温度为例，隶属度函数的数目取 13 个。这里采用 C1 到 C13 来分别表示温度变量从小到大的各语言值。隶属度函数的形状定义成三角形隶属函数，图 5.4 所示为温度三角形隶属函数。

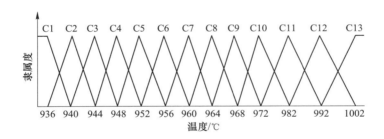

图 5.4 温度的隶属函数

C 模糊规则的建立

采用 "IF X is A and Y is B，THEN Z is C" 的模糊规则形式，其中 A 表示输入 X 的隶属函数，B 表示输入 Y 的隶属函数，C 表示输出 Z 的隶属函数。由于输入参数多，所有参数的各个模糊子集的全排列会导致规则库太庞大，运行效率低，因此采用主元素分类来排列，在主元素满足推理条件时能给出结论，就不考虑次元素。基于前面实验的输入和输出数据，电解槽一段时间运行实际生产技术指标和现场技术人员的经验，建立该体系的一系列模糊规则。系统正常运行时的规则库共有 860 条规则。任意列举的三条规则如下：

（1）如果当日温度=特低，两日平均温度=低，铝水平=高，初晶温度=低；则出铝增量=特多，设定电压调整量=升，氟盐添加量=停。

（2）如果当日温度=特低，两日平均温度=低，铝水平=高，初晶温度=低；则出铝增量=特多，设定电压调整量=升，氟盐添加量=停。

（3）如果当日温度=高，初晶温度=正常，铝水平=低，设定电压=中；则出铝增量=特少，设定电压调整量=降，氟盐添加量=中。

5.2.2.3　模糊逻辑推理

近些年，提出了多种模糊推理算法，其中较为常用的是 Mamdani 提出的"Min-Max-Gravity"模糊推理算法、Mizumoto 提出的"Product-Sum-Gravity"模糊推理算法，以及 Larsen 模糊推理算法。另外，对于输出为精确量的一类特殊模糊逻辑系统——Takagi-Sugeno 型模糊推理系统，采用了将模糊推理与去模糊化结合的运算操作。这里采用"Product-Sum-Gravity"模糊推理算法。"Product-Sum-Gravity"模糊推理算法采用代数积（algebraic product）规则定义模糊蕴涵表达的模糊关系，模糊关系的合成运算采用"求和"（sum）运算。

前面得到了 860 条规则，对于每次输入分别求出每个规则中每个前件的隶属度，再求出该规则前件的隶属度，由此规则前件的隶属度求出该输入作用于这条规则的输出，取所有规则输出的集合作为该输入的输出。控制过程包含：参数与处理、输入量模糊化、触发规则输出计算、重心法反模糊，得到控制量。

5.2.2.4　模糊量的精确化

采用面积重心法计算精确量，找出所截隶属函数曲线与横坐标围成面积的重心，就把输出模糊集合化成精确的输出值，即系统的决策量。计算公式为：

$$U = \frac{\int_{min}^{max} u\mu(u)\,du}{\int_{min}^{max} \mu(u)\,du}$$

式中，U 为清晰化结果；u 为输出变量；μ 为模糊集综合后的隶属函数；min 为清晰化时用到的变量最小值；max 为清晰化时用到的变量最大值。

5.2.2.5　基于在线智能辨识的自适应

控制和辨识是铝电解过程中的一对矛盾，铝电解过程要稳定，波动尽可能小，控制器必须保证电解槽稳定；辨识要求过程在一定程度上波动，通过模糊推理分析被控对象对特定输入序列的"响应"，确定当前的特征曲线的平坦度和极值点位置（语言值），以及当前工作点在特征曲线上所处的位置（语言值）。由于在正常控制的情况下，不允许大范围参数变动，解决矛盾的方法是利用铝电解过程非正常作业机会，例如换阳极、出铝、限电、下料器故障等人工作业来分析参数变动对电解槽的影响。综合考虑最近若干天的运行参数及技术指标，对电解槽的槽况进行诊断，判断正常槽还是异常槽，是何种异常槽或有病槽的趋势，并通过对规则库的修正达到对出铝量、氟化铝量、设定电压进行调整，达到对槽况的调理与维护。诊断结果一方面以网上发布和报表形式提供给现场操作管理人员，另一方面供决策模块使用。

这一模块用于直接自适应控制不好的情况下，辨识的结果作为规则库的输入，主要用于特殊槽的处理。其输出结果分为三种情况，即主因素重置、某因素论域重置和模糊关系矩阵重置。针对这三种情况分别优化，并将优化推理后的结果修改模糊专家系统规则库，达到自适应各槽的变化，从而达到同一系统可以适应同一台槽的不同时期。

5.2.3　基于 RBF 神经网络的铝电解温度预测与控制

5.2.3.1　RBF 网络简介

RBF 神经网络采用的是径向基函数作为作用函数，这就使得径向基函数网络即具有一般的神经网络的特点，还具有其自身的优点，主要表现为以下几点：可以很好地逼近任何一种复杂的非线性系统；使用神经元来储存信息，使其具有很强的学习能力和泛化能力；具有不同的训练算法和优化算法，使得训练的精度更高；避免了局部极小的限制。

　　RBF 神经网络就是一种对非线性、时滞性的系统具有很强的辨识能力的网络模型。可以通过网络的样本数据，在网络的内部建立起某种规律，来完成辨识系统特性的过程；即采用的一定的学习算法，确定其权值参数，通过调节这些参数，使网络输出逼近于系统输出，并且也能很好地解决系统的时滞性问题。同时，RBF 神经网络采用径向基函数作为隐层函数，使其具有更快的训练学习速度、没有局部极小的限制及算法的灵活实用性特点，使其比 BP 网络等一些其他的网络具有更好的对非训练样本的逼近能力。所以，对于铝电解槽这样一个复杂的系统可以使用 RBF 网络来预测温度与摩尔比的值。

5.2.3.2　RBF 网络模型构建

A　径向基函数网络结构

　　径向基函数网络是一种 3 层前馈神经网络，是由一个输入层、一个隐层和一个输出层组成。这里用到的是一个八输入两输出的网络（见图 5.5）[13]。图中，从左向右依次表示的是输入层、隐层和输出层。输入层为网络样本数据的输入口，隐层为节点的作用函数，输出层为神经元采用线性组合形式。其工作的基本思想是：在隐层单元中使用一种局部分布的关于中心点对称的非线性径向基函数，作为 RBF 网络的基函数，这样就可以在输入层到隐层构成非线性空间，而隐层到输出空间是线性的，通过一些数学的方法来调节这些权值就可以确定一个网络。网络的训练过程就是网络中心的确定和权值的确定过程了。

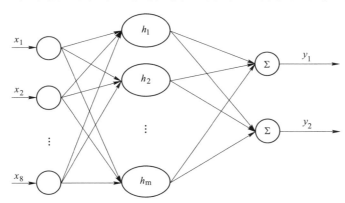

图 5.5　RBF 神经网络结构

B　输入的选取

　　分析温度和摩尔比的影响特征，分析槽电压、AlF_3 加料量和铝水平对温度与摩尔比的影响，知道这三个量对温度与摩尔比起着最主要的影响，而在铝电解生产中，温度与摩尔比的调节控制也是通过调节这三个量来完成的，所以这里就能选取槽电压、AlF_3 加料量和铝水平这三个量作为预测温度与摩尔比的输入；同时考虑到实际生产中，铝电解过程中存在的大时滞性，所以在电解槽中前一天的值会对后一天的值有很大的影响，所以在输入中还要加上前一天的槽电压、AlF_3 加料量、铝水平及前一天的温度与摩尔比的值，所以可以得到 8 个输入值，组成一个 8 个值的输入矩阵。将

$$X = [x_1, x_2, x_3, x_4, x_5, x_6, x_7, x_8] \tag{5.1}$$

表达成如式（5.2）的形式。

$$X = [R(l-1), P(l-1), Q(l-1), R(l), P(l), Q(l), F(l-1), W(l-1)] \tag{5.2}$$

式中，$R(l-1)$ 为昨天的电压值；$R(l)$ 为今天的电压值；$P(l-1)$ 为昨天的铝水平值；$P(l)$ 为今天的铝水平值；$Q(l-1)$ 为昨天的 AlF_3 加料值（次数）；$Q(l)$ 为今天的加料值（次数）；$F(l-1)$ 为昨天的摩尔比值；$W(l-1)$ 为昨天的温度值。

C　隐层节点的选取

RBF 网络的隐层是由许多含有径向基函数的节点组成的，所以选取隐层节点就是确定节点的个数和各个节点中使用的径向基函数。由于在不同的算法中节点的个数的确定方法是不同的，在每个节点中都包括了一个径向基函数 $\theta(x)$，它是一种局部分布的，以中心点为对称的非线性函数，径向基函数一般有多种形式。

最常用的 RBF 函数是高斯基函数。使用高斯基函数，这里将输入用 X 表示，径向基函数可表达成式（5.3）。

$$h_n = \exp\left(-\frac{\parallel X - C_n \parallel^2}{2b_n^2}\right) \tag{5.3}$$

在这个网络结构中已经确定了神经网络所需要的 8 个量，可用向量表示为 $X = [x_1, x_2, x_3, x_4, x_5, x_6, x_7, x_8]^T$，$X$ 中的参数分别对应式（5.1）中的 8 个参数。在式（5.3）中，$C_n = [c_{n1}, c_{n2}, \cdots, c_{n8}]^T$ 为高斯基函数的第 n 节点的中心值向量，$B = [b_1, b_2, \cdots, b_m]^T$ 为网络基宽向量，在实际的训练过程中，C 和 B 是两个需要在算法学习中来确定的两个向量。即

$$\parallel X - c_n \parallel = \sqrt{\sum_{i=1}^{8} (x_i - c_{ni})} \tag{5.4}$$

式中，$n = 1, 2, \cdots, m$。

D　输出层的选取

已经确定了输入及隐层的节点函数，所以接下来就是确定输出层了。输出层就是所要预测的值，在这个网络中，所要预测的值是温度与摩尔比，可以选定下一天的温度和摩尔比作为输出，组成一个二维输出矩阵：

$$y = [W(l), F(l)] \tag{5.5}$$

式中，$W(l)$ 为今天的温度值；$F(l)$ 为今天的摩尔比。

输出层中，输出值为隐层的加权和，在这里将加权向量的表示为：

$$W = [w_{11}, w_{21}, \cdots, w_{m1}; w_{12}, w_{22}, \cdots, w_{m2}]^T \tag{5.6}$$

式中，m 为隐层节点的个数。

根据上面的输入、隐层节点和权值的确定，因此可以求出 RBF 网络的输出，可以写成表达式：

$$y_i = w_{1i}h_1 + w_{2i}h_2 + \cdots + w_{mi}h_m \tag{5.7}$$

式中，$i = 1$ 和 2；y_1 为温度；y_2 为摩尔比。

至此，就确定了输入、隐层和输出的表达式，也就确定了一个用于预测温度与摩尔比的 RBF 神经网络的模型。

5.2.3.3 RBF 网络训练参数

A 期望误差的选取

在 RBF 网络中，需要训练的参数有 3 组，也就是高斯基函数的中心值、基宽和权值，RBF 网络的训练过程也就是确定这 3 组值的过程。而 RBF 的中心值和基宽是设计 RBF 网络的重点，直接关系到网络的精度，有很多种算法能够实现网络的学习，得到中心值和基宽的值。在学习之前确定一个性能指标，这个性能指标可以表示为：

$$J = \frac{1}{2} \sum_{i=1}^{m} \| y_i(k) - y_{m_i}(k) \|^2 \tag{5.8}$$

式中，$y(k)$ 为实际输出；$y_m(k)$ 为在相应输入下对应的输出。

通过学习训练使得误差小于设定误差，当 J 满足要求时，这个训练过程就完成了。在训练过程中，期望误差值的确定要符合所设计的系统要求，一般是越小越好，但也要和隐层节点数、训练所要的时间、算法的复杂程度相结合；因为越小的误差，越需要靠增加隐层的节点数来完成，节点数的增加就会需要更多的时间来训练网络，所以要综合考虑系统的需要而选定期望的误差。

B 网络的泛化能力分析

为了保证网络具有很好的泛化能力，这就要求在学习过程中选择适当的训练样本集，既要考虑所选的样本包含够反映环境变化内在规模的样本，又要注重样本的质量。对于样本的数量，研究表明，当训练样本趋于无穷多时，通过训练样本得到的权值能收敛于真正所要的权值。

C 样本的选取

为了网络的训练，需要从现场采集用于训练网络的样本。所选的样本必须保证是铝电解槽在稳定状态下采集的，从而才能保证预测的准确性，而采集的值波动很大时可能是铝电解槽出现了故障。为了直观说明，在这里给出 350 天的槽电压变化图，如图 5.6 所示。

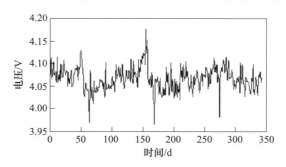

图 5.6 350 天内电压的变化情况

图 5.6 可以说明电解槽在很长的一段时间内是相对稳定的，而只在某几处出现很大的变化，而这些变化很可能是电解槽出现异常或其他原因造成的，所以在取样本的时候，应该尽可能地避开这些不稳定的值。

选择从某铝厂采集的 140 组数据，分别为 140 天的槽电压、氟化铝加料量、铝水平、温度和摩尔比连续的值，且是在铝电解槽运行平稳，能量和物料基本达到平衡，各个参数也均处在正常的情况下采集的，只有这样这组数据才能够作为网络的训练样本。前 120 组作为训练网络的样本数据，后 20 组作为预测结果的比较。

由于采集到的数据都很大，为了加快训练收敛性，先对采集到的数据归一化，使用归一化的方法是 $a = (b - \min)/(\max - \min)$，将原始数据转化在 $[0, 1]$ 区间内，此后再将网络计算出的值用函数 $b = a \times (\max - \min) + \min$ 来得到原值，即反归一化。

5.2.3.4 网络训练的步骤

径向基函数网络的训练算法一般可分为两步：第一步是确定径向基的（节点）个数，以及其隐层节点的中心和宽度。节点个数的确定有估算的方法和不断增加节点数以达到期望误差的方法；网络中心和宽度的选取方法一般有随机选取法、K 均值聚类法、监督学习法、正交最小二乘法等。第二步是计算权值。当中心和宽度确定后，由于输出层是隐层到输出层的线性组合，因此可以使用最小二乘估计算法等方法来求出。图 5.7 所示为一个在训练过程中隐层节点数不断增加的网络的训练过程。

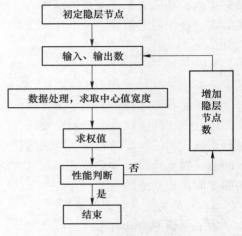

图 5.7　训练过程流程图

根据算法的不同，隐层节点数的选择会有所不同，有的算法在开始就固定了节点数，所以在训练中不需要增加节点数重新计算了，但当误差较大时，需要增加节点或改变网络结构来减小误差。

5.2.3.5 仿真结果分析

A　对迭代算法仿真

首先是选取网络训练的初值，利用前面介绍的方法，输入节点为 8 个，输出节点为 2 个，取 $a = 6$，可以选择隐层节点数为 $m \geqslant \sqrt{(8+2)} + 6$，即 10 个隐层节点。

取初始中心值 $C_n = [0.5, 0.5, 0.5, 0.5, 0.5, 0.5, 0.5, 0.5, 0.5, 0.5]$，网络宽度值为 $B = [1.5, 1.5, \cdots, 1.5]^T$，$W$ 可以是 $[-1, 1]$ 之间的随机数。

在这里 W 是由 Matlab 中的 rands 函数产生，这里产生权值初值为：$W = [-0.5304, -0.2937, 0.6424, -0.9692, -0.9140, -0.6620, 0.2982, 0.4634, 0.2955, -0.0982; -0.8808, 0.3639, -0.9151, -0.8571, 0.0433, -0.8065, 0.6363, 0.6351, 0.4449, -0.7003]$。网络的学习参数为 $\alpha = 0.05$；$\eta = 0.5$。

在 Matlab 软件的程序编辑器上，按照迭代算法，编写程序，选定输入 120 个样本。则经过了 120 次迭代，得到权值、中心值和网络宽度分别为：

$W = [3.3258, 2.1113, 3.3549, 3.3043, 2.2262, 3.2547, 2.3558, 2.3547, 2.1756, 3.1356; -0.0759, -0.0173, 0.2051, 0.5477, -1.3982, 0.2453, -0.4975, 0.5745, 0.5677, -0.6383]$

$C = [-0.9752, -1.4323, -0.8844, -1.0360, -1.6916, -1.1607, -0.9730, -0.9753, -1.3178, -1.3968; -0.3107, -1.3129, -0.2269, -0.3677, -1.3622, -0.4869, -1.0129, -1.0145, -1.2517, -0.7231; 1.3947, 1.8798, 1.3480, 1.4263, 1.9283, 1.4919, 1.6531, 1.6544, 1.8313, 1.6208; -1.0753, -0.4309, -1.0238, -1.1085, -0.8468, -1.1727, -0.0115, -0.0133, -0.3099, -1.2778; -0.6803,$

0.0529, −0.6475, −0.7009, −0.3279, −0.7393, 0.4033, 0.4019, 0.1609, −0.7957;
2.7379, 2.1973, 2.6819, 2.7741, 2.5794, 2.8446, 1.7100, 1.7123, 2.0683, 2.9632;
0.2002, 0.1893, 0.2102, 0.1936, 0.1476, 0.1804, 0.2676, 0.2672, 0.2096, 0.1560;
0.7189, 2.5433, 0.6194, 0.7874, 2.4135, 0.9338, 2.3368, 2.3382, 2.5178, 1.2350]
$b =$ [0.2132, 1.6271, 0.0623, 0.3190, 2.8418, 0.5492, 0.8415, 0.8434, 1.2730, 1.0170]

输入用于检测的 20 组数据, 使用具有这组中心值、网络宽度和权值的网络来预测温度与摩尔比的值, 得到预测的温度、摩尔比和真实的温度、摩尔比的误差曲线图, 如图 5.8 和图 5.9 所示。

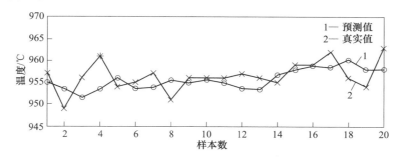

图 5.8 梯度法的预测温度与真实值比较

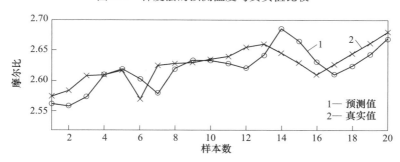

图 5.9 梯度法的预测摩尔比与真实值比较

从图 5.8 和图 5.9 可以看出, 利用 RBF 网络所预测的温度与摩尔比的值能够很好地跟踪真实值的变化, 预测 20 天的温度标准误差为 3.4163; 摩尔比的标准误差为 0.053。但因为该算法采用的是递推算法, 在递推的过程中, 如果初始参数选取的不当, 就会造成精度下降, 更严重的是造成系统发散, 所以在训练时要选好初始值, 越靠近真实值越好。

B 对简化的聚类法仿真

上面提到的简化聚类法, 只要设定 Spread 值, 选定输入、输出就可以对网络训练了。由于这个算法中要求隐层个数等于样本个数, 如果样本数目太大的话, 会使得网络的结构复杂; 因此可以减少样本的数量, 但也不能太小, 太小会减少类的个数, 可能会使得有用的类, 没有被选入为样本。所以这里开始选定了样本中的 80 个训练样本和 20 组检测样本, 当然如果 80 组样本所训练的网络的误差达不到预期目标的话, 则要增加样本数, 重新训练。

　　在 Matlab 软件编辑器上编写这个程序，首先要经过选优法确定 Spread 值，在程序中设 Spread 值从 0.1 增大到 2，每次增加 0.1，来观察测试数据的预测标准差。得到温度的标准差为 [3.1786，1.9145，4.1352，7.5932，9.9975，10.4145，0.2789，10.1598，10.1346，10.1844，10.2876，10.4307，10.6058，10.8081，11.0336，11.2788，11.5399，11.8136，12.0963，12.3849]；摩尔比的标准误差为 [0.0218，0.0158，0.0145，0.0092，0.0092，0.0121，0.0144，0.0158，0.0168，0.0175，0.0181，0.0185，0.0188，0.0191，0.0193，0.0195，0.0197，0.0198，0.0199，0.0200]。

　　从这两组数据可以看出，综合考虑预测结果的误差大小，当 Spread 取 0.2 时，可以保证温度与摩尔比的标准差都是合理的。所以在仿真中，将 Spread 值取为 0.2，利用样本数据来训练这个网络，由于采用了 80 组样本，因此网络的隐层节点数很多，得到的网络的中心值为一个 80 行 8 列的矩阵，权值为 2 行 80 列的矩阵。

　　输入 20 组检测样本，利用这个训练好的网络来预测 20 天的温度与摩尔比的值，得到预测的温度与摩尔比的值与真实值的曲线图如图 5.10 和图 5.11 所示。

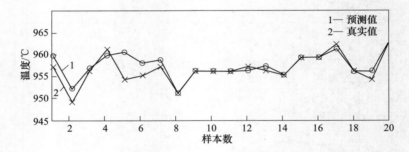

图 5.10　预测温度值与真实值的曲线图

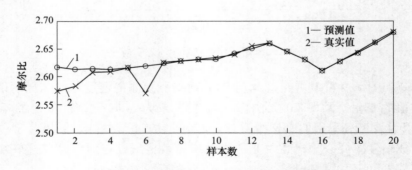

图 5.11　预测摩尔比值与真实值的曲线图

　　从图 5.10 和图 5.11 可知，在刚开始预测的时候会有大点的波动，但到后面，预测的效果越来越平稳，预测值能很好地跟踪真实的温度与摩尔比值的变化，具有很好的预测效果。20 天的温度标准差为 1.9145，摩尔比标准差为 0.0158，这个误差是很小的，能够满足在铝电解槽中的应用要求。所以这个网络可以作为预测系统的所用网络了，不需要再继续增加样本数来重新计算。

5.2.3.6 两种算法的比较分析

仿真结果表明，这两种方法都可以预测出铝电解槽中的温度与摩尔比的值，两种标准误差都在能够接受的范围内，但这两种方法在网络结构上和精度上有很大的不同。

从网络的结构来说，递推算法中使用到了 10 个隐层节点数，而改进的聚类算法用到了 80 个节点，这就使得网络变得复杂了，所以在精度要求不高而网络要求简单的情况下，就要考虑使用递推算法，而改进的聚类法是将每个样本都当作了一个类，所以节点就很多，这种算法虽然要求的网络结构复杂，但算法简单，更容易编程实现。

从预测的精度上来说，为了更直观地分析，这两组方法所预测结果的精度列成表格，见表 5.1，这里是选定了两种算法所预测出来的 10 组数据与真实数据做比较。

表 5.1　两种算法预测值与真实值的比较结果

真实值		递推算法预测值		简化聚类法	
温度/℃	摩尔比	温度/℃	摩尔比	温度/℃	摩尔比
956	2.64	954	2.6279	956	2.6416
957	2.655	953	2.6206	956	2.6500
956	2.66	953	2.6421	957	2.6582
955	2.645	956	2.6858	955	2.6451
959	2.630	957	2.6648	959	2.6301
959	2.610	958	2.6310	959	2.6102
962	2.627	958	2.6095	961	2.6270
956	2.644	960	2.6251	956	2.6426
954	2.662	957	2.6429	956	2.6588
963	2.68	957	2.6684	963	2.6778
计算标准误差		1.1072	0.0076	0.1053	0.0048

可以看出，两个算法所预测出来的温度与摩尔比的值的精度都不错，但改进的聚类法的预测值更接近真实值，它们的标准差分别为 1.1072、0.0076 和 0.1053、0.0048，比较而言改进的聚类法的预测值比基于梯度下降法的递推法所预测的值精度更高，只是使用的隐层节点更多，可以说聚类法中是以牺牲网络的结构来获得更高的精确率的。

但是聚类法的算法简单，编程容易实现，不需要使用递推算法的很多次的迭代过程，训练时间也减少了很多，并且采用 Matlab 软件，这些计算也不显麻烦；而且可以在 Matlab 中将这种方法集成为函数的形式，提供这个网络的训练方法，所以用户可以直接调用函数，并且可以很方便地保存建好的网络，供用户在线预测。因此，选定改进的聚类算法来进行训练，并将网络保存在计算机上，用户可以方便地修改网络的参数，并很容易调用这个网络，设计铝电解温度与摩尔比的预测系统。

5.2.3.7 基于温度预测的控制

用当前电压、AlF_3 加料量和铝水平预测下一天的温度，设定目标温度与预测温度比较，根据差值调节槽电压、AlF_3 加料量和铝水平这三个量。调节原则为温度差大于 5℃，调节参数；在电解槽稳定运行时调节顺序为铝水平、AlF_3 加料量和电压。一般调节到预测温度和设定温度之差小于5℃，具体情况可由现场技术人员决定。

5.2.4 铝电解过程温度的预测模糊控制

在控制系统中添加预测模块，从理论上来说能很好地提高系统的品质，使系统运行得更加稳定。任何铝电解过程温度控制系统都需要面对输出存在很大时滞的问题，如果能找到一个预测模型，能够比较准确地预测电解铝过程的温度，那么在系统中添加预测模块对系统进行改善，就是一种比较可行的方法[14]。

A 控制系统的结构

在模糊控制系统结构中添加预测模块，将预测模块注入系统中，形成预测模糊控制系统，从而使系统的性能得到提高。

预测模块预测出在当前控制参数下，系统的输出估计值，以便提前发现问题并及时调整控制参数，避免系统在参数不好的情况下运行，减小时滞对系统品质的影响。对模糊控制系统结构进行改动，添加预测模块后的系统结构如图5.12所示。

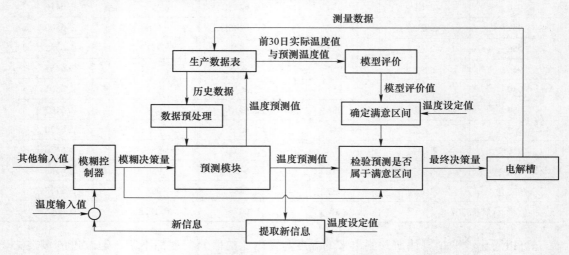

图 5.12 添加预测模块后的系统结构图

预测模块的输入根据预测模型的要求决定，输入量是决策器的输出，例如经过模糊专家系统决策后得到的日出铝量（kg）、日氟化铝添加量（次数）。预测模块的两个输出一个是送给电解槽的，为最后确定的决策量；一个是反馈给模糊推理机的，是一个预测得到的温度值（℃）。原系统的输出量为日氟化铝添加量与日出铝量，系统的决策量不再由模糊控制器直接发送给电解槽，而先通过预测模块，由预测模块来判断决策量是否符合控制需求，以便能及时修正模糊专家系统所做出的决策。将决策量送到预测模块进行预测，对预测结果进行分析，若预测结果不能达到控制需求，则将向原模糊专家系统进行反馈，形成一个新的闭环，使系统能够及时对决策进行修正。预测模块可以说是对模糊专家系统的决策量起到了约束的作用。

B 预测模糊控制系统的工作流程

预测模糊控制系统的工作流程为：

（1）由模糊控制器做出控制决策，作为系统的初决策，并将初决策发送给预测模块。

（2）进行数据预处理。根据预测模型的需要，对决策器发送来的输入信号即初决策，以及还需要的设定电压值进行预处理。计算各参数的变化量，构造输入矩阵，并对输入矩阵进行加权处理。

（3）将处理过的数据送入预测模型进行预测，求解出电解温度的预测值。模型的精度直接影响着系统的品质。一个不够准确的预测模型将导致整个预测模块失去应有的作用，有时候甚至会起到不好的作用。

（4）对预测模型进行评价。分析通过模型得到的预测值与实际值的偏差，对偏差进行一定的处理，提取出一个可以反映模型精确度的参数。依靠此参数来决定预测模型的预测量在决策过程中所占的比重。

（5）对预测值进行判断。预测模型的输出为下一日电解温度的预测值，如果预测结果满足要求，那么这种决策量是正确的、可以接受的，此决策量就可以发送给电解槽进行执行。如果此预测量不满足要求，那么预测模块需要让模糊专家系统重新做一次决策，并且需要给模糊专家系统一个指导意见。

为了减小因为预测的不准确性给系统带来的不良影响，需要对模型进行评价。选取一个定长的时间窗口，来求其预测值与实际值的标准差，比如可以选取30天为一个窗口，将被预测日前30天模型的预测值与实际值对比，求其标准差，以此值作为当天模型的评价值。因为标准差能反映这两个数据集的偏差程度，标准差越大说明这两个数据集的吻合程度越差，即模型的准确性越差，标准差越小则说明这两个数据集的吻合程度越好，即模型的准确性越高。

评价值有两个主要用途，一个是用以确定系统满意区间的大小，另一个是控制预测模块给模糊专家系统反馈信息量的大小。系统的满意区间是指以系统当天的设定温度为中心的一个区间，其宽度可以由预测模型的精确程度确定，即可以通过当天的模型的评价值所确定。模型的精确度越高，也就是当天的模型评价值越低，则可以令满意区间的宽度越小；模型的精确度越低，也就是当天的模型评价值越高，则可以令满意区间的宽度越大。也就是说预测模型的准确性越高，系统能够达到的精确程度也就越高。若当日模型的评价值 $S<1$，则令满意区间的宽度为±1℃；若 $1 \leqslant S < 2$，则宽度为±2℃；若 $2 \leqslant S < 3$，则宽度为±3℃；若 $3 \leqslant S < 4$，则宽度为±4℃；若 $S \geqslant 4$，则宽度为无限大，说明此时模型已不起作用。如果预测值在满意区间以内，则认为模糊专家系统所作的初决策是"好"的决策，可以将其看作是最终决策，发送给电解槽，进行执行。如果预测值在满意区间以外，则认为模糊专家系统所做出的初决策是"不好"的，需要重新进行决策。此时，模糊专家系统就需要得到新的信息，从而让它能够重新进行决策，使决策能更接近设定温度值。新信息即为表示预测值与设定值的偏差的一个量，因为模型并不是完全无差的，因此在反馈新信息的时候应该对这个新信息做一定的加权处理，对精确度好的模型预测值所得到的新信息权重可以大一些，对精确度不好的模型相对的权重可以小一些，当模型的精确度已经很差了，如果预测值与实际值的标准差大于4则这个模型的准确性就已经差到令人无法接受，此时则需要放弃预测模块的作用，待预测模型精度恢复以后再发挥预测模块的功能。

新信息的提取应该有很多种方法，本节只简单介绍一种提取新信息的方法，由于铝电解温度预测是一天进行一次计算，因此对此方法的收敛速度的要求可以相对低一些。设当日设定温度值为 T，预测值为 T_a，当日模型的评价值为 S，则预测值与设定值的差 $\Delta T =$

$T_a - T$。对评价值做一定的线性变换使 $S_t = f(S)$，使其成为一个在 [0，1] 区间内的值，系统的评价值 $S = 0$，$S_t = 1$；$S = 4$ 时，$S_t = 0$。令新信息量为 $NI = S_t \times \Delta T$。也就是说，当预测模型的精确度高的时候，可以使新信息的量稍大，当预测模型精确度低的时候，则要适当地减少新信息量，这样做的目的是要用模型的精确度来调节此闭环系统的快速性与稳定性。出于此种考虑，选取 $S_t = 1 - S/4$ 即能够满足要求。

将新信息叠加到模糊专家系统的输入上，给模糊专家系统一个新的温度设定值，这个值是原始的输入温度值和新信息的叠加值，重新做一次模糊决策。将决策再通过预测模块进行预测，设此时的预测温度值为 T'_a，预测值与设定值的差值为 $\Delta T' = T'_a - T$，若 $\Delta T' > \Delta T$，则说明系统有发散的趋势，应减少上一次反馈给模糊专家系统的新信息的量，此时的新信息量可调整为上次新信息量的一半，即 $NI = 0.5 \times S_t \times \Delta T$；若 $\Delta T' > \Delta T$，则说明系统正在逐渐得向设定温度值收敛，则继续正常提取新信息进行反馈，即 $NI = S_t \times \Delta T'$，直到预测结果满意为止，将此时的决策量发送给电解槽，作为当天的最终决策量。

5.2.5 基于广义动态模糊神经网络的铝电解过程温度控制

铝电解槽温度控制可以通过出铝量和氟化铝添加量两方面入手。控制系统的整体结构如图 5.13 所示，由广义动态模糊神经网络模块、反馈校正模块和数据库模块组成[15]。

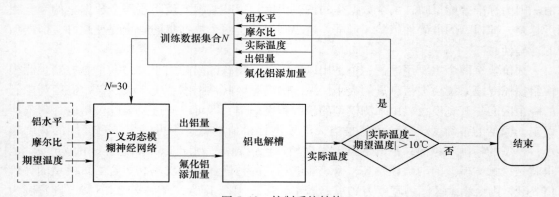

图 5.13　控制系统结构

5.2.5.1　广义动态模糊神经网络模块

广义动态模糊神经网络是一种既适合模糊规则训练也可用于系统建模的方法。该网络基于椭圆基函数，并提出在线参数分配机制，避免初始化选择的随机性，同时，该算法不仅能对模糊规则而且能对输入变量的重要性作出评价，从而使每条规则的输入变量的宽度可以根据它对系统性能贡献的大小实施在线自适应调整。因此，模糊神经网络算法可以解决如下问题：（1）通过神经网络算法去调整模糊网络的结构和参数。（2）规则的获取，可以从给定样本中提取知识。（3）建立模型，通过模糊神经逼近被研究对象，从而解决复杂网络。

但是使用模糊神经网络作为建模方法时，也可以看作基于模糊系统的神经网络。所以它依然有神经网络所固有的问题，但动态模糊神经网络中动态指的是预测网络的结构不是事先确定的，是在训练过程中逐渐形成的。并且，该算法不需要专家的知识便可以对系统进行自动建模并且建立规则，同时专家知识也可以直接应用于系统设计。因此，广义动态模糊神经网络能够应用在非线性时变的复杂工业体系中，在建模及参数学习上与传统的现代控制方法相比，更加的便捷有效。另外，通过模糊规则产生准则、修剪技术及模糊规则的敏感性使得生成的结构更加的紧凑。广义动态模糊神经网络作为有效的建模工具，可以广泛地应用在各个方面，如机器人控制、工业过程控制、系统辨识、图像处理、数据挖掘等，尤其是其具有在线学习的特点，使得广义动态模糊神经网络更适合于过程控制领域。

5.2.5.2 广义动态模糊神经网络的构建

铝电解过程中，工业电解槽中所有的参数变量都是相互影响的，如电解槽温度、摩尔比、铝水平、炉底压降、氟化铝累积添加量、炉膛形状、物料性能等。对于这样一个多变量耦合系统，很难建立一个传统的数学模型。利用 GD-FNN 建立铝电解预测模型，采用对输出量影响较大的主要因子作为输入量对每日出铝量和氟化铝添加量进行预测。

建立的 GD-FNN 结构如图 5.14 所示。输入层的输入变量为电解槽温度 x_1、摩尔比 x_2 和铝水平 x_3，且每个输入变量都有 u 个高斯函数，分别为 $A_{11} \sim A_{1u}$、$A_{21} \sim A_{2u}$ 和 $A_{31} \sim A_{3u}$。这里采用高斯函数作为隶属函数，将多维输入变量映射到相应的一维隶属函数空间；范数层为模糊规则 $R_1 \sim R_u$；输出层的输出变量为加权（ω 为权值）后得到的每日出铝量 y_1 和氟化铝添加量 y_2。由于系统结构是动态构建的，因此 u 的值会根据训练结果的不同而不同。

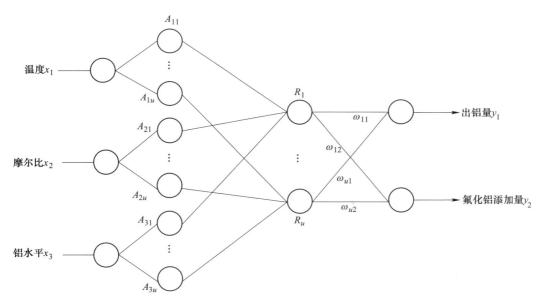

图 5.14 GD-FNN 结构

GD-FNN 网络隶属函数层选用的高斯函数为：

$$A_{ij}(x_i) = \exp\left[\frac{(x_i - c_{ij})^2}{\sigma_{ij}^2}\right] \qquad (i = 1, 2, 3; j = 1, 2, \cdots, u) \tag{5.9}$$

式中，$A_{ij}(x_i)$ 为 x_i 的第 j 个隶属函数；c_{ij}、σ_{ij} 分别为 x_i 的第 j 个高斯函数的中心和宽度。

通过调整这两个值，可以控制高斯函数对输入量的表达程度。规则层的每个节点分别代表一个模糊规则中的 IF 部分，第 j 个节点规则为：

$$R_j(x_1, x_2, x_3) = \exp\left[- \sum_{i=1}^{3} \frac{(x_i - c_{ij})^2}{\sigma_{ij}^2} \right] \tag{5.10}$$

则输出层的输出是：

$$y_p(x_1, x_2, x_3) = \sum_{j=1}^{u} \omega_{jp} \cdot R_j \qquad (p = 1, 2) \tag{5.11}$$

其中

$$\omega_{jp} = k_0^{jp} + k_1^{jp}x_1 + k_2^{jp}x_2 + k_3^{jp}x_3$$

式中，k_i^{jp} 是实数值参数对于 GD-FNN 系统，该层节点和连接组成了去模糊器，执行去模糊化的功能。

使用矩阵表示方法，不难得到，$y = [y_1, y_2]^T = W^T R$，其中：

$$W = \begin{bmatrix} k_0^{11} \cdots k_0^{u1} & k_1^{11} \cdots k_1^{u1} & k_2^{11} \cdots k_2^{u1} & k_3^{11} \cdots k_3^{u1} \\ k_0^{12} \cdots k_0^{u2} & k_0^{12} \cdots k_0^{u2} & k_0^{12} \cdots k_0^{u2} & k_0^{12} \cdots k_0^{u2} \end{bmatrix}^T$$

$$R = [R_1 \cdots R_u \quad R_1 x_1 \cdots R_u x_1 \quad R_1 x_2 \cdots R_u x_2 \quad R_1 x_3 \cdots R_u x_3]^T$$

由以上介绍可推出，网络中第一层和第二层的节点及连接相当于模糊控制器中的模糊化器，第三层的连接代表的是模糊规则的条件，第三层节点构成了整个模糊神经网络的模糊规则库，第三层和第四层之间的连接相当于模糊控制中的推理机，第四层的节点和连接组成了去模糊器。

5.2.5.3 反馈校正模块

由于实际操作中经常存在非线性、时变、模型失配和干扰等许多不确定的因素，使得模型的预测与实际不相符。因此，在系统中加入反馈校正模块，通过系统输出测量值与模型的预测值比较，得到模型的预测误差，然后根据误差与期望误差比较，修正预测模型，从而得到更加准确的输出预测值。一般来说，反馈校正的形式分为两种，一种为保持预测模型不变的基础上，对未来的误差做出预测并加以补偿；另一种则是根据在线辨识的原理直接修改预测模型。不管采取上述哪种方法，预测控制都把优化建立在系统实际的基础上。因此，预测控制中的优化不仅给予模型，而且利用了反馈的信息，构成了闭环优化。

校验模块有两个输入，一个输出。输入量为广义动态模糊神经网络的输出，输出为铝电解槽预测温度。将预测系统预测的温度值与实际铝电解槽温度值相比较，通过校验模块判断决策量是否符合控制需求，以便能及时地修正预测模糊系统。将比较值与设定的期望误差比较，若大于误差值，那么将当天实际的温度、摩尔比和铝水平，还有出铝量和氟化铝添加量存储至数据库中，当组数大于30组时，便重新训练模糊神经网络，这样整个系统形成一个闭环，使得系统能够及时得到修正。

5.2.5.4 控制系统工作流程

控制系统的工作流程为：

（1）载入相应铝电解槽的数据库，有模糊神经网络算法训练相应的铝电解槽模型，并生成出铝量和氟化铝添加量两个预测值。

（2）存储网络参数至数据库中。训练网络结束后，网络参数由 Matlab 产生，程序中将网络中参数存储至数据库。

（3）预测出铝量和氟化铝添加量。在预测网络中，输入当日的摩尔比、铝水平和期望的铝电解温度值，然后用网络生成出铝量和氟化铝添加量两个控制参数给控制中心。

（4）校验预测网络。将预测出铝量和氟化铝添加量之后的产生温度值与期望温度值相比较，如果误差在满意区间内，则说明预测网络性能良好。如误差超过满意区间，那么将这组输入输出数据样本存储至训练数据库中，当组数超过 30 组时，重新训练预测网络。

5.2.5.5 训练算法

铝电解槽的模糊规则是在学习过程中逐渐增长而形成的，依据前面搭建的 GD-FNN 结构，采用 GD-FNN 学习算法来训练网络。通过训练，由规则数 u 的确定对系统结构进行辨识，并求解网络参数，最终得到预测模型。

A 规则产生准则

模糊规则对于模糊神经网络是至关重要的，直接影响预测网络的性能。如果模糊规则数量太少，那么预测网络并不能完全包含输入空间。另外，如果模糊规则数量太大，那么系统运算是对计算机的很大负担并导致网络的泛化能力下降。

令 $x(k) = [x_1(k), x_2(k), x_3(k)]^T$ 是第 k 个输入向量（k 为样本组数，$k = 1, 2, \cdots, n$），$t(k) = [t_1(k), t_2(k)]^T$ 是第 k 个期望的输出向量，$y(k) = [y_1(k), y_2(k)]^T$ 是第 k 个预测输出向量。模糊规则的产生取决于铝电解槽预测模型的输出误差 $e(k)$ 及新的样本输入向量 $x(k)$ 是否在隶属函数的可容纳边界内两个条件。

系统的第 k 个系统误差 $e(k)$ 为向量 $t(k)$ 和 $y(k)$ 之间的欧式距离，表示如下：

$$\| e(k) \| = \| t(k) - y(k) \| \tag{5.12}$$

在系统中按以下规则预先设定 GD-FNN 期望输出误差：

$$k_e = \begin{cases} e_{max} = 0.5 & 1 < k < \dfrac{1}{3}n \\[2mm] \max\left(e_{max} \times \left(\dfrac{e_{min}}{e_{max}} \right)^{\frac{3k}{n}}, e_{min} \right) & \dfrac{1}{3}n \leqslant k \leqslant \dfrac{2}{3}n \\[2mm] e_{min} = 0.3 & \dfrac{2}{3}n < k \leqslant n \end{cases}$$

式中，e_{min}，e_{max} 分别为系统的最小、最大值期望输出误差；k 为对第 k 组样本的学习次数。

如果 $\| e(k) \| > k_e$，则表示预测输出不符合 GD-FNN 期望的输出精度，应该考虑增加一条规则；否则不考虑。

另外，采用通过欧式距离来判断新的样本输入向量 $x(k)$ 是否在可容纳边界内。在模糊控制方法中，输入是通过隶属函数来划分的。如果它的最小欧氏距离位于某个存在的高斯函数覆盖范围内，则 $x(k)$ 可由此高斯函数表示，否则需要增加一条新的模糊规则。计算当前输入向量 $x(k)$ 和与之前的高斯函数中心 C_{ij} 之间的欧式距离 md_k，即 $md_k = \| x(k) - C_{ij} \|$ 从中找出最小欧式距离 $md_{k, min}$。在系统中按以下规则预先设定样本输入高斯函数可容纳边界有效半径：

$$k_d = \begin{cases} d_{max} = 0.83 & 1 < k < \dfrac{1}{3}n \\[2mm] \max\left[d_{max} \times \left(\dfrac{d_{min}}{d_{max}} \right)^{\frac{3k}{n}}, d_{min} \right] & \dfrac{1}{3}n \leqslant k \leqslant \dfrac{2}{3}n \\[2mm] d_{min} = 0.47 & \dfrac{2}{3}n < k \leqslant n \end{cases}$$

式中，d_{max}，d_{min} 分别为可容纳边界的最大、最小半径。

如果 $md_{k,min} > k_d$，则表示新的样本输入不满足可容纳边界判据，应该考虑产生一条新规则；否则不考虑。

当上述两个条件均满足时，就增加一条新规则；若只满足一个条件，则不增加。

B　模糊规则的修剪

在传统模糊控制理论中，一般的想法是构建尽可能多的模糊规则数，然后，一旦模糊规则建立，不论它是否重要都无法删除，就有可能导致模糊系统过于繁杂。因此，修剪技术对于动态时变非线性系统也是很有必要的。如果系统能够在学习当中及时地剔除不再重要的规则，那么就可以得到一个更加紧凑的系统。一般来说，有以下几种通用的算法：

（1）灵敏度计算法。此种算法计算连接权对全局目标函数的敏感度，如果某敏感度过低，则去除此连接权，主要作用于神经网络中。

（2）权减法。此种算法的原理是通过给目标函数一个遗忘因子，使得不重要的权值会在学习过程逐渐衰减，一般用于 BP 学习算法中。

（3）竞争学习。此算法主要是通过竞争学习更新结果参数，因为结果参数被认为是结果部分中输入量和输出量的相互关系强度的指标，主要用于模糊神经网络中。

（4）最小输出方法。此种算法的思想是在一个时间段内连续检查 RBF 单元的输出，当且仅当某个单元的输出在一个时间段内都小于期望值，则删除该神经元，一般用于 RBF 学习算法中。

模糊规则的修剪是采用误差下降率（ERR）方法作为修剪策略，对规则库中不起作用或对铝电解槽系统重要度不够的规则进行删除。ERR 为寻找重要的回归量提供了一种简单有效的方法。对于 3 输入 2 输出的铝电解槽预测模型，ERR 矩阵定义为：

$$ERR = \begin{bmatrix} err_1^1 & err_2^1 & \cdots & err_u^1 \\ err_{u+1}^1 & err_{u+2}^1 & \cdots & err_{u+u}^1 \\ err_{2u+1}^1 & err_{2u+2}^1 & \cdots & err_{2u+u}^1 \\ err_{3u+1}^1 & err_{3u+2}^1 & \cdots & err_{3u+u}^1 \\ err_1^2 & err_2^2 & \cdots & err_u^2 \\ err_{u+1}^2 & err_{u+2}^2 & \cdots & err_{u+u}^2 \\ err_{2u+1}^2 & err_{2u+2}^2 & \cdots & err_{2u+u}^2 \\ err_{3u+1}^2 & err_{3u+2}^2 & \cdots & err_{3u+u}^2 \end{bmatrix} = \begin{bmatrix} err_1, & err_2, & \cdots, & err_u \end{bmatrix}$$

式中，err_{ru+n}^p 越大，表示第 r 个输入变量的第 n 条模糊规则对期望输出 t_p 越重要；err_j 为第 j 个规则的 $p(i+1)$ 个误差减少率。

定义第 j 条规则的总误差减少率 $Terr_j$ 为

$$Terr_j = \sqrt{\frac{(err_j)^T err_j}{(i+1)p}} = \sqrt{\frac{(err_j)^T err_j}{(3+1) \times 2}} \tag{5.13}$$

在系统中预先设定重要性判断阈值 $k_{err} = 0.002$，如果 $Terr_j < K_{err}$，那么第 j 条规则可以删除。

C　参数训练

规则数确定后即确定了网络结构，下面就利用 GD-FNN 学习算法对网络参数进行分配并不断修正，使网络输出尽可能接近期望输出值。网络参数分配包括前提参数的分配和修正及结果参数的确定。

a　前提参数的分配和修正

当一条模糊规则产生后，下一步就需要确定隶属函数的参数。前提参数是指模糊层中高斯函数的中心 c_{ij} 和宽度 σ_{ij}。如果高斯函数的宽度太小，那么对某些未知的输入并不能响应有效的输出；如果高斯函数的宽度过大，那么不管输入如何，网络的输出都会很大。因此，前提参数的分配是非常重要的。

令输入向量 $x(k)$ 的第 i 个分量为 $x_i(k)$。当一条模糊规则产生后，需要考虑如何分配它的前提参数。当第 1 组输入数据 $[x(1)，t(1)]$ 进入系统后，此时 GD-FNN 还没有建立起来，因此，需要建立第 1 条模糊规则，前提参数的分配原则是高斯函数最优的表达输入量，即高斯函数的值为 1。因此，有

$$c_{i1} = x_i(1)，\quad \sigma_{i1} = \sigma \times d_{\min}$$

式中，σ 为重叠因子，是系统预定义的常数，取为 0.8。

第 k 组新的样本输入 $x(k)$ 时，假设虽然已经产生了 u 个模糊规则，但根据规则产生准则判定后，系统仍需要产生一条新的模糊规则。新的规则产生后，需要判断是否要增加新的高斯函数，如需要增加，则分配新的高斯函数。通过最小欧式距离进行判断，隶属函数层把多维的输入变量投影到相应的一维隶属函数空间，并计算输入变量 $x_i(k)$ 与边界集 ϕ_i 之间的最小欧式距离

$$ed_i(j) = |x_i(k) - \phi_i(j)| \quad (i = 1,2,3;j = 1,2,\cdots,u + 2) \tag{5.14}$$

其中
$$\phi_i \in \{x_{i\min}，c_{i1}，c_{i2}，\cdots，c_{iu}，x_{i\max}\}$$

式中，预先定义相邻高斯函数的相似性常数 k_{mf}，本系统中设为 0.65。

如果 $ed_i(j) \leqslant k_{mf}$，则表示输入数据 $x_i(k)$ 可以被现有的模糊集表示，不需要在该维增加新的高斯函数；否则，将分配一个新的高斯函数宽度和中心。高斯函数的中心、宽度设置分别如下：

$$c_{i(u+1)} = x_i(k)$$

$$\sigma_{i(u+1)} = \frac{\max\{|c_{i(u+1)} - c_{(i-1)(u+1)}|，|c_{i(u+1)} - c_{(i+1)(u+1)}|\}}{d_{\max}}$$

另外，在网络训练过程中，除了以上所说的产生一条新规则的情况以外，还有另一种情况需要调整前提参数，即当 $\|e_k\| > k_e$，且 $md_{k,\min} < k_d$ 时，此时系统虽然已经满足可容纳边界判据，不需要产生一条新的规则，但预测控制系统的输出误差无法满足其期望值，这时不仅要调整结果权值，还需要通过调整欧式距离找到最接近新输入样本 x_k 的第 j 个规则的高斯函数宽度，减小椭球体域，以获得更好的局部逼近。调整方法如下：

$$\sigma_{ij}^{\text{new}} = \delta \times \sigma_{ij}^{\text{old}} \tag{5.15}$$

其中
$$\delta = \begin{cases} \dfrac{k_s}{k_s + i^2(1 - k_s)\left(B_{ij} - \dfrac{1}{i}\right)^2} & B_{ij} < \dfrac{1}{2} \\[4mm] 1 & B_{ij} \geqslant \dfrac{1}{2} \end{cases}$$

式中，k_s 为预先设定的常数，本系统中设为 0.8；δ 由输入变量的灵敏度决定；B_{ij} 为第 j 个

规则中的第 i 个输入变量的敏感性，可表示为：

$$B_{ij} = \frac{err_{i \times u+j}^1 + err_{i \times u+j}^2}{\sum\limits_{k=1}^{i} \sum\limits_{k=1}^{p} err_{i \times u+j}^k}$$

此外，还有剩下的两种情况，当 $e(k) \leq k_e$ 并且 $md_{k, \min} > k_d$ 或当 $e(k) \leq k_e$ 并且 $md_{k, \min} > k_d$ 时，这时表明模糊神经网络训练符合期望，不需要修改前提参数，可以直接更新结果参数。

b　结果参数确定

根据规则产生准则，假设 n 组输入数据共产生了 u 个模糊规则，其值可由式（5.10）得到，再将工厂实际运行的输出数据 T 作为系统的理想输出，然后根据这两个参数，采用最小二乘法找出最优结果参数，使理想输出与预测输出之间误差最小。

由式（5.11）可得预测输出与结果参数之间的关系，将其写成矩阵形式 $Y = W * R$。确定最优结果参数 W^* 的问题可以用公式表示为最小化 $\| W * R - T \|$ 的系统辨识问题。该问题通过最小二乘法逼近可得 $W^* * R = T$。

因此，最优结果参数 W^* 可得：

$$W^* = T(R^t R)^{-1} R^{\mathrm{T}} \tag{5.16}$$

这里需要特别指出的是，当训练数据样本越来越多时，线性最小二乘法会逐渐失去调整功能，特别当输入数据具有时变特性时，最小二乘法的自适应能力会大大降低。解决的方法是算法需要及时地减去旧数据样本。

5.2.5.6　仿真过程及结果

A　奇异点处理

铝电解槽在采集过程中，偶尔会出现数据点剧烈的跳变，这些数据点会严重影响预测网络的预测准确度。因此，需要将某些跳变很大的值进行数据处理。

在采集的 3 个输入变量温度、铝水平、摩尔比中，温度一般跳动较大，而铝水平、摩尔比值域分别为 [20.7，32.9]，[2.27，2.8] 一个小的范围，因此对这两个变量不进行处理。

温度变量中平均每 100 组数据中有 4~5 组数据需要处理，处理方法是如果相邻组数的温度值跳变幅度大于 8℃，那么该组温度取前一组温度值与后一组温度值的平均值。1~3 号电解槽温度的奇异点处理图如图 5.15~图 5.17 所示。

B　数据处理

电解槽中摩尔比是 3~4 天采集一次，每 3 天出铝 2 次。鉴于电解槽测量参数的这个特性，测量数据不能直接使用，需要对模型的输入参数进行预处理。主要采用简单的加权平均和移动平均方法等进行预处理。其中，对电解温度采用 3 天加权平均，在没有采集摩尔比时，则使用最近一次的摩尔比和最近几日氟化铝添加量和温度等数据进行计算以得到可用的模型输入参数。

另外，还对输入数据采用均值化方法进行预处理，解决了各输入数据之间由于计量单位和数量级的差异不能进行综合分析的问题。设共有 n 组原始数据 x_i，各个数据的均值为 $\overline{x_i} = \frac{1}{n} \sum\limits_{i=1}^{n} x_i (i = 1, 2, 3)$。公式如下：

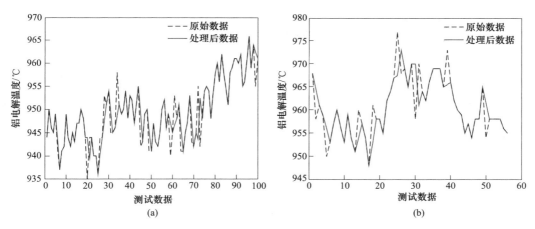

图 5.15　1 号电解槽温度奇异点处理图

（a）训练数据；（b）预测数据

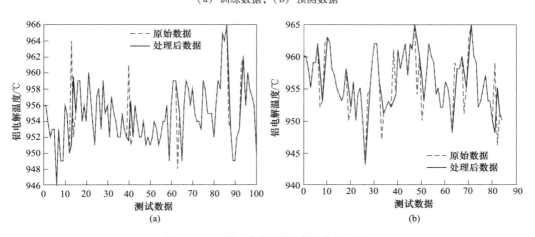

图 5.16　2 号电解槽温度奇异点处理图

（a）训练数据；（b）预测数据

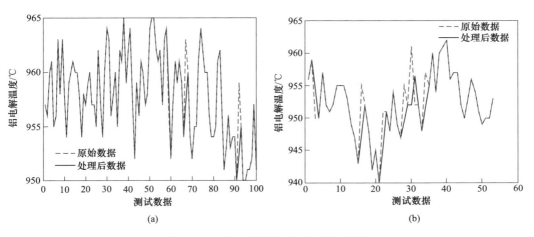

图 5.17　3 号电解槽温度奇异点处理图

（a）训练数据；（b）预测数据

$$z_i = \frac{x_i}{\overline{x}_i}$$

式中，z_i 为数据 x_i 均值化之后的数据。

未处理前，1 号电解槽中温度、摩尔比、铝水平的取值范围分别在 [936，966]、[2.27，2.69]、[23.8，32.9]，均值化处理后，温度、摩尔比、铝水平的取值范围分别在 [0.9850，1.0176]、[0.9087，1.0769]、[0.8353，1.1547]。

2 号电解槽中温度、摩尔比、铝水平的取值范围分别在 [946，966]、[2.459，2.816]、[23.2，27.8]，均值化处理后，温度、摩尔比、铝水平的取值范围分别在 [0.9908，1.0117]、[0.9368，1.0727]、[0.9047，1.0841]。

3 号电解槽中温度、摩尔比、铝水平的取值范围分别在 [945，966]、 [2.4079，2.7139]、 [20.7，26.5]，均值化处理后，温度、摩尔比、铝水平的取值范围分别在 [0.9876，1.0096]、[0.8866，1.1350]、[0.9286，1.0466]。

C   函数初始化

在铝电解预测系统中，有很多预先设定的参数（例如 k_e，k_d，k_{err}，k_{mf}，k_s，…），虽然这些参数缺乏物理意义，但是却直接影响系统网络结构的调整和参数的生成。本系统中参数的选择是经过多次仿真试验后，对电解槽预测系统预测结果最接近理想值而确定的，并且某些预定义参数在训练过程中需要多次调整才能使系统达到最优运行效果。

D   仿真流程图

仿真流程如图 5.18 所示。

运行算法首先需要预定义参数，如输出误差的最大最小值、隶属函数宽度的最大最小值、衰减常数、收敛常数、重叠因子、控制相邻隶属函数相似度常数、调整隶属函数宽度时预测常数和规则敏感性。当第一组数据样本进入训练网络时，自定义出第一条规则参数及结果参数。之后，循环输入第二组至最后一组训练数据样本，每输入一组数据，计算并找出最小马氏距离和实际的输出误差。根据系统误差和可容纳边界，算法可以分为 4 种情况：

（1）当 $\| e(k) \| > k_e$ 且 $md_{k, \min} > k_d$ 时，系统增加一条新规则。另外，当产生一条新规则后，需要重新计算一遍所有规则的误差下降率，如果小于预设的阈值，则删除相应的规则。

（2）当 $e(k) \leqslant k_e$ 且 $md_{k, \min} > k_d$ 时，表示系统达到要求，不需要再调整前提参数。

（3）当 $e(k) \leqslant k_e$ 且 $md_{k, \min} > k_d$ 时，表示建立的预测网络具有很好的泛化能力，只需要调整结果参数。

（4）当 $\| e(k) \| > k_e$ 且 $md_{k, \min} > k_d$ 时，表示隶属函数并没有很好的覆盖输入样本，因此需要减小隶属函数的宽度。

最后利用最小二乘法确定结果参数。如果训练数据全部训练完毕，则退出训练。

E   仿真结果

采用铝电解厂 3 个运行良好的电解槽数据，分别用 100 组数据用作训练数据，用于训练预测网络。剩下的数据样本用作测试数据，测试预测网络性能。最后，用绝对百分比误差作为衡量指标，比较 3 个铝电解槽的预测网络精度。

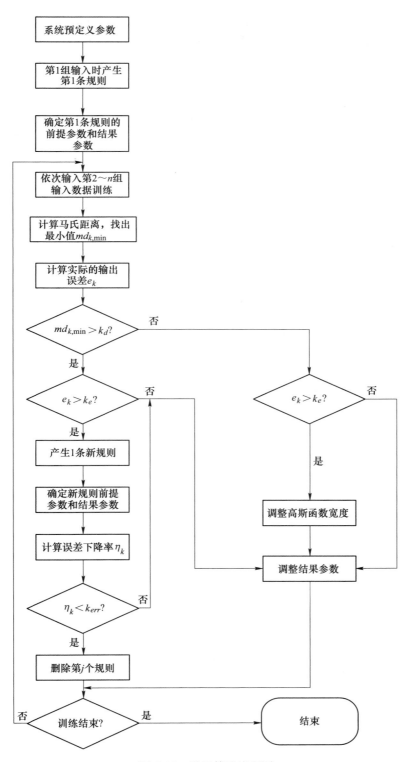

图 5.18 学习算法流程图

（1）1号铝电解槽中采集了156组数据，其中100组作为训练数据，56组作为测试数据，对1号电解槽预测输出模糊神经网络进行训练。完成数据预处理后，将处理后的数据分别作为输入量和输出量。经过100组数据训练之后，系统得到了5条规则。输入变量温度高斯函数有 $A_{11}(0.9859, 0.0126)$、$A_{12}(1.0175, 0.0158)$，摩尔比高斯函数有 $A_{21}(0.8353, 0.1278)$、$A_{22}(1.1547, 0.1597)$，铝水平高斯函数有 $A_{31}(1.0769, 0.0673)$、$A_{32}(0.9087, 0.043)$。根据运算，得到一组 2×20 的结果参数矩阵。根据高斯函数和结果参数矩阵，计算出输出预测值，并与实际检验值比较，如图5.19所示。由图5.19可以看出，训练输入数据得到的预测数据曲线与实际值曲线变化趋势一致，除个别点误差较大以外，整体效果良好。测试输入数据得到的预测数据曲线与实际值曲线变化趋势大体一致，但误差明显增大，预测输出精度需要提高。

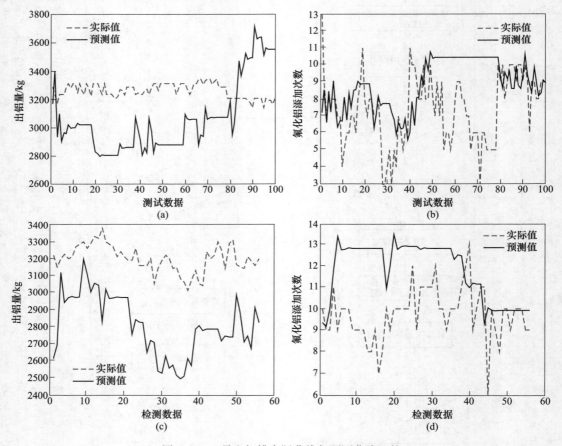

图 5.19　1号电解槽实际曲线与预测曲线比较

（a）每日出铝量（训练数据）；（b）氟化铝添加次数（训练数据）；
（c）每日出铝量（测试数据）；（d）氟化铝添加次数（测试数据）

（2）2号铝电解槽中采集184组数据，其中100组作为训练数据，84组作为测试数据，对2号电解槽预测输出模糊神经网络进行训练。完成数据预处理后，将处理后的数据分别作为输入量和输出量。经过100组数据训练，系统得到了5条规则。输入变量温度高

斯函数有 $A_{11}(0.9909，0.0105)$、$A_{12}(1.0118，0.0105)$，摩尔比高斯函数有 $A_{21}(0.9047，$0.0807)$、$A_{22}(1.0841，0.0807)$，铝水平高斯函数有 $A_{31}(1.0727，0.0612)$、$A_{32}(1.0727，$0.068)$、$A_{33}(0.9368，0.0544)$、$A_{34}(1.0727，0.0646)$。结果参数根据运算得到一组 $2×20$的结果参数矩阵。根据高斯函数和结果参数矩阵，计算出输出预测值，并与实际检验值比较，如图 5.20 所示，可以看出，训练输入数据得到的预测数据曲线与实际值曲线变化趋势一致，除个别点误差较大以外，整体效果良好。测试输入数据得到的预测数据曲线与实际值曲线变化趋势大体一致，但误差明显增大，预测输出精度需要提高。

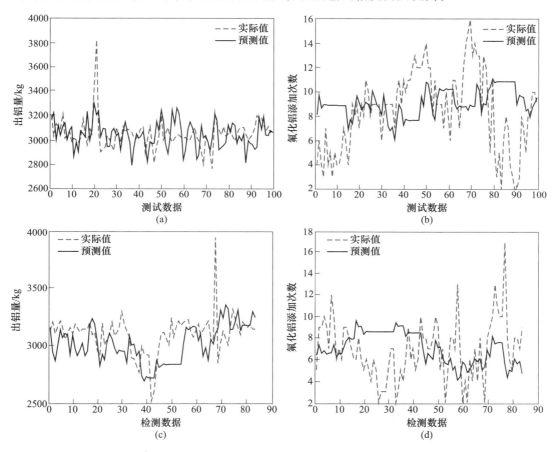

图 5.20　2 号电解槽实际曲线与预测曲线比较

（a）每日出铝量（训练数据）；（b）氟化铝添加次数（训练数据）；

（c）每日出铝量（测试数据）；（d）氟化铝添加次数（测试数据）

（3）3 号铝电解槽中采集了 153 组数据，其中 100 组作为训练数据，53 组作为测试数据，对 3 号电解槽预测输出模糊神经网络进行训练。完成数据预处理后，将处理后的数据分别作为输入量和输出量。经过 100 组数据训练之后，系统得到了 5 条规则。输入变量温度高斯函数有 $A_{11}(1.0075，0.0063)$、$A_{12}(0.9919，0.0078)$，摩尔比高斯函数有$A_{21}(0.8474，0.1386)$、$A_{22}(1.1246，0.1248)$，铝水平高斯函数有 $A_{31}(1.0577，0.0634)$、$A_{32}(0.9309，0.0634)$。结果参数根据运算，得到一组 $2×20$ 的结果参数矩阵。根据高斯函数和结果参数矩阵, 计算出输出预测值, 并与实际检验值比较, 如图 5.21 所示。由图 5.21 可以看出, 训练输入数据得到的预测数据曲线与实际值曲线变化趋势一致, 除个别点误差较大以外, 整体效果良好。测试输入数据得到的预测数据曲线与实际值曲线变化趋势大体一致, 但误差明显增大, 预测输出精度需要提高。

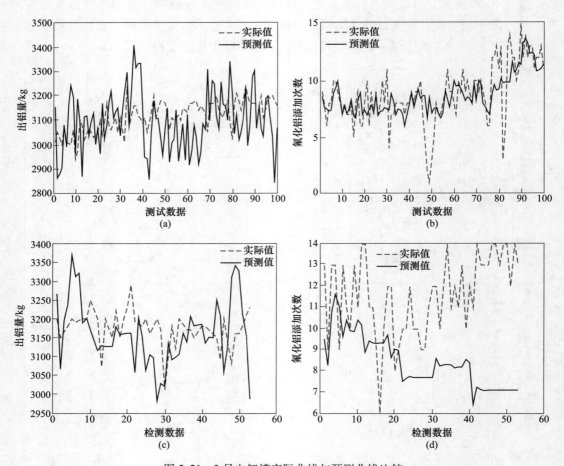

图 5.21 3 号电解槽实际曲线与预测曲线比较

(a) 每日出铝量 (训练数据); (b) 氟化铝添加次数 (训练数据);

(c) 每日出铝量 (测试数据); (d) 氟化铝添加次数 (测试数据)

5.2.5.7 结果比较

为了比较网络的预测性能, 这里采用绝对百分比误差 APE 作为性能评判指标, 对多电解槽和单一电解槽的预测精度 APE 进行了对比。

$$APE = \frac{1}{n} \sum_{m=1}^{n} \frac{|t(m) - y(m)|}{|t(m)|} \times 100\%$$

式中, n 为训练数据组数; $t(m)$, $y(m)$ 分别为第 m 个期望输出和实际输出。

多电解槽与单一电解槽比较结果见表 5.2。APE_{trn}、APE_{chk} 分别表示训练数据、测试数据的绝对百分比误差。

表 5.2 绝对百分比误差 *APE* 计算结果

电解槽	APE_{trn}（出铝量）/%	APE_{chk}（出铝量）/%	APE_{trn}（氟化铝）/%	APE_{chk}（氟化铝）/%	训练集样本组数	测试集样本组数
1 号	10.03	12.23	37.28	24.11	100	56
2 号	3.43	5.21	56.12	54.07	100	84
3 号	3.52	2.37	27.37	27.1	100	53

由表 5.2 可以看出，在 3 个铝电解槽运用广义动态神经网络进行预测时，出铝量的绝对百分比误差分别为 12.23%、5.21%、2.37%，氟化铝添加量的绝对百分比误差分别为 24.11%、54.07%、27.1%，目前来说，预测结果精度并不适用于实际应用中。但是由于动态模糊神经算法用于铝电解槽的建模的易用性，可以给铝业工作者提供一种新颖的建模方法。另外，由于不同铝电解槽的管理人员不同，采用的管理策略不同，导致电解槽温度、铝水平、摩尔比不同，使电解槽的参数指标有差异，从而导致电解槽电流效率和电能消耗产生差异。但是可以通过实际良好运行的单一电解槽的数据对单一电解槽预测系统进行训练，得到控制规则，建立预测模型，再把良好的管理制度推广到一般电解槽，就可以达到提高电解过程电流效率、降低能量消耗的目的。

在铝电解生产过程中，同一车间结构相同、槽龄相同、原材料相同的电解槽的电流效率和能量消耗有时会相差很大。这种差别主要是由于管理者的经验和技术水平不同导致对温度和过热度等重要参数的决策不当，具体体现在每日出铝量、氟化铝添加量的决策不当。所以把好的电解槽的管理制度推广到一般电解槽，使电解槽管理朝标准化的方向发展，是铝电解生产节能降耗的主要途径之一。

最后，在提高预测网络精度方面，如果可以考虑更多的影响因子，如炉底压降、炉膛形状、物料性能等，那么预测网络的预测效果还可以更好。

5.3 过热度的图形化控制

5.3.1 电解槽温度和过热度的实验

在不严重影响电解槽生产的前提下，进行了电压升降对温度和初晶温度的影响实验。影响电解槽温度的因素有很多，几乎所有的工艺参数都对温度有一定的影响，而最主要的因素是槽工作电压、铝水平、氟化盐添加量。一般现场技术人员也是通过这些量的修正来达到控制电解槽温度的目的[16]。

摩尔比由于分析比较困难，分析结果的滞后较长，对于实施控制意义不大。而初晶温度已被越来越多的技术人员接受。这里采用贺利氏设备测量初晶温度和过热度，作为系统的参数。

5.3.1.1 电压对温度的影响

电压增加实验是通过抬高槽电压来改变输入能量的增加，找到槽电压与电解温度、过热度的影响回归关系，从而确定槽电压的调整因子。

电压阶段响应试验分为电压增加 40mV、80mV、100mV 和 150mV 四个方案，电压降低 40mV、80mV、100mV 和 120mV 四个方案。每 2 台槽用于 1 个方案跟踪 24h。通过试验和数据分析，得出了电压增加/降低分别与温度的回归线，如图 5.22 和图 5.23 所示。

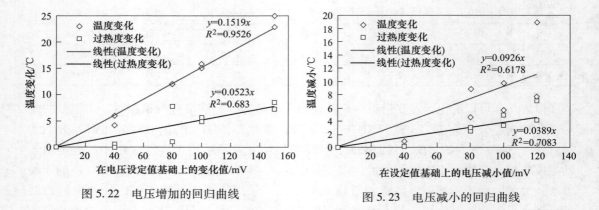

图 5.22 电压增加的回归曲线 　　　　　　 图 5.23 电压减小的回归曲线

可以看出，电压变化对电解温度的影响比初晶温度大得多，说明初晶温度的变化随挥发度变化外还会随槽帮的熔化/冷凝动态变化。从图 5.22 和图 5.23 可知，电压升高对提高电解槽温度有很明显的作用，电压升高 100mV，在 10h 内温度可提高 10~15℃。电压降低对温度的影响也明显，但反应速度更慢些。这一结果可以从传热学知识得到很好的解释，因为大型电解槽热惯性很大。电压对初晶温度的影响是通过电解槽温度来起作用，在其他条件不变时，温度升高，氟盐挥发严重，初晶温度升高。

5.3.1.2 铝水平对温度的影响

铝水平、氟化盐添加量对温度的影响是通过现场调整工艺参数，分析温度的响应，通过多元自回归辨识，提取单因素的影响因子，分析出单因素对温度的关系。图 5.24 所示为 204 号槽出铝对温度的影响，说明出铝对温度影响较大，但没有定量关系。

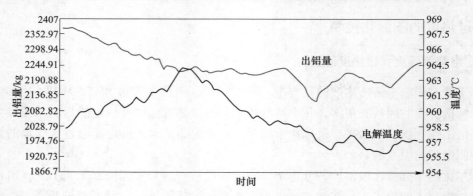

图 5.24 出铝对温度的影响

5.3.1.3 氟化盐添加量对初晶温度的影响

氟化盐添加量对初晶温度有直接的影响，但这种关系很复杂。图 5.25 所示为氟化盐添加量与初晶温度的变化关系。

需要指出的是，在工业电解槽上所有的工艺参数都是相互影响的，不可能进行单因素试验，只能通过选取主要因子，忽略次要因子，采用多元辨识方法，得到温度和初晶温度

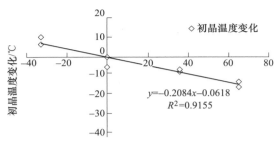

图 5.25 AlF₃加入量变化对初晶温度的影响

影响的半定量关系。现场测量数据分析表明，温度和初晶温度与工艺参数存在强相关性，但很难得到普遍适用性的数学模型。

5.3.2 等效过热度的计算

过热度是电解温度和电解质初晶温度的差值。电解温度每天可以测量，而初晶温度仅和电解质成分相关。通过对电解质成分的分析及多年的实践发现，电解质成分中的钙、镁等的含量比较稳定，而氟化铝、氧化铝浓度是动态变化的，因此，影响初晶温度的主要因素是氟化铝和氧化铝浓度。由于电解质中其他成分相对变化不大，在一个取样周期可取为常数，其中以天为单位变化较快的参数是氟化铝浓度和氧化铝浓度，而氧化铝浓度由下料器下料频率决定，现代点式下料器由操控机在线智能控制，使得氧化铝浓度在 1% ~ 2% 之间周期变化。所以在以日为周期的决策过程中，能估计氟化铝的质量分数，就能计算初晶温度，从而确定过热度，这种过热度这里称为等效过热度。

过热度的计算可以分为氟化铝挥发速率计算、过剩氟化铝浓度计算、等效初晶温度计算和等效过热度计算。初晶温度由电解质成分唯一确定，可以采用国内外文献广泛采用的计算公式，由于电解质成分分析会有误差，电解质中还含有些微量元素检测不出来，因此采用带修正项的计算公式，用测量值在线修正计算结果。方法是不定期测量温度、初晶温度和电解质成分，用测量值校正计算值。等效过热度为测量温度和计算过热度的差值。

5.3.3 图形化决策技术

控制方法是把电解槽状态划分为多种槽况，不同的槽况采用不同的决策。采用模糊逻辑和等效差分图联合决策来实现过热度和温度的稳定控制。

5.3.3.1 槽况的划分

通常认为，铝电解过程的管理槽况稳定是基础，电解质成分是关键。槽况稳定受多种因素影响，包括电解槽的热场、电场、磁场。电解槽建成投产后，槽况稳定主要由电流分布决定，而槽内电流分布主要由槽膛内形决定。一般情况下，槽膛内形主要受过热度的影响，过热度大，槽帮熔化；过热度小，槽帮增厚。而电解质成分又直接从过热度反映，温度变化不大时，过热度大，电解质初晶温度低，电解质中氟化铝和氧化铝浓度高。鉴于温度和过热度在铝电解过程中的重要性，结合工业生产过程中技术人员对电解槽管理的需要，采用温度、过热度和铝水平三参数来对电解槽槽况进行划分。

引入过热度后，模糊专家系统采用 3 个输入参数作为系统推理的前件，参数及其子集见表 5.3。

表 5.3 模糊专家系统参数及其子集

子集	很高	高	正常	低	很低
温度/℃	975~965	964~955	954~945	944~935	934~925
过热度/℃	35~21	20~14	13~7	6~4	3~0
铝水平/cm		27~26	25~24	23~22	

上述子集全排列共有 108 种槽况，如图 5.26 所示。纵轴表示等效过热度，横轴表示温度，铝水平轴标垂直纸面向里（未列出）。

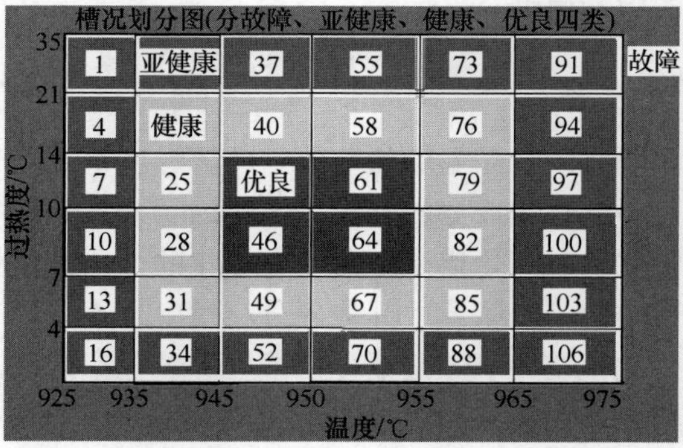

图 5.26 基于过热度、温度和铝水平的槽况划分

5.3.3.2 基于过热度的决策

在没有过热度数据的情况下，工艺人员及模糊专家决策系统是依据电解槽最近一段时间内的电解温度、铝水平、电解质水平、摩尔比、炉底压降、实际出铝量、氟盐添加量、工作电压等数据来决策每台电解槽当天的出铝量、氟盐添加量和设定电压调整量，很大程度上人的经验起了决定性作用。目前也有考虑多种因素的模糊专家系统在工厂中应用，但规则库过于庞大，不利于参数优化。由于过热度是过程传热和传质的综合体现，可以认为在一定程度上是十多个工艺参数的综合。计算出过热度后就能将决策系统简化。在引入过热度的概念后，将重新设计基于保持合理过热度（正常情况下为 6~10℃，但不同的电解槽况应在一段时间内保持不同的过热度）的模糊专家系统规则库，依据过热度及其变化趋势决策每台电解槽当天的出铝量、氟盐添加量和设定电压调整量，实现电解槽稳定高效运行。

由于模糊逻辑与多级差值算法在一定程度上类似，多级差值算法直观上可以与槽况的划分对应。这里采用模糊推理和多级差值的等效图方法并用来实现过热度的控制。

图 5.27 是基于过热度、温度的槽况对应的电压调整；图 5.28 是基于过热度、温度的槽况对应的氟化铝加料调整，图 5.27 和图 5.28 中的分区与图 5.26 相对应，图 5.29 是基于温度和铝水平的出铝量决策图。图中的数字就是对应槽况下参数的调节量。

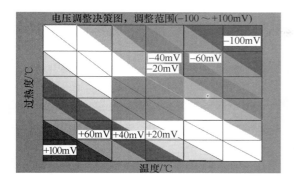

图 5.27 基于过热度、温度的槽况
对应的电压调整

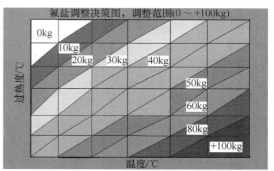

图 5.28 基于过热度、温度的槽况
对应的氟化铝加料调整

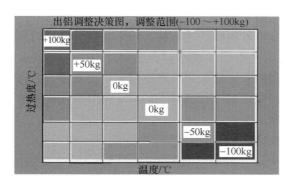

图 5.29 基于温度和铝水平的出铝量决策图

5.3.4 铝电解槽过热度分析与控制开发平台

在获取过热度等重要工艺参数后，上位机会基于三度及时地修改下位机（槽控机）的宏观参数，同时会将三度的分析、统计数据与槽控机进行交换，每台电解槽的槽控机会依据三度的变化情况，动态地调整控制系统的一系列参数，同时将这一信息应用到实时的NB 下料间隔的决策上，甚至包括常规的操作的处理，如出铝、换极后的停料时间及下料间隔的修正与寻优。决策系统主要由数据预处理、过热度计算、模糊推理机和专家规则库或等效决策图组成。系统决策通过程序用计算机来实现。决策系统计算机软件框图如图5.30 所示。

5.3.5 改良的测量图标绘制

在测试精度较高的情况下，可以用圆弧代替直线来绘制决策图。等效过热度为纵坐标，电解质温度为横坐标，分别把坐标分成 4~8 等份，氟化铝添加量按照最小值到最大值之间分成 4~8 等份。以 2 点画一条圆弧，所有弧线不能有交点，左上角区域温度高、过热度低，添加量比基准值增加 120kg；温度低、过热度高时，不添加氟化铝。如图 5.31所示。

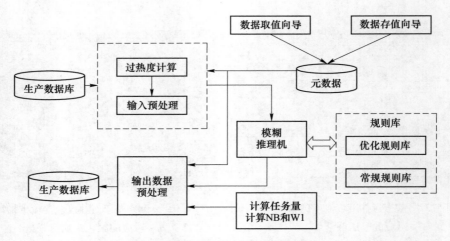

图 5.30 决策系统计算机软件框图

出铝量采用铝水平和温度组成的二维状态图来决策。参见图 5.32，出铝量在变化范围等分成 1~5 等份。温度高是由于散热不够，温度低是由于散热太多。所以利用铝的导热性能好的特点，温度过高时需要增加铝水平，温度较低时需要降低铝水平。同时考虑到铝水平受其他因素的影响，当铝水平较高时不能只靠调节高度来调节温度，而应该结合添加氟化盐、降低电压等措施。

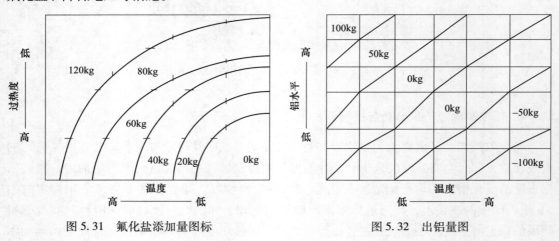

图 5.31 氟化盐添加量图标   图 5.32 出铝量图

铝水平在论域范围（通常 20~30cm），分成 5~8 等份，温度取基准温度的-10~20℃，分成 5~8 等份。把整个坐标区分成 4~6 等份。每个方块的左下角和右上角相连。图 5.32 是以-100~+100kg 为例绘制的出铝量图标示意图。

5.3.6 应用实例

温度和初晶温度的自适应模糊控制技术在某厂 300kA 电解槽上运行 4 个月，实现了过热度为 6~120℃，电流效率大于 94%，吨铝直流电耗小于 13100kW·h。从图 5.33 可以看出，6 台试验槽运行 4 个月的平均电流效率达到 94.3%，效应系数达到 0.13 个/(槽·日)，吨铝直流电耗 13100kW·h，炉底压降略有下降且槽况稳定。与工段 43 台相比，电流效率提高 0.7%，吨铝直流电耗下降 127kW·h，如图 5.34 所示。

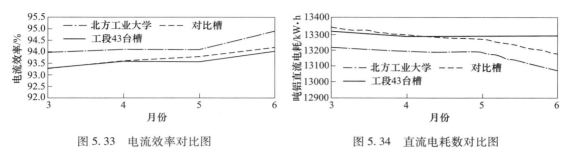

图 5.33 电流效率对比图   图 5.34 直流电耗数对比图

5.4 氧化铝浓度控制

5.4.1 氧化铝浓度模糊控制

通常铝电解过程对氧化铝浓度的控制是这样的：首先对槽电压采样，然后根据槽电压得到滤波槽电阻，再由氧化铝浓度曲线得到电解质中氧化铝浓度，最后由氧化铝浓度及其变化率计算出加料间隔。由于氧化铝溶解的迟缓性、槽电压影响因素的复杂性和下料器的某些不准确性，从而导致控制器达不到预定的目的，但模糊控制对这一类问题有独特的效果。模糊控制器结构设计的输入变量可以采用电压或滤波槽电阻，也可以采用解析得到的氧化铝浓度，它们之间没有本质区别[17]。

采用解析得到的氧化铝浓度与设定的正常氧化铝浓度偏差值和该点浓度变化率作为输入，选定加料时间间隔为输出的二维控制器。正常工作情况下，在加料间隔内，浓度是在一个不大的范围内波动的（不同厂家的控制范围略有不同）。例如，加料间隔为 120s，正常工作范围为 1.5%~3.0%，则在一次加料后，一定时间内浓度达到 3.0% 或更大，并逐渐下滑，120s 后达到 1.5% 左右，然后再次加料，如此循环反复。

5.4.1.1 模糊控制过程

模糊控制过程包括：

（1）确定论域。输入量解析得到的氧化铝浓度与设定的正常氧化铝浓度偏差值 A，由于氧化铝浓度可能出现的范围是 0~12%（12% 为氧化铝的饱和浓度），而正常工作时氧化铝浓度是 2%~3%，所以偏差的论域确定为 −3%~9%。氧化铝浓度变化率 B，参考浓度曲线和实际生产情况，论域确定为 −∞~0.53。输出量氧化铝加料间隔 C，论域确定为 0~∞。

（2）确定语言模糊变量。在研究的论域中采用 7 个模糊子集，即 [负大，负中，负小，零，正小，正中，正大]，或 [NB，NM，NS，PS，PM，PB]，对应于 [−6，+6] 区间的变化量，即 7 个整数元素的离散集合 [−6，−4，−2，0，2，4，6]。在具体应用时，再做变换。

（3）确定语言值的隶属函数。隶属函数的选择对模糊控制性能有很大影响。一般来说，隶属函数的形状越陡，分辨率就越高，控制灵敏度也越高；相反，若隶属函数的变化很缓慢，则控制特性也较平缓，系统稳定性好。因此，在选择语言值的隶属函数时，一般在误差为零的附近区域，采用分辨率较高的隶属函数；而在误差较大的区域，为使系统具有良好的鲁棒性,可采用分辨率较低的隶属函数。理论上说,隶属函数为吊钟形最为理想,但是计算复杂。实践证明,用三角形和梯形函数其性能并没有十分明显的差别,所以这里选择形状较陡的三角形隶属函数,如图 5.35 所示。

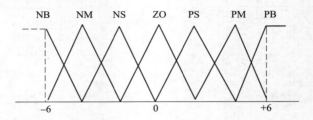

图 5.35 模糊变量的隶属函数

实际氧化铝浓度偏差计算范围为 $-0.5\% \sim 0.5\%$,变化率范围为 $-0.6 \sim 0.36$,加料间隔范围取为 $0 \sim 300s$。为了提高控制量的精度,只针对这一区间线性量化,超出这一区间的值都归为左、右肩值,如浓度变化率 $B < -0.66$,其负大(NB)的隶属度为 1,浓度变化率 $B > -0.36$,其正大(PB)的隶属度为 1。量化采用的对应值见表 5.4。

表 5.4 量化变量对照表

模糊变量	−6	0	6
氧化铝浓度偏差 A(质量分数)/%	−0.5	0	0.5
浓度变化率 B	−0.66	0.51	−0.36
加料间隔 C/s	0	150	300

(4)确定模糊规则。规则的表述是当氧化铝浓度偏差为正大(PB),氧化铝浓度变化率为正大(PB),即浓度正在迅速增大,加料间隔为正大(PB);如浓度变化率为负小(NS),即浓度正在缓慢减少,但由于浓度仍然比平常为大,所以应适当加大加料间隔。其他同理。模糊规则见表 5.5。

表 5.5 模糊规则表

浓度变化率	浓度偏差						
	NB	NM	NS	ZO	PS	PM	PB
NB	NB	NB	NB	NB	NM	NS	ZO
NM	NB	NB	NM	NM	NS	ZO	ZO
NS	NB	NM	NM	NS	ZO	ZO	PS
ZO	NM	NS	NS	ZO	PS	PS	PM
PS	NS	ZO	ZO	PS	PM	PM	PB
PM	ZO	ZO	PS	PM	PM	PB	PB
PB	ZO	PS	PM	PB	PB	PB	PB

(5)模糊推理过程。基于模糊蕴涵操作的不同含义,人们提出了多种模糊推理算法。这里采用 Mamdain 提出的 "Min-Max-Gravity" 模糊推理算法,采用 "取小"(min)规则定义模糊蕴涵表达的模糊关系,模糊关系的合成运算采用 "取大"(max)运算。前面得到

了规则库，对于每次输入分别求出每个规则中每个前件的隶属度，再求出该规则前件的总隶属度，由此求出该输入作用于这条规则时的输出，取所有规则输出的集合作为该输入的输出。

（6）模糊量的清晰化。解模糊方法有很多，如重心法、最大隶属度法、系数加权平均法、隶属度限幅元素平均法等。采用重心法（COG），即取模糊隶属度函数曲线与横坐标轴围成面积的重心作为代表点。

5.4.1.2　模糊控制器的构成

整个氧化铝浓度的模糊控制器包括 4 部分：

（1）由采样滤波程序计算得出氧化铝浓度及其变化率，然后模糊化。

（2）应用规则库进行模糊逻辑推理程序，得出下料间隔模糊量。

（3）模糊量的清晰化。

（4）通信、下料指令的发出及错误处理。

5.4.2　氧化铝浓度控制的图形决策

5.4.2.1　槽电阻变化特征

槽电阻 R 主要影响因素为熔体电解质成分（氧化铝浓度、氟化铝浓度）X、极距 Z 和温度；氧化铝浓度控制利用熔体电解质氧化铝浓度影响槽电阻这一原理，通过槽电阻解析来决定氧化铝下料量。

槽电阻和氧化铝浓度的关系如图 5.36 所示，这只是定性关系，不同的电解工艺曲线有所差异，一般通过测量一段时间的下料量、氧化铝浓度和槽电压，可以确定特定电解槽较准确的曲线。

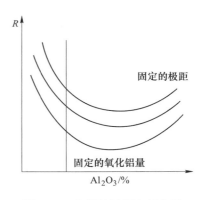

图 5.36　电阻随极距和氧化铝浓度的变化曲线

氧化铝浓度计算机控制是基于按需加料的原则进行的，将氧化铝加料周期分为三个：正常期、减量期和增量期，根据电解槽平滑电阻斜率变化自动切换加料周期，使氧化铝浓度周期性变化并受控。一般情况下正常期电阻变化视为阳极极距的变化，允许调整阳极；当进入增、减量期后，其槽电阻变化均视为氧化铝浓度变化引起的，并据此自动修正加料速率，使氧化铝浓度在 1.5%~2.5% 范围内变化。电解质氧化铝浓度增量=（加料速度-推算消耗速度）×取样周期/熔体质量，推算消耗速度和电流强度及电流效率有关。300kA 槽每分钟推算消耗速度为 3kg，通常设定 $NB=60~90s$。所以氧化铝浓度控制就是决定氧化铝加料速度[18]。

5.4.2.2　采样数据的数据预处理

计算机自动采集电流和槽电压。槽电压包括：

$$V = V_阳 + V_质 + E_实 + V_阴 + V_母 \tag{5.17}$$

式中，$V_阳$ 为阳极电压降；$V_阴$ 为阴极电压降；$E_实$ 为氧化铝的实际分解电压（又称反电动势或极化电压）；$V_质$ 为电解质压降；$V_母$ 为母线电压降（包括阴极、阳极、力柱、槽间母线）。

实时采集的电压和电流含有噪声，要进行预处理，还要通过滤波器分离出电解质中氧化铝浓度变化产生的压降变化，从而计算槽电阻。槽电阻信号主要包括两部分，一是由氧化铝浓度和极距调整引起槽电阻的变化，这部分是正常生产控制引起的低频信号，有一定的规律性可循。二是干扰信号，可分为三种基本类型：（1）由电流大幅度波动引起的槽电阻波动；（2）槽电阻噪声，包含阳极故障、气泡排出等引起的波动周期为数秒或更快的高频噪声及由铝液层波动引起的波动周期为数十秒的低频噪声，以及打壳下料时机械搅动等引起的噪声；（3）各种人为干扰及有异常情况发生时引起槽电阻变化，如出铝、换阳极、边部加工、阳极脱落、掉块等引起的槽电阻大幅度跃升或跌落。

槽电阻波动的主频率区为 0.002~0.04Hz，在 0.04Hz 以上的频段一般看不到明显的峰值；氧化铝浓度波动产生的低频信号主频率区为 0.01~0.03Hz。可采用巴特沃思或切比雪夫低通滤波器对采样数据预处理，设计上限频率足够小的窄通带低通滤波器对原始槽电阻信号滤波，得到其有效低频信号，然后计算槽电阻低频信号的斜率，并根据槽电阻斜率的变化来进行氧化铝浓度的控制。这些工作需要通过实验确定，计算量较大。

5.4.2.3 电阻、斜率和累积斜率的计算

设每秒采样 2 次，30s 计算一个槽电阻均值，60s 计算一个槽电阻均值的变化值。

$$R_k = (V_k - E)/I_k$$

式中，E 为包含表观反电动势的设定常数；V_k 为该时刻槽电压；I_k 为该时刻系列电流。

利用槽电阻计算变化率 $G(k)$：

$$G(k) = \frac{RL(k) - RL(k-1)}{T}$$

式中，k、$k-1$ 分别为斜率的计算的抽样时序；$RL(k)$，$RL(k-1)$ 分别为经过滤波处理槽电阻在 $t=k$，$k-1$ 时刻的抽样值；T 为槽电阻斜率计算的抽样间隔，$T=30s$。

槽电阻与槽内氧化铝浓度的关系曲线如图 5.37 所示。

研究表明，在 1.2%~3.5%（质量分数）范围内，氧化铝浓度每降低 1%，电流效率可提高 2%，并且，槽电阻随浓度变化较为灵敏。因此将氧化铝浓度控制范围选在低浓度区，电流效率高。操控机氧化铝浓度应尽量控制在 1.4%~2.2%（质量分数）。

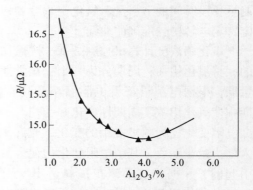

图 5.37 槽电阻与槽内氧化铝浓度关系曲线

5.4.2.4 氧化铝浓度控制图决策

直接利用电阻及其变化率，根据氧化铝浓度控制图决策下料间隔。先计算槽电阻的最大、最小值；再计算槽电阻变化率的最大、最小值。归一化处理后由图 5.38 决定下料间隔。下料间隔分 5 个档次，依次为 40s、60s、90s、120s、150s，对应图中 NB－－，NB－，NB0，NB+，NB++。建议一次下料 3.2kg。

图 5.38 中，不同的颜色代表不同的下料间隔。红色表示电解槽出现异常，需要检查炉膛变化和下料器状况。

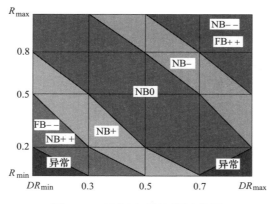

彩图

图 5.38 氧化铝下料间隔决策图

这个方案补充条件是：（1）计算累积斜率 $\sum DR$，设定上限值（跟踪一个效应得到此值），如达到此值，立即转入 NB++；（2）死区判断：$\sum DR$ 在设定时间内变化很小，进入槽电阻死区，停止下料，直到槽电阻离开死区。

5.4.3 基于神经网络预测的氧化铝浓度控制

5.4.3.1 BP 神经网络预测模型

BP 神经网络预测模型包括：

（1）输入层节点数。通过对铝电解槽运行特点的分析，结合专家知识选取电解槽中氧化铝浓度影响较大的 8 个参数数据作为神经网络预测的输入。选定的输入变量为：电流、工作电压、下料量、出铝量、铝水平、电阻、摩尔比、电解质水平，取为 $x_{(1\sim8)}$。

（2）输出层节点数。由于是预测氧化铝浓度的值，故神经网络的输出为氧化铝浓度一个参数值。

（3）隐含层节点数。通常神经网络中隐藏的节点越多，神经网络的预测精度越高。隐含层节点数根据下面公式得出：

$$\frac{n_i + n_0}{2} \leqslant n \leqslant (n_i + n_0) + 10 \tag{5.18}$$

式中，n_i 为神经元输入节点数；n_0 为输出节点数。

将输入节点 8，输出节点 1 代入式（5.18）得 $4.5 \leqslant n \leqslant 19$，经过模型验证隐含层节点数确定为 19[19]。

（4）神经网络激活函数的选取。BP 神经网络一般选用 Sigmoid 函数和线性函数作为网络的激励函数，这里对输入输出数据进行归一化后的数据均在 [-1，1] 之间，正切 S 型 tansig 函数的输出范围为 [-1，1]，故选取正切 S 型函数 tansig 函数。

（5）训练算法的选择。不同的训练函数影响训练算法的迭代次数、搜索方法、计算速度和收敛速度。对于这里所建立的对于电解槽氧化铝浓度的 BP 神经网络预测来说，Levenberg-Marquardt 算法能够满足对神经网络训练的需求，将 trainlm 用于神经网络训练。

5.4.3.2 BP 神经网络预测模型训练及实现

神经网络的预测模型选用 Matlab 实现，BP 神经网络预测模型的训练数据选取 1560 组数据进行训练，其中训练集、验证集和测试集占比分别为 70%、15%、15%。采用 L-M 算法对训练神经网络进行优化，控制训练均方误差，使神经网络的训练停止在一定范围内；判断输出的结果的误差是否满足需求或者训练次数达到预先设置的次数后结束训练。

网络参数设置见表 5.6。

表 5.6 训练网络参数设置

隐含层函数	输出层函数	网络训练函数	最大迭代次数
tansig	purelin	trainlm	1000 次
隐含层节点数	评价性能指标	学习率	预期误差
19	MSE	0.01	0.01

5.4.3.3 预测模型结果与评价

模型评价指标均方误差 *MSE*：

$$MSE = \frac{1}{n}\sum_{i=1}^{n} E_i^2 = \frac{1}{n}\sum_{i=1}^{n} (Y_i - \hat{Y}_i)^2$$

式中，MSE 为均方差；E_i 为第 i 个实际值与预测值的绝对误差；Y_i 为第 i 个实际值；$\hat{Y}_i$ 为第 i 个预测值。

5.4.3.4 预测模型的验证结果与分析

BP 神经网络预测模型的 L-M 优化训练模型的预测均方误差处于较小值，图 5.39 为模型的测试集数据和验证集数据结果图和误差图。

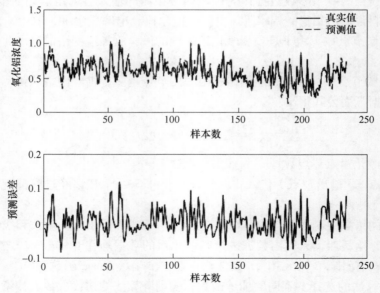

图 5.39 验证集的预测结果与误差

通过对图 5.39 模型验证集与测试集的预测结果和误差的分析，预测模型的预测精度达到预期的要求。

5.4.3.5 基于预测的氧化铝浓度控制

选定的输入变量为日报数据，预测的氧化铝浓度不是实时浓度，需要用这个参数作为氧化铝浓度控制基准参数，做进一步的浓度变化处理，修改下料参数。控制方案如图5.40所示。

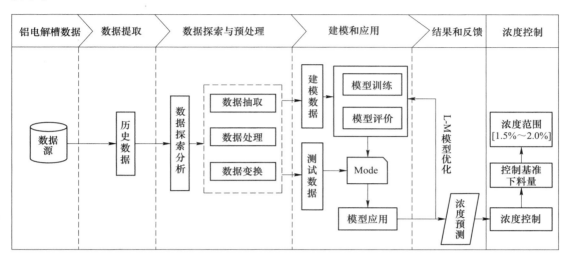

图5.40 基于氧化铝浓度预测的控制方案

A 氧化铝下料方案

对300kA电解槽假定电流效率 η 为95%，氧化铝理论消耗速率为3.012kg/min，假定电解槽中电解质为20t，电解槽的基准下料间隔为1min。

具体调整过程如下：

（1）当1%<氧化铝浓度≤1.5%时，此时应缩短电解槽中的基准下料间隔，避免电解槽中氧化铝浓度过低带来的阳极效应问题和异常槽况问题。

（2）当1.5%<氧化铝浓度≤2.0%时，此时电解槽运行状态处于正常的良好状态下，按照氧化铝3.012kg/min的正常消耗状态进行下料，此时的基准下料量与电解槽中的氧化铝理论消耗量处于等量关系。保持电解槽此时的基准下料过程，保证电解槽中的氧化铝浓度处于最佳调节的范围内。

（3）当氧化铝浓度>2.0%时，为了保证电解槽的电流效率的高效性，此时扩大电解槽中的基准下料间隔，调节电解槽的氧化铝浓度保持浓度值在期望的控制区间［1.5%，2.0%］之内。

以此为根据建立的BP神经网络氧化铝预测模型预测出的氧化铝浓度值，调节电解槽中的基准下料间隔，调整电解槽中的氧化铝浓度达到期望浓度值范围中。对电解槽中氧化铝浓度的预测和控制都是在电解槽的槽状况正常的情况下进行的控制，通过对电解槽中的基准下料间隔的调整来升高和降低电解槽中的氧化铝浓度，促使电解槽中的氧化铝浓度达到期望的标准，即将电解槽中整体的氧化铝浓度范围控制在［1.5%，2.0%］范围内。

B 氧化铝下料实例

对电解槽中的基准下料间隔（1min）的调整，过量下料间隔30s，欠量下料间隔90s。

（1）当 BP 神经网络氧化铝浓度预测模型预测出的氧化铝浓度小于 1.5% 时，如果预测出的氧化铝浓度为 1.3%，为保证电解槽中的氧化铝浓度在控制的期望区间中，调整电解槽中的基准下料间隔为原基准下料间隔的 0.87（即 1.3/1.5）。此时相当于减小电解槽中的基准下料间隔，电解槽中的下料间隔变为 52.2s，促使电解槽中的氧化铝浓度达到期望的区间之中。

（2）当 BP 神经网络氧化铝浓度预测模型预测的氧化铝浓度大于 2.0% 时，若氧化铝预测值为 2.5% 时，对电解槽中的下料间隔的调整量为 1.67（即 2.5/1.5），电解槽中的基准下料间隔调整为 100.2s，保持此时的基准下料间隔促使电解槽中的氧化铝浓度调整到期望区间 [1.5%，2.0%] 之中。

5.5　神经网络建模及遗传算法优化的氟化铝添加量决策

5.5.1　神经网络模型的选择

氟化铝日添加量决策系统就是利用神经网络的非线性映射功能找到电解槽内热平衡与氟化铝日添加量之间的映射关系。因为电解槽内的热平衡与氟化铝添加量之间存在着复杂的非线性关系，很难用传统的数理方法建立这种关系的精确数学模型，但根据神经网络能够以任意精度逼近任意复杂非线性映射的特性，设计合理的神经网络结构对系统输入输出样本对进行自学习，可以找到这种关系的映射模型。这种模型是非解析的，输入、输出数据间的映射规则由神经网络在学习阶段自动抽取并分布式存储在网络的所有连接中。目前网络模型的种类相当丰富，已有近 40 种。将它们按连接方式可分为前馈网络、反馈网络和自组织网络；按学习方式分科分为有导师学习、无导师学习和再励学习。比较典型的神经网络模型有误差反向传播多层前馈网络（BP 网络）、Hopfield 网络、径向基网络（RBF）、CMAC 小脑模型、回神经网络[20]。

在所有的网络模型中尤以 BP 网络应用最为广泛，因为它包含了神经网络理论中最精华的部分并且结构简单、可塑性强，它的算法成熟、意义明确、步骤分明。采用 BP 神经网络识别电解槽热平衡与氟化铝添加量之间的关系。

5.5.2　网络结构设计

5.5.2.1　输入神经元及隐层神经元数的设计

氟化铝添加量影响电解槽内的温度，但影响电解槽温度的不只氟化铝添加量一项，几乎所有工艺参数都对温度有影响，而最主要的因素是槽电压、铝水平和氟化铝添加量。现代计算机控制水平可以将槽电压控制在设定的理想范围内。

另外，氟化铝对温度的影响存在滞后性，加入电解质中的氟化铝并非立即调整摩尔比，而是"沉积"于内衬和侧部结壳中，在一定条件下再释放出来（一般 3~5 天的滞后时间）。综合以上分析，为决策氟化铝日添加量将输入层采用 7 个神经元，分别是当日的铝水平、初晶温度、电解质温度、氟化铝添加量和前日的初晶温度、电解质温度、氟化铝添加量，输出神经元为下一日的氟化铝添加量。

隐层神经元数的选择目前没有一套行之有效的理论及方法，一般根据式（5.19）来选取一个大致的范围，然后用试凑法，即先设置较少的隐节点训练网络，然后逐渐增加隐节点数，用同一样本集进行训练，从中确定网络误差最小时对应的隐节点数。

$$n = (n_0 + n_1)^{0.5} + a \quad 且 \quad n \geq n_0 \tag{5.19}$$

式中，n 为隐节点数；n_0 为输入神经元数；n_1 为输出神经元数；a 为 1~10 之间的常数。

根据式（5.19），n 在 7~12.8 之间取值，经过多次试验比较，这里最终将 n 取为 10。

5.5.2.2 训练样本及样本数的选择

选择槽况平稳运行时测量与计算的数据和添加氟化铝的数据作为训练样本，这里只研究电解槽未发生异常情况下氟化铝添加量与槽热平衡的关系。一旦电解槽发生异常，将采取非常手段，仅通过氟化铝添加量很难调节。

训练所需样本数取决于输入-输出非线性映射关系的复杂程度，为保证一定的映射精度，映射关系越复杂的系统应该提供越多的样本对数参与训练，但参与训练的样本对数越多计算时间越长。某铝电解厂 1003 号槽在 2008 年 7 月 11 日~12 月 10 日这段时期未发生过异常，这里选取 1003 号槽此段时间的数据作为训练样本值。

5.5.2.3 传递函数及学习率的选择

BP 网络中隐层及输出层神经元的传递函数通常采用 log-sigmoid 型函数 logsig（ ）、tan-sigmoid 型函数 tansig（ ）及纯线性函数 purelin（ ）。

$$logsig(n) = (1 + e^{-n})^{-1}$$
$$tansig(n) = (1 - e^{-n}) \times (1 + e^{-n})^{-1}$$
$$purelin(n) = n$$

logsig（ ）函数将输出限制在 0~1 之间，tansig（ ）函数将输出限制在 -1~1 之间，purelin（ ）函数使输出取任意值。这里建立的网络隐层神经元选择 tansig（ ）作为传递函数，输出层神经元选择 purelin（ ）作为传递函数。

学习率 η 决定每一次训练中权值及阈值的变化量。学习率大，训练时间短，收敛快，但可能导致系统不稳定，也可能跳过误差的低谷而使精度降低；学习率小，训练时间长，收敛慢，但能提高精度使误差值不会跳过低谷而趋于最小值。在实际应用中很难确定一个从始至终都合适的最佳学习率，所以可以采用自适应调节学习率的方法。一种自适应调节学习率的方法如下：设一个初始学习率，若经过一批次权值调整后使总误差 E 增大，则本次调整无效，且 $\eta = \beta \times \eta (\beta < 1)$；若经过一次批处理权值调整后使总误差 E 减小，则本次调整有效，且 $\eta = \theta \times \eta (\theta > 1)$。这里采取自适应调节学习率的方法，将网络的初始学习率设为 0.05。

5.5.2.4 期望误差的选择

期望误差是神经网络训练截止的条件之一，给定一个期望误差，当网络训练使误差平方和 E 达到此值，网络训练结束。期望误差应取得尽量小，但要达到较小的期望误差，需要增加中间层的神经元数目，增加训练的代数，从而增加了网络的训练时间。一般选取几个期望误差值分别进行网络训练，通过对比综合考虑选用哪一个作为最终的期望误差值。

5.5.2.5 样本数据的预处理

在训练网络之前首先对样本数据进行归一化处理，把所有数据都限制在 [0, 1] 或 [-1, 1] 区间内。归一化处理使所有输入分量在 [0, 1] 或 [-1, 1] 区间内变化，从而使网络训练一开始就给各输入分量以同等重要的位置。对于使用 sigmoid 转移函数的神经元，应避免因净输入的绝对值过大而使输出饱和，继而使权值调整进入误差曲面的平坦区。这里要将输入、输出样本数据变换到 [-1, 1] 区间，通过以下变换实现：

$$x_{mid} = (x_{max} + x_{min})/2$$

$$x_{ii} = 2(x_i - x_{mid})/(x_{max} - x_{min})$$

式中，x_i 为待变换的输入或输出数据；x_{max} 为数据的最大值；x_{min} 为数据的最小值。

按此变换方式，原始数据的最大、最小值分别变换为 1 和 -1，中间值变换为 0。当输入或输出向量中的某个分量过于密集时，对其进行以上处理可将数据点拉开距离。

5.5.3　神经网络优化方案

虽然 BP 神经网络技术已经渗透到各个领域，在智能控制、模式识别、信号处理、非线性优化等方面取得了巨大的成功与进展，但其仍有一些问题，如待寻优的参数多，收敛速度慢；目标函数存在多个极值点，按梯度下降法进行学习，很容易陷入局部极小值。

针对以上问题，目前也提出了许多改进方法，如集中权值调整法、自适应调整学习率法、权值调整量附加惯性项法、模拟退火法、遗传优化法。其中模拟退火法和遗传优化法可以彻底解决目标函数陷入极小值的问题。由于遗传算法能够收敛到全局最优解，而且鲁棒性强，将遗传算法与 BP 神经网络结合不仅能发挥神经网络的泛化能力，而且使神经网络具有很快的收敛性及较强的学习能力。遗传算法虽然具有全局搜索性，但微调能力差，所以它和神经网络有很好的互补性。

遗传算法用以下三种方式优化 BP 神经网络：

(1) 优化 BP 网络的初始权值及阈值。将网络的所有权值及阈值编制出二进制编码串或实数编码串，随机生成若干个这样的码串，每一个码串称为一个染色体个体，所有码串组成种群。在种群中选择优良的个体（即使误差小的个体）进行复制，淘汰掉劣等个体，再对部分个体进行交叉、变异操作形成新一代种群。这样可保证一代比一代的个体优良，最后将最优良个体选出，对码串解码构成神经网络。此种算法运算量较大，搜索空间大，尤其是当网络较复杂连接权值及阈值较多的情况下。

(2) 优化 BP 网络结构和学习规则。这种方法编码的不是连接权值和阈值而是把未经训练的网络的结构模式及学习规则编成码串构成染色体个体。此方法虽然搜索空间小，但为了确定网络的连接权值，必须对每个染色体个体解码，然后进行神经网络的传统训练。

(3) BP 网络结构和权值同时优化。用粒度编码法同时对神经网络的结构和权值进行编码，这种方法一方面能加快收敛到一定精度的收缩空间，另一方面又会引起个体适应度的剧烈不连续变化，从而导致遗传算法收敛速度慢。

采用遗传算法优化 BP 神经网络的初始权值及阈值，得到最优初始值，避免网络陷入极小值，加快网络收敛速度。

遗传算法不是从一个点开始操作，而是从许多点开始的并行操作，所以该方法求得最优解的可能性大，而且可以有效地避免搜索过程收敛于局部最优解；它通过目标函数计算适配度，不需要其他推导或更多附属信息，所以对问题依赖性小；遗传算法在解空间内的搜索是一种启发式的搜索，而非盲目穷举或随机测试，所以它的搜索效率优于其他方法；它不对参数本身进行操作，而是对参数编码进行操作；它使用概率的转变规则，而不是确定性规则；遗传算法对待寻优函数基本上无限制，无论函数是否连续，是否可微，是否是由数学解析式所表达的显函数，都可以用遗传算法优化，像映射矩阵和神经网络这样的隐函数，也可以用神经网络寻优，因而它有很大的应用范围；遗传算法更适合优化大规模复杂的问题。基本遗传算法原理框图如图 5.41 所示。

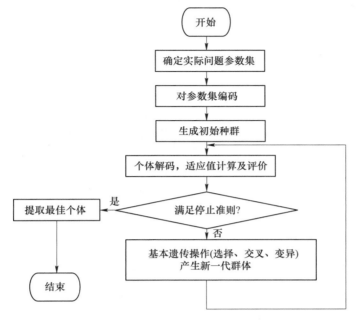

图 5.41　基本遗传算法原理图

选择、交叉、变异操作是遗传算法的重要步骤，它们体现了遗传算法的核心思想。图 5.42 表达了这三种操作的基本原理。

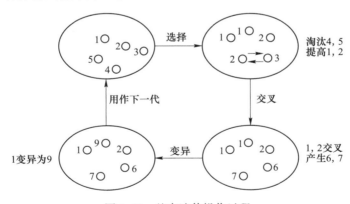

图 5.42　基本遗传操作过程

初始种群中，包含了 1、2、3、4、5 共 5 个个体，通过个体适应性评价，判定 5 个个体的优劣程度，优良的个体可能被一次或多次选择，劣等的个体被淘汰掉，这体现了达尔文的优胜劣汰、适者生存的生物进化论法则。被选出的个体作为繁殖下一代的父辈，保证了一代更比一代优良。交叉操作让被选出的某些优良个体之间进行基因的交叉重组，产生新个体，交叉操作模仿的是自然界有性繁殖的基因重组过程。选择操作降低了群体中个体的多样性，而交叉操作使这种多样性得以保持，个体多样性是搜索到全局最优解的必要条件。变异操作让某些个体的基因发生改变，正如自然界生物个体不总是与父母亲完全一样，此操作使个体的多样性得以提高。经过选择、交叉、变异操作，种群由初始群体 1、2、3、4、5 变为了新一代群体 1、2、6、7、9，新一代群体肯定会优于上一代群体，如果新一代群体未达到进化的目标，将新一代群体代替旧群体重新进行上述操作，直至达到目标为止。

5.5.4　遗传算法优化神经网络过程

5.5.4.1　参数编码及种群规模确定

遗传算法不能直接操作所求问题空间的参数，它只能操作由基因按一定结构组成的染色体或个体。编码就是将实际问题空间的参数转换成遗传算法空间的染色体或个体。遗传算法应用的首要问题就是编码，编码方法影响交叉、变异等运算，某种程度上决定了遗传进化的方式和效率。关于编码方法没有普遍适用的准则，只能根据实际求解的问题统筹考虑哪种方法易于进行交叉、变异运算，易于解码，使问题求解简便，遗传运算效率高。

二进制编码和实数编码是实际应用中采用比较广泛的两种编码方法。它们各有优缺点，二进制编码方法形式自然直观，编码和解码易于操作，交叉、变异等操作便于实现，但二进制的编码精度与编码长度成正比，编码长会导致计算量大，进化速度慢。另外，二进制编码反映所求问题不直观（所求问题的每个参数都用一串二进制数表示）。实数编码每个基因位就是所求问题参数的本身，更直观地反映了所求问题，没有编码解码的过程，码串短，运算速度快，精度高。BP 网络为 3 层结构，输入层 7 个神经元，中间层 10 个神经元，输出层 1 个神经元，所以待优化的权值及阈值共 7×10+10×1+10+1＝91 个，如果用二进制编码，表示个体的码串会很长，不利于寻优，所以这里采用实数编码。1 个个体由 91 个实数构成，前 70 个表示 7 个输入层神经元和 10 个中间层神经元的所有连接权值，接着的 10 个表示 10 个中间层神经元与 1 个输出层神经元的所有连接权值，然后 10 个是中间层神经元的阈值，最后 1 个是输出层神经元的阈值。

种群规模为进化过程中每一代包含个体的个数。种群规模越大，个体多样性越高，越不容易陷入局部极值，进化到全局最优的机会大，进化代数少，但种群规模过大，需要评估的个体多，每一代计算量大，进化效率低；种群规模过小，个体在搜索空间分布范围有限，可能会使搜索停止在未成熟阶段产生早熟从而得不到最优解。有的文献中给出种群规模在 10~160 范围内取值，有的给出在 20~100 范围内取值。这里参考各文献中的经验数据，考虑个体编码的长度，选几个值反复比较试验，最后选择种群规模为 30 比较合适。

5.5.4.2　设计适应度函数

遗传算法用个体适应度来评价个体的优劣，这个评估个体适应度的函数就是适应度函数。遗传过程中，将种群中的每个个体解码后代入适应度函数中，得到每个个体的适应度值，将每个个体的适应度值比较排序，适应度值大的个体为优良个体被选择遗传到下一代的概率大，适应度值小的个体为劣等个体被选择遗传到下一代的概率小。适应度值必须是非负的。调整权值和阈值的目的是使式（5.20）表示的误差平方和 E 最小。

$$E = 0.5 \times \sum (t_1 - Z_1)^2 = 0.5 \times \sum \{ t_1 - g [\sum V_{1j} \times f(\sum x_i \times W_{ji} + R_j) - K_1]^2 \}$$

$$(5.20)$$

使目标函数最小的权值及阈值为优秀个体。所以可设适应度函数 $F = 1/E$，既满足非负的条件也达到评价个体的目的。

5.5.4.3　遗传算子设置

A　选择算子

选择算子是遗传算法根据适应度值选择群体中优秀个体淘汰劣质个体的具体实现方法。常用的选择算子有适应度比例选择法、最佳个体保存法、期望值法、排序选择法、随机联赛选择法。

适应度比例选择法又叫赌轮法或轮盘赌法，其基本思想是计算个体被选中的概率，其中第 i 个个体被选中的概率为 P_i，有：

$$P_i = F_i/F$$

式中，F_i 为第 i 个个体的适应度值；F 为群体中所有个体的适应度值。

P_i 反映了第 i 个个体的适应度在整个群体的个体适应度总和中所占的比例，从中可以看出，个体适应度大被选择的概率高，反之被选择的概率小。适应度比例选择法是一种很基本的选择方法，这里选择此方法作为选择算子。

B　交叉算子

交叉算子是遗传算法产生新个体的方法，它让两个个体按照某种方式交换部分基因，从而形成两个新个体。交叉算子有单点交叉、双点交叉、多点交叉、分散交叉及算数交叉等。交叉算子与染色体的编码方式关系密切，前四种交叉方法适用于二进制编码，算术交叉适用于实数编码。这里采用算术交叉方式进行交叉运算。算术交叉方法是通过两个染色体的线性组合的方式产生两个新的个体，若让两个个体 X_{a0}、X_{b0} 算术交叉，则产生的两个新个体 X_{a1}、X_{b1} 分别为：

$$X_{a1} = \beta X_{b0} + (1 - \beta) X_{a0}$$

$$X_{b1} = \beta X_{a0} + (1 - \beta) X_{b0}$$

式中，β 为运算参数，可以为常参数，也可以为变参数，随着进化代数的变化而变化。若 β 为常参数，称交叉为均匀算数交叉，否则被称为非均匀算数交叉。这里采用非均匀算数交叉方式，β 在每代运算中随机产生。

C　变异算子

变异算子使染色体上某些基因位发生改变，从而使原染色体的结构和物理性状发生改变产生了新个体。对于二进制编码的个体，使某基因位变异，就是让该基因位由 0 变 1 或由 1 变 0；对于实数编码的个体，若使某位基因发生变异，就是用该位基因取值范围内的一个随机数代替该位基因。变异算子具有局部搜索能力，它与具有全局搜索能力的交叉算子相互配合、相互竞争使遗传算法兼顾了全局和局部的均衡搜索能力。变异算子有基本变异、均匀变异、非均匀变异、高斯变异、适应变异等。这里采用变异算子进行变异操作。高斯变异操作是用服从 $N(\mu, \sigma_2)$ 高斯分布的随机数替换原有基因值。

5.5.4.4　遗传操作参数

A　交叉概率

交叉概率是种群中进行交叉操作的染色体数与总染色体数的比值。交叉概率大，个体更新快，可使遗传算法搜索到更多的区域，但也使优良个体遭受破坏的可能性变大；交叉概率小，个体更新的速度慢，如果交叉概率过小，可能使搜索停滞。一般在 0.4~0.99 的范围内取值，这里取 0.7。

　　B　变异概率

变异概率是发生变异的基因数与种群中基因总数的比值。变异概率大，种群呈现多样性，使算法搜索空间的范围加大，但较大的变异概率可能使算法无法收敛；变异概率小，种群多样性差，还可能产生早熟现象。一般取值在 0.0001~0.1 范围内，这里取 0.01。

　　C　算法终止条件

遗传算法不可能无限期计算下去，必须给出一个终止条件，通常的终止条件有：

（1）代数。该方法给出一个最大进化代数值，当遗传进化达到这个代数值时就会自动停止，并输出当前种群中的最佳个体，这个最佳个体就是所求问题的最优解。一般最大进化代数在 100~1000 范围内取值。

（2）时限。给定一个时间，当算法运行时间等于这个时间时算法停止运行。

（3）适应度限。当适应度函数的值对于当前种群的最佳点小于或等于适应度限时，算法停止。

（4）停滞代数。在连续繁殖的时间序列中，若长时间不繁殖新代，即目标函数无改进，到达停止代数规定的代数时，算法停止。

（5）停滞时限。在秒数等于停滞时限的时间间隔期间，若目标函数无改进，则算法停止。

设置代数、停滞代数、停滞时间三项作为停止条件，最大代数设为 100，停滞代数设为 50，停滞时间设为 20。

5.5.5　神经网络训练及检验

将上述获得的最优值解码，x 构成输入层与中间层的权值矩阵 W_1，$x(78) \sim x(88)$ 构成中间层与输出层的权值 W_2，$x(89) \sim x(99)$ 构成中间层的阈值矩阵 B_1，$x(100)$ 构成输出层的阈值矩阵 B_2。用 Matlab 神经网络工具箱的网络函数 newff 构建一个 7-10-1 结构的 3 层网络，传递参数选择 tansig 与 purelin，训练参数选择 traingda（可变学习率训练法），经过 4614 次的训练，误差达到指定精度 0.05。

为了测试训练好的网络能否正确反映氟化铝添加量与电解槽热平衡的关系，选取该槽 2008 年 12 月 12 日~12 月 23 日的数据，共 10 组，对网络进行检验。运行结果如下：

T_t = [0.5288，0.8999，1.4300，2.5012，1.6582，1.7825，1.5583，1.8766，0.6895，0.1759]

原数据为：

t_t = [0.5149，0.9731，1.4313，2.4622，1.6604，1.7749，1.5458，1.8895，0.7440，0.1712]

两者对应误差绝对值：

e = [0.0134，0.0732，0.0013，0.0390，0.0022，0.0076，0.0125，0.0063，0.0545，0.0047] 两者误差绝对值最大只有 0.0390，建立的网络基本可以反映该槽热平衡和氟化铝添加量之间的关系。

5.6　模拟铝电解槽的模糊 PID 控制

5.6.1　模拟铝电解槽实验平台简介

铝电解槽模拟实验控制平台的整套设备主要包括铝电解槽模拟实验平台、主控箱、恒流源（20A、48V 量程）、电源线及数据线等。其主架构图如图 5.43 所示[21]。

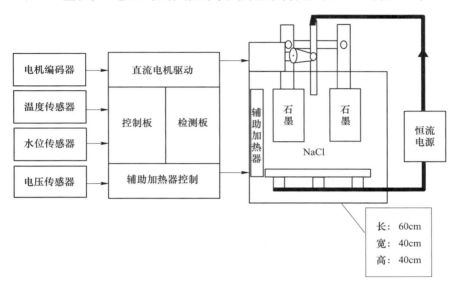

图 5.43　实验设备的主架构图

5.6.1.1　实验平台的主要特点

铝电解槽模拟实验平台能够模拟检测槽电压、槽内液体温度、槽内液体水位三种检测数据。实验平台由全自动充电机、主控箱及检测板三个模块组成，全自动充电机为平台提供恒流输出；主控箱用于为模拟铝电解槽提供相应的控制信号；检测板（位于铝电解槽执行机构下部）用于检测相关参数。铝电解槽模拟实验平台的所有接口设备均采用方便连接的插口连接，连接牢固且安全可靠。它主要具有以下的一些特点：

（1）能够实现对电压、温度、水位三种参数的检测采集。水位与温度传感器用于为检测板提供检测参数，水位传感器由电磁感应原理设计，可连续测量水位。温度传感器位于铝电解槽模拟实验平台水位传感器的内部。

（2）主控箱提供 USB 接口、以太网接口、485 接口、232 接口，可实现主控箱与上位机的数据交互。

（3）主控箱与铝电解槽模拟实验平台之间采用 CAN 总线进行数据交互，CAN 总线的通信距离可以达到 130m。

（4）采用全自动的充电机为铝电解槽模拟实验平台提供恒流的输出，全自动充电机的最高输出电流为 20A，输出电压限定在 48V，负载超出 48V 后，充电机将启动恒压输出。

（5）实验平台的架构模块总共包括参数检测模块、控制模块、执行机构与平台装置四大部分。

（6）模拟阳极铝导杆的形状为圆形，高度为 30cm（可根据实际需要灵活设定），半径参数也可以根据设计需要灵活设计。铝电解槽模拟实验平台槽身的形状为 $60cm \times 40cm \times 40cm$ 的长方体，采用有机玻璃，保温性能好。

5.6.1.2 实验设备之间的接口与协议

A 上位机与主控箱的通信接口简介

铝电解槽模拟实验平台各模块之间的数据传输，采用有限的电缆进行连接。上位机与下位机（主控箱）的数据交互主要是通过 USB 接口、RS-232、485 接口及以太网接口完成的，能十分方便地更换主控箱内主控板上的控制程序与控制算法。主控板上的 ARM 仿真器 JTAG 接口连接出机壳，可以在不拆开装机壳的前提下，自由地更改主控板的控制程序。

B 上位机与主控箱的通信协议

在该设备中，主控箱可通过 RS-232、USB 等接口与上位机进行实时通信，上位机可以读取模拟铝电解槽实验平台的状态参数，也可以通过通信协议下发数据包给下位机进行相应的控制。在通信协议上采用 MODBUSRTU 标准协议。

5.6.2 铝电解槽模拟实验平台模型的建立

在工业生产过程中，被控对象错综复杂、形态各异，因此其数学模型也各有不同。通常情况下，对于被控过程中被控对象的建模主要有以下三种方法：机理建模法、经验建模法和广义对象测试建模法。针对铝电解槽模拟实验平台的温度采用测试建模的方法来获取其传递函数数学模型，即阶跃响应曲线法。下面来确定模拟铝电解槽温度的传递函数模型，一般来说，确定被控对象的传函主要分以下两步来做：

（1）确定实验平台传函的形式。在工业控制过程中，被控对象形态各异，但是对具有参数变化大、非线性、时变性及大滞后性等特点的被控对象的数学模型都可以近似地用一阶惯性纯滞后惯性环节的传递函数来进行替代。这里将被控对象铝电解槽模拟实验平台温度的数学模型近似看作一阶惯性纯滞后环节。因此，实验平台传递函数的基本形式如下：

$$G(s) = \frac{k}{Ts + 1} e^{-\tau s} \qquad (5.21)$$

式中，k 为对象的静态增益；T 为对象的时间常数；τ 为对象的纯延时。

为了方便后续利用计算机来进行具体控制，需要将上述连续的模拟铝电解槽传递函数模型加零阶保持器进行离散化，得出模拟铝电解槽的脉冲传递函数为：

$$G(Z) = Z\left(\frac{1 - e^{sT_s}}{s} \cdot \frac{Ke^{-\tau s}}{Ts + 1}\right) = \frac{K(1 - e^{-\tau s/T}) Z^{-N-1}}{1 - e^{-\tau s/T} Z^{-1}} \qquad (5.22)$$

其中

$$N = \tau / T_s$$

式中，N 为正整数。

（2）确定实验平台传递函数模型中的参数。上面确定了模拟铝电解槽温度的传递函数形式之后，接下来需要对其传递函数模型中的参数进行具体确定。在实际工程中，可以对广义的被控对象施加一个阶跃输入，利用得到的响应曲线来确定被控对象传递函数模型中的参数。对于上述被控对象模型参数的识别，采用典型的飞升曲线法（即阶跃响应曲线法），先通过具体实验来获取实验平台的飞升曲线，然后根据所得的飞升曲线并利用科恩-库恩（Cohn-Coon）公式来求取模拟铝电解槽传递函数模型中的 3 个参数 τ、k、T。一阶惯性模型对象的典型输出阶跃响应曲线如图 5.44 所示。

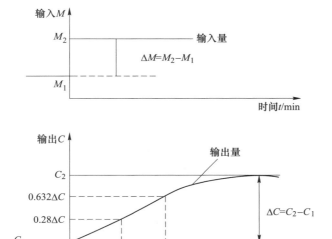

图 5.44 一阶惯性纯滞后模型对象的飞升曲线图

科恩-库恩（Cohn-Coon）公式如下：

$$\begin{cases} K = \Delta C / \Delta M \\ T = 1.5(t_{0.632} - t_{0.28}) \\ \tau = 1.5\left(t_{0.28} - \dfrac{1}{3}t_{0.632}\right) \end{cases} \qquad (5.23)$$

式中，K 为被控对象的放大增益；T 为对象的时间常数；τ 为被控过程中对象的纯滞后时间；ΔM 为系统的阶跃输入；ΔC 为系统的输出响应；$t_{0.28}$ 为被控过程中对象的飞升曲线为 $0.28\Delta C$ 时刻的时间，min；$t_{0.632}$ 为被控过程中对象的飞升曲线为 $0.632\Delta C$ 时刻的时间，min。

接下来，在室温为 15.2℃ 的条件下对模拟铝电解槽的辅助加热装置进行占空比为 50% PWM 的加热。给实验平台施加一个 $rin = 50$（即模拟铝电解槽额定功率的 50%，其额定功率为 2000W）的阶跃输入，得出铝电解槽模拟实验平台阶跃输入下的温度阶跃响应输出数据见表 5.7。

表 5.7 铝电解槽模拟实验平台温度的阶跃响应实验值

t/s	0	30	50	60	80	100	150	200	500	1000	1200	1500
$y/℃$	15.2	15.2	15.2	16.23	16.31	16.98	18.2	19.31	21.2	22.1	27.03	32.34
t/s	2000	3000	5000	6000	8000	10000	12000	14000	16000	18000	20000	
$y/℃$	35.88	48.4	55.68	62.23	70.62	81.90	89.30	92.63	94.40	94.60	94.61	

注：t 为时间；y 为铝电解槽实验平台随着时间而不断升高的温度值。

根据表 5.7 中实验的输出数据，通过 Matlab 曲线拟合工具箱"Curve Fitting Tool"，在 Matlab 命令窗口（Command Window）中键入 cftool 回车，即出现曲线拟合界面，然后根据表 5.7 中获得的数据在界面中进行相应的设置，得出如图 5.45 所示的实验平台的温度阶跃响应曲线图。

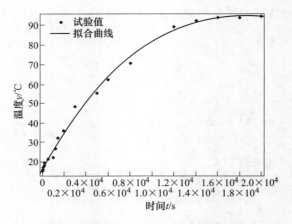

图 5.45　实验平台温度的阶跃响应图

因此，根据上述实验平台的温度阶跃响应曲线及 Cohn-Coon 公式可得：

$$\Delta C = 94.61 - 12.5 = 79.41, \quad t_{0.28} \approx 1050s, \quad t_{0.632} \approx 3050s$$

$$K = \frac{\Delta C}{\Delta M} = \frac{79.41}{50} \approx 1.59, \quad T = 1.5(t_{0.632} - t_{0.28}) = 3000, \quad \tau = 1.5\left(t_{0.28} - \frac{1}{3}t_{0.632}\right) = 50s$$

铝电解槽模拟实验平台温度的传递函数数学模型如下：

$$G(s) = \frac{1.59}{3000s + 1}e^{-50s}$$

式中，静态增益 $K = 1.59$；时间常数 $T = 3000$；纯滞后时间 $\tau = 50s$。

5.6.3　模拟铝电解槽 Fuzzy PID 控制器的设计

最终要在上位机软件中实现参数自整定 Fuzzy PID 控制器对铝电解槽模拟实验平台的温度控制。在整个温度控制系统实现的过程中，控制器的设计至关重要。由于 PID 控制器参数不能适应被控系统被控过程中的参数而进行相应的变化，因此，在参数变化较大的控制过程中难以获得良好的控制效果。这里，利用模糊控制特有的优势，来实现 PID 控制器参数的最佳整定，从而更有效地实现实验平台的温度控制。

5.6.3.1　模糊 PID 算法简介

广泛应用的 PID(proportional integral and differential) 控制规律是由比例控制、积分控制及微分控制综合而成的，它是一种在工业控制应用中十分常见的基于对"过去""现在"和"未来"信息进行估计的简单的控制算法。在大型的现代化企业中，仍然有高达 85%~90% 的控制系统采用了 PID 控制器，其应用的广泛程度可想而知。但是在实际的工业过程控制中，当被控对象比较复杂或对控制系统品质要求较高时，常规 PID 控制器根本无法满足生产工艺的要求。

传统 PID 控制器的参数一般需要根据被控对象的数学模型来进行相应的调整，而对于一些大型的、复杂的、具有不确定性的系统很难建立其数学模型，这就增加了 k_p、k_i、k_d 三个参数调整的难度。针对这些被控系统，PID 往往很难使控制效果达到理想的状态。因此，可以利用模糊控制特有的优势，在对被控参数估计的基础上在线实现 PID 参数的调整，使其达到令人满意的控制效果。

为了满足上述需求，人们开始将模糊理论用于自动控制系统中并形成模糊控制理论，以便去解决那些具有时变性、非线性等常规控制器无法满足控制要求的复杂工业过程的控制问题。Fuzzy PID 控制器就是在 PID 控制系统中加上一个模糊控制规则环节。它无需考虑被控系统的模型，而只根据被控过程的输出误差 e 和误差变化 ec 等检测的数据来自动调整 PID 控制器 k_p、k_i、k_d 的值，最终使被控系统处于稳定的工作状态。其结构如图 5.46 所示。

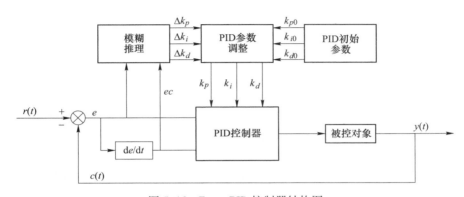

图 5.46　Fuzzy PID 控制器结构图

$r(t)$，$y(t)$ —系统的输入和输出；e，ec —被控系统的输出误差和误差变化率

参数自整定 Fuzzy PID 的原理是找出 PID 控制器的 k_p、k_i、k_d 与 e 和 ec 之间的模糊关系，为了满足不同 e 和 ec 对被控系统中控制参数的不同要求，需要不断对 e 和 ec 进行检测，然后根据模糊控制规则来对 k_p、k_i、k_d 在线进行修改，从而使被控系统在控制过程中能有很好的动态性能。

5.6.3.2　控制器的设计

A　设计的目的及要求

控制器直接的控制对象为铝电解槽模拟实验平台中的辅助加热装置，该控制系统的目的是通过改变辅助加热装置的加热功率来调节铝电解槽模拟实验平台的温度，进而实现对实验平台温度的有效控制。辅助加热器为功率 2000W 的加热器，此辅助加热器是通过专门设计的 IGBT 控制板控制，采用 IGBT 占空比控制方法来控制辅助加热器的实际加热功率，从而实现高精度控制铝电解槽模拟实验平台槽身内液体的温度。从被控信号（辅助加热装置的加热功率）到铝电解槽模拟实验平台的温度可以看作广义的被控对象。当控制信号为 100%（即 2000W）时，铝电解槽模拟实验平台的温度最高可达 100℃。

若实验平台的当前温度和目标温度之差大于 60℃时，则将辅助加热装置 IGBT 占空比设为 100%，让铝电解槽模拟实验平台槽身内的液体进行全速升温，当温度差值小于 60℃时，开始进行控制。

B　控制系统性能指标

控制系统的性能指标有：

（1）铝电解槽模拟实验平台温度的调节范围为：室温~90℃。

（2）使实验平台的温度误差为零，让它达到无静差的稳定状态。

C　控制方案的确定

对于铝电解槽模拟实验平台的温度控制系统，其中算法部分采用参数自整定 Fuzzy PID 控制算法。在控制过程中不断监控系统的响应过程，只要实验平台的输入温度和当前温度存在差值，就利用模糊控制在线实时调整 PID 控制器的参数，最后通过 PID 控制技术获得最佳控制量来调节辅助加热装置的加热功率从而实现实验平台温度的控制。模糊 PID 控制主要由参数模糊化、模糊规则推理、参数解模糊、PID 控制器等四大部分组成。

D　控制器的设计

温度控制系统中的模糊控制器的设计主要有以下三个部分：对输入控制器的精确量进行模糊化即模糊化运算；建立适用于被控对象的模糊控制规则和相应的模糊关系；对控制器的输出信息用反模糊方法进行相应的决策。

5.6.3.3　输入变量的模糊化运算

在进行模糊控制之前，首先需要将输入模糊控制器的精确量转换成便于模糊运算的模糊量。模糊化的作用是将输入的精确量转换成模糊化量，其中输入量包括外界的参考输入、系统的输出或者状态等。模糊化的具体过程如下：首先对这些输入量进行处理，变成模糊控制器要求的输入量；将上述已经处理过的输入量进行尺度变换，使其变换到各自的论域范围；将已经变换到论域范围的输入量进行模糊处理，使原先精确的输入量变成模糊量，并用相应的模糊集合来进行表示。对于控制器实际的输入量，在进行模糊决策之前首先需要对其进行尺度变换，将其变换到要求的论域范围。变换方法可以是线性的也可以是非线性的。若实际的输入量为 x_0^*，其变化的范围（即基本论域）为 $\left[x_{\min}^*, \, x_{\max}^* \right]$，而要求的模糊论域范围为 $\left[x_{\min}, \, x_{\max} \right]$，利用线性变换的方法可得变换后的输入变量 x_0 的值为：

$$x_0 = \frac{x_{\min} + x_{\max}}{2} + k \left(x_0^* - \frac{x_{\min}^* + x_{\max}^*}{2} \right) \tag{5.24}$$

其中

$$k = \frac{x_{\max} - x_{\min}}{x_{\max}^* - x_{\min}^*}$$

式中，k 为量化因子，对于不能取整的采用四舍五入的方法进行化整。

选取的模糊控制器结构为两输入三输出的二维模糊控制器。由于是基于实验室的铝电解槽模拟实验平台的温度控制，因此选取实验平台的给定温度和实际测得的实验平台温度的误差 e 及其误差变化率 ec 作为模糊控制器的两个输入变量，三个输出量分别为 PID 控制器中三个参数的调整量 Δk_p、Δk_i、Δk_d。上述实验平台的输出误差 e 和误差变化率 ec 及输出变量的模糊子集及其论域的定义如下：选取 e 和 Δk_p、Δk_i、Δk_d 的模糊子集均为 {零，小，中，大}，表示符号为 {ZO，S，M，B}。e 和 Δk_p、Δk_i、Δk_d 的模糊论域均取为 $[0, 6]$，将其离散成 7 个等级即 {0，1，2，3，4，5，6}。

通过实验确定铝电解槽模拟实验平台温度的输出误差 e 的基本论域为 $[0, 60]$，因此，量化因子 $k_e = \dfrac{6}{60} = 0.1$。输出参数 Δk_p、Δk_i、Δk_d 的基本论域分别为 $[0, 48]$、$[0, 6]$、$[0, 48]$，则 k_p、k_i、k_d 的比例因子分别为 $k_1 = \dfrac{48}{6} = 8$、$k_2 = \dfrac{6}{6} = 1$、$k_3 = \dfrac{48}{6} = 8$。

将铝电解槽模拟实验平台温度的输出误差变化 ec 的模糊子集确定为 {负大，负中，负小，零，正小，正中，正大}，表示符号为 {NB，NM，NS，ZO，PS，PM，PB}。取误差变化率 ec 的模糊论域为 [-6，6]，将其离散成 13 个等级即：{-6，-5，-4，-3，-2，-1，0，1，2，3，4，5，6}。

根据对实验平台的测试经验，铝电解槽模拟实验平台温度的输出误差变化 ec 的基本论域为 [-6，6]，则量化因子 $k_{ec} = \dfrac{6}{6} = 1$。

模糊变量的模糊集和论域确定好了之后，需要对模糊语言变量确定隶属函数，即确定论域内元素对模糊语言的隶属度。控制器输入输出变量语言值的隶属度函数都选取三角形（trimf）。各个变量的模糊子集及各变量的隶属度函数的参数设计数据见表 5.8 ~ 表 5.12。

表 5.8　输入变量 e 及所有输出变量的模糊子集设定值

变量名	变量模糊论域	变量的模糊子集	隶属函数类型	隶属函数拐点参数
温度偏差 e 输出控制量 Δk_p、Δk_i、Δk_d	[0，6]	ZO（零）	三角形	[-2，0，2]
		PS（正小）		[0，2，4]
		PM（正中）		[2，4，6]
		PL（正大）		[4，6，8]

表 5.9　输入变量 ec 的模糊子集设定值

变量名	变量模糊论域	变量的模糊子集	隶属函数类型	隶属函数拐点参数
温度偏差变化率 ec	[-6，6]	NL（负大）	三角形	[-8，-6，-4]
		NM（负中）		[-6，-4，-2]
		NS（负小）		[-4，-2，0]
		ZO（零）		[-2，0，2]
		PS（正小）		[0，2，4]
		PM（正中）		[2，4，6]
		PL（正大）		[4，6，8]

根据上述选取的隶属函数即可计算出模糊论域中的各变量在各模糊子集中的隶属度，见表 5.10 ~ 表 5.12。

表 5.10　输入变量 e 的各论域变量的隶属度分布

e 的模糊子集	e						
	0	1	2	3	4	5	6
ZO	1	0.5	0	0	0	0	0
PS	0	0.5	1	0.5	0	0	0
PM	0	0	0	0.5	1	0.5	0
PB	0	0	0	0	0	0.5	1

表 5.11　输入变量 ec 的各论域变量的隶属度分布

ec 的模糊子集	ec												
	−6	−5	−4	−3	−2	−1	0	1	2	3	4	5	6
NB	1	0.5	0	0	0	0	0	0	0	0	0	0	0
NM	0	0.5	1	0.5	0	0	0	0	0	0	0	0	0
NS	0	0	0	0.5	1	0.5	0	0	0	0	0	0	0
ZO	0	0	0	0	0	0.5	1	0.5	0	0	0	0	0
PS	0	0	0	0	0	0	0	0.5	1	0.5	0	0	0
PM	0	0	0	0	0	0	0	0	0	0.5	1	0.5	0
PB	0	0	0	0	0	0	0	0	0	0	0	0.5	1

表 5.12　输出变量 k_p、k_i、k_d 的各论域变量的隶属度分布

k_p、k_i、k_d	0	1	2	3	4	5	6
ZO	1	0.5	0	0	0	0	0
PS	0	0.5	1	0.5	0	0	0
PM	0	0	0	0.5	1	0.5	0
PB	0	0	0	0	0	0.5	1

5.6.3.4　建立模糊控制规则

模糊 PID 控制器的主要工作思想是根据被控系统运行的不同状态，考虑 k_p、k_i、k_d 三者之间的关联，根据实际的工程经验来设计相应的模糊控制规则来整定 k_p、k_i、k_d 的值。模糊 PID 控制设计的核心就是总结相关技术人员的经验知识和其在实际操作中获取的实践经验，建立合适的模糊控制规则表。

针对铝电解槽模拟实验平台，经过多次操作的经验总结并结合理论分析得出的铝电解槽模拟实验平台温度的输出误差变量 e（实验平台运行中的给定温度值和实测温度值的偏差值）与控制器的输出变量（PID 控制器三个参数 k_p、k_i、k_d 的调整量）间的定性关系，反复实验综合得出系统中 Δk_p、Δk_i、Δk_d 的模糊控制规则表，见表 5.13~表 5.15。

表 5.13　Δk_p 的模糊规则表

$|ec|$	$|e|$			
	ZO	S	M	B
ZO	M	B	M	B
S	B	B	M	B
M	B	B	M	B
B	M	M	S	M

表 5.14　Δk_i 的模糊规则表

$|ec|$	$|e|$			
	ZO	S	M	B
ZO	ZO	B	ZO	ZO
S	B	B	ZO	ZO
M	B	B	S	ZO
B	B	M	S	ZO

表 5.15　Δk_d 的模糊规则表

$|ec|$	$|e|$			
	ZO	S	M	B
ZO	ZO	S	B	B
S	S	S	B	B
M	ZO	S	M	M
B	ZO	ZO	M	S

　　这样，PID 控制器三个参数的调整量 Δk_p、Δk_i、Δk_d 可以通过计算机根据实时计算铝电解槽模拟实验平台运行过程中温度的输出误差和误差变化率查询上述模糊规则表获得。

5.6.3.5　输出变量的清晰化计算

　　针对实验平台的模糊 PID 控制系统采取重心法对输出的 PID 控制器的 3 个参数进行清晰化计算。重心法是取隶属度函数曲线与横坐标围成图形的重心作为模糊推理的最终输出值。对于离散论域有：

$$z_0 = \frac{\sum_{i=1}^{n} z_i \mu_{C'}(z_i)}{\sum_{i=1}^{n} \mu_{C'}(z_i)} \tag{5.25}$$

则对于隶属函数为离散时 Δk_p 计算公式为：

$$\Delta k_p = \frac{\sum_{j=1}^{n} u_j(e,ec) k_{pj}}{\sum_{j=1}^{n} u_j(e,ec)} \tag{5.26}$$

按照上述的模糊推理算法，计算出模糊控制器的输出参数 Δk_p，同理可以得到 Δk_i 和 Δk_d。

　　在求得控制器的各输出参数的清晰值之后，还需要分别对其进行尺度变换将控制器输出的模糊量转换为实际控制过程中所需的参数值。变换的方法可以是线性的也可以是非线性的。即若输出的论域范围 z_0 为 $[z_{\min}, z_{\max}]$，实际的控制量的变化范围 u 为 $[u_{\min}, u_{\max}]$，则采用线性变换可得实际输出控制量 u 为：

$$u = \frac{u_{\min} + u_{\max}}{2} + k_u \left(z_0 - \frac{z_{\min} + z_{\max}}{2} \right) \tag{5.27}$$

其中
$$k_u = \frac{u_{max} - u_{min}}{z_{max} - z_{min}}$$

式中，k_u 为比例因子。

经过上述步骤进行精确化计算得到 PID 控制器三个参数的修正值，代入下式即可得到 PID 控制器参数的精确调整值：

$$k_p = k_{p0} + \Delta k_p$$
$$k_i = k_{i0} + \Delta k_i$$
$$k_d = k_{d0} + \Delta k_d$$

式中，k_{p0}、k_{i0}、k_{d0} 为 PID 控制器的初始值。

完成了 PID 参数的在线整定，接下来将整定之后的 3 个参数代入如下公式：

$$u(k) = k_p e(k) + K_i \sum_{j=0}^{k} e(j) + k_d [e(k) - e(k-1)] \tag{5.28}$$

将计算出的 $u(k)$ 转换成对应的 IGBT 的占空比来控制实验平台辅助加热装置的实际加热功率，从而实现对实验平台温度的控制。模糊 PID 控制算法流程，如图 5.47 所示。

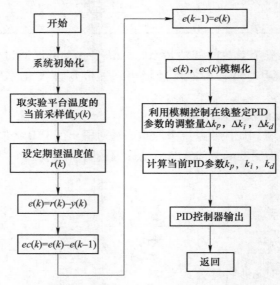

图 5.47 模糊 PID 控制算法工作流程图

5.6.3.6 控制器的参数的设定

PID 控制系统设计中最重要的任务是对其参数的整定，它是根据被控对象的特性或数学模型来确定 k_p、T_i 和 T_d 的大小。对于 PID 参数的整定方法有临界周期、科恩-库恩、扩充曲线等方法。采用科恩-库恩法对 PID 的初始参数进行整定。PID 方程的脉冲传递函数可以表示为：

$$G(Z) = (A_0 + A_1 Z^{-1} + A_2 Z^{-2})/(1 - Z^{-1}) \tag{5.29}$$

其中　　　　$A_0 = K_p(1 + T_s/T_i + T_d/T_s)$；$A_1 = -K_p(1 + 2T_d/T_s)$；$A_2 = K_p T_d/T_s$

式中，K_p、T_i、T_d 分别为 PID 控制器的放大倍数、积分系数和微分系数。

上述式子中 K_p、T_i、T_d 的初值可由以下公式设定：

$$K_p = K_1 \cdot K_{p0} \qquad T_i = K_2 \cdot T$$
$$T_d = K_3 \cdot \tau \qquad T_s = K_4 \cdot \tau$$

式中，T、τ 分别为被控对象时间常数和纯延迟时间；K_1、K_2、K_3、K_4 均为设定系数；K_{p0} 可由下列的 Cohn-Coon 公式求出：

$$K_{p0} = \frac{1}{k}(1.35/\alpha + 0.270) \qquad (5.30)$$

因此只要知道被控对象的特性参数 K、T、τ，利用上述公式即可求出参数 K_{p0}。

设定系数 K_4 一般取 $0.05 \sim 0.10$，这里取 $K_4 = 0.1$。对于 K_1、K_2、K_3 的设定应综合被控对象的特性，根据可控率来进行确定。K_1、K_2、K_3 的具体选择见表 5.16。

表 5.16 K_1、K_2、K_3 的具体选择

对象的可控率 α	设定系数		
	K_1	K_2	K_3
0.0~0.2	0.5	1.00	0.10
0.2~0.5	0.55	1.15	0.11
0.5~1.0	0.60	1.20	0.12

根据上述表格和对象的传递函数模型可以求出参数 K_{p0}、积分常数 T_i 和微分常数 T_d 等：

$$K_{p0} \approx 42.62, \quad T_i = 1 \times 3000 = 3000, \quad T_d = 0.10 \times 50 = 5, \quad T_s = 0.1 \times 50 = 5$$

可以求出铝电解槽模拟实验平台 PID 控制器的参数值为：

$$K_p \approx 21.31, \quad K_i \approx \frac{K_p T_s}{T_i} = 0.04, \quad K_d \approx \frac{K_p T_d}{T_s} = 21.31$$

5.6.3.7 仿真与分析

确定好 PID 控制器的参数值之后，接下来对被控对象模拟铝电解槽进行 PID 控制系统的 Simulink 仿真。铝电解槽模拟实验平台的 PID 控制系统 Simulink 仿真结构图如图 5.48 所示。

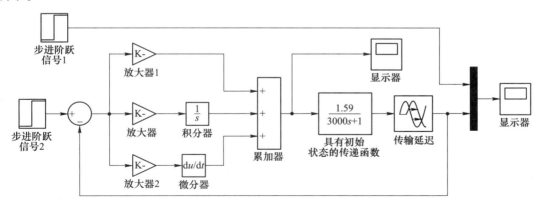

图 5.48 被控对象的 PID 控制系统 Simulink 仿真结构图

图中的 PID 控制器的参数是已求出的 PID 参数，K_p 为 21.31、K_i 为 0.04、K_d 为 21.31。假设实验平台的当前温度为 0℃，要求加热到 80℃，并且将其保持在 80℃，对上

述 PID 控制系统给定一个 $rin=80$ 的阶跃输入，设定采样时间为 1s，仿真时间为 1000s，其阶跃响应的结果如图 5.49 所示。

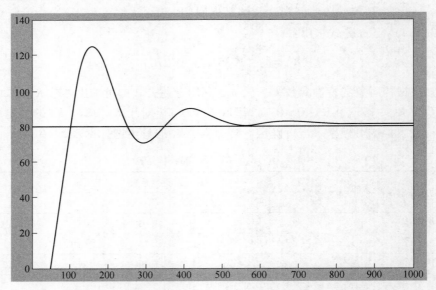

图 5.49　铝电解槽模拟实验平台的 PID 控制系统的阶跃响应曲线图

图 5.49 中直线表示控制系统的输入，曲线表示控制系统的输出响应。从该图中可以看出，系统延迟了 50s 才开始响应。系统调节时间 $t_s=800s$，超调量 $\delta=56.3\%$，稳态误差 $e_{ss}\approx1$。被控对象实验平台的上升速度快，但超调量大，调节过程不平稳。

简单的结构、良好的性能是 PID 控制器的两大优点，它非常适用于被控对象参数固定、非线性不严重等情况。但是当过程参数变化较大的时候，PID 参数不会随着系统及环境的变化而相应地进行变化，因此存在很大局限性，很难使控制系统达到较好的动态性能。

5.6.3.8　实验平台 Fuzzy PID 控制系统 Simulink 仿真与分析

要进行模拟铝电解槽模拟实验平台的 Fuzzy PID 控制器的仿真，首先需要利用 Matlab 中的 Fuzzy Logic Toolbox 将上一节中设计好的 Fuzzy PID 控制器编辑成 FIS 文件以备在 Simulink 仿真模型的模糊控制模块中调用。

根据模糊控制器实现方法的不同，使用 Matlab 实现模糊控制系统仿真主要分为查询表和在线推理两种方法。下面将根据模糊控制器设计步骤，基于 Matlab 利用在线推理方法来设计 Fuzzy Logic Toolbox。

首先，在 Matlab 的命令窗口（Command Window）中输入 "fuzzy" 并回车，屏幕上就会出现 "FIS Editor" 界面，即模糊逻辑推理系统编辑器。在这个窗口中新建一个 Mamdani 型的模糊逻辑控制器，编辑名称为 "mohuControl"，并设置好相关参数，两输入变量分别为模拟铝电解槽的输出误差和误差变化（e、ec）及三输出变量 PID 控制器三个参数调整量（Δk_p、Δk_i、Δk_d）。由于变量的名称栏中不能写入 Δk_p、Δk_i、Δk_d 的形式，因此在这里用 k_p、k_i、k_d 分别代替以上三个参数。

设计的 Fuzzy PID 控制器，输入变量 e 和所有输出变量的隶属度函数及输入变量 ec 的隶属度函数分别如图 5.50 所示。

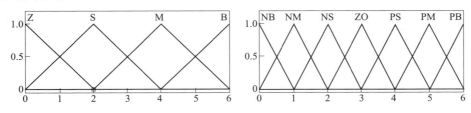

图 5.50　e 和输出变量的隶属函数 ec 的隶属函数

各参数隶属度函数设置完毕后，编辑模糊规则，如图 5.51 所示。

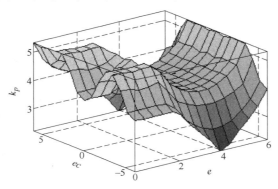

图 5.51　k_p 模糊规则视图表

同理根据 e、ec 和 PID 控制器的另外两个参数的模糊规则也可以得到以下的模糊规则视图，如图 5.52 和图 5.53 所示。

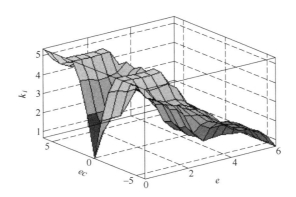

图 5.52　k_i 模糊规则视图表

用 if⋯then⋯的形式表示以上关系，可以得到以下的模糊规则：

If（e is ZO）and（ec is NB）then（kp is M）（ki is B）（kd is Z）

If（e is ZO）and（ec is NM）then（kp is B）（ki is B）（kd is Z）

⋮

If（e is B）and（ec is PB）then（kp is M）（ki is Z）（kd is S）

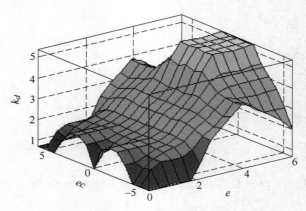

图 5.53 k_d 模糊规则视图表

各个环节都设置完毕后，然后点击菜单栏 "File" 菜单项中的 "Export to Workspace" 输出到 Matlab 的工作空间，以备 Simulink 仿真时调用。也可以 "Export to disk" 输出到磁盘，即可得到一个 mohuControl. fis 的模糊控制文件。这样就能在进行 Fuzzy PID 控制系统仿真时调用设计好的控制器了。铝电解槽模拟实验平台的 Fuzzy PID 控制系统 Simulink 仿真结构框图如图 5.54 所示。

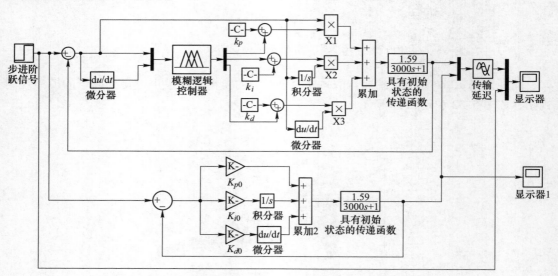

图 5.54 模拟铝电解槽 Fuzzy PID 控制系统仿真结构图

图 5.54 中上半部分为模拟铝电解槽 Fuzzy PID 控制系统，下半部分为模拟铝电解槽纯 PID 控制系统。在这个仿真结构图中进行两种控制系统的比较。其中上半部分中的 Fuzzy Logic Controller 模块需要一个 FIS 文件，双击该模块，输入 mohuControl. fis 即可。整个模型搭建并设置好了之后，假设实验平台的当前温度为 0℃，要求加热到 50℃，并且将其保持在 50℃。对上述 Fuzzy PID 控制系统给定一个 $rin = 50$ 的阶跃输入，设定采样时间为 1s，仿真时间为 2000s，其模拟铝电解槽的阶跃响应曲线如图 5.55 所示。

在该图中，曲线 1 是铝电解槽模拟实验平台纯 PID 控制系统的温度响应曲线，曲线 2

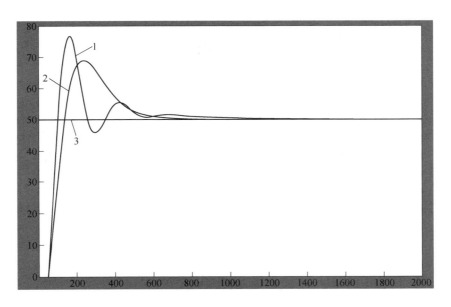

图 5.55 被控对象 Fuzzy PID 控制器的仿真曲线图

是铝电解槽模拟实验平台 Fuzzy PID 控制系统的温度响应曲线，直线 3 为输入。从该曲线图中可以看出，对于铝电解槽模拟实验平台，Fuzzy PID 控制器相比单纯的 PID 控制器超调量减少，系统更快达到稳定，Fuzzy PID 控制器在很大程度上提高了系统的鲁棒性。

对被控对象铝电解槽模拟实验平台分别进行了 PID 控制器及 Fuzzy PID 控制器的 Simulink 仿真，并对二者的仿真结果进行了比较与分析。Fuzzy PID 控制器相比单纯的 PID 控制器其仿真的效果更好，系统更稳定。

5.7 基于 LSTM 神经网络的氟化铝添加量和出铝量决策

5.7.1 LSTM 神经网络建模

5.7.1.1 网络结构

通过多次实验对比，最终选择设置隐含层数量为 2，其中每个隐含层有 100 个神经元，建立了一个 8 输入 2 输出的 8-100-100-2 的三层神经网络结构（输入层不计入神经网络层数）。通过随机森林算法获得的前 8 个特征作为输入，即氟化盐下料量、出铝量、电流、LiF、下料量、设定电压、摩尔比和 MgF 当天数据。氟化铝添加量和出铝量的次日（第二天）数据作为输出[22]。

5.7.1.2 损失函数

选择平均绝对误差作为损失函数 MAE（mean absolute error），其表达式为：

$$MAE = \frac{1}{n} \sum_{i=1}^{n} |\hat{y_i} - y_i| \tag{5.31}$$

式中，$\hat{y_i}$ 为预测值；y_i 为真实值。

5.7.1.3 优化算法选择

A SGD（stochastic gradient descent）随机梯度下降算法

SGD 随机梯度下降算法是一种朴素的优化算法，其公式如下：

$$gt = \nabla_\theta J(\theta_t), \quad \theta_{t+1} = \theta_t - \eta \times gt \qquad (5.32)$$

式中，gt 为损失函数的梯度；θ_t 为模型参数；η 为学习率。

从式（5.32）可以看出，该算法的学习率是固定不变的，模型训练效果的好坏依赖于对学习率的设置是否合适。设置迭代次数 300 次，MAE 作为损失函数，学习率使用默认值 0.01，将该算法用于网络的训练和测试，得到损失函数衰减图和测试结果如图 5.56 和图 5.57 所示。

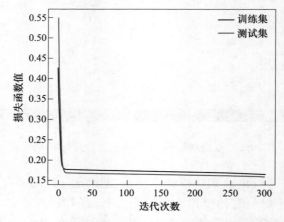

图 5.56 SGD 算法损失函数衰减图

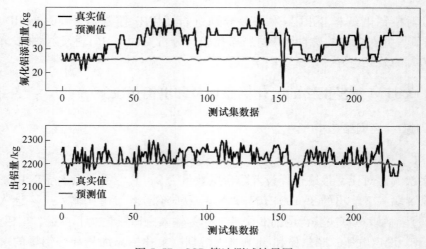

图 5.57 SGD 算法测试结果图

由图 5.56 和运行计算结果可知，损失函数快速收敛，随着迭代次数的增加，损失函数的值逐渐稳定在 0.1582，但图 5.57 反映出 SGD 算法用于本网络模型预测效果并不好。

B AdaGrad（adaptive gradient algorithm）自适应梯度算法

AdaGrad 自适应梯度算法在 SGD 的基础上对学习率算法公式进行了改进，通过引入二阶动量（即损失函数梯度平方的表达式）从而为模型中的每个权值和偏置参数迭代并更新各自的学习率，进而可以提高算法模型的收敛速度，其公式为：

$$\theta_{t+1} = \theta_t - \frac{\eta}{\sqrt{\sum_{\tau=1}^{t} g_\tau^2 + \varepsilon}} \times g_t \tag{5.33}$$

式中，g_t 为当前批次损失函数的梯度；g_τ 为先前批次损失函数的梯度；θ_t 为需要更新的模型参数；η 为学习率；ε 为值很小的常数，被用来防止分母等于零。

从式（5.33）中可以看出，分母是一个累加和的项，是先前所有批次损失函数梯度平方的和，即引入的二阶动量，因此随着迭代的进行，其分母越来越大从而使每次迭代的学习率都不同并总体上逐渐变小，使得模型得以收敛。设置迭代次数 300 次，MAE 作为损失函数，将该算法用于网络的训练和测试，得到损失函数衰减图和测试结果如图 5.58 和图 5.59 所示。

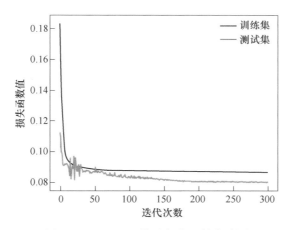

图 5.58 AdaGrad 算法损失函数衰减图

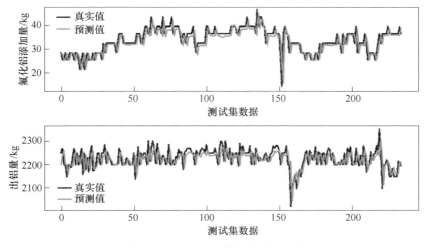

图 5.59 AdaGrad 算法测试结果图

由图 5.58 和运行计算结果可知，损失函数一开始收敛速度较快同时因学习率较大存在较大波动，随着迭代次数的增加学习率逐渐减小，损失函数的值趋于平缓，迭代到 250 次后逐渐稳定在 0.0795，结合图 5.59 的测试结果图，预测效果明显优于 SGD 算法。

C　Adam（adaptive moment estimation）

Adam 也能够为模型中的各个权重和偏置迭代和更新各自的学习率，它与 AdaGrad 的区别在于它还引入了一阶动量来与二阶动量一起对学习率进行修整，其公式如下：

$$m_{t+1} = \mu \times m_t + (1 - \mu) \times gt, \ n_{t+1} = v \times n_t + (1 - v) \times gt^2 \qquad (5.34)$$

$$\hat{m}_{t+1} = \frac{m_{t+1}}{1 - \mu^{t+1}}, \ \hat{n}_{t+1} = \frac{n_{t+1}}{1 - v^{t+1}}, \ \theta_{t+1} = \theta_t - \frac{\hat{m}_{t+1}}{\sqrt{\hat{n}_{t+1}} + \varepsilon} \times \eta \qquad (5.35)$$

式中，m_t，n_t 初始默认值等于零；μ，v 默认值分别为 0.9 和 0.999；ε 默认值为 10^{-8}。

设置迭代次数 300 次，MAE 作为损失函数，将该算法用于网络的训练和测试，得到损失函数衰减图和测试结果如图 5.60 和图 5.61 所示。

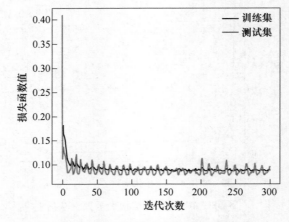

图 5.60　Adam 算法损失函数衰减图

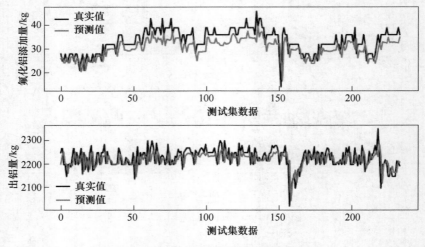

图 5.61　Adam 算法测试结果图

由图 5.60 和运行计算结果可知，刚开始损失函数收敛速度较快，随着迭代次数的增加损失函数的值表现为震荡缓慢减小，迭代到 50 次之后开始在 0.0779~0.1 之间震荡，结合图 5.59 的测试结果可以看出，该算法在训练集上表现良好，但在测试集出现震荡无法收敛的情况，可能出现了过拟合，因此 Adam 算法在本模型的预测效果不如 AdaGrad 算法。

D　优化算法比较选择

以上算法用于本 LSTM 神经网络模型测试集，得到各个算法损失函数收敛值及氟化铝添加量、出铝量的 MAE 和均方根误差 $RMSE(\sqrt{MSE})$ 比对情况见表 5.17。

表 5.17　各算法测试结果指标比对

序号	算法	损失函数收敛值	氟化铝添加量评估指标		出铝量评估指标	
			MAE	$RMSE$	MAE	$RMSE$
1	SGD	0.1582	7.865	8.975	37.264	47.110
2	AdaGrad	0.0795	2.355	3.409	32.215	41.963
3	Adam	0.0779~0.1	3.560	4.326	31.608	41.008

综合以上结果及分析，AdaGrad 用于网络模型的预测曲线与真实值拟合较好，同时测试得到的评估指标均优于其他两种算法，因此，选择 AdaGrad 作为网络模型的优化算法。参数设置见表 5.18。

表 5.18　其他参数设置

迭代次数	批次大小	评价指标	激活函数
300	100	准确性	Sigmoid、tanh

5.7.2　LSTM 神经网络训练及测试

使用训练集和测试集数据对上述搭建好的模型进行训练测试，经计算得出训练迭代次数达 250 次以后损失函数收敛于 0.0795 附近，其损失函数衰减情况及训练测试结果如图 5.62 和图 5.63 所示。

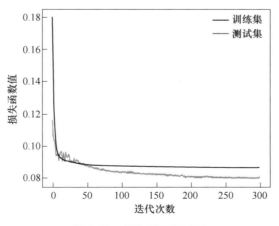

图 5.62　损失函数衰减图

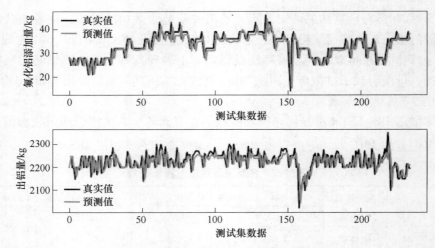

图 5.63　LSTM 神经网络训练测试结果图

计算得到测试集氟化铝添加量和出铝量评估指标情况见表 5.19。

表 5.19　测试集氟化铝添加量和出铝量预测结果指标评估

输出特征	Mean（真实值）	MAE	RMSE
氟化铝添加量	33.362	2.366	3.411
出铝量	2228.085	32.333	42.157

由表 5.19 的计算结果可知，氟化铝添加量的平均绝对误差 2.366 为其真实值平均数的 7.09%，出铝量的平均绝对误差为 32.333，小于 50，且为其真实值平均数的 1.45%。预测值与真实值的偏离程度较小，在铝电解实际生产允许的误差范围内（10%以内），因此可以使用该训练好的模型对验证集数据进行预测。

5.7.3　LSTM 神经网络预测结果及分析

使用验证集数据进行预测得到预测结果如图 5.64 所示。

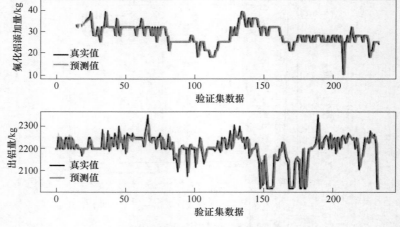

图 5.64　LSTM 神经网络预测结果图

使用 2015 年 12 月 23 日之前的数据预测得到 2015 年 12 月 24 日的氟化铝添加量为 25.35，出铝量为 2025.16，其真实性分别为 24 和 2025，误差分别为 1.35 和 0.16，与真实值相比分别偏离了 5.66% 和 1.87×10^{-7}，均在误差允许的范围内（10% 以内），因此该预测结果是可以接受的。

同时，计算出验证集氟化铝添加量和出铝量评估指标情况见表 5.20。

表 5.20　验证集氟化铝添加量和出铝量预测结果指标评估

输出特征	Mean（真实值）	MAE	RMSE
氟化铝添加量	28.835	1.964	3.001
出铝量	2202.881	34.501	49.544

由表 5.20 的计算结果分析可得，氟化铝添加量的平均绝对误差 1.964 为其真实值平均数的 6.8%，小于 10%，出铝量的平均绝对误差 34.501，小于 50，且为其真实值平均数的 1.57%，预测值与真实值的偏差较小，能够满足铝电解实际生产的要求。

参 考 文 献

［1］ ZENG S P, LIU Y X, MEI C. Mathematical model for continuous detection of current efficiency in aluminum production ［J］. Trans. Nonferrous Met. Soc. China, 1998, 8（4）: 683-687.

［2］ MEGHLAOUI A, ALJABRI N. Aluminum fluoride control strategy improvement ［J］. TMS Light Metals, 2003: 425-429.

［3］ 李劼, 张文根, 丁凤其. 基于在线智能辨识的模糊专家控制方法及其应用 ［J］. 中南大学学报（自然科学）, 2004（6）: 911-914.

［4］ 李界家, 马驰, 郭宏伟. 基于铝电解过程的神经网络模型预测控制的应用研究 ［J］. 轻金属, 2007（3）: 25-29.

［5］ MARTIN O, BENKAHLA B, TOMASINO T, et al. The latest developments of Alcan's AP3X and AL PSYS technologies ［J］. TMS Light Metals, 2007: 253-258.

［6］ BIEDLER P, BANTA L, DAI C X. Development of a state observer for an aluminum reduction cell ［J］. Light Metals, 2002.

［7］ PISKAZHOVA T V, MANN V C. Use of a dynamic aluminum cell model ［J］. JOM, 2006, 58（2）: 48-52.

［8］ 刘业翔, 陈湘涛, 张更容, 等. 铝电解控制中灰关联规则挖掘算法的应用 ［J］. 中国有色金属学报, 2004, 14（3）: 454-498.

［9］ RIECK T, IFFERT M, WHITE P. Increased current efficiency and energy consumption at the tritment smelter essen using 9 box matrix control ［J］. Light Metals, 2003: 449-456.

［10］ YURKOV V, MANN V. A simple dynamic realtime model for aluminum reduction cell control system ［J］. Light Metals, 2005: 423-428.

［11］ ZENG S P, LI J H. Fuzzy predictive control system of cryolite ratio for prebake aluminum production cells, proceedings of 7th world congress on intelligent control and automation ［J］. IEEE, 2008: 1229-1233.

［12］ ZENG S P, LI J H. Adaptive fuzzy control system of 300kA aluminum production cell ［J］. TMS Light Metals, 2007, 136: 559-563.

［13］ZENG S P, GAO G, LI J H. Control of temperature and AlF$_3$ concentration of electrolyte for 300kA aluminum production cells ［J］. 2010 8th IEEE International Conference on Control and Automation Xiamen China, 2010：1344-1348.

［14］ZENG S P, LI J H, REN X N, et al. Fuzzy control with prediction of temperature in 300kA aluminum production pot lines ［C］// Proceedings of the IASTED International Conference on Modelling, Identification and Control, 2010：93-98.

［15］倪亚超. 基于模糊神经网络的铝电解过程温度控制 ［D］. 北京：北方工业大学，2014.

［16］ZENG S P, LI J H, WEI Y Q. Calculation and control of equivalent superheat for 300kA prebake aluminum electrolysis ［C］// 08th World Congress on Intelligent Control and Automation, WCICA 2010：4755-4760.

［17］曾水平. 铝电解槽氧化铝溶度模糊控制 ［J］. 冶金自动化，2001，25（5）：9-11.

［18］曾水平，琚廷瑞，姜晓聪，等. 一种工业铝电解过程中的决策方法：中国，N103952725A ［P］. 2014-07-30.

［19］张振兵，曾水平. 基于数据驱动的氧化铝浓度预测 ［J］. 世界有色金属，2020（11）：224-226.

［20］魏玉倩. 基于神经网络的铝电解槽氟化铝添加量研究 ［D］. 北京：北方工业大学，2010.

［21］廖春云. 参数自整定模糊 PID 控制器在模拟铝电解槽中的应用 ［D］. 北京：北方工业大学，2015.

［22］常家玮，曾水平. 基于深度学习的氟化铝添加量和出铝量预测 ［J］. 世界有色金属，2020（22）：216-218.

6 铝电解槽槽况和槽寿命分析

6.1 基于数据挖掘的铝电解槽槽况分析

6.1.1 铝电解槽槽况分析方法

铝电解槽槽况的分析方法逐渐呈多元化，且随着大规模数据集的获取，成本逐渐降低，传统的数据分析方法难以满足铝厂生产的自动化和智能化需求。充分利用铝厂历史数据，结合先进数据挖掘技术，针对铝电解槽槽况进行综合分析，为生产人员提供科学的决策依据并有效指导生产工作。铝电解槽槽况的分析方法可以划分为以下三类：

（1）基于统计分析的槽况分析方法。采集的生产数据和数据变化能够反映铝电解槽槽况，而槽况又会直接影响到铝电解的生产。目前，对于铝电解槽槽况的分析大多用数据的统计分析方法。随着计算机仿真和数据统计算法的进步，一定程度上解决了铝电解槽的设计问题、生产阶段各类参数的设置及槽况预测和控制问题[1]。统计算法也包括数据的相关分析、数理统计分析及聚类分析等多种方法[2]。

（2）基于神经网络技术的槽况分析方法。神经网络技术不断发展，以铝电解历史数据构建神经网络模型预测参数的变化来分析槽况变化趋势，可以完成对铝电解槽槽况的健康状态诊断[3]。

（3）基于专家系统的槽况分析方法。专家系统依赖于人工经验，依据经验建立数学模型，加上智能化处理，构成槽况分析和铝电解生产控制于一体的自动化系统。

6.1.2 数据挖掘建模

6.1.2.1 数据挖掘简介

数据挖掘任务可以分为以下两大类[4]：

（1）预测型任务。根据数据中其他属性取值，预测目标属性的值。预测任务通常使用相关算法建模，并使用数据拟合函数的方法对分类和数值型预测及智能推荐等进行研究。

（2）描述型任务。其目标是根据已有的历史数据，概括或描述出这些数据中所蕴藏的内在联系，并利用这种联系得到之前未知的知识。这类任务通常使用聚类、关联分析、异常检测等算法解决实际问题。

6.1.2.2 数据挖掘建模过程

针对具体的铝电解生产情况，可定义如下数据挖掘建模过程，如图 6.1 所示。

（1）定义挖掘目标。了解了数据挖掘基本任务后，要分析数据挖掘应用需求，并明确挖掘目标及系统搭建完成所能达到的效果。因此，应该首先了解相关领域情况，查询背景知识，弄清用户需求。具体挖掘目标如下[5]：

1）实现数据展示及查询功能，方便现场生产操作员进行历史数据的增删改查等需求，同时确保准确性和实时性。

2）对这些历史数据具备基本的数据分析功能，能够快速地发现数据中的缺失和错误情况，并针对重要参数进行异常检测，及时修正人工录入的失误。

3）利用相关数据挖掘算法，对某些重要参数进行预测，以便生产工作人员提前掌握铝电解槽槽况，然后引导槽况稳定运行。

4）基于上述目标，使用相关工具设计并实现数据挖掘系统的软件，通过调试和优化完成实际生产的指导工作。

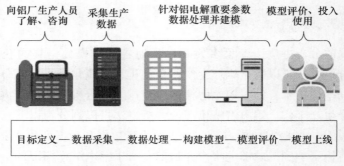

图 6.1　基于槽况分析的数据挖掘建模过程

（2）数据采集与抽样。在明确了铝电解生产的数据挖掘目标后，需要从实际生产中获取所需样本数据集。考虑到成本问题，在完成数据采集工作后，无须动用全部生产数据，只是抽取的数据应达到相关性高，可靠性强等要求。通过这样对数据的抽取，不仅可以提高数据处理速度，节省计算资源，还能凸显出数据的一般规律性。针对铝电解槽槽况分析的研究，需要采集的参数包括电解槽温度、电流、压降、电解质水平、铝水平等。对采集到的数据，可再从中进行抽样操作。其中，常见的抽样方式有随机抽样、等距抽样、分类抽样等。

（3）数据处理与分析。在进行数据采集和抽样工作时，往往带有如何实现数据挖掘目标的目的去进行操作。然而，当拿到数据时，还需要考虑到这些数据是否达到预想的要求、数据之间有怎样的规律和趋势、有没有出现遗漏或异常情况等，这些问题都是需要提前分析处理的。在数据挖掘工作中，数据质量往往决定了机器学习的上限，而建模和拟合只能最大限度地去逼近这个上限。当数据维度过高时，需要进行降维处理；数据存在缺失或异常情况时，需要进行缺失值处理和异常值处理。此外，为方便生产操作员提前掌握未来铝电解槽运行情况，针对相关重要参数预测还要进行数据特征分析和数据规范化分析等。

（4）挖掘建模。把数据处理成研究所需要的形式之后，还要经过数据挖掘建模过程，这是数据挖掘工作的核心部分。常见的建模方式有分类和预测两种，算法具体包括线性回归、支持向量机、神经网络、决策树、时序模式等。针对铝电解生产工作，由于众多参数存在高度非线性且互相影响的特点，重点考虑研究神经网络算法，因为它可以无限逼近任意连续函数。

（5）模型评价。完成了数据建模工作，要通过模型的调参训练出最适合业务场景的模型，然后输入相关数据，此时模型可以输出预想的结果。最后，根据业务要求对模型进行解释和应用。其中，对于分类模型，主要通过绘制混淆矩阵来评价模型使用效果，见表6.1。

表 6.1 混淆矩阵

混淆矩阵表		真实类别	
		类 = 1	类 = 0
预测类别	类 = 1	TP	FP
	类 = 0	FN	TN

分类准确率定义如下：

$$Accuracy = \frac{TP + FN}{TP + TN + FP + FN} \tag{6.1}$$

分类精确率定义如下：

$$Precision = \frac{TP}{TP + FP} \times 100\% \tag{6.2}$$

召回率定义如下：

$$Recall = \frac{TP}{TP + TN} \times 100\% \tag{6.3}$$

式中，TP（true positive）为预测值为 1 且真实值也为 1 的个数；TN（true negative）为预测值为 0 且真实值也为 0 的个数；FP（false positive）为预测值为 1 且真实值为 0 的个数；FN（false negative）为预测值为 0 且真实值为 1 的个数。

对于预测模型，主要使用以下评价方法。

1）R 平方公式，定义如下：

$$R^2 = 1 - \frac{\sum_{i=1}^{n} (y_i - \hat{y}_i)^2}{\sum_{i=1}^{n} (y_i - \bar{y}_i)^2} \tag{6.4}$$

式中，y_i 为数据的真实值；$\hat{y}_i$ 为模型中的预测值；$\bar{y}_i$ 为真实值的平均值。

2）均方根误差（root mean squared error，$RMSE$）定义如下：

$$RMSE(y_i, \hat{y}_i) = \sqrt{\frac{1}{n} \sum_{i=1}^{n} (y_i - \hat{y}_i)^2} \tag{6.5}$$

式中，y_i 为数据的真实值；$\hat{y}_i$ 为模型中的预测值。

6.1.2.3 数据挖掘建模工具

针对铝电解槽槽况的综合分析研究，主要运用以下数据挖掘工具：

（1）Python。Python 并不是一个专门用来进行数据挖掘研究的工具，但是由于它具备开源的特点，在数据挖掘领域，能够提供众多的相关扩展库，如 Numpy、Scipy 和 Sklearn 类库等。这些扩展库使得 Python 成为了越来越适合数据挖掘的编程语言，表6.2列出了相关扩展库。

表 6.2 Python 数据挖掘相关扩展库

扩展库	简　　介
Numpy	提供数组支持以及相应的处理函数
Scipy	提供矩阵支持以及相关的数值计算模块
Matplotlib	强大的数据可视化工具和作图库
Pandas	强大灵活的数据分析和数据探索工具
StatsModels	统计建模，用于描述统计和模型估计
Keras	深度学习库，用于建立神经网络以及深度学习模型
Scikit-Learn	支持回归、分类、聚类等的强大的机器学习库

（2）Designer。在当前系统软件的设计过程中，图形用户界面（GUI）的设计十分重要，逻辑合理、简单易用用户界面能够在很大程度上提升铝电解生产操作人员的工作效率。Qt 就是这样一个由挪威公司开发的 GUI 应用软件，其包括跨平台类库、集成开发工具和跨平台 IDE，能够实现在 Windows、Linux 和 Mac OS 平台之间轻松移植。

（3）PyQt5。PyQt5 提供了一个设计良好的窗口控件集合，并与 Qt 控件一一对应。它继承了 Python 简单高效的特点，从而提高了软件的开发效率，减少开发成本。

6.1.3 铝电解槽数据预处理

6.1.3.1 数据概况

数据预处理是进行数据挖掘研究工作的基础，主要有缺失值填充、异常值替换及数据规约等。所使用的数据是河南某铝厂采集到的包括电流、电压和铝水平等在内的 15 维参数共计 2520 组的数据。这些数据均采集自同一电解槽，从 2009 年 4 月 24 日铝电解槽启动至 2016 年 3 月 17 日停槽期间持续 2520 天，每天不同时间段多次测量然后取平均值。其中部分数据及参数展示见表 6.3。

表 6.3 部分数据及参数展示

参数符号	参数名称	部分取值				
I	电流	276.938	277.024	277.335	277.347	276.999
Umean	日均电压	4.019	4.006	4.014	4.002	4.013
Ugong	工作电压	4.019	4.006	4.014	4.002	4.013
Ushe	设定电压	4.02	4.02	4.017	4.015	4.015
Liao	下料量	3626	3890	4347	4455	3331
Dian	电解质水平	22	22	20	20	20
ChuLv	出铝量	2130	2130	2240	2100	2200
F	氟化盐下料量	3	7	10	3	7
MgF	氟化镁浓度	0.87	0.96	0.96	0.86	0.86
Si	硅含量	0.044	0.044	0.04	0.04	0.039

参数符号	参数名称	部分取值				
Fe	铁含量	0.093	0.093	0.096	0.096	0.096
Al_2O_3	氧化铝浓度	3.39	2.27	2.27	3.09	3.09
KF	氟化钾浓度	5.37	5.61	5.61	5.37	5.37
Lv	铝水平	24	24	24	24.5	24
Bili	摩尔比	2.75	2.82	2.82	2.67	2.67

6.1.3.2 缺失值处理

由于计算机自动采集并存储数据时偶尔会发生失帧及人工记录失误等,数据会不可避免地出现空缺。另外,某些例如摩尔比这类并不会每天记录的参数也会造成缺失值现象。根据统计发现,所使用的数据有多达492处空缺。由于这些缺失值的存在,会使得数据挖掘建模丢失大量有用信息,模型性能也会大打折扣,导致输出结果并不可靠。因此,需要对这些数据进行缺失值处理。使用拉格朗日函数对缺失值进行插值处理,其基本原理是,对于集合平面中已知的 n 个点(均不在同一条直线上)能够找出一个 $n-1$ 次多项式,使这个多项式可以拟合这 n 个点。首先,假设这个多项式的表达式为:

$$y = a_0 + a_1 x + a_2 x^2 + \cdots + a_{n-1} x^{n-1} \tag{6.6}$$

然后,将这 n 个点的坐标 (x_1, y_1), (x_2, y_2), $\cdots$, (x_n, y_n) 代入式(6.6),得:

$$y_1 = a_0 + a_1 x_1 + a_2 x_1^2 + \cdots + a_n x_1^{n-1}$$
$$y_2 = a_0 + a_1 x_2 + a_2 x_2^2 + \cdots + a_n x_2^{n-1}$$
$$\vdots$$
$$y_n = a_0 + a_1 x_n + a_2 x_n^2 + \cdots + a_n x_n^{n-1}$$

最后,联立上述 n 个方程式解得拉格朗日插值多项式为:

$$L(x) = \sum_{i=0}^{n} y_i \prod_{j=0, j \neq i}^{n} \frac{x - x_j}{x_i - x_j} \tag{6.7}$$

将缺失的参数数据代入拉格朗日插值多项式函数即可得到缺失值的近似值 $L(x)$。其中,为提高计算效率,将缺失值最紧邻的 2~5 个数据点代入即可。

6.1.3.3 异常值处理

A 常见的异常值处理方法

(1)统计分析。使用相关工具对参数采集得到的数据进行描述性统计分析,从而查看数据中的异常情况,如最大值和最小值、正负值及有无零值等。若出现不合理的地方,则该参数取值为异常值。

(2)3σ 原理。首先假定数据服从正态分布,该原理定义数据中的异常值为一组与平均值大小偏差超过 3 倍标准差的值。在这种条件下,数据中异常值的概率为 $P(|x - \mu| > 3\sigma) \leq 0.003$,很明显,异常值的出现属于极个别的小概率事件。

(3)箱型图分析。箱型图分析方法提供了一种异常值在统计学中的一个类情况,即定义数据中数值小于 $Q_L - 1.5IQR$ 或者大于 $Q_U + 1.5IQR$ 的值为异常值(其中,Q_L 为下四分位数（数据中数值处于最小的 25% 的数据）；Q_U 为上四分位数（数据中数值处于最大的 25% 的数据）；IQR 为四分位数间距，即上四分位数 Q_U 与下四分位数 Q_L 的差）。通过绘制箱型图（见图 6.2）的方式可以更加直观地观察数据情况，方便找出异常值并加以标记。

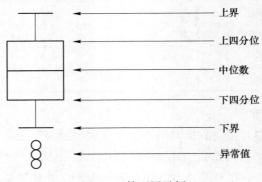

图 6.2　箱型图示例

（4）异常检测（anomaly detection）算法。通常，使用上述方法可以找出绝大部分异常值，但也会有一些不是异常情况却依然被筛选出来的情况。比如在铝电解槽进行生产工作时，会有一些参数的数值是慢慢升高的，而在使用箱型图分析法时，这些数值上比较小的数据势必会被当作异常值。而使用异常检测算法则可以避免这个问题，常见的有基于聚类的异常检测算法、孤立森林（isolation forest）和基于支持向量机（one class SVM）的异常检测算法等。

B　基于聚类的异常检测算法

针对那些难以借助统计分析、3σ 原理和箱型图分析三种方法对于异常值进行甄别的参数（摩尔比和铝水平）使用基于聚类的异常检测算法进行异常值处理。

a　基本原理

聚类算法可以将数据中相似度（根据簇的质心的平均距离来进行计算）较高的数据汇成一簇，相似度差别较大的数据与之分离，汇成其他簇，而异常值则是有区别于正常数据的单独簇。由此可见，聚类算法能够用于异常值处理。

b　算法步骤

（1）使用聚类算法（K-Means 算法）进行聚类，将数据聚为 k 类；

（2）计算每一个数据点到其聚类中心的距离；

（3）计算每一个数据点到其聚类中的相对距离；

（4）设置给定阈值，并与两个距离的比值进行比较，若某个数据点的距离比值大于设定阈值，则该数据点被认定为异常值。

理想状态下的聚类结果如图 6.3 所示。

c　初步 K-Means 聚类

将摩尔比和铝水平数据进行初步聚类分析，如图 6.4 所示。

其聚类中心坐标为 [（26.23, 2.46），（22.48, 2.51），（14.31, 25.9）]。显然，这一结果并不合理。

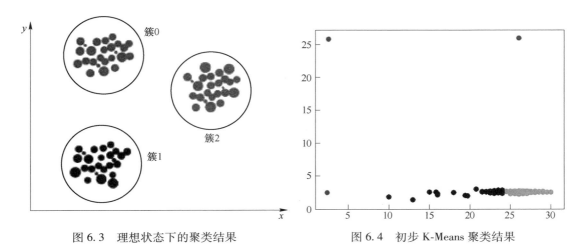

图 6.3 理想状态下的聚类结果　　　　　　图 6.4 初步 K-Means 聚类结果

d　发现异常值

首先设定阈值为 1.03，即数据点到其聚类中心的距离超过相对距离的 1.03 倍。分析结果如图 6.5 所示（异常值标记为三角形，括号内容分别为数据点的序号和距离的比值）。

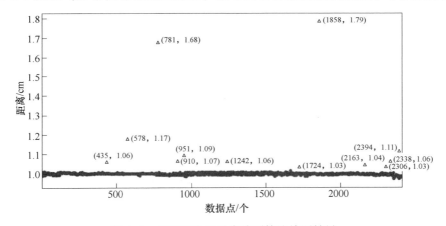

图 6.5　基于聚类的异常检测算法检测结果

输出异常数据，见表 6.4。

表 6.4　异常数据

日期编号	铝水平	摩尔比
435	16	2.27
578	2.41	2.41
781	26	26
910	15	2.54
951	13	1.37
1242	16	2.05
1724	19.7	1.9

日期编号	铝水平	摩尔比
1858	2.62	25.8
2163	18	2.43
2306	19.4	2.03
2338	15.8	2.52
2394	10	1.81

　e　再次聚类

　　将异常值去除，并按照拉格朗日函数插值法进行缺失值处理后，再次进行聚类，此时并无异常值现象。结果如图6.6所示。

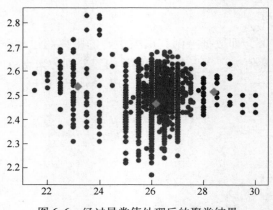

图6.6　经过异常值处理后的聚类结果

　　综上，基于聚类的异常检测算法研究可以及时修正那些难以处理的异常值，不仅如此，异常值的及时发现还可以提前预知病槽情况，避免生产损失。

6.1.4　数据分析

6.1.4.1　数据特征分析

数据特征分析包括：

　　（1）分布分析。分布分析可以根据每个特征的定量数据绘制频率分布直方图、茎叶图等更加直观地分析数据。

　　（2）对比分析。对比分析是指将两个或多个关系密切的特征进行比较，从数据取值上展示和分析被研究特征之间的异同、变化快慢、水平差异。通常用于比较分析时间序列的特征数据。

　　（3）统计量分析。使用统计量指标对特征数据进行统计描述可以从全局掌握铝电解槽的数据情况，主要包括集中趋势分析和离中趋势分析。其中，集中趋势分析内容包括均值（或加权平均值）、众数和中位数。离中趋势分析内容包括极差、标准差、变异值（标准差与均值之比）和四分位数间距等。

6.1.4.2 数据规范化分析

数据规范化分析是数据挖掘工作中必不可少的一项。不同模型之间使用的算法对于数据所要求的格式往往是不一样的。不同的特征之间存在量纲差别，数值之间的大小区别很大。比如在铝电解生产中，电流大小一般控制在几百千安，而摩尔比大小一般在 3 左右，如果不消除特征数据之间的量纲差异的话会使模型的训练成本大大增加，输出结果也会不准确。其常用方法如下：

（1）最小-最大规范化。最小-最大规范化方法的核心思想是将原始数据进行线性变换并映射到 [0，1] 之间。其转换原理见式（6.8）：

$$x' = \frac{x - \min}{\max - \min} \tag{6.8}$$

式中，min，max 分别为原始特征数据集中的最小值和最大值。

这个方法可以最大限度地消除量纲和数值大小的差异，并完整保留原始数据信息。

（2）小数定标规范化。该方法是通过将原始特征数据的小数位数，即缩放 10 的整次幂的倍数，将原始数据映射到 [-1，1] 之间。其转换原理见式（6.9）：

$$x' = \frac{x}{10^k} \tag{6.9}$$

（3）零-均值规范化。零-均值规范化也被称为标准差标准化。其特点是规范化之后的新数据平均值为 0，标准差为 1。该方法转换原理见式（6.10）：

$$x' = \frac{x - \bar{x}}{\sigma} \tag{6.10}$$

式中，$\bar{x}$ 为原始特征数据的平均值；σ 为原始特征数据的标准差。

为方便后续数据挖掘建模研究的开展，提高模型训练速度和精度，将统一使用零-均值规范化分析方法对原始特征数据进行转换。

6.1.5 槽况定义

通过数据分析可知，铝电解生产中产生的参数复杂多变，生产人员要想实时控制槽况未来发展方向就必须能够提前预知某些参数的变化情况。其中，摩尔比和铝水平两个参数为槽况分析的主要参考对象。

摩尔比是影响铝电解槽槽况运行状态的一个重要参数，它可以反映铝电解槽当前的物料平衡和电流效率，从而对生产效率和成本产生直接影响。摩尔比过低会造成电解质变成暗红色，严重影响出铝质量，产生病槽；摩尔比过高会导致电流效率降低，减少电解槽的使用寿命。为了使铝电解槽槽况长期保持良好运行状态，就必须能够提前掌握精确的摩尔比的值。

铝电解想要取得好的技术经济指标，合理的铝水平是必不可少的技术条件。适当的铝液高度能储存较大的热容量，因此使得电解槽有较高的热稳定性，故在偶尔发生阳极效应、相电压升高和电流增大时，不会给电解槽的热稳定性带来影响，这对提高电解槽的电流效率是有好处的。但是过高的铝液水平可能会使这个问题走向反面，会导致在槽底生成沉淀，并有可能增加槽帮结壳伸腿的长度；铝水平过低，则会导致电解槽散热量减少，热收入大于热支出，电解质温度升高，熔化炉帮伸腿，扩大槽容量，从而使铝水平进一步降低，电解质温度进一步升高，最终形成热槽，恶化技术经济指标，如不及时纠正，长期下去，损失巨大。

综上所述，研究数据在缺少温度的情况下，摩尔比和铝水平两个参数可以很大程度上反映当前铝电解槽运行情况。

由表 6.5 可以发现，这些历史数据中有不少参数的取值均为零，这是因为采集所得的数据中包含了铝电解槽自开启一直运行至停槽阶段的所有数据。为避免开槽和停槽阶段数据的不稳定所带来的不利影响，后续研究工作将去掉这两个阶段的数据。为明确槽况状态，为生产人员提供了一套槽况运行标准作为参考（见表 6.6）。将槽况按铝水平和摩尔比取值大小的不同依次划分为了低、中、高铝水平槽况和低、中、高摩尔比槽况。

表 6.5 数据特征分析

参数符号	数量	均值	标准差	最小值	25%	50%	75%	最大值	极差	变异值	间距
I	2520	296.4	9.71	255.8	288.1	301.8	303.6	340.5	84.71	0.03	15.59
Umean	2520	3.98	0.07	3.78	3.96	3.97	3.99	5.86	2.08	0.02	0.03
Ugong	2520	3.98	0.06	3.66	3.96	3.97	3.99	5.78	2.11	0.02	0.03
Ushe	2520	3.97	0.05	3.94	3.96	3.96	3.98	5	1.06	0.01	0.02
Liao	2520	4199.3	524.5	511	3864	4181	4562	6120	5609	0.12	698
Dian	2520	16.26	1.80	12	15.3	16	16.8	34.33	22.33	0.11	1.5
ChuLv	2520	2191.8	112.1	223.3	2150	2210	2250	2450	2226	0.05	100
F	2520	31.71	13.96	0	25	32	39	79	82	0.44	14
MgF	2520	0.83	0.21	0	0.72	0.82	0.96	1.38	1.38	0.25	0.24
Si	2520	0.06	0.02	0	0.051	0.058	0.064	0.263	0.263	0.36	0.013
Fe	2520	0.12	0.03	0	0.1	0.113	0.128	0.641	0.641	0.23	0.028
Al_2O_3	2520	2.72	0.88	0	2.22	2.67	3.2	5.46	5.46	0.32	0.98
KF	2520	4.76	0.98	0	4.39	4.87	5.34	6.77	6.77	0.21	0.95
Lv	2520	26.02	1.18	14.67	26	26	26.5	30	15.33	0.05	0.5
Bili	2520	2.41	0.41	0	2.41	2.47	2.53	2.94	2.94	0.17	0.12

表 6.6 正常生产阶段的参数概况

参数	数量	均值	标准差	最小值	25%	50%	75%	最大值
Lv	2411	26.080	0.922	21.5	26	26	26.5	30
Bili	2411	2.470	0.087	2.17	2.41	2.47	2.53	2.83

铝水平的划分情况见表 6.7。

表 6.7 铝水平划分情况

等级	取值	频次
低铝水平	<25	122
中铝水平	[25，28)	2234
高铝水平	≥28	55

摩尔比的划分情况见表 6.8。

表 6.8 摩尔比划分情况

等级	取值	频次
低摩尔比	<2.3	62
中摩尔比	[2.3，2.7)	2338
高摩尔比	≥2.7	11

进而，可将槽况分为以下 9 类，见表 6.9。

表 6.9 槽况类别及数量

等级	低摩尔比	中摩尔比	高摩尔比
低铝水平	0	111	11
中铝水平	62	2172	0
高铝水平	0	55	0

6.1.6 基于随机森林与神经网络的铝电解参数预测

在明确了使用摩尔比和铝水平两个参数对槽况进行定义后，需要提前对这两个参数进行准确预测。在一些铝电解相关参数的预测研究中，选择的参数特征大多依赖人工经验，如摩尔比参数多是使用槽电压、氟化物添加量及铝水平等进行预测。然而，不同铝电解槽在生产中会有不同的槽况，对摩尔比和铝水平的影响也不一而同。单纯地依赖人工经验进行特征选择可能过于片面，因此需要相关算法对其进行研究。

6.1.6.1 基于铝电解参数的特征选择

特征选择对于解决数据挖掘建模问题十分关键，尤其是在引入了大量的无关特征的数据中，属性过多会造成维数灾难问题，即在涉及向量计算的问题中，随着维数增加，计算量呈指数增长的一种现象。如果可以筛选出重要特征，使得后续过程只需要在这小部分特征上构建模型，则维数灾难问题会大大减轻，也解决了后续的神经网络输入参数选择问题。

在铝电解生产过程中会产生大量复杂多变的参数，如电流、电压、下料量、电解质水平、出铝量等。这些参数都有可能或多或少地影响到摩尔比和铝水平的预测值。然而，为了使预测效果达到快速且精确的目的，在构建神经网络时，不可能将十几种特征全部作为模型的输入。由于繁多的特征数据也引入了很多无关特征和冗余特征，这些无关和冗余特征都不利于模型训练。选择标准、合适的数据特征作为模型的输入将会对预测效果产生事半功倍的作用。因此，为了减少这些无关特征对预测效果的干扰，提高预测准确性，需要进行特征选择，找到最优的特征子集[6]。

A 特征选择与随机森林回归算法

a 特征选择

特征选择有多种定义，这里采用 Dash 和 Liu 总结的一种定义，即在所有的 N 个特征所组成的特征集合中选取一个由 M 个特征组成的子集，其中 M 事先给定，并且 $M<N$，使

得这个子集在原集合的所有元素个数为 M 的子集中对于某种评价标准是最优的。特征选择需要解决两个问题，一是选择算法，二是确定评价标准。

常见的特征选择方法大致可分为三类：过滤式（filter）、包裹式（wrapper）和嵌入式（embedded）。其中嵌入式特征选择技术是最新提出的一种结合学习器评价特征子集的特征选择模型，使用当前最新的学习算法的结构参数等准则来评价子集的优劣，能够兼顾包裹式特征选择模型的优势和过滤式特征选择模型的效率。

b　随机森林回归算法

随机森林（random forest，RF）算法是 Leo Breiman 和 Adele Cutler 于 2001 年共同提出的一种基于决策树的集成学习算法。这一算法是由一系列的决策树组成，它通过自主法重采样技术（bootstrap），从原始训练样本集中有放回地重复随机抽取 m 个样本，生成新的训练样本集合，然后根据自助样本集生成 k 个决策树组成随机森林。在基于某些属性对一个新的对象进行分类判别时，随机森林中的每一棵树都会给出自己的分类选择，并由此进行"投票"，森林整体的输出结果将会是票数最多的分类选项；而在回归问题中，随机森林的输出将会是所有决策树输出的平均值。RF 的训练效率较高，因为 RF 使用的决策树只需要考虑一个属性的子集。另外，RF 简单、容易实现、计算开销小，而且可以在处理非线性问题中展现出强大的性能，近年来已经被广泛应用于各种预测及特征选择中。

针对摩尔比和铝水平的预测问题属于随机森林回归算法应用范围，它与随机森林分类算法最大的区别在于其分类器（即决策树）的选择不同，分类问题使用的是分类树，而回归问题使用的是回归树（CART 树）。回归树采用的准则是平方误差最小化准则。

B　基于随机森林的特征选择算法原理

根据铝电解槽参数特征及摩尔比和铝水平的特点采用结合随机森林回归算法的嵌入式方法进行特征选择。针对每个单独的特征和相应变量之间建立随机森林回归模型，并根据 R 平方公式评价单个特征的预测值与实际值拟合效果。最终，按照得分由高到低对每一个特征进行排序，得分不会超过 1，但是可能为负（预测效果太差）；得分越高，该特征预测性能越好。

算法流程如图 6.7 所示。

其具体步骤如下：

（1）随机产生样本子集；

（2）随机抽取 $k = \log_2 d$（d 为总的特征个数）个特征构建单棵回归决策子树；

（3）重复（1）和（2），构建 T 棵回归决策子树形成随机森林；

（4）根据 R^2 得分评价每个特征的预测效果并排序；

（5）设置阈值 n 或 λ，选择得分排名前 n 个或得分大于 λ 的特征。

6.1.6.2　特征选择结果与分析

使用 Pycharm 软件在 Python3.6 的环境下进行程序的编译。软件在模块 Scikit-Learn 中

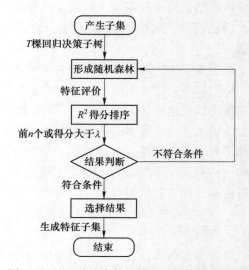

图 6.7　基于随机森林的特征选择算法流程图

提供了 Random Forest Regressor 作为随机森林回归算法的函数。由于这些参数之间具有一定的相关性（例如下料量的改变必然会影响到出铝量），且要避免特征之间的量纲差异，这里依次将前 14 维参数分别作为模型的单个特征输入，第二日的铝水平和摩尔比分别作为模型输出。同时，将第 15 维参数当天的铝水平和摩尔比，输入作为验证。在软件中编写程序，运行后可以得到前 14 维参数特征在随机森林回归预测模型中的得分排名。

铝水平特征选择结果为（得分在前特征在后）：

$[(0.367, 'Ushe'), (0.319, 'I'), (0.294, 'Dian'), (0.197, 'Si'), (0.155, 'KF'), (0.123, 'F'), (0.095, 'ChuLv'), (0.09, 'Ugong'), (0.085, 'Umean'), (0.044, 'Lv'), (0.043, 'Al2O3'), (0.03, 'MgF'), (0.017, 'Liao'), (-0.004, 'Fe')]$

其得分情况如图 6.8 所示。

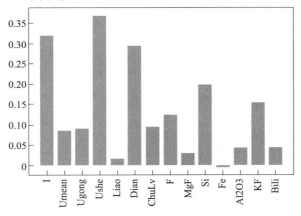

图 6.8　铝水平特征得分

摩尔比特征选择结果为：

$[(0.173, 'F'), (0.166, 'Al2O3'), (0.136, 'I'), (0.121, 'Ushe'), (0.102, 'KF'), (0.099, 'Dian'), (0.074, 'Lv'), (0.062, 'Liao'), (0.061, 'Fe'), (0.047, 'MgF'), (0.028, 'Si'), (0.007, 'Ugong'), (0.004, 'Umean'), (-0.006, 'ChuLv')]$

其得分情况如图 6.9 所示。

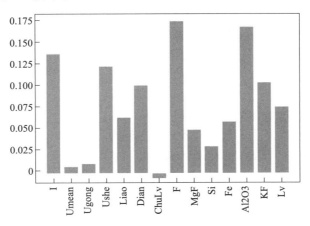

图 6.9　摩尔比特征得分

经过验证，输入参数为当天铝水平和当天摩尔比的得分分别为（0.818,'Lv'）和（0.747,'Bili'），远远高于其他参数的得分，这也进一步印证了此方法的合理性。

由上述结果可以看出，结合随机森林特征选择的方法，可以依据单特征得分分别排序选出用于铝水平和摩尔比预测的特征。设定阈值 $n=6$，得出最终的铝水平特征选择结果依次为：铝水平、设定电压、电流、电解质水平、硅和氟化钾浓度；摩尔比特征选择结果依次为：摩尔比、氟化盐下料量、氧化铝浓度、电流、设定电压和氟化钾浓度。

6.1.7　神经网络参数预测

6.1.7.1　神经网络预测模型

随机森林在解决回归问题时并没有像它在分类中表现的那么好，并不能给出一个精准的连续型输出。当进行回归时，随机森林不能够做出超越训练集数据范围的预测，这可能导致在对某些还有特定噪声的数据进行建模时出现过度拟合。对于许多统计建模者来说，随机森林给人的感觉像是一个黑盒子，几乎无法控制模型内部的运行，只能在不同的参数和随机种子之间进行尝试。通过建立神经网络预测模型，针对铝电解过程中的铝水平和摩尔比参数非线性这一特点，对其进行模型的训练和预测。

将随机森林特征选择结果作为模型的输入（当天数据），第二天的铝水平和摩尔比分别作为预测模型的输出，包括一个隐含层在内，如图 6.10 所示，形成一个六输入一输出的三层神经网络。

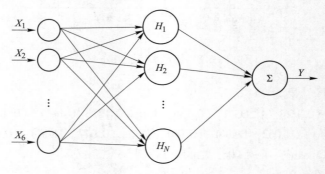

图 6.10　神经网络结构

Keras 是 Python 中广泛使用的一个深度学习库，它支持任何网络结构：多输入或多输出模型、共享层、共享模型等。这意味着 Keras 可以使用简约、模块化的方法使建立并运行神经网络变得轻巧。其网络模型的工作原理如图 6.11 所示。

6.1.7.2　模型的训练与预测

在实际的铝电解生产中，槽况很难保证长期的参数稳定，有些参数会出现比较大的起伏，这种情况对铝电解生产是不利的，尤其是在受到加料、换极或出现异常对电压造成影响的时候。从铝电解槽电压整体变化趋势来看，铝电解槽电压只有在一部分时间内保持稳定。因此，为保证训练效果，在选取实验样本时会尽量避开槽电压波动较大的样本，选择其中如图 6.12 所示的 600 组数据作为训练组和测试组。其中，训练集和测试集的样本比例为 4:1，即训练样本数量为 480，测试样本数量为 120。

使用 Python 中的 Keras 模块构建神经网络模型并输入训练样本进行训练之后，可以分

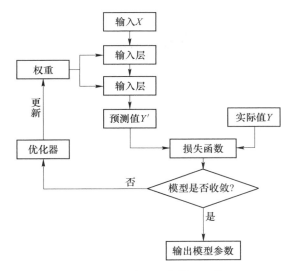

图 6.11 Keras 神经网络模型工作原理

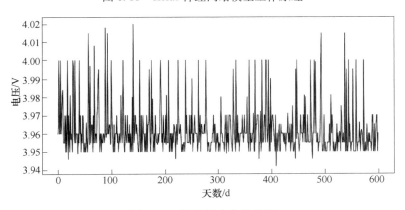

图 6.12 槽电压变化趋势图

别得到铝水平和摩尔比的神经网络训练结果，如图 6.13 和图 6.14 所示。

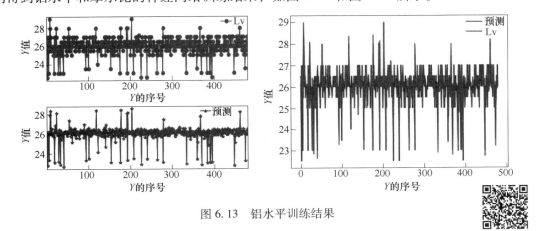

图 6.13 铝水平训练结果

彩图

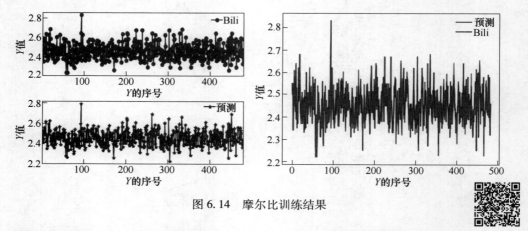

图 6.14　摩尔比训练结果

彩图

图中红色曲线（扫二维码查看）为实际值，蓝色曲线为预测值。铝水平训练数据中均方根误差 $RMSE=0.4175$，R^2 拟合结果为 0.8241。摩尔比训练数据中均方根误差 $RMSE=0.0327$，R^2 拟合结果为 0.8401。这个结果可以满足训练要求。铝水平和摩尔比神经网络预测模型完成训练之后，利用 Keras 中的 model. save_weights 模块将其模型结构参数等保存。然后将测试样本载入 model 得到如图 6.15 和图 6.16 所示的预测结果。

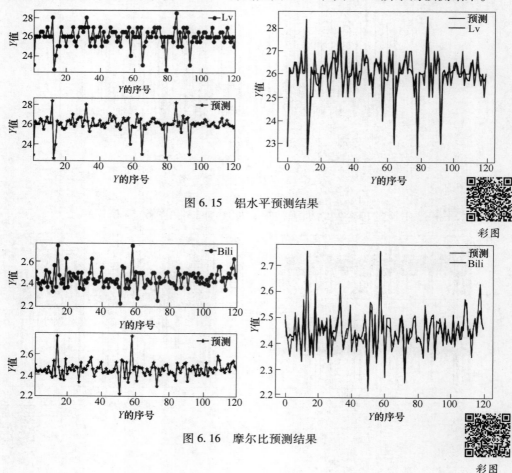

图 6.15　铝水平预测结果

彩图

图 6.16　摩尔比预测结果

彩图

图中红色曲线（扫二维码查看）为实际值，蓝色曲线为预测值。从图 6.15 和图 6.16 可以看出，通过建立神经网络模型的方法，基本可以准确预测出铝电解过程中的铝水平和摩尔比数值大小。其中，铝水平测试数据的均方根误差 $RMSE = 0.4236$，R^2 拟合结果为 0.8139；摩尔比测试数据的均方根误差 $RMSE = 0.0339$，R^2 拟合结果为 0.8174。这个误差范围在铝电解槽生产中是可以接受的，而且预测数据基本可以拟合实际数值的变化趋势。由此可见，在铝电解槽运行平稳的情况下，这一方法可以准确预测出铝水平和摩尔比的值，从而方便生产人员有效掌握槽况发展趋势。

6.1.8 槽况分析

完成铝水平和摩尔比的预测之后，依据结果对槽况进行分类。预测数据中的部分实际槽况和预测槽况见表 6.10。

表 6.10 部分实际槽况与预测槽况

日期	铝水平	摩尔比	实际槽况	预测摩尔比	预测铝水平	预测槽况
2009/9/18	23	2.51	低，中	22.855	2.490	低，中
2013/8/6	26	2.44	中，中	26.257	2.427	中，中
2013/4/6	26	2.4	中，中	26.023	2.422	中，中
2016/1/4	28	2.57	高，中	28.372	2.527	高，中
2012/3/20	26.5	2.42	中，中	26.504	2.426	中，中
2012/3/12	26.5	2.41	中，中	26.290	2.427	中，中
⋮	⋮	⋮	⋮	⋮	⋮	⋮
2010/7/18	26	2.27	中，低	25.712	2.340	中，中
⋮	⋮	⋮	⋮	⋮	⋮	⋮
2013/4/7	26.5	2.44	中，中	26.527	2.513	中，中
2012/3/13	26	2.39	中，中	26.315	2.393	中，中
2009/7/21	24	2.75	低，高	23.938	2.757	低，高
2009/9/19	22.5	2.37	低，中	22.531	2.383	低，中
2012/3/21	27	2.42	中，中	26.091	2.419	中，中
2012/7/28	25.5	2.42	中，中	26.212	2.469	中，中

在 120 个预测数据中，实际槽况囊括了全部五种槽况，其中，中铝水平、中摩尔比槽况 107 个，高铝水平、中摩尔比槽况 3 个、中铝水平、低摩尔比槽况 3 个，低铝水平、高摩尔比槽况 2 个，低铝水平、中摩尔比槽况 5 个。

根据预测结果（见表 6.11）显示，只有 2010/7/18 的中铝水平、低摩尔比槽况错误预测为中铝水平、中摩尔比槽况（摩尔比实际值为 2.27，预测值为 2.340），异常槽况（除中铝水平、中摩尔比以外的槽况）的预测精确率高达 100%（训练数据中异常槽况预测的精确率为 95.83%），召回率为 92.31%（训练数据中异常槽况预测的召回率为92%）。这一结果基本满足生产过程掌控槽况需求。

表 6.11 槽况预测结果

混淆矩阵表		真实类别	
		正常槽况	异常槽况
预测类别	正常槽况	107	1
	异常槽况	0	12

6.2 电解槽寿命研究

6.2.1 概述

6.2.1.1 意义

随着智能化在工业生产中的普及，数据存储、计算机网络及自动控制系统得到广泛的应用，在自动化生产过程，先进的计算机控制技术使得各项工艺参数的监控和管理得以实现，产生大量的历史数据得以存储。以铝电解行业为例，平均 100 台电解槽，每天大约可以存储 70000 条数据。数据是实际生产过程的动态体现，其中隐含许多的客观规律，在数据分析领域，很多时候数据是充分的，如何解读提取信息的价值才是人们面临的挑战。"数据丰富、信息匮乏"是人们面临的一个问题。

在生产过程中，各因素共同影响着电解槽的发展，从物料平衡到能量平衡，再到流体动力、电磁场及力学性能等各种现象共同作用于电解生产，在这样一种复杂的环境下，工艺人员通过设置合理的工艺参数范围，使得生产过程得以正常的进行，然而即便是这样，铝电解槽的寿命依旧是一个不稳定的因素，寿命短的可能只有几百天，寿命长的可以到达三千多天。电解槽的寿命一直是铝厂关注的重点，从材料的选择到启动焙烧方式的优化再到规范的参数及智能控制技术的运用，都为寿命的延长提供了支持。在电解生产过程中，海量的历史数据中包含了一个个电解槽的生产状态变化，以及重要参数的趋势动向，蕴含着电解槽的状态信息甚至是寿命信息，如何从中利用有用的数据，发现其中潜藏的规律并应用到寿命预测中，并基于历史数据对状态不良的电解槽提供可靠的技术改善和决策支持对日常生产有重要的意义。

电解槽生产的日报数据和月报数据等是铝厂管理的分析来源，基于这部分数据的分析与理解，人们制定了日常生产的工艺参数范围。目前电解槽寿命长短各异，国内水平低于国外先进水平，电解槽长时间稳定生产的背后，一定有其科学的管理支撑，通过数据分析技术，综合地考察研究数据的特征，才能延长寿命，实现电解槽的稳定生产。铝电解行业中，对于寿命的研究一般集中在材料选择、槽体设计等因素，鲜有文章从历史数据的角度对寿命的发展过程加以分析和描述，目前生产决策人员对电解槽的管理依然停留在人工经验上，不能够充分地利用隐藏在生产数据中的有用信息和规律，致使很多不必要的损坏发生，因此，基于历史数据对寿命过程进行分析有重大的意义。

6.2.1.2　铝电解槽寿命的研究现状

目前对于电解槽寿命的研究大多从材料选择、筑炉质量、焙烧启动管理、炉膛设计、材料选择、后期管理等方面入手。这些因素对于寿命的影响比重为：槽型结构设计 20%，筑炉工艺技术 20%，材质选择 10%，焙烧启动方法 25%，生产管理 25%。虽然从工艺参数及日常管理角度对电解槽寿命做探讨，但是缺乏不同寿命电解槽之间的对比分析，忽视了历史数据及数据分析在寿命分析诊断中的作用。

A　钠对阴极炭块的渗透

炭素材料构成了电解槽的阴极，不同的炭素材料对钠的吸附程度也不同，钠的渗透主要发生在电解槽的启动初期，在启动初期阶段，阴极炭块温度较低并且存在底部温度梯度，致使钠不断渗透，引起阴极炭块破损开裂。部分学者通过对钠渗透的研究总结：对于低温启动的电解槽，出现阴极剥落的情况的概率明显偏高。温度、摩尔比及氧化铝的浓度综合影响着钠的侵蚀作用，低温环境下破坏显著，高温则影响较小。

B　铝液及电解质的渗透

由于炭素材料存在着裂缝和孔洞，铝液和电解质不断下渗并侵蚀炭素材料，碳和铝反应生成的 Al_4C 造成了阴极炭块的损坏，同时铝液在一定程度上熔化钢棒，发生化学反应而生成铝铁合金，同时在电流的影响下，也会生成铝硅铁合金。

C　焙烧启动的影响

将阴极烧结成一个整体的过程称为焙烧，在启动和运行之前，都要进行焙烧操作来使得温度达到生产的需求。在焙烧过程中，炭块通常会产生开裂，这是由于温度梯度的影响致使阴极膨胀不均匀，这在一定程度上导致了阴极破损进而影响了电解槽的运行寿命。研究表明在 500℃ 到 1000℃ 的环境下，炭糊的膨胀率是 0.4%，而半石墨质炭块膨胀率为0.8%，膨胀率的不同必将造成空隙的产生，这也导致了很多电解槽过早的结束运行寿命。

D　电解槽的结构设计

与槽寿命息息相关的首先是电解槽的结构，优良的电解槽结构，可以使得很多问题，如应力问题、热平衡及磁流体的稳定问题在生产之初就得到良好的解决，为后续的监控和生产控制提供良好的基础，使得电解槽可以稳定的生产，从而寿命得到大大的延续。

E　筑炉质量及原材料

电解槽阴极破损是影响电解槽寿命的主要因素之一，其中筑炉材料的优劣有很重要的影响，特别是构成电解槽槽膛的炭素材料、铝液及电解质等都直接在其中发生反应，其抗侵蚀能力、机械强度、抗热冲击能力、导电性等都对电解槽的寿命有重要的影响。

F　后期管理

后期管理主要从温度平衡及物料平衡的角度进行管理。温度一方面影响着电流效率，同时还影响着内衬的结构。在温度较高的情况下，炉帮很难形成，同时加速电解质的渗透作用，使得电解槽底部碳化铝在这样的情况下更容易形成，在焙烧阶段产生的裂缝将进一步增大，同时增加了炭块剥落的概率。同时较高的温度将加剧侧壁的冲刷侵蚀，使得电解槽内衬进一步被破坏，侧壁的破坏导致了电解槽侧壁发红，降低了电流效率，导致漏炉的发生。

6.2.2 铝电解槽特征子集选择

6.2.2.1 铝电解生产数据预处理

A 铝电解生产中的数据特点

铝电解生产中的数据特点有:

(1) 空缺值较多。铝电解生产所积累的工业数据主要分为两种,即自动化设备自动记录和人为测量,后一部分的数据在测量过程中可能存在着误差,同时由于各工艺参数测量周期的不同,电解槽工艺参数数据集必然存在许多的空缺值。

(2) 多变量。铝电解的生产过程是一个多变量控制的过程,多种工艺参数相互影响,互为因果,共同影响着电解槽的发展。这些变量不是独立存在的,在特定的时期甚至存在着较强的相关性,这导致了变量间的冗余,同时在这个复杂过程中,由于变量间的相互影响,使得单一变量难以被概括量化,导致了分析难度的增加。

(3) 影响因素复杂。铝电解生产过程中,由于生产环境和人为因素的影响,导致生产中存在着大量的噪声数据。同时生产过程中很多机理仍不明朗,各种影响因素之间的关联、制约、协同等关系不够清晰。

(4) 时间相关性。铝电解的生产数据是以日报或月报存在的,数据大都与时间有一定的关系,使得电解槽的生产数据具有一定的时间序列特性,在分析过程中,可以借鉴时间序列的分析方法。

B 数据预处理

数据预处理是数据分析之前必不可少的部分,主要包括数据清洗过滤、数据变换及数据规约。由于计算机自动存储时存在网络的丢帧及实际采样间隔等因素所产生的数据空缺是不可避免的,同时为了满足时间序列部分分析中序列等长性的要求,空缺值的处理是不可避免的,针对电解槽中空缺值的问题主要采用均值填充。电解槽的生产过程属于一个渐变的过程,因此参考一个时段内的均值来近似的代替缺失值,一般采取数据前后 7 天的数据,取均值作为这个空缺值的替代数据。

铝电解槽数据中不同工艺参数的跨度迥异,例如出铝量的数值在千量级,而槽电压数据却只在小数位波动,如果不加处理的依据欧氏距离进行相似性度量,那么有用的数据将被数值较大的数据所掩盖,从而使得数据分析本身失去了意义,因此在多元分析之前,数据的去量纲处理不可忽视,不同量纲数据处理方法有:

(1) 标准化。适用于大部分数据,可以将数据变化到均值一定、方差一定的序列。

$$s_i = \frac{x_i - \bar{x}}{\sigma \cdot x} \tag{6.11}$$

(2) 功效系数法。功效系数法将指标变成一个介于 60 和 100 之间的实数,以此来统一量纲。

$$z_i = \frac{x_i - x_{min}}{x_{max} - x_{min}} \times 40 + 60 \tag{6.12}$$

6.2.2.2 特征选择过程

对于铝电解槽寿命数据来说,特征选择意味着从已有的诸多特征如摩尔比、槽电压、铝水平、温度、出铝量等信息中,选择最有价值能表征寿命信息的特征组合,剔除掉冗余的信息，使得表征寿命的信息更加精细与准确。与特征选择相对应的方法还有特征提取，特征提取则是从另外一个方面表示原有的数据信息，它将数据通过不同的映射关系，变换到不同的维度空间中，以求反映原始信息的特征。

特征提取把数据进行相应的转换（如 PCA），改变了原始数据的表示，对于数据的理解产生了一定的影响，改变的数据无法像采集的原始数据那样直观地反映现象，使得数据变得难以直接理解。而特征选择是从已有的特征集合中选择出最能反映所研究问题的最优特征子集，可以显著地改善识别模型和分类模型的可理解性，以达到更好的效果。

A 特征选择过程

特征选择的过程（见图 6.17）包括"特征子集的产生""子集评价""终止条件"和"结果验证"四个部分。其中"子集生成"定义了最优子集在候选子集中的搜索策略，它包括完全搜索、启发式搜索、随机搜索、混合搜索。而"子集评价"则决定了如何从生成的子集中选择最优特征。同时根据数据集是否含有类别标签特征选择又分为有监督的特征选择和无监督的特征选择。

B 特征选择的子集评价与相似性度量

特征子集的选择主要涉及两个方面，一是特征子集的评价标准，它是选择的关键，定义了特征子集的选择标准及搜索方向，不同的评价准则各有自己的侧重点，选择不同的评价标准相应的也会有不同结果；二是时间序列的相似性度量，它是评价标准的核心，工艺参数变化的最终是以时间序列的形式体现，因此对于序列的比较的就显得尤其关键。常用的子集评价标准有：

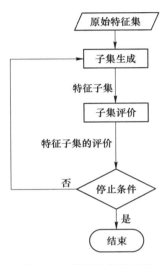

图 6.17 特征选择的过程

（1）距离度量。距离度量通常依据特征数据在多维空间中的距离评价特征之间的相似程度。距离度量的假设前提是：优秀的特征子集应该使得同一类别中样本尽可能地相似（空间距离尽可能的小），同时不同类别的样本之间尽可能地存在差异（空间距离尽可能的大）。

（2）信息度量。信息度量通常采用信息增益和互信息进行衡量[7]。信息增益的定义为先验不确定性与期望的后验不确定性的差异，它可以有效地选择关键特征，剔除无关特征。互信息定性地描述了两个随机变量的依存关系，尽管有多种度量方式，但都是为了从已有特征集合中选择出与类别相关性最大，同时子集特征之间的冗余度最小的特征集合。目前一种泛化的信息度量标准为：

$$J(f) = \alpha \cdot g(C, f, S) - \delta \qquad (6.13)$$

式中，f 为候选特征；C 为类别；S 为已选择的特征子集；函数 $g(C, f, S)$ 描述了三者之间的信息量；α 为调控系数；δ 为惩罚因子。

（3）依赖性度量。有许多统计相关系数，如皮尔逊相关系数、概率误差、Fisher 分数、线性可判分析等被用来描述特征相对于类别可分离性间的重要性程度。

在对不同时间序列的研究中，相似性度量方法有重要作用，一个好的度量标准是进行序列分类、查询、预测的前提，是分类、分析异常、聚类研究的核心问题。

C　时间序列的相似性度量

时间序列的相似性度量有：

（1）皮尔逊相关系数。皮尔逊相关系数（见式（6.14））是线性相关的经典度量，它描述时间序列对应时刻的相关关系。但是它只能度量线性相关，无法准确描述非线性相关关系，并且它只适用于分析平稳时间序列，不适用于分析均值和协方差随时间推移而变化的非平稳时间序列。

$$r = \frac{1}{N\sigma(x)\sigma(y)} \sum \left[x(i) - E(x) \right]\left[y(i) - E(y) \right] \qquad (6.14)$$

（2）互信息的度量。对于两个时间序列特征，它们的相关程度也可以用互信息来度量，熵反映了两序列间的相似程度，度量了信息之间的非线性依赖关系。同时互信息对于数据有一定的柔韧性，对于离群数据不敏感，用来度量相对较短和具有噪声的时间序列具有一定的优势。

（3）动态时间卷曲方法。日本学者提出的动态时间卷曲方法常用于音频信号的处理，它通过将时间规整和距离测度的结合，采用动态规划技术，衡量两个长度不等的时间序列的相似性程度。

对于有监督的特征选择过程，子集的评价过程常常就是验证子集对于标签分类正确率的过程；而对于无监督的特征选择过程，由于没有标签，只能在没有标签信息的情况下来表示最有效的原始特征。目前主要研究的重点在特征之间关系层面上进行选择，这里用到最大相关最小冗余的特征选择算法，就是基于特征之间性质的一种特征选择算法。

D　基于最大相关最小冗余（mRMR）的特征子集选择

在铝电解槽众多的工艺参数中不可避免地存在冗余，部分数据之间具有相关性，同时也有部分数据与寿命的变化过程会表现出不相关性，上述原因及复杂的工艺过程和各种影响因素，使得从全部工艺参数层面去比较分析不同电解槽的区别是不现实的，也难以达到良好的效果，所以基于数据的特征选择就显得尤其重要。在特征选择的研究中，基于最大相关最小冗余选择策略的算法（以下简称 mRMR 算法）表现出了突出的优势，它从特征之间的重要度及相关程度来度量子集的优劣，选择能最大程度上概括原始数据，同时特征间冗余度较低的特征组合。

对于一个包含 m 个特征 n 个样本点的数据集，定义：

候选的历史数据集合　　　　$D\{f_1, f_2, \cdots, f_m\}$

最优特征子集　　　　　　$S\{f_1, f_2, \cdots, f_t\}$ 　　$(t < m)$

铝电解的生产数据集　　　　$f_m = \{x_1, x_2, \cdots, x_n\}$

式中，f_m 为电解槽的 m 个工艺参数；n 为电解槽的运行天数（样本个数）；x_n 为电解槽在第 n 天第 f_m 工艺参数的值。

两个时间序列特征的互信息值记为 $multi\_Info(f_i, f_j)$。

特征的相关性度量：

$$Rel(f_i) = \frac{1}{n} \times \sum_{j=1}^{n} \left[multi\_Info(f_i, f_j) \right] \qquad (f_j \in D) \qquad (6.15)$$

一个特征的重要程度定义为该特征与其他特征互信息的平均值。从数据的角度来讲，一个特征如果特别的重要，那么它在一定程度上可以很大地削减其他特征的不确定性，相应的它们的互信息值就会比较大，如果它对于每个特征都有一个较大的互信息值，那么这个特征就是一个特别重要的特征，即如果只选择一个特征的情况下，该特征可以提供的信息是所有特征中最多的。

特征的冗余性度量：

$$Rev(f_i) = \frac{1}{t} \times \sum_{j=1}^{t} \left[multi\_Info(f_i, f_t) \right] \qquad (f_t \in S) \qquad (6.16)$$

在将最大重要性的特征进行按序排列的过程中，只关注了特征的重要程度，而相关的特征间不可避免地存在着冗余的信息，将冗余信息引入分析过程中，不可避免地会带来干扰。因此在特征选择的过程中，最优的子集不但要满足最大相关，还要使得特征之间冗余性最小，即在之后的选择特征中，在原始集合里该特征是很重要的，并且将它加入最优子集时，最优子集的冗余性也是相对较小的，即它与最优子集中各特征的相关性的均值较小。

最大相关最小冗余的判断准则为：

$$\max \phi(S, D) \qquad (6.17)$$

其中

$$\phi = Rel(S) - Rev(D)$$

特征选择的过程即是选择最大化 $\phi = Rel(S) - Rev(D)$ 的过程。

最大相关最小冗余算法流程图如图 6.18 所示。

6.2.2.3 铝电解槽数据集的特征选择

A　特征冗余对于数据分析的影响

特征冗余在数据分析中的弊端是显而易见的，这里通过不同的数据集展示特征冗余对于分析结果的影响。电解槽寿命序列虽然在整个寿命周期某一工艺参数的数据可达几千天

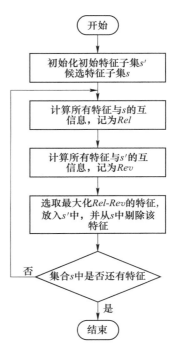

图 6.18　最大相关最小冗余
算法流程图

之久，但是却很难有一个评价标准来度量其发展过程，如果采用电解槽寿命时间序列，那么对于结果的验证将需要大量的数据，而完整的多电解槽寿命数据获取有一定的难度，在这里采用 UCI 标准数据集进行测试，数据集选择为"audiology"和"lung-cancer"[8]。

数据集"audiology"和"lung-cancer"的特征数目、数据样本数及分类数见表 6.12。

表 6.12　数据集的基本信息

数据集	特征数	数据样本	分类数
audiology	67	225	24
lung-cancer	56	32	2

首先对两个数据集的特征通过最大相关最小冗余原则进行排序，产生排序后的特征序列，即 $F = \{f_1, f_2, \cdots, f_n\}$（其中，$f_n$ 表示排序后的位于第 n 位置的特征）。依次选择前 n 个子集 $S\{f_1, \cdots, f_i | (i = 1, 2, \cdots, n)\}$，对于数据集应用所选择的不同特征子集进行简单的分类，统计随着特征的添加数据集分类准确率的变化，两组数据集分类准确率随着特征添加的变化如图 6.19 所示。

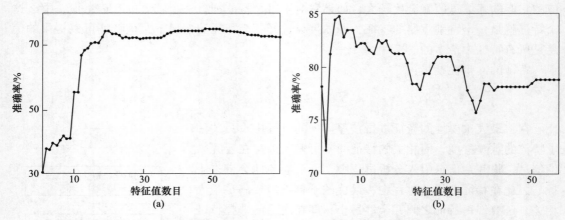

图 6.19   数据集 audiology(a)和 lung-cancer(b)分类准确率

对于 audiology 数据集，随着特征数目的增加，数据集分类的准确率迅速地提高，当特征维数增加到 20 左右时，此时的特征数已经完全能够达到全特征集合添加时的分类准确率，随着特征数继续的添加，数据集的分类准确率出现波动，有一个缓慢的下降趋势，这可能是由于无关或者冗余特征的引入而引起的。

对于 lung-cancer 数据集，它的结果则更加的极端，使用少数的数据集分类的准确率明显地优于特征更多时的分类率，这可能与特征集的分类类别有关，lung-cancer 数据集的分类类别很少，只有是与否两种。在分类类别较小的情况下，冗余特征的引入，使得分类问题失去了方向，引起了机器学习中经常出现的特征稀疏问题，少量特征所带来的清晰分类逐渐被冗余及无关特征稀释，致使分类效果下降。对比 audiology 数据集可以发现，当所要分类的类别数多时，较多的特征集合可以从多角度度量分类，所以分类的结果不会明显变坏，但是精简的数据集也可以达到同样的准确率。

综上可以发现，在通常情况下，相互独立而精简的数据集在一定程度上能够表示事物发展的过程，在分类准确率上能够达到全特征集合所达到的效果，同时冗余特征或无关特征的引入会引起分析效果下降。

B   铝电解数据集的特征选择

由于电解生产中工艺参数数据繁多，若在分析过程中，对所有的数据全部分析，不仅费时费力，有时过多的冗余数据也将使得特征的推广能力下降，从而使分析失去意义。因此，将基于互信息的特征子集选择算法应用在铝电解的生产数据分析中，选择最优的特征子集作为综合分析的关键数据。

a   数据选择

选取 5 个电解槽的生产日报数据，寿命时长分别为 2520 天、2477 天、2070 天、2067 天、2154 天。共采集了 17 维数据，其中包括了电流、设定电压、工作电压、摩尔比、氧化铝浓度、铝水平、电解质水平、下料量等工艺参数数据，各个工艺参数以天为采样间隔采样获取。对缺失数据进行均值替换，同时由于部分工艺参数数据在电解生产的前 70 天是没有数据的，因此在计算过程中，选择数据的第 70 天到最终寿命结束的时段，鉴于不同数据集的量纲不同，数据分析之前对数据进行标准化处理。

b　铝电解槽数据的子集选择

对于铝电解槽生产数据，集合 S 为：

$$S = \{电流, 铝水平, 电解质水平, \cdots, LiF, 下料量\}$$

最优特征子集定义为 S'。最优特征子集的选取首先要确定初始的特征子集，数据分析不能脱离实际过程，单纯从数据的角度出发，而忽略日常生产中积累的经验，是数据分析中的一大误区。基于电解生产中的能量平衡、物料平衡等关键影响因素，以及现代铝电解生产过程中四低一高的生产指标，初始子集中选择摩尔比、电压及氧化铝浓度，即：

$$S' = \{设定电压、摩尔比、氧化铝浓度\}$$

首先计算各个工艺参数相会之间的互信息，互信息定义如下：

$$MultiInfomation = \frac{1}{n} \sum_{j=1}^{n} multi\_Info(f_i, f_j) \tag{6.18}$$

其中，
$$multi\_Info(f_i, f_j) = H(f_i) - H(f_i \mid f_j)$$
$$H(f_i) = - \sum_{f_i} P(f_i) \log P(f_i)$$
$$H(f_i \mid f_j) = - \sum_{f_i} P(f_j) \sum_{f_i} P(f_i \mid f_j) \log P(f_i \mid f_j)$$

这个互信息集合反映了特征集合的相关性，图 6.20 是以 2520 天电解槽数据为例展示的各工艺参数与候选集合中其他特征的相关程度，记作 Rel。

图 6.20 中时间序列编号分别对应了电流、设定电压、工作电压、日均电压等 17 个工艺参数数据。从图中反应的情况可以看出基于互信息理论，电流、工作电压及氟化锂在候选子集中对于其他特征的影响最显著，它们的出现使得候选子集其他特征的初始不确定性显著下降。

然后计算 S 候选集合中每个特征与当前最优子集的互信息，这个互信息集合反映了特征对于当前最优子集的冗余性，记作 Rev，其值越高冗余度越强。以 2520 天电解槽为例，展示了特征间的冗余。图 6.21 展示了当初始子集选择为摩尔比时各个工艺参数与其相关程度，图 6.22 展示了当初始子集选择为设定电压、摩尔比、氧化铝浓度时各个参数与该集合的综合相关程度。

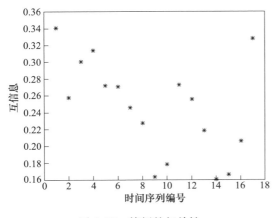

图 6.20　特征的相关性

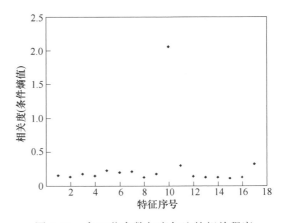

图 6.21　各工艺参数与摩尔比的相关程度

图 6.22 中编号为的 10 特征序列代表了摩尔比，可以看出它与自身序列有着非常高的

相关度，图 6.22 中 4、10、15 特征序列分别对应着电压、摩尔比和氧化铝浓度，由于子集中包含这三个特征，因此它们与子集的相关度最高，这也间接证明了相关度度量的准确性，实际在特征子集选择的过程中并不考虑特征与自身的相关度比较，这里为了方便讨论而进行了比较。按相关度顺序排列，特征序号的前六个分别为序号 10、17、11、5、7、6，对应的工艺参数分别为氟化锂、氟化钙、下料量、电解质水平、铝水平。

对于一个特征，希望它在特征子集中，最具有代表性，同时子集中特征之间的冗余最小，因此定义 $\phi = Rel - Rev$，当 Rel 较大、Rev 较小时，即表达式取最大值时可以取得当前候选集合中最优的特征，在这里也可以相应地调整冗余度与相关度的权重，以突显结论在冗余度与相关度之间的比重，冗余度与相关度的比重选择为 1∶1。mRMR 处理后各工艺参数的评估值如图 6.23 所示。

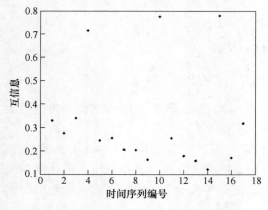

图 6.22   各工艺参数与摩尔比、工作电压、   图 6.23   mRMR 处理后各工艺
　　　　　氧化铝浓度子集的相关程度　　　　　　　　　　　参数的评估值

将所能收集到的 17 维数据，按照最大相关最小冗余的策略进行了顺序排序，排序越靠前的数据表明了它可以在最大程度上代替其他的数据，同时在它们组成的特征子集中，特征之间的冗余性又是最小的。通过最优特征子集，在全寿命中各参数的走势及各工艺参数的组合变化提供很大的准确度和合理性。表 6.13 展示了 5 个电解槽的前 8 个最优子集的排序情况。

表 6.13   5 个电解槽的子集排序

槽号	2520	2477	2070	2067	2154
1	设定电压	设定电压	设定电压	设定电压	设定电压
2	氧化铝	氧化铝	氧化铝	氧化铝	氧化铝
3	摩尔比	摩尔比	摩尔比	摩尔比	摩尔比
4	氟化锂	氟化锂	氟化锂	氟化锂	氟化锂
5	铝水平	铝水平	氟化钾	铝水平	硅
6	氟化钾	工作电压	下料量	日均电压	下料量
7	日均电压	出铝量	日均电压	氟化镁	氟化镁
8	电解质水平	氟化钾	氟化镁	氟盐下料量	氟盐下料量

通过表 6.13 可以看到，不同的电解槽所选择的最优集合也不是完全相同，但是总体上有一定的相似度，因此统计各个工艺参数在 5 个电解槽各特征的综合排序值，按大小依次排序，以氟化锂工艺参数为例，它在 5 个电解槽中排序位置分别为 5，4，4，4，4，因此它的综合排序值为这 5 个数的均值 4.2，依次计算其余各个工艺参数的排序值，并按顺序排列，就得到最终的特征子集排序结果，最优前 5 个的特征子集为设定电压、摩尔比、氧化铝浓度、氟化锂、铝水平。5 个电解槽特征子集综合排序结果见表 6.14。

表 6.14　5 个电解槽特征子集综合排序结果

初始类别	特征排序序号	工艺参数
初始特征子集	1	设定电压
	2	摩尔比
	3	氧化铝浓度
候选子集	4	氟化锂
	5	铝水平
	6	氟化镁
	7	日平均电压
	8	下料量
	9	硅
	10	氟化钾
	11	氟盐下料量
	12	氟化钙
	13	出铝量
	14	电解质水平
	15	电流
	16	铁

在后续的分析过程中，选择前六个特征作为综合分析的对象。

6.2.3　寿命时间序列时域分析

电解槽的生产过程很复杂，它表现出非线性、多层次、多尺度等特性。电解槽的寿命也就是整个电解槽的生产时间，从时间角度来讲，寿命体现在随着运行时间的增长各个工艺参数的波动变化。当各个指标出现异常或者某些工艺参数已经超出生产可控的范围，致使生产难以进行时，也就意味着设备寿命的终结。电解槽随着生产的进行，设备不可避免地进行着损耗，虽有优良的工艺设计及合理的生产管理可以延缓损耗，但是从整体上来讲损耗是不可逆转的，而这个过程就体现在日常生产的数据的波动中。因此寿命时间序列的多角度分析对于理解影响寿命因素的分析至关重要。对于设备寿命的分析，时间序列分析有着直观和准确的优点，在可得到的信息既有限又富有波动时，可通过数据分析，研究生产过程中工艺参数变动特征。从历史数据分布、趋势分析、波动分析及槽况聚类分析四个角度综合考察不同寿命电解槽各工艺参数的差异，深入地分析工艺参数数据在电解槽寿命发展过程中的变化。

6.2.3.1　工艺参数时间序列的变化分析

电解槽的工艺参数数据是典型的时间序列，随着数据行业的发展，基于数据驱动的方法得到深入发展，为研究复杂系统提供了重要手段。时间序列在一定程度上反映了复杂系统在低层次上的动态信息，近年来通过对时间序列分析的探讨和研究表明，复杂系统的时间序列分析在数据分析中的影响力越来越大。

时间序列的基本统计特征包括平稳性、线性、遍历性等。这些统计特征在不同层面上度量了数据集的特点，基于这些统计特征分析数据在整个生命周期中的分布变化及不同寿命电解槽之间的差异，将会对电解槽的理解更加深刻。如何全面衡量数据之间的差异，即不同寿命电解槽生产过程中的差异，首要的问题是数据的表示，即从不同层面、不同角度、多方面的展示数据。

A　数据分布分析

数据的分布对于过程分析有一定的意义，从数据分布中可以看到数据重心的演变趋势及偏移变化。在铝电解行业，基于历史数据的分布发展的偏移分析系统也得到应用，在提高铝电解生产管理质量中起到了一定的作用。优秀电解槽在其生产过程必然隐含着某些优秀的特征，这些特征就表现在日常数据中，对于数据分布进行考察对比，在一定层面可以揭示寿命的影响因素。

在很多统计问题中，需要由样本去估计总体的概率分布函数，核密度估计（kernel density estimation，KDS）是一种非参数的估计方法，在未知分布的情况可以有效的获取数据集合的分布情况[8]。

KDS 的一般定义为：

$$f(x) = \frac{1}{n \cdot width} \sum_{i=1}^{n} K\left(\frac{x - X_i}{width}\right) \tag{6.19}$$

式中，$width$ 为窗宽；K 为核函数；X_1，X_2，$\cdots$，X_n 分别为选取的样本。

KSD 依据邻域内落入点与 x 距离的远近来确定贡献值，进而估计总体的概率分布。

B　趋势分析

在生产过程中，工艺参数的变化过程有时会呈现一定的趋势，趋势表征了生产过程的发展状态，在很多时候趋势的变化方便了对生产的理解。例如在生产过程中，如果发生了钢棒熔解的问题，由于电解质中熔解了铁，因此在电解质中铁的含量会有一个明显的上升趋势。很多时候某些异常或者不为人知的影响因素的突然产生会使得电解槽原有的稳定趋势发生变化，使得电解槽的状态从一个稳态开始向另一个稳态过程过渡，这些变化都呈现在数据的趋势之中，因此对于电解槽数据的变化趋势的分析具有重要意义。目前常见的趋势分析方法有：加权移动平均值法、最小二乘曲线拟合，也有部分学者根据经验模态分解的方法从整体提取数据的发展趋势[9]。

时间序列趋势分析的主要工作之一是对时间序列数据的平滑处理，滑动平均是趋势拟合技术中最常用的方法，它本身相当于一个低通滤波器，用已知时间序列的平滑值来表示变化的趋势，其数学表示为：

$$\hat{u}_j = \frac{1}{k} \sum_{i=1}^{k} x_{i+j-1} \qquad (j = 1, 2, \cdots, n - k + 1) \tag{6.20}$$

式中，k 为滑动长度。

但是对于很多数据集，它们的趋势在趋势图中并没有那么直观，人为的判断很难得出结论，此时可以使用统计检验方法。Mann-Kendall 检验（以下简称 mk 检验）是统计检验中最常用的一类方法，它是一种非参数统计检验方法，它对样本的假设前提要求较低，不受样本分布限制，对异常值不敏感，适用于顺序变量，同时计算方便。结合统计检验方法，可以在寿命分析中判断某时间段内数据的趋势变化。

原假设时间序列数据 $H_0 = \{X_1, X_2, \cdots, X_n\}$，备择假设 H_1 是双边检验，对于所有的 k, $j \leqslant n$，且 $k \neq j$，检验的统计量 S 计算如下式：

$$S = \sum_{k=1}^{n-1} \sum_{j=k+1}^{n} Sgn(X_j - X_k) \qquad (k, j \leqslant n; k \neq j)$$

其中

$$Sgn(X_j - X_k) = \begin{cases} +1, & (X_j - X_k) > 0 \\ 0, & (X_j - X_k) = 0 \\ -1, & (X_j - X_k) < 0 \end{cases}$$

S 为正态分布，其均值为 0，方差 $V_{\alpha r}(S) = n(n-1)(2n+5)/18$。当 $n \geqslant 10$ 时，标准的正态系统变量通过下式计算：

$$Z = \begin{cases} \dfrac{S-1}{\sqrt{V_{\alpha r}(S)}}, & S > 0 \\ 0, & S = 0 \\ \dfrac{S+1}{\sqrt{V_{\alpha r}(S)}}, & S < 0 \end{cases}$$

在 α 置信水平上，如果 $|Z| \geqslant Z_{1-\alpha/2}$，则原假设是不成立的，即在 α 置信水平上，时间序列数据存在明显的上升或下降趋势。对于统计量 Z，如果 $Z > 0$ 那么曲线呈上升趋势；$Z < 0$，曲线呈下降趋势。其中置信水平 90%、95%、99% 的显著性检验对应的 Z 值分别为 1.28、1.64、2.32。

当 mk 检验用于检验序列的突变点时，检验统计量将有所区别，构造秩序列：

$$S_k = \sum_{i=1}^{k} \sum_{j=1}^{j-1} \alpha_{ij} \qquad (k = 2,3,\cdots,n; 1 \leqslant j \leqslant i)$$

定义统计变量：

$$UF_k = \frac{[S_k - E(S_k)]}{\sqrt{V_{\alpha r}(S_k)}} \qquad (k = 1,2,\cdots,n)$$

其中

$$E(S_k) = k(K+1)/4$$
$$V_{\alpha r}(S_k) = k(k-1)(2k+5)/72$$

UF_k 为标准正态分布，给定显著性水平 α，若 $|UF_k| > U_{\alpha/2}$，则表明序列存在明显的趋势变化，将时间序列 x 按逆序排列，再按照上式计算，同时使

$$\begin{cases} UB_k = -UF_k \\ k = n+1-k \end{cases} \qquad (k = 1,2,\cdots,n)$$

通过分析统计序列 UF_k 和 UB_k 可以进一步分析序列 x 的趋势变化，而且可以明确突变的时间，指出突变的区域。若 UF_k 值大于 0，则表明序列呈上升趋势；UF_k 值小于 0 则表明呈下降趋势；当它们超过临界直线时，表明上升或下降趋势显著。如果 UF_k 和 UB_k 这两条曲线出现交点，且交点在临界直线之间，那么交点对应的时刻就是突变开始的时刻。

C　波动分析

电解槽的生产过程要求高效与稳定，高效保证了电解槽的经济性，力求在最小投入的情况下获得最高的经济效益，而稳定则是从长久的角度衡量生产，各项工艺参数的设定从本质上讲就是为了维持一个平稳持久的生产环境，一个稳定的生产环境对于电解槽寿命的延长有着重要的意义，一旦平衡遭到破坏，就很容易引起电流的分布紊乱，引起热槽、炉帮破坏等异常，影响阴极内衬的寿命。

波动通常是系统所具有的固有特征，在一个动态的系统中，波动是这个动态过程的一种外在表征。但是波动作为一个过程，也应该被重视，正常的波动是系统运行的正常体现，它反映了正常生产中物料平衡及能量平衡；但是在波动的发展过程中也存在着异常现象，它表现为数据的波动明显区别于其他时候的值，或者一个较大幅度的波动一直存在，而没有日渐消失。在波动的积累过程中，生产状态可能从一个状态辗转到另一个状态，完成一个从量变到质变的转化，此时数据已经表现出异常的特征，波动本身也具有了破坏性，如果这种状态一直持续下去，波动所带来的损伤将严重的影响电解槽的寿命。

对电解槽参数在三日内的变化量进行分析，考察在给定的时间范围内各种参数分阶段的波动情况。

$$\omega = \frac{1}{\Delta n} \sum_{i=\Delta n}^{n} |u(i) - u(i - \Delta n)| \tag{6.21}$$

式中，Δn 为波动的时间范围；$u(i)$ 为时间序列。

6.2.3.2　多元时间序列聚类分析

k-means 算法具有简单高效的优点，对于多维数据，传统的分析方法很难发现多维数据之间的关系及发展模式，而聚类分析在这方面有着独特的优势。直观上会根据样本聚合程度来为样本划分类别，把相似的样本聚为一类，而把相异的样本归在其他类别中，数据的聚类分析技术就是在这种认知的技术上发展而来的。在对于寿命研究的问题中，利用采集到的工艺参数数据，通过数据聚类的方法，对于同一个电解槽分析在不同时期数据的变化情况，探究在整个寿命过程中，各个工艺参数的走势。对于不同寿命的电解槽，将分析它们在相同时间段内各个工艺参数的差异。

A　k-means 算法

聚类分析提供了一个研究序列关系的工具，对于许多没有类别标签的数据集，要对它们进行有效的分析，往往需要通过聚类的方法。聚类分析可以在一定程度上反映数据本身内在的特征，从数据的角度揭示事物在发展变化过程中的内在结构调整，更有效率地理解数据。在铝电解的数据分析中，许多学者通过使用不同的聚类方法试图探究铝电解槽槽况的划分，并取得了良好的效果。

k-means 算法属于原型聚类中的典型算法，它可以将由不同特征组成的数据集划分为预先设置的类簇数，并尽可能地使同类数据之间的差异较小，不同类中的数据之间差异较大。由于速度快，容易理解，广泛应用于各种研究中，如图 6.24 所示。

k-means 算法的特点及注意事项：

（1）数据的聚集程度取决于样本数据到聚类中心的距离，这种距离又依据度量标准的差异而细分。其中最常用的距离度量为欧氏距离的度量，对于任意两个序列 x、y，它们的欧氏距离定义见式（6.22），其中 d 表示数据的维度。

$$dis(x,y) = \left[\sum_{j=1}^{d} (x_j - y_j)^2 \right]^{\frac{1}{2}} \qquad (6.22)$$

距离越小，表明样本数据越隶属于该类别，距离越大，则反映了样本与该聚类中心的差异较大，在选择类别时，该数据点会依据与聚类中心的相近程度而被放在最接近的类别中。

（2）聚类的评价指标。k-means 算法的评价函数以误差平方和的形式体现。在聚类的过程中假定生成的聚类簇数为 n，这 n 个类簇的聚类中心分别为 $\{center_1, center_2, \cdots, center_n\}$，对于 m 个样本数据 x，定义 $x = \{X_1, X_2, \cdots, X_m\}$，那么聚类的评价指标为：

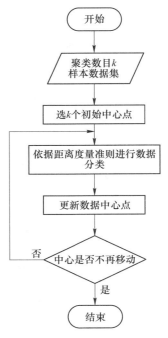

图 6.24 聚类算法流程图

$$Err = \sum_{k=1}^{n} \sum_{sample \in x} \| sample - center_i \| \qquad (6.23)$$

（3）算法设计中的停止标准。k-means 的停止标准是最小化表达式见式（6.23），然而这并不容易实现，找到它的最优解需要计算样本集合所有的类簇划分情况。因此，在 k-means 算法的设计中，停止标准的设定采用了贪心策略，即通过迭代优化来近似求解。在一遍遍的迭代更新中，聚类中心不断的变化，然后迭代继续，直至迭代更新后的聚类结果保持不变位置，算法返回最后的聚类结果。

B　k-means 算法中的优化参数

k-means 算法中的优化参数有：

（1）聚类中的相似性度量。聚类的目的就是将相似的数据或模式向量聚在一起，因此数据的相似性度量就成了聚类分析中的关键问题。在具体的问题中距离的度量通常需要依靠人的经验，如果选择的度量标准不符合实际的数据特征，那么很可能达不到理想的聚类效果。目前常用的距离度量方法有欧氏距离、余弦相似性、jaccard 系数，其中欧式距离最为常用，特别是对于聚合性及分离性比较好的数据集表现效果出众，但是对于复杂的数据集，它的表现不一，有时需要根据实际数据的特征进行加权处理。

（2）k 值的选择。k 值是聚类算法需要预先设定的聚类数目，它决定了聚类算法将要聚成的类数目，如果类数目设置过多，可能导致聚类结果过于细分而失去一般性，反之则过多非同一类的数据集被划分到同一类别中，而失去了聚类的意义。目前常用的选择 k 值的方法有依据人的经验设定、依据密度的选择方法、依据距离的选择方法，其中基于密度的选择依据数据集的数据分布，统计密度大于一定阈值的数据区域作为选择 k 值的依据；而基于距离的选择，则认为一个合适的 k 值应该能够在最大化类间距离的同时最小化类内距离。

（3）初始聚类中心的选择。k-means 算法的起始聚类中心是随机选择的，然后通过一遍遍的迭代，新加入类别中的点不断改变聚类中心的重心，最终形成最后的聚类结果。因此初始聚类重心的选择在一定程度上影响着聚类结果。合理地选择初始聚类中心，对于优化聚类结果有重要意义。目前常用的方法是多次聚类法，即先对数据集进行多次聚类，选择平均的聚类中心点，然后依次此初始聚类中心进行最终的聚类分析。也有人依据距离的方式选择初始中心，即选择的下一个聚类中心要与已知的聚类中心尽可能的远，这是基于最大化类间距离的选择策略。

6.2.3.3　工艺参数序列的变化分析

分析数据来源于某铝厂整个生命周期中 5 个不同寿命电解槽（见表 6.15）。

表 6.15　电解槽数据基本信息

电解槽	槽 1	槽 2	槽 3	槽 4	槽 5
运行时长/d	2520	2477	2067	2070	2154

通过工作电压数据来分析这 5 个电解槽在历史数据分布上的差异，图 6.25 分别展示了 5 个电解槽的主要工艺参数的箱型图。

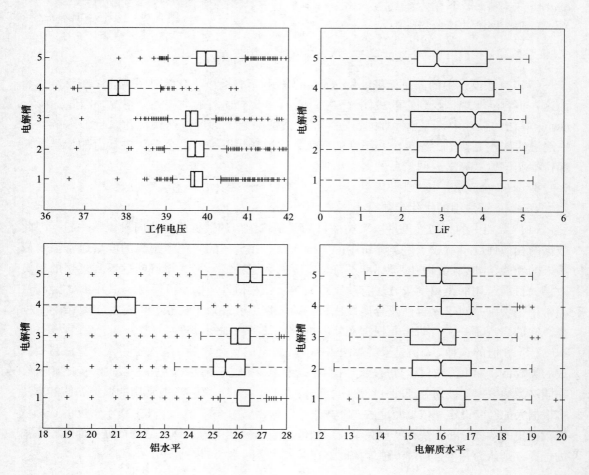

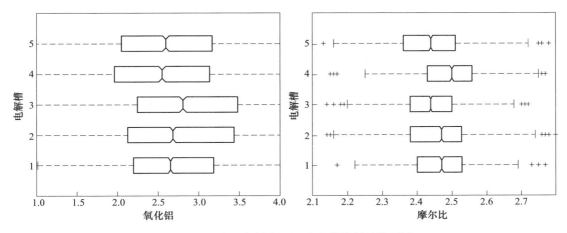

图 6.25　5 个电解槽主要工艺参数数据的箱型图

图 6.25 展示了 5 个电解槽的工作电压、LiF、铝水平、电解质水平、氧化铝浓度、摩尔比在整个寿命周期的分布情况，6 个箱型图每个图从底向上的 5 个箱型图分别代表了槽 1（2520 天）、槽 2（2477 天）、槽 3（2070 天）、槽 4（2067 天）、槽 5（2154 天）。图中的箱型方块的左右边界分别表示了样本 0.25 分位数和 0.75 分位数，箱子中间的竖线表示了样本的中位数。

从图 6.25 可以看出，槽 1 和槽 2 两个运行寿命相对较长的电解槽数据分布比较接近，在 6 个参数数据的分布图中这两个电解槽在工作电压、电解质水平、氧化铝浓度、摩尔比上都比较接近，其主要表现为数据分布范围一致，中位线位置接近，并且寿命更长的电解槽在数据分布上更加的紧密，显示出较好的生产管理操作。同时这两个电解槽在铝水平的分布上表现出一定的差异，槽 2 相对于槽 1 的铝水平偏低。

槽 3 和槽 4 则是运行较差的两个电解槽，它们分别运行了 2070 天和 2067 天，相对于槽 1 和槽 2，它们在这 6 个工艺参数方面已经表现出较大的差异，主要表现为工作电压偏低、氧化铝浓度略高及摩尔比偏低。其中槽 4 数据存在非常明显的差异，尤其是在工作电压和氧化铝浓度方面。

鉴于工作电压的重要性及工作电压在这 5 个电解槽中表现的差异，着重讨论 5 个电解槽在工作电压中的分布情况，下面将展示电解槽在工作电压上的核概率密度估计。其中核函数选择 Gaussian 核函数，窗宽选择依据高斯核函数的最佳窗宽函数计算：

$$width = 1.06\sigma n^{-\frac{1}{5}}$$

式中，σ 为样本数据的标准差；n 为样本容量。

鉴于核密度估计是对数据集数值范围等间隔取点，所以数据集中部分离群点会使核函数估计过于集中在某几个区间，因此对于铝电解槽数据集在计算之前采取滑动平均的平滑处理方法对数据进行预处理。计算数据集的核密度估计值，密度曲线如图 6.26 ～图 6.28 所示。核密度估计曲线反映了工作电压数据在整个寿命周期中概率密度的分布，其值较大则反映了工作电压在该值附近出现的概率较高，亦即数据集中出现在这个区域。

图 6.26 ～图 6.28 中的 + 形点表示了数据在主峰值上下 0.008 范围内数据点。数据的分布特点见表 6.16。

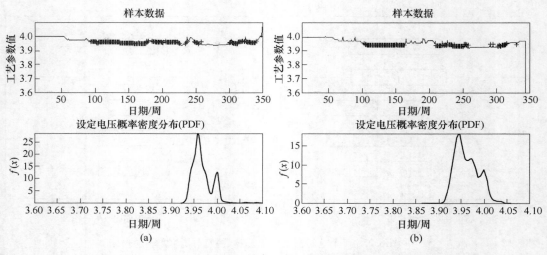

图 6.26   运行 2520 天（a）与运行 2477 天(b)电解槽电压概率分布图

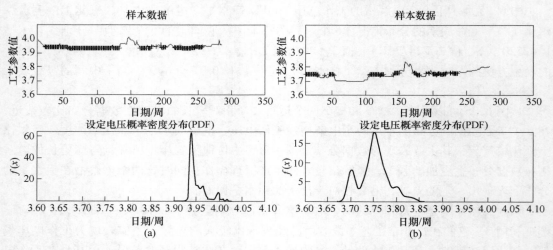

图 6.27   运行 2070 天(a)与运行 2070 天(b)电解槽电压概率分布图

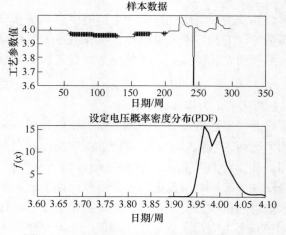

图 6.28   运行 2154 天电解槽电压概率分布图

表 6.16 5 个电解槽工作电压数据的分布对比

电解槽	槽 1	槽 2	槽 3	槽 4	槽 5
时长/d	2519	2477	2070	2067	2154
主峰值	3.9629	3.960	3.9548	3.7653	3.9955
持续时间百分比/%	47	30	38	22	22
均值	3.973	3.970	3.96	3.767	3.992
分布位置/周	100~250 300~330	100~160 200~250 300~320	20~130 200~250	1~20 100~120 200~250	60~130 150~180
分布时长	长	长	长	短	短
特点	有较平稳的电压下降	有较平稳的电压下降	电压下降迅速	电压下降迅速	有较平稳的电压下降

通过工作电压的概率分布及数据的分布特点可以看到，不同电解槽之间的工作电压在整个寿命周期中分布是不同的。寿命较长的两个电解槽（槽 1 运行 2520 天与槽 2 运行 2477 天）的概率密度函数的主峰比较接近，分别为 3.962 和 3.960，并且该值附近的数据从图中可以看出横贯整个寿命周期。这在生产中体现为稳定的生产管理，单以工作电压数据为参考，可以表明在整个寿命周期中寿命较长电解槽的槽况稳定；而寿命相对较短的时间电解槽它的主峰区间则与正常的电解槽有较大的差异，其电压值要明显低于其他电解槽的电压值。而运行了 2154 天的电解槽（槽 5），它的主峰电压值要略高于 2070 天（槽 4）的电解槽，并且可以发现这两个电解槽数据的分布较为分散，主要集中在了运行的中期左右，工作电压在前期和后期数据与运行中期的电压数据有差异。从工作电压的角度讲此时的数据的运行状况可能发生了改变，可能由于部分不可知的状况使得电解槽由一个稳定的运行状态向另一个状态转变，而在整个过程中，电解槽的寿命状况也由于波动而受到了影响。

6.2.3.4 趋势与突变点分析

数据选择某铝厂 5 台不同寿命电解槽的历史数据，结合无参数的 mk 检验方法，分析固定时间段内数据的趋势变化，限于寿命数据可能在各个时间段内表现出不同的特征，但是在后期阶段必定由于某些故障而区别于前期数据的特点，着重分析工艺参数数据在寿命结束前 6 个月的数据变化。

从数据的分布趋势图可以看出，电解槽工作电压数据在后三个月时间内有明显的变化，因此在趋势分析这一节中着重展示这段时间段内的变化趋势及分析突变点，同时结合其他工艺参数的趋势变化进行综合的研究。不同电解槽由于各种影响因素导致其突变点发生时刻各不相同，因此不同电解槽的对比将失去意义，但是同一个电解槽不同工艺参数的突变点分析却可以揭示数据变化与其寿命在生产运行过程中的关系，这里将以运行 2520 天电解槽为例进行展示。图 6.29 是运行中期及后期和寿命结束后 3 个月电压发展趋势。图中线 1 反映了数据的整体趋势，线 3 表示 95%的置信区间，当线 1 超过置信范围时，表示数据有显著上升或下降趋势，线 1 和线 3 在置信区间内的交汇处表明此刻数据存在突变，为一个突变点。

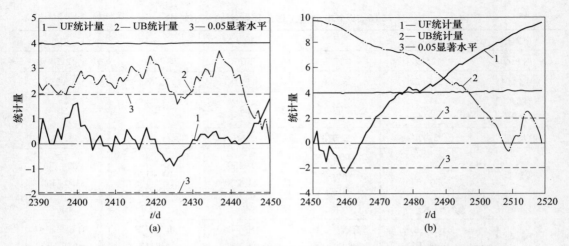

图 6.29　工作电压在 2390~2450 时段(a)及 2450~2519 时段(b)的趋势变化图

　　图 6.30 绘制了电解槽电压在寿命结束 5 个月时间内数据的变化趋势,其中图 6.30 (a) 反映了最后 5 个月前两个月数据的趋势。从图中可以看出在前面的两个月时间内,电解槽的工作在显著性区间内没有明显的变化,它处于波动的状态,并维持在零线的附近。随着时间的推移,电压的状态开始显著的变化,在 2450 阶段可以看到一个交叉点,并且处于置信区间之间,这属于一个突变点,自此电压曲线有一个明显的上升趋势;在电压曲线的后三个月里,电压显著高于显著性区间,可以理解为电压有一个明显的上升趋势,这也与上一节中的分析结果一致。

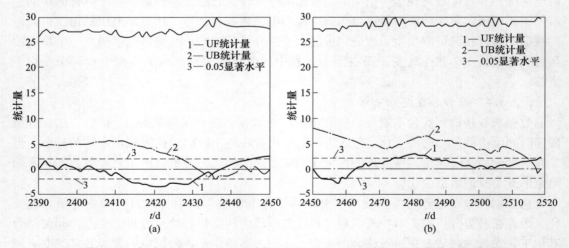

图 6.30　铝水平在 2390~2450 时段(a)及 2450~2519 时段(b)的趋势变化图

　　同时,选取运行时长 2520 天电解槽的铝水平历史数据进行趋势分析。从铝水平的变化趋势上也可以看出在局部过程中,铝水平有一个缓慢上升的趋势,但是其变化趋势并没有那么显著。在 2420 天左右铝水平数据有一个明显的下降趋势,然后缓慢升高;在 2437 天左右,铝水平的趋势曲线有一个突变点。从电解槽电压数据的突变点检验中,电压趋势曲线在 2443 天左右也有一个突变点,这间接表明了此处的变化并不是偶然的波动,应该对这段时期的数据加以重点分析。

波动分析（考察 3 日的变化量）如图 6.31~图 6.33 所示。

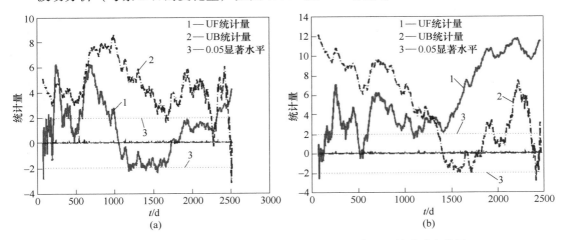

图 6.31 运行 2520 天(a)和 2477 天(b)电解槽工作电压的波动变化图

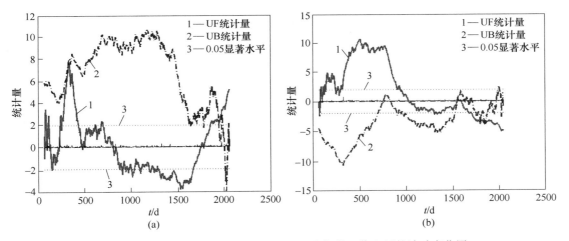

图 6.32 运行 2067 天(a)和 2070 天(b)电解槽工作电压的波动变化图

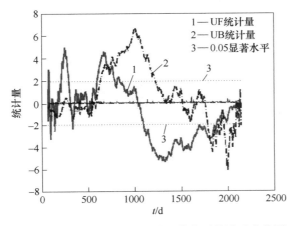

图 6.33 运行 2154 天电解槽工作电压的波动变化图

从 5 个电解槽整个寿命周期的波动情况可以看到，工作电压在起始阶段有一个非常剧烈的波动时期，这主要是由于电解槽开始启动后处于一个非正常运行期，这个时期电解槽各工艺参数将逐渐趋于稳定并进入正常生产；之后波动较为稳定，从趋势图上显示是在初期有一个明显的下降趋势，当这个过程结束之后，电解槽处于一个相对平稳的运行时期，在这期间虽然会有一些波动，但大部分处于不明显的波动，是正常的波动现象。但这 4 个槽中，在寿命临近结束的几个月里，可以看到波动都有一种上升趋势，且 1、3、4、5 电解槽在寿命临近结束的时刻都存在一个突变点，这说明了数据在寿命结束最后阶段发生了明显的变化，从波动趋势上可以看出该变化为明显的上升。

6.2.4　电解槽综合聚类分析

6.2.4.1　分析过程

A　参数选择

在研究数据特征中，数据之间差异的度量十分重要。对于一个数据集，数据的度量相当于对于数据的理解，如何将数据从数值上升为有参考价值的变量，对于聚类在现实世界中应用具有很重要的意义。这其中需要考虑两个因素：（1）对数据集数据结构的分析，用已有的技术消除数据集自身量纲和由于测量等问题所带来的数据本身结构的问题，因为在数据度量阶段，计算过程相对来说很死板，如果原始的数据集中存在的数据除了反映本质的特征还有别的差异，那么混杂在一起，结果将很难让人满意，用于指导生产也将毫无意义；（2）对数据集本身意义的理解，虽然在聚类中面对的是一堆纯数字，但是数字在显示过程中并不是毫无意义的，某一个特征很可能其波动特征比数值大小特性更加重要，通过这些经验与理解，进而将特征从数值转换成某种更有意义的数字量。对于数据分析过程，不能单纯地依赖算法和计算，对于所持有数据的理解及数据特点把握也非常重要。同样是一个优秀的算法，对于不同结构的数据集，很可能差别迥异，因此针对特殊问题，算法也应有适度的调整。

数据采集在某铝厂 5 台电解槽整个生命周期中各个工艺参数数据，包括摩尔比、电流、工作电压、铝水平、电解质水平等 20 种数据，它们的寿命依次为 2520 天、2478 天、2070 天、2076 天、2154 天。为了便于图形展示及描述，选择通过特征选择得到的前 5 个最优子集进行分析，分别选择工作电压、铝水平、摩尔比、氧化铝浓度、氟化锂作为聚类分析的输入特征[10]。

B　距离度量准则

基于不同的度量方法，聚类也将产生不同的效果，通过分析电解槽各个工艺参数的数值情况可以看到，有的数据分布广泛，它的波动范围也很大，比如出铝量；而有的数据则相对精细，日变化量在很小的范围内波动；许多的数据表现出明显的跳跃现象，在采用欧氏距离时将产生很多的偏差，这主要是由于数据本身及算法所决定的，即使通过数据的去量纲归一化，效果也将降低。同时对于一日内的各个工艺参数数据，也可以将它当作一条序列来处理，可以用余弦相似度度量方法衡量两条序列的距离，这里将比较余弦距离和欧氏距离在聚类后所产生的效果。

选取的特征为电压、铝水平、摩尔比和氧化铝浓度。聚类分析中的距离度量单位分别选择无加权欧氏距离及余弦相似度距离，见式（6.24）：

$$cosdis = \frac{\boldsymbol{x} \cdot \boldsymbol{y}}{|\boldsymbol{x}| \times |\boldsymbol{y}|} \tag{6.24}$$

式中，$\boldsymbol{x}$，$\boldsymbol{y}$ 分别为电解槽序列不同时刻的各工艺参数值组成的向量。

图 6.34 展示了基于两种距离的聚类结果图。从寿命的分析角度来讲，寿命是一个渐变的过程，在整个寿命周期中，各个工艺参数是从一个稳态过渡到另一个稳态再过渡到下一个稳态的过程，每一个稳态代表着不同的电解槽状况，随着寿命的继续，将达到寿命的终结时刻，此时的电解槽数据也表现出了另外的一种状态。聚类数据能够在各个阶段明显区分，后者末尾阶段数据能够区别于前部分数据的聚类结果是好结果。基于这样的认识，认为余弦距离的度量更加优于无加权的欧氏距离效果。

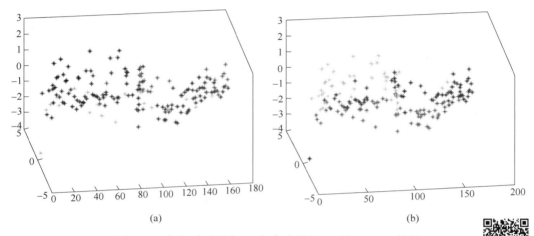

图 6.34　加权欧氏距离(a)与余弦距离(b)的 k-means 结果

从图 6.34 可以明显地看到，基于余弦距离的聚类中，寿命在最后时刻明显聚成了一簇，也就是红色的聚类点（扫二维码查看彩图），虽然红色的类簇在之前也有出现过，但是明显没有在最后时刻出现，表 6.17 给出了 5 个电解槽基于两种不同距离在初始聚类类别以及聚类中心相同情况下的评价函数值。

彩图

表 6.17　5 个电解槽不同距离度量下的分类评价标准值

槽　号	1 槽	2 槽	3 槽	4 槽	5 槽
运行天数/d	2520	2477	2070	2067	2154
类间距/类内距（无加权欧氏距离）	5.974	5.123	4.951	5.61	5.599
类间距/类内距（余弦距离）	6.01	5.22	5.11	5.70	5.50

C　初始中心的选择

电解槽的寿命数据是随着时间变化的序列，以电解槽的电压数据为例，可以看出数据在后两个月的变化趋势明显区别于其他时期，基于这样的特性，在聚类分析阶段选择电解槽寿命临近结束的最后两个月工艺参数数据的平均值作为第一初始聚类中心。然后依次计算电解槽每日工艺参数数据与第一初始聚类中心的距离，选取距离最远的数据点作为第二初始聚类中心，第三初始聚类中心的选择则是与第一第二初始聚类中心平均距离最远的数据点，同理计算出第 k 个初始聚类中心。

在聚类分析中，k-means 算法是需要设置聚类类簇数的，也就是算法中的 k 值。这里聚类类簇数的选择标准为：不同类簇间尽可能分离，同时同一类簇内数据尽可能地靠拢，这也是对生产的直观理解。针对铝电解槽数据，聚类的类簇数不会过多，选择最大类簇数为 20，分别计算类簇数从 2 到 20 内类间距离与类内距离的比值 $\phi = \dfrac{disBtnClass}{DisInClass}$，其中类间距离依据式（6.25）计算，类内距离依据式（6.26）计算，选取能最大化该值的 k 值。

$$DisBtnClass = \frac{\sum\limits_{i=0}^{k}\sum\limits_{j=i+1}^{k} dis(center_i, center_j)}{k(k-1)} \tag{6.25}$$

$$DisInClass = \frac{1}{k}\sum_{i=0}^{k}\left(\frac{\sum\limits_{j=0}^{num} dis(sample_{i,j}, center_i)}{num_i}\right) \tag{6.26}$$

式中，$center$ 为初始聚类中心；$sample$ 为铝电解槽某日的工艺参数数据。距离的度量采用欧氏距离。

图 6.35 展示了运行 2477 天电解槽类簇数的变化对于类间距离和类内距离比值的影响。

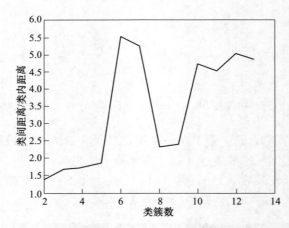

图 6.35　槽 2 类间距离与类内距离比值随着类簇数的变化趋势

从图 6.35 中可以看出，对于 2 号电解槽，当类簇数设置为 6 时，它能最大化评价标准，因此可以设定它的初始聚类类簇数为 6，初始聚类类簇数反映了电解槽槽况的划分情况。同理可以计算其余电解槽的初始类簇数，这里并不一一列举，只需将对应数据集进行替换即可，运行 2520 天、2477 天、2067 天、2070 天、2154 天电解槽对应的类簇数分别为 7、6、9、9、7。

确定完初始参数后，依据 k-means 算法的步骤进行聚类分析，由于电解槽数据量纲不同，因此在综合分析之前对数据进行标准化。当维度多于 3 维的时候，工艺参数的分布图无法进行展示，这里通过 pca 主元分析方法，将数据的全部特征选取最主要的 3 个方向数据变换并展示。图 6.36（a）显示了数据在 3 个主要成分上的分布，图 6.36（b）则展示了工艺参数值在寿命发展过程中的变化动态，图 6.36（c）则显示了部分工艺参数在寿命周期中的聚类类别的变化。图 6.36 和图 6.37 展示了 2520 天及 2154 天电解槽的聚类效果图。

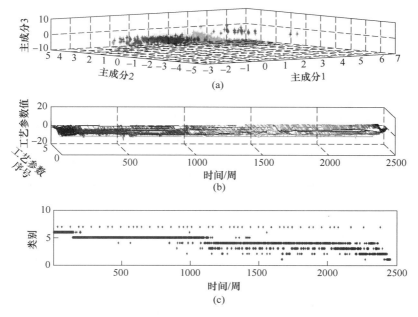

图 6.36　2520 天电解槽聚类分析图

（a）PCA 处理后的聚类结果；（b）各工艺参数数据分布；（c）类别在时间上的分布情况

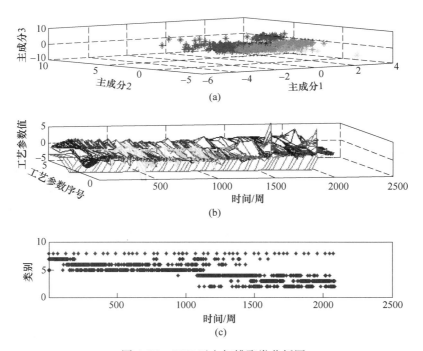

图 6.37　2154 天电解槽聚类分析图

（a）PCA 处理后的聚类结果；（b）各工艺参数数据分布；（c）类别在时间上的分布情况

D 聚类结果分析

2520 天电解槽聚类中心数据展示在表 6.18 中，2154 天电解槽聚类中心数据展示在表 6.19 中。

表 6.18   2520 天电解槽工艺参数

电解槽类别	1 号	2 号	3 号	4 号	5 号	6 号
工作电压/V	4.12	4.003	3.965	3.963	3.970	4.00
铝水平/cm	28.4	27.5	26.4	26.2	26.0	23.4
摩尔比	2.48	2.52	2.46	2.50	2.43	2.52
氧化铝浓度/%	3.22	2.78	3.40	2.12	3.02	3.43
氟化锂浓度/%	5.14	4.77	4.40	4.26	2.46	2.17

表 6.19   2154 天电解槽工艺参数

电解槽类别	1 号	2 号	3 号	4 号	5 号	6 号
工作电压/V	4.01	4.056	4.00	3.965	3.982	4.003
铝水平均值/cm	27.1	27.3	26.6	26.4	26.3	24.5
摩尔比均值	2.44	2.52	2.46	2.45	2.35	2.50
氧化铝浓度/%	3.30	1.86	2.16	2.58	3.65	3.13
氟化锂浓度/%	4.40	4.52	3.89	2.53	2.54	2.62

选择运行时长 2520 天及运行时长 2154 天的电解槽来对比分析（这两个电解槽启动时间非常接近，同时运行时长也有差异），可以看出两个电解槽的 6 号槽况非常的相似，它们都出现在启动初期，重点表现为低铝水平、高摩尔比，相对于其他时期，它的氧化铝浓度也较高，这也较符合生产实际，说明聚类分析应用于铝电解生产具有一定的作用。

在电解槽运行的后一个阶段可以发现，优质的电解槽有一个长久而稳定的槽况，主要为 5 号槽况。相较于第一阶段，它整体的摩尔比下降。铝水平明显的上升，工作电压和氧化铝浓度也有明显下降。而对于寿命稍差的电解槽，它的槽况在这段时间主要集中在 4 号和 5 号槽况，且有一种从 5 号槽况向 4 号槽况过渡的趋势，这在类别变化图中体现为 5 号槽况先出现又先结束，并且分布表现为前密后疏。对比这两个时段的数据可以发现，4 号槽和 5 号槽槽况的聚类中心关于氧化铝浓度分处于两个极端，分别绘制两个电解槽在这段时期的氧化铝分布图及摩尔比箱型图（如图 6.38 所示），具体研究这两个时段。

从图 6.38 中可以看出，实际上在 200~1100 天这段时间，两个电解槽的氧化铝浓度并无明显的差异，按照正常聚类，它应该和 2520 天电解槽的 5 号槽况在一定程度表现出相似性，但是实际情况却出现了偏差，这主要是由于摩尔比的异常变化，致使聚类分析产生了一个新聚类中心而此聚类中心将原本距离接近的一部分点从该中心中剔除，致使原本的聚类中心走向另一个极端。基于这个原因，可以发现其实 2520 天电解槽的 5 号槽况和 2154 天电解槽 4 号槽况是类似的，两个电解槽在该段时期的主要差异为 2154 天阶段经历了 5 号槽况，即一段低摩尔比、高氧化铝浓度阶段。

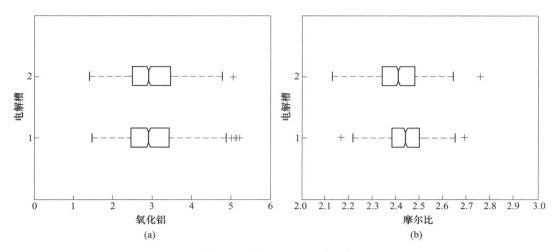

图 6.38 氧化铝分布图(a)及摩尔比箱型图(b)

两个电解槽运行到了中后期阶段，其中一个显著的变化为氟化锂的浓度开始提高，伴随着其含量的上升，2520 天电解槽工艺参数也到达了一个新的稳定期，即 4 号槽况阶段。相较于其他时期，它的氧化铝浓度降低，处于整个生命中后期中低估阶段，同时氟化锂含量增高。这也对应于 2154 天电解槽的 3 号槽况阶段。

电解槽运行到寿命的末期，这一阶段主要发生在寿命结束前一年左右，对于 2520 天电解槽，它对应的槽况为 2 号槽况，这一阶段主要表现为铝水平、摩尔比及氟化锂含量的提高。

6.2.4.2 结果分析

从工作电压的数据分布可以看出，寿命较长的两个电解槽数据分布相似，主要集中在 3.96 附近，且寿命较短的电解槽它们的工作电压明显偏低，寿命中等的电解槽电压较 3.96 偏高。

综合聚类结果可以发现，在电解槽的生命周期中，电解槽的运行状态有着一定的相似性，这从不同类簇中心数据相似可以得出，并且整个发展过程呈现一定的规律。对比两个电解槽的运行数据，认为低摩尔比（两个电解槽在 2.45 左右）、偏低氧化铝浓度（2.8 左右）在电解槽的整个寿命周期中占重要地位，它横贯两个电解槽的大部分运行时间，对于寿命较长的电解槽这个运行状态占主导地位，主要集中在前期到中期阶段。随着运行时间的增长，氟化锂含量的显著上升，电解槽的状态也逐渐发生改变，由之前的稳定单一变得更加复杂多变，电解槽也从中期渐渐进入了中后期，这个时段虽然保持着之前的状态，但是氧化铝浓度比其他时期更低，同时系统变得不再稳定，多种槽况频繁变换。特别是在后期阶段，电解槽在多种槽况间跳动，间接地反映了此时系统已经脱离了稳定生产过程，同时寿命较短电解槽比寿命较长电解槽摩尔比低，氧化铝浓度偏高（即 2154 天电解槽的 5 号槽况的状态时间明显更长）。

6.2.5 系统复杂度研究与多尺度特征提取

复杂系统无论在空间和时间上均呈现多相特征。因此，时间序列的复杂性常以多种方式呈现，如周期性、自相关性、多尺度性、模式重现等特征。同时，很多数据在其产生的机理上就是非线性的，因此系统本身也呈现非线性和非平稳特性。

铝电解的生产过程中，各种因素相互作用，互为因果，对于某一工艺参数，在很大程度上是各种因素的综合影响结果，单纯从数值的角度去分析理解，很有可能很多细微但是关键的信息被整体的趋势所淹没，不能在实际的数据中得以体现，在传统的时间序列分析过程中，对于时间序列的平稳性有严格的要求，在一定程度上限制了传统分析方法的应用。在 1988 年 N. E. Huang 提出了一种自适应的时间序列处理方式，它将非平稳的时间序列在多个尺度上进行分解，并且尺度的大小依赖于序列本身，而不是人为的选定，为非平稳时间序列的发展开辟了新的研究空间。同时熵也广泛应用于时间序列复杂度的分析上，熵的优点在于它能够综合线性和非线性关系，并且可以有效地处理非平稳序列。

6.2.5.1 多分辨率多尺度熵

时间序列中蕴含的非线性复杂度信息的多少与系统的功能状态有着密切的关系，通过对非线性复杂度的分析进而评估系统的功能状态是目前对时间序列研究的热点。伴随着复杂系统研究的快速发展，现在已经涌现出了一批度量复杂性的方法，它们通过分析时间序列的复杂性以区分常规、混沌和随机行为，复杂性的参数主要有李雅普诺夫指数、分数维和熵。

相比于李雅普诺夫指数和分数维，熵的优势在于其深刻的物理背景及种类的多样性，人们可以根据不同的信息侧重，构造多种熵的概念。熵最早起源于热动力学，1948 年，C. E. Shannon 将热力学中的熵引入到了信息论，提出了香农熵的概念，它从概率分布期望的角度阐述了系统包含信息的大小，即系统的不确定性。信息熵的定义：

$$H = - \sum_{i=1}^{N} P(i) \log [p(i)] \tag{6.27}$$

式中，$P(i)$ 为 N 个事件的概率分布。

根据信息熵理论，系统的混乱度越高，它的香农熵就越大，反之系统越有序，它的香农熵就会越小。随着人们对信息论的理解和应用，信息熵也在形式上得到拓展，其中包含近似熵、样本熵及排列熵等。同时基于交互信息熵理论的非平稳时间序列度量也得到了长足的发展和应用[11-12]。

目前熵在度量系统的复杂度中被广泛应用，很多学者曾应用系统的熵值进行机械设备故障的诊断，张淑清等人曾基于模糊熵和聚类分析的方法检测滚动轴承的故障信息，冯志燕等人基于互样本熵理论研究了脑电功能网络的构建，陈晓芳等人通过电磁力信息的熵给出了电解槽性能的综合评定方法，并取得了良好的效果。

A 经验模态分解

模态分解（EMD）作为一种具有自适应性的新方法，能够降低分析过程中分辨率的限制且适用于非线性非平稳信号。从本质上讲 EMD 方法将信号中不同尺度的波动或趋势逐步分解出来，是对时间序列进行平稳化处理过程，产生一系列具有不同特征尺度的数据序列，每一个序列称为一个固有模态序列，也称为 IMF 分量。

对于每一个固有模态分量，它应该满足两个条件，一是其极值点数和零点数相同或最多相差一个，二是其上下包络线关于时间轴局部对称。

对于任意信号 $f(t)$，EMD 算法的步骤为：

（1）确定信号的所有局部极值点，再用 3 次样条线分别将所有局部极小值点和极大值点连接起来形成上下包络线，上下包络线的平均值记为 a_1，求出 $f(t) - a_1 = h_1$。理想情况下，如果 h_1 满足 IMF 两个条件，那么它就是 $f(t)$ 的第一个 IMF 分量。

（2）如果 h_1 不满足 IMF 条件，则把 h_1 作为原始数据，重复 k 次步骤（1），得到 $h_{1(k-1)} - a_{1(k)} = h_{1(k)}$，使得 $h_{1(k)}$ 满足 IMF 的两个条件，记 $c_1 = h_{1(k)}$，则 c_1 为信号 $f(t)$ 的第一个满足 IMF 条件的分量。

（3）将 c_1 从 $f(t)$ 中分离出来，得到 $r_1 = f(t) - c_1$，将 r_1 作为原始数据重复步骤（1）和步骤（2），得到 $f(t)$ 的第 2 个 IMF 分量，重复循环 n 次，直到 c_n 成为一个单调函数，循环结束，最终得到：

$$f(t) = \sum_{j=1}^{n} c_j + r_n$$

式中，r_n 为信号的平均趋势。

经验模态分解不同于基于傅里叶变换的信号分解方法，其分解函数是在分解过程中由信号本身的特性决定的，这个特性使得经验模态分解方法有着很好的自适应能力。

B　样本熵与多尺度熵

样本熵是在信息熵的基础上发展而来的，针对非平稳、短时间序列概率密度函数难以被准确估计的限制，样本熵从序列模式的角度度量了序列的复杂度。它同时考虑线性和非线性关系，并且不受概率分布的限制，同时计算模型简单，对于异常值的敏感度较低就有较好的鲁棒性。

样本熵的计算一般包括 5 个步骤：

（1）构造一组 m 维空间的向量 $X(1)$，$X(2)$，$\cdots$，$X(N-m+1)$，其中

$$X(i) = \{u(i), u(i+1), \cdots, u(i+m)\}$$

（2）定义两个向量之间的距离 $d[x(i), x(j)]$，其计算公式见式（6.28）。

$$d[X(i), X(j)] = \max_{k=0 \sim m-1} |u(i+k) - u(j+k)| \tag{6.28}$$

（3）对于每一个 $\{i: 1 \leqslant i \leqslant N-m+1\}$，在容许偏差为 r 的情况下，统计 $d[X(i) - X(j)] < r$ 的数目，记为 $N_m(i)$，并计算此数目与距离总数的比值，记作

$$C_i^m(r) = N_m(i)/(N-m) \tag{6.29}$$

对所求的 i 求平均值记作 $\phi^m(r)$，即

$$\phi^m(r) = \frac{1}{N-m} \sum_{i=1}^{N-m} C_i^m(r) \tag{6.30}$$

（4）将维数 m 增加 1，变成 $m+1$ 重复上述过程，得到 $C_i^{m+1}(r)$ 和 $\phi^{m+1}(r)$。

（5）根据信息熵理论，样本熵为：

$$\mathrm{SampEn}(m, r) = -\ln(\phi^{m+1}(r)/\phi^m(r)) \tag{6.31}$$

C　样本熵的参数选择

熵的计算实际上是确定一个时间序列在模式上的自相似程度有多大，从另一个角度讲，就是在衡量当维度变化时序列中产生新模式的概率的大小。在样本熵的计算过程中，对于阈值 r 的选择比较关键，如果 r 选择得比较大，满足阈值条件的点将会变得很多，这将减小熵值的区分度；如果阈值选取得很小，那么满足阈值的点很少，对于增加固有模态长度时，条件概率的估计就会变得比较差，从而影响结果。同时为了避免噪声对熵信息的影响，应该使得 r 大于噪声的幅值。一般情况下

$$r = 0.2 \times \mathrm{STD}(u)$$

式中，$\mathrm{STD}(u)$ 为序列的标准差。

对于经过标准化处理的数据，r 值的选取一般在 0.2~0.3 之间，这时候结果分析较具

有统计意义。对于互样本熵，r 的选择是两个时间序列的协方差的 0.2 倍，即

$$r = 0.2 \times COV(u_i, u_j)$$

一般情况下，需要对两个时间序列 u_i 和 u_j 进行去量纲处理，这样得到的阈值 r 才尽可能地准确。

传统的基于熵的分析方法都是衡量一个时间序列的复杂性，当无序的程度增加时，熵值也随之增加，但是熵的增加并不总是和动态复杂度的增加呈线性关系。为了能更准确地分析时间序列，有时需要计算不同尺度上的时间复杂度。C. K. Peng 等人在样本熵的基础上提出了多尺度熵，它在非线性、非平稳的生理数据分析中被广泛地应用。

对于一个含有 N 个样本时间序列 $X(1)$，$X(2)$，…，$X(N)$，其多尺度熵的计算过程如下。

首先对时间序列进行粗断点化处理，得到一个新的时间序列，粗断点化处理见式 (6.32)。

$$y_j^\tau = \frac{1}{\tau} \sum_{i=(j-1)\tau+1}^{j\tau} x_j \tag{6.32}$$

式中，τ 为粗断点化处理的尺度因子，时间序列的长度为 N/τ。

当尺度为 1 时，时间序列为原始数据序列。根据得到的新时间序列，按照不同的尺度因子进行排列，依次依据样本熵的计算步骤，计算不同尺度因子下的时间序列的样本熵。多尺度熵反映了不同尺度上的样本熵，从不同尺度上反映了时间序列的复杂度，多尺度熵对时间复杂度的判断原则为：当一个时间序列在大多数尺度上对应的熵高于另一个时间序列时，则前者的复杂度高。如果一个时间序列的多尺度熵变化曲线单调递减，则表明原始时间序列的自相似度较低，属于随机时间序列，仅在最小的尺度上包含信息。熵值在尺度上越大，则序列的自相似度越大，相应的复杂度就越大。

6.2.5.2 基于复杂度的铝电解槽寿命时间序列分析

在电解槽运行的过程中，由于数据的采集和传输过程中引入了噪声，因此采集到的信息比原始信息更加丰富，并且监测数据处理过程中不同尺度下不同层次中所蕴含的信息也是不同的。

影响电解槽寿命的因素有很多，其中阴极内衬的破损是其中很重要的一部分。在电解槽整个寿命周期中，电解槽的阴极受到钠的侵蚀而膨胀受损，在很大程度上缩短了电解槽的寿命；并且炉底隆起后，槽内各处的铝液深度不同，中间浅四周深，容易使阴极导电不均匀，引起滚铝等病槽；同时炉底电压降增大，管理操作也更加困难。生命周期内的这些复杂状况都在一定程度上体现在工艺参数的变化上，熵作为衡量时间序列中新信息发生率的非线性动力学参数，已经在众多的科学领域里得到应用，在机械振动信号的分析中，基于振动信号复杂度的特征提取在识别故障信号中取得了良好的效果。

铝电解生产系统是由多个时空尺度下的复杂机制所调节控制的。系统的输出常常展现出复杂的波动，这不仅是由于混有干扰信号，同时也包含了深层的动力学信息。对时域信号的经典分析方法可以总结为确定性和随机性机制。确定性方法是基于 Takens 系统理论，它指出可以通过监控一个单一变量的输出来得到高维系统的全部信息；随机性方法主要研究输出变量的统计学性质。复杂度与"有意义结构的丰富度"相关，与随机事件的输出不同，它展现了相对更高的规律性。对于铝电解生产过程，认为铝电解工艺参数的复杂度反

映了在复杂生产过程中正常生产及异常影响对它的影响；在生产过程中，多因素共同影响，因此某一参数的变化过程也应该是多因素的，多尺度的。

A 数据的经验模态分解

数据来源于某铝厂电解槽全寿命周期的工艺参数数据。对所有工艺参数进行经验模态分解，下面将以工作电压为例进行展示。图 6.39 为电解槽的工作电压曲线，采样周期为天，时长 2520 天。计算样本熵之前对数据进行标准化处理。图 6.40 为经过 EMD 分解后的 IMF 分量。工作电压信号共分解出 11 层分量。

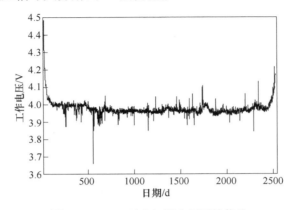

图 6.39 2520 天电解槽电压原始信号

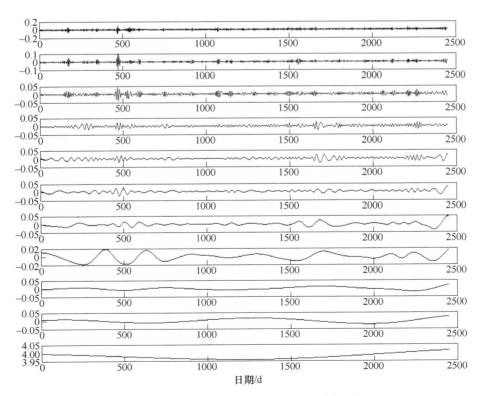

图 6.40 2520 天电解槽电压信号 EMD 分解结果

B　电解槽工艺参数数据的多尺度熵分析

对于工作电压数据，提取电解槽前三层的 IMF 分量，并对各个分量分别计算样本熵，其中参数 $m=3$，$r=0.25$。在 EMD 分解中，认为 2154 天电解槽属于一种特殊情况，由于熵值分析中需要设定相同的模态分量，如果考虑 2154 天电解槽必将要删减掉其他电解槽许多有用的模态，因此分析中不考虑 2154 天电解槽的数据，所用数据为 2520 天电解槽、2477 天电解槽、2067 天电解槽、2070 天电解槽。

首先对于电解槽电压时间序列，构造重构矩阵：

$$\begin{vmatrix} x_1 \\ x_2 \\ x_3 \\ \vdots \\ x_i \end{vmatrix} = \begin{bmatrix} u(1), & u(2), & u(3) \\ u(2), & u(3), & u(4) \\ u(3), & u(4), & u(5) \\ & \vdots & \\ u(i), & u(i+1), & u(i+3) \end{bmatrix} = \begin{bmatrix} 4.701 & 5.776 & 4.673 \\ 5.776 & 4.673 & 4.638 \\ 4.673 & 4.638 & 4.589 \\ & \vdots & \\ 4.162 & 4.162 & 4176 \end{bmatrix}$$

基于距离公式 $d[X(i), X(j)] = \max\limits_{k=0 \sim m-1} |u(i+k) - u(j+k)|$ 分别计算矩阵中各行之间的距离，并统计距离小于阈值的 r 个数，记为 n_1。

将容许模式在原有的基础上增加 1，更新重构矩阵：

$$\begin{vmatrix} x'_1 \\ x'_2 \\ x'_3 \\ \vdots \\ x'_i \end{vmatrix} = \begin{bmatrix} u(1), u(2), u(3), u(4) \\ u(2), u(3), u(4), u(5) \\ u(3), u(4), u(5), u(6) \\ \vdots \\ u(i), u(i+1), u(i+4) \end{bmatrix} = \begin{bmatrix} 4.701 & 5.776 & 4.673 & 4.638 \\ 5.776 & 4.673 & 4.638 & 4.589 \\ 4.673 & 4.638 & 4.589 & 4.697 \\ & & \vdots & \\ 4.142 & 4.162 & 4.162 & 4.176 \end{bmatrix}$$

重新计算重构矩阵各元素的距离，再统计距离小于阈值 r 的个数，记为 n_2。

最终样本熵的取值为：

$$\text{SampEn}(m,r) = -\ln(n_2/n_1)$$

单一尺度上的样本熵信息有时候会对系统的复杂度产生与现实冲突的描述，这主要是由于传统的复杂度度量方法有时不能够揭示蕴含在时间序列中多个时间尺度上的复杂度。对数据进行不同程度的粗粒化处理，对于不同尺度上的时间序列采用上述方法再次计算各个样本熵，从而得到它们的多尺度熵（MSE）。对于氧化铝浓度、铝水平及工作电压的多尺度熵展示如图 6.41~图 6.43 所示。

从数据的多尺度熵可以看出工艺参数数据在多尺度熵上并没有呈现单调下降的趋势，根据多尺度熵的评判准则可以得知工艺参数数据在多尺度上都能反映系统的复杂度，并不仅限于低尺度层面上。选择第 10 尺度对工艺参数数据随时间变化的熵值进行分析展示，摩尔比、氧化铝浓度、工作电压在整个寿命过程中熵值随着时间增加的变化图分别如图 6.44~图 6.46 所示。

C　基于复杂度的电解槽寿命特征提取

从不同电解槽工艺参数的多尺度熵分析可以看出，不同寿命的电解槽系统复杂度也是不同的，并且寿命优良的电解槽复杂度在多尺度上要低于寿命较差的电解槽，针对这一特性，以复杂度作为寿命的特征进行提取。同时由于复杂系统在时间尺度上容易存在多尺度特征，故分别提取工艺参数数据在多尺度上的样本熵作为寿命特征向量。对于工艺参数数

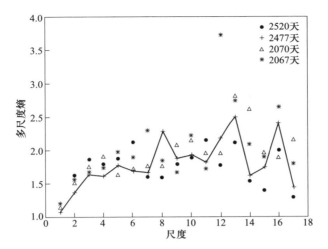

图 6.41 氧化铝浓度的多尺度熵

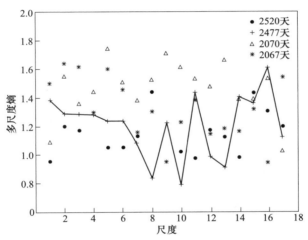

图 6.42 铝水平的多尺度熵

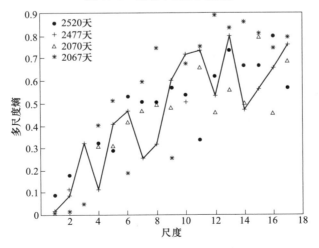

图 6.43 工作电压的多尺度熵

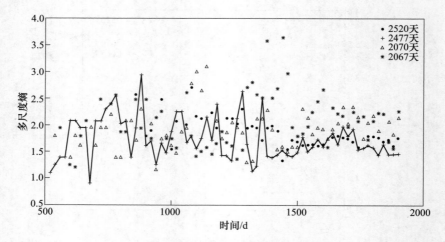

图 6.44　氧化铝浓度熵值随时间变化图

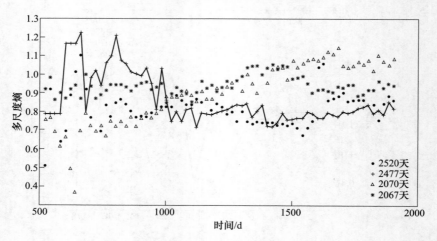

图 6.45　摩尔比熵值随时间变化图

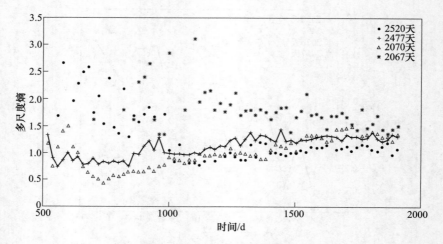

图 6.46　工作电压熵值随时间变化图

据选择前 3 层经验模态分量进行熵值分析,其中样本熵的容许偏差设为 0.24,固有模态值设定为 3。表 6.20 和表 6.21 选取了工艺参数数据中的工作电压数据及氧化铝浓度数据前 3 层 IMF 分量的样本熵值进行了展示。

表 6.20　5 个电解槽工作电压前 3 层 IMF 分量的样本熵

槽号	1	2	3	4	5
运行天数/d	2067	2070	2154	2477	2520
IMF1	1.116	1.286	0.790	0.733	0.888
IMF2	0.395	0.472	0.389	0.555	0.586
IMF3	0.350	0.364	0.232	0.403	0.443

表 6.21　5 个电解槽氧化铝浓度前 3 层 IMF 分量的样本熵

槽号	1	2	3	4	5
运行天数/d	2067	2070	2154	2477	2520
IMF1	1.057	1.128	0.930	0.960	0.901
IMF2	0.863	0.866	1.019	0.847	0.647
IMF3	0.489	0.470	0.497	0.404	0.366

分别计算最优特征子集中的工艺参数前 3 层 IMF 分量的样本熵,并将它们按序排列组成寿命特征序列。

对于电解槽数据按照运行时间的长短,将电解槽分为两类数据,其中超过 2400 天的定义为优良的电解槽,给定标签为 1;而寿命在 2000 天左右的定义为寿命较差的电解槽,给定标签为 2,这样分别给定 5 个电解槽设置类别标签见表 6.22。

表 6.22　电解槽设置类别标签

电解槽运行天数/d	2520	2477	2070	2067	2154
标签	1	1	2	2	2
寿命品质	优	优	差	差	差

分别计算 5 个电解槽工作电压、摩尔比、氧化铝浓度 3 个工艺参数的前 3 层 IMF 样本熵值作为聚类的输入,它们组成的特征向量代表了不同电解槽系统的复杂度。距离度量准则选择欧氏距离。聚类算法采取 k-means 算法,由于已知样本的类别,故初始聚类数选择 2,聚类结果展示见表 6.23。

表 6.23　基于工艺参数多尺度样本熵特征的电解槽聚类分析结果

类　别	1	2
类中数目	2	3
类内标签	优,优	差,差,差

从聚类结果可以看出,寿命相近且运行时间较长的电解槽与寿命相对较差的电解槽在聚类过程中被区分开来,以工艺参数混乱度为特征的特征提取在这 5 个数据集中有较好的表现。

D　结果分析

在工艺参数多尺度熵图中，各个工艺参数的熵值并没有随着尺度的增大而呈现单调下降，根据多尺度熵的评价准则，说明各个工艺参数的复杂度并不只限于小尺度上，而是在多个尺度上都表现着系统的复杂度。

同时可以看出，在大多数尺度上，寿命较短的电解槽其复杂度要高于寿命较长电解槽的复杂度，根据多尺度熵的评价标准，这表明了寿命较短的电解槽其系统的混乱程度要高于寿命较长的电解槽。寿命较短的电解槽，混乱度较高，此时电解槽并没有形成一个稳定健康的运行环境，致使各个工艺因素不能处于一个稳态过程，而是一直处于各个暂态之间的变动；而寿命较长的电解槽中，它们的整个生命周期中，熵值处于一个较低的状态，并且从数据可以看出，运行 2520 天和 2477 天的电解槽的熵值是比较接近的，并比较明显的区别于寿命较短的电解槽。而整体上从寿命较差电解槽到寿命优良电解槽，它的混乱度也是由高向低变化的。

从熵值随着时间变化图可以看出，在运行的中前期，不同寿命电解槽的熵值存在着明显的交叠，并且不同寿命时长的电解槽没有出现明显的分化，这主要是由于在运行的中前期，电解槽的故障并不那么的明显，整体上电解生产都处于正常状态；随着时间的推移，不同寿命电解槽的熵值出现较为明显的分化，其中寿命时长相近的电解槽它们的熵值也较为接近，且寿命较短的电解槽其熵值渐渐地高于寿命较长的电解槽，这主要是由于寿命较短的电解槽钠的渗透较为严重，致使电解槽损耗严重，正常的生产调控难以达到良好的效果，使电解槽工艺参数频繁的变化导致。

6.2.6　讨论

电解槽寿命的影响因素很多，数据监测也很困难，目前的研究还处于探索阶段，这里做的工作供大家讨论和参考。

（1）利用特征冗余分析的方法分析了冗余特征对数据分析的影响，当特征子集较小时，数据集的预测准确率较低；随着关键特征的增加，预测准确率明显提升，并略高于全特征添加时的准确率。这说明冗余特征的添加对于数据预测的准确性有不利影响，且一个小而精准的特征子集能够反映整个特征集合。

（2）对于不同寿命电解槽工艺参数时间序列，从历史数据分布、趋势分析及数据波动的角度分析了电解槽工艺参数数据。统计结果表明，寿命相近的电解槽在工艺参数数据的分布方面也具有一定的相似性（寿命较长的电解槽在工作电压、摩尔比、氧化铝浓度、电解质水平等方面数据分布一致），且寿命良好电解槽的数据的波动范围更小（箱型图的四分位区间更小）。利用聚类分析方法，从多维度分析的角度研究了不同电解槽槽况的划分，统计结果表明优良电解槽的槽况种类少于槽况较差电解槽（寿命较长电解槽槽况分类平均 6.5 类，而寿命较短电解槽槽况分类平均 9 类），同时对于 5 个电解槽，它们后期的槽况分类要明显的多于中前期的槽况类别数，这表明了不同寿命的电解槽在系统运行的复杂度上有明显的差别。

（3）针对不同寿命电解槽在运行混乱度上的差异，通过多分辨率多尺度熵方法研究了不同寿命电解槽的复杂度。结果显示寿命优良电解槽的系统复杂度要低于寿命较差的电解槽，并且电解槽系统复杂度与寿命的好坏呈一定的对应关系。同时工艺参数熵值随时间的变化曲线显示随着运行时间的推移，不同寿命电解槽的熵值慢慢地区分开来，这说明了基于熵值预测寿命是可行的。在此基础上，提出了适用于电解槽数据集的多尺度寿命特征提取方法，在电解槽历史数据集上进行了聚类验证，结果显示依据复杂度特征可以明显区分不同寿命的电解槽。

（4）电解槽寿命分析预测是一项很复杂的任务，仅从获得的数据分析远远不够，还应该参考环境数据、人工现场操作数据、物料性能数据、电解槽筑炉材料和筑炉工艺数据等。由于数据有限，这里仅就收集的数据进行了探讨，还有待于更深入研究。

参 考 文 献

［1］PASS J M，ZHENG Y，WEAD W B，et al. Classification of cell states for aluminum electrolysis based on data［J］. Computer Engineering & Applications，2015，280（3）：H946-H955.

［2］李界家，郭宏伟，文达. 神经网络预测器在铝电解过程控制中的应用［J］. 沈阳建筑大学学报（自然科学版），2006（6）：1023-1026.

［3］聂焱. 聚类与分类算法及其在铝电解数据分析中的应用研究［D］. 长沙：湖南大学，2008.

［4］LI Y Y，WANG Y，LI Y X，et al. Single image super-resolution reconstruction based on genetic algorithm and regularization prior model［J］. Information Sciences，2016（372）：196-207.

［5］曾水平，王嘉利. 基于随机森林与神经网络的铝电解分子比预测［J］. 轻金属，2018（12）：21-25.

［6］王嘉利. 数据挖掘在铝电解槽槽况综合分析的应用［D］. 北京：北方工业大学，2019.

［7］姚旭，王晓丹，张玉玺，等. 特征选择方法综述［J］. 控制与决策，2012（2）：161-166.

［8］陈湘涛，李劼，桂卫华，等. 铝电解控制中偏移分析的应用［J］. 中南大学学报（自然科学版），2006（5）：903-907.

［9］史文彬. 时间序列的相关性及信息熵分析［D］. 北京：北京交通大学，2016.

［10］李海林，郭崇慧. 基于多维形态特征表示的时间序列相似性度量［J］. 系统工程理论与实践，2013（4）：1024-1034.

［11］伊文超. 300kA 预焙阳极铝电解槽的寿命预测研究［D］. 北京：北方工业大学，2017.

［12］肖瑞，刘国华. 基于趋势的时间序列相似性度量和聚类研究［J］. 计算机应用研究，2014（9）：2600-2605.